Fachkenntnisse 2
Industriemechaniker
nach Lernfeldern 10-15

von
Reiner Haffer
Hubert Aigner
Angelika Becker-Kavan
Finn Brandt
Manfred Einloft
Elisabeth Hahn
Volker Lindner
Jochen Timm

unter Mitarbeit von
Jeffrey Lloyd

3. überarbeitete Auflage

Verlag Handwerk und Technik – Hamburg

Die technischen und grafischen Zeichnungen wurden nach Vorlagen ausgeführt von Dipl.-Ing. Manfred Appel, A&I-Planungsgruppe, 23570 Lübeck, www.newVISION-design.de und Artbox Grafik & Satz GmbH, 28203 Bremen
Umschlaggestaltung: Artbox Grafik & Satz GmbH, 28203 Bremen

Die Normblattangaben werden wiedergegeben mit Erlaubnis des DIN Deutsches Institut für Normung e.V. Maßgebend für das Anwenden der Norm ist deren Fassung mit dem neuesten Ausgabedatum, die bei der Beuth GmbH, Burggrafenstraße 6, 10787 Berlin, erhältlich ist.

ISBN 978-3-582-0**3015**-3

Verlag Handwerk und Technik GmbH
Lademannbogen 135, 22339 Hamburg; Postfach 63 05 00, 22331 Hamburg – 2011
E-Mail: info@handwerk-technik.de – Internet: www.handwerk-technik.de

Layout, Satz und Lithos: Artbox Grafik & Satz GmbH, 28203 Bremen
Druck und Bindung: Offizin Andersen Nexö Leipzig, 04442 Zwenkau

Vorwort

Das vorliegende Buch wendet sich an Industriemechaniker im dritten und vierten Ausbildungsjahr und beinhaltet daher die Lernfelder 10 bis 15 dieses Berufs. Es setzt die Konzeption von „Grundkenntnisse industrielle Metallberufe nach Lernfeldern" (HT3010) und „Fachkenntnisse 1 Industriemechaniker nach Lernfeldern" (HT3013) fort.

 Das **technische Englisch** wird im Buch in mehrfacher Hinsicht umgesetzt:

- Gängige oder wichtige Fachbegriffe sind im deutschen Text integriert *(blaue kursive Schrift)*.
- Am Ende der Kapitel sind die Übungen „**Work With Words**" eingefügt.
- An geeigneten Stellen sind Fachinhalte in englischer Sprache dargestellt.
- Am Ende des Buches befindet sich eine englisch-deutsche Vokabelliste.

 Lernfeld 10: Herstellen und Inbetriebnehmen von technischen Systemen

In diesem Lernfeld werden verschiedene Teilsysteme zu komplexen Gesamtsystemen gefügt und in Betrieb genommen. Komplette Antriebssysteme, bestehend aus Getriebe, Kupplung bzw. Riemen- oder Kettentrieb und elektrischem Antrieb, bilden einen Schwerpunkt. Dabei stehen die Analyse von Zeichnungen und die fachgerechte Montage der einzelnen Baugruppen im Mittelpunkt. Aufbau, Funktion und Einsatz von Pumpen sowie die Handhabung und die Einhaltung der Sicherheitsvorschriften von Hebezeugen bilden weitere Schwerpunkte. Die Fügeverfahren Kleben und Schweißen werden vertieft.

 Lernfeld 11: Überwachen der Produkt- und Prozessqualität

Wichtige Elemente der Qualitätssicherung, durch die in der Serienfertigung die Prozessqualität sichergestellt wird, werden in diesem Kapitel vorgestellt. Dazu sind Prüfmerkmale und Messmittel festzulegen, Messergebnisse darzustellen und statistisch auszuwerten. Das Feststellen der Maschinen- und Prozessfähigkeit ist die Grundlage für eine statistische Prozessregelung. Die Instrumente bzw. Werkzeuge für eine Prozessüberwachung werden dargestellt und die Bedeutung der Warn- und Eingriffsgrenzen für die Fachkraft verdeutlicht.

 Lernfeld 12: Instandhalten von technischen Systemen

Ausgehend von den Instandhaltungsstrategien, Kundenaufträgen und den daraus resultierenden Verbraucher- bzw. Kundenrechten werden Schadensanalysen durchgeführt. Mithilfe von Werkstoffprüfverfahren werden Schadensursachen ermittelt. Je nach Schadensfall werden technologische, metallografische oder zerstörungsfreie Prüfverfahren zur Ursachenbeurteilung ausgewählt. Falsch ausgewählte oder nicht richtig durchgeführte Wärmebehandlung von Bauteilen kann die Ursache für Instandsetzungen sein. Deshalb wird die Wärmebehandlung vertieft und auf mögliche Wärmebehandlungsfehler hingewiesen. Instandhaltungskosten sowie Arbeits- und Umweltschutz runden dieses Kapitel ab.

 Lernfeld 13: Sicherstellen der Betriebsfähigkeit automatisierter Systeme

Es werden automatisierte Systeme unter Verwendung technischer Dokumentationen analysiert. Von der Aufgabenstellung ausgehend werden die Programme für speicherprogrammierbare Steuerungen unter Berücksichtigung der Sicherheitsaspekte geplant, erstellt, in Betrieb genommen und optimiert. Die Strukturen und Schnittstellen informationstechnischer Systeme, die Prozessgeräte miteinander verbinden bzw. die Kommunikation mit dem Menschen ermöglichen, werden dargestellt und analysiert. Die Funktion und das Verhalten von unterschiedlichen Regelungen und ihr Einsatz in der Elektrohydraulik sind die Grundlagen für die Auswahl, Inbetriebnahme und Optimierung von geregelten Prozessen. Handhabungsgeräte, deren Programmierung und das Einhalten der Sicherheitsbestimmungen während der Programmierung und im Betrieb bilden einen weiteren Schwerpunkt dieses Kapitels.

 Lernfeld 14: Planen und Realisieren technischer Systeme

Auf der Grundlage des Lastenheftes wird mithilfe von Kundengesprächen der Umfang der zu realisierenden Anlage definiert. Kundenorientiert erstellt der Auftragnehmer das Pflichtenheft, das die Grundlage und der Maßstab für die Projektplanung und -realisierung ist. Bei der Projektorganisation werden sowohl das Personal- und Konfliktmanagement als auch das Sachmittelmanagement vorgestellt. In der Projektdurchführung sind das Zusammenspiel der verschiedenen Betriebsbereiche, die Möglichkeiten der Projektüberwachung und -steuerung sowie Beispiele für das Qualitätsmanagement dargestellt. Die Endabnahme der Anlage und die Evaluation des Projektverlaufs sind Bestandteile des Projektabschlusses.

 Lernfeld 15: Optimieren von technischen Systemen

In diesem Lernfeld wird aufgezeigt, dass auch störungsfrei arbeitende technische Systeme unter wirtschaftlichen, qualitativen, ergonomischen oder Identifikationsaspekten noch weiter zu optimieren sind. Es wird ein funktionierendes System analysiert und dessen Optimierung unter Berücksichtigung der genannten Aspekte geplant. Dabei wird das Ideen- und Wissensmanagement unter Berücksichtigung des betrieblichen Vorschlagswesens dargestellt. Nach Abwägung bzw. Berechnung der verschiedenen Aspekte wird entschieden, ob eine Optimierung des Systems erfolgt. Nach dem Probelauf wird die Optimierung bewertet. Sofern die Bewertung positiv ausfällt, kann die Optimierung auch auf vergleichbare Systeme übertragen werden.

Diesem Buch liegt eine **CD** bei, die Zusatzmaterialien zu den Lernfeldern 10, 11 und 13 bietet. Weitere Informationen finden Sie auf Seite VIII und im hinteren Buchdeckel.

Für Anregungen und kritische Hinweise sei im Voraus herzlich gedankt.

Autoren und Verlag
Herbst 2010

Bildquellen

Autoren und Verlag danken den genannten Firmen, Institutionen und Personen für die Überlassung von Vorlagen bzw. Abdruckgenehmigungen folgender Abbildungen:

ABUS Kransysteme GmbH, Gummersbach, S. 55 Tabelle oben alle Bilder – Adept Technology GmbH; Dortmund, S. 168.1 – Aigner (Hubert), Landau, S. 175.4 – BEHA-AMPROBE GmbH, Glottertal, S. 38.2 – Bosch Rexroth AG, Lohr am Main, S. 169.3, S. 184.2, 3 – Braun (Christof), Dortmund, S. 120.4 und 5 – BRECO Antriebstechnik, Breher GmbH & Co. KG, Porta Westfalica, S. 21.1 – BUG-Alutechnik GmbH, Vogt, S. 135 rechts – CFS Germany GmbH Niederlassung CFS Wallau, Biedenkopf-Wallau, S. 192.1 und 2, S. 193.1, 2 und 3, S. 196, S. 203.2, S. 209, S. 210, S. 212.1, S. 213.3, S. 214, S. 215.1, S. 216.1, S. 217.1, S. 219.2, S. 221, S. 222 – Clariant Produkte (Deutschland) GmbH, Division P & A, Polymer Services, Gersthofen, S. 119.5 – Conti-Tech AG, Hannover, S. 21.2 und 4 a und b – Demag Cranes & Components GmbH, Wetter, S. 1 unten links – Dethleffs GmbH & Co. KG, Isny, S. 225 – Döbert (Holger), Radolfzell, S. 115.1 – DOLMAR GmbH, Hamburg, S. 35.1 – EMCO-TEST Prüfmaschinen GmbH, A-Kuchl, S. 118.2, 3 – Evers-Druck GmbH, Meldorf, S. 127.4 – Fachhochschule Düsseldorf, Fachbereich Maschinenbau und Verfahrenstechnik, Werkstofftechnik, Düsseldorf, S. 119.3 – Festo AG & Co. KG, Esslingen, S. 63.1, S. 169.1 d – Festo Didactic GmbH & Co. KG, Denkendorf, S. 185 – Flender (A. Friedr.) AG, Bocholt, S. 71, S. 11.4, S. 71 links – FONT Mess + Prüftechnik, Grevenbroich, S. 118.1 – Forbo Siegling GmbH, Hannover, S. 17.2 und 3, S. 24.3 – GE Inspection Technologies GmbH, Hürth, S. 121.2 b – Germanischer Lloyd AG, Hamburg, S. 108.1 – Getriebebau Nord GmbH & Co. KG, Bargteheide, S. 14.1 a – Globus Infografik GmbH, Hamburg, S. 162.1 – Göpfert AG, Weddingstedt, S. 105.1 – Haffer (Rainer), Dautphetal, S. 190.1, S. 194.1 und 2, S. 206.1, S. 207.2 und 3, S. 208.1, 2 und 3, S. 213.1 und 2, S. 215.2 – Harting KGaA, Espelkamp, S. 135 Mitte – Henkel AG & Co. KGaA, Düsseldorf, S. 67.2 – HIMA Paul Hildebrandt GmbH & Co. KG, Brühl bei Mannheim, S. 155.2 – Höner (Heinrich) GmbH & Co. KG, Oelde, S. 7 links Bild 2 – Institut für Werkstoffkunde und Angewandte Mathematik, Fachhochschule Köln, Campus Gummersbach, S. 117.5 oben – IproS Industrie Produkte Service GmbH, Iserlohn, S. 104.2 - Jungheinrich AG, Norderstedt, S. 243 – Köster GmbH & Co. KG, Heide, S. 107.1 – KTR Kupplungstechnik GmbH, Rheine, S. 52.1 – KUKA Roboter GmbH, Gersthofen, S. 161 Tabelle Bild 4, S. 163.1 unten, S. 165.1, S. 169.2, S. 186 – Labor für Werkstoffkunde, Fachhochschule Frankfurt/Main, Frankfurt am Main, S. 120.2 – Lehrstuhl für Maschinenelemente, Forschungsstelle für Zahnräder und Getriebebau, Technische Universität München, Garching, S. 11.2 – Lindner (Volker), Haltern, S. 117.1, 2 und 3, S. 132.1, 2 – LISSMAC Maschinenbau und Diamantwerkzeuge GmbH, Bad Wurzach, S. 55 Tabelle unten rechts – Lober (Dietmar), Ennepetal, S. 120.3, S. 130 alle Bilder rechts – LORCH Schweißtechnik GmbH, Auenwald, S. 60.1 unten, S. 61.1 unten – Metabowerke GmbH, Nürtingen, S. 129 rechts – Montech AG, CH-Derendingen, S. 22.1, S. 24 Bild 4, S. 161 Tabelle Bild 2 – Motorgeräte Fritzsch GmbH, Schwarzenberg, S. 20.3 – Neue Drechslerei Helga Becker, Steinheim, S. 20.2 oben rechts, S. 24.2 – Nordlicht, Atelier und Bildvertrieb, Henstedt-Ulzburg, S. 160 links – Offterdinger (Gunter), Niefern-Öschelbronn, S. 42.2 a und b – Pekrun Getriebebau GmbH, Iserlohn, S. 6.2 – Pessl (Benjamin), A-Graz, S. 117.5 unten – Pfister GmbH Präzisionstechnik, Haigerloch-Gruol, S. 130 links – PHOENIX CONTACT GmbH & Co. KG, Blomberg, S. 135 links – Prüftechnik AG, Ismaning, S. 48.1, 2 a, b und c, S. 49.1, 2 – RAFI GmbH & Co. KG, Berg, S. 1 unten rechts – REWITEC GmbH, Lahnau, S. 122.2 a und b – Reis GmbH & Co. KG Maschinenfabrik, Obernburg, S. 164.1, S. 168.2, S. 169.2, S. 170.2, 3 – Rögelberg Getriebe GmbH & Co. KG, Meppen, S. 9.1 – Schaeffler KG, Herzogenaurach, S. 18.1, S. 103 links, S. 104.1 und 3 – SCHRÖDER-FASTI Technologie GmbH, Wermelskirchen, S. 177.1 – SCHUNK GmbH & Co. KG, Lauffen/Neckar, S. 169.1 a, b und c – Schweißtechnische Lehr- und Versuchsanstalt SLV München, München, S. 64.3 und 4 – SICK AG, Waldkirch, S. 175.2 und 5 – Siemens AG, München, S. 43.1, S. 46.2, S. 47.1 a und b, S. 147.1, S. 155.1, S. 157.1, S. 180.2 und 3 – Suva Unternehmenskommunikation, CH-Luzern, S. 58.1 – SYMACON GmbH, Barleben, S. 189 – SYSTEM ROBOT AUTOMAZIONE S.r.L., IT-Montichiari, S. 175.1 – ThyssenKrupp AG, Düsseldorf, S. 103 rechts – Timm (Jochen), Hamburg, S. 226.1, 2 und 3, S. 227.1, 2 und 3, S. 228.1, S. 229.1, 3 und 4, S. 230.1, 2, 3 und 4, S. 231.1 und 2, S. 232.1 und 2, S. 237.1, S. 238.1, 2 und 3 – VETTER Fördertechnik GmbH, Siegen, S. 55 Tabelle unten Mitte – Vohtec Rissprüfung GmbH, Aalen, S. 121.4, S. 122.1 – Weiler Werkzeugmaschinen GmbH, Emskirchen, S. 3.1 – Werkstoffprüfmaschinen Leipzig GmbH, Leipzig, S. 112.2 – Wiemann (Achim), Warstein, S. 80.1 und 2 – WILO SE, Dortmund, S. 51.2 und 3 – WITTE PUMPS & TECHNOLOGY GmbH, Uetersen, S. 6.3 – WITTENSTEIN AG, Igersheim, S. 7 rechts Bild 3, S. 10.3 – Zentrum für Werkstoffanalytik Lauf GmbH, Lauf a. d. Pegnitz, S. 117.4 – Zwick GmbH & Co.KG, Ulm, S. 112.2, S. 113.1

Für die besonders tatkräftige Unterstützung bei der Erstellung dieses Buches sei folgenden Firmen herzlich gedankt:
CFS Germany GmbH Niederl. CFS Wallau, Biedenkopf/Wallau
DOLMAR GmbH, 22045 Hamburg
Erl Automation GmbH, Landau/Isar
Jungheinrich Aktiengesellschaft, Norderstedt
SL-Automatisierungstechnik GmbH, Iserlohn

Inhalt

Inhalt der beiliegenden CD
zu Lernfeld 10:

Stirnradgetriebe SK 63.pdf von Seite 14
Ausdruckbar im Format A3 und kleiner

Kegel-Stirnradgetriebe.pdf von Seite 26
Ausdruckbar im Format A3 und kleiner

Reibkupplung.pdf von Seite 32
Ausdruckbar im Format A3 und kleiner

Harmonic-Drive.wmf
Video der Firma Harmonic Drive AG

Planetenradgetriebe.swf
Zum Starten dieses Programmes ist ein Internet
Browser mit installiertem Adobe® Flash® Player
erforderlich.
Der Adobe® Flash® Player kann von der
Internetseite www.adobe.com/de/
heruntergeladen werden.
Das Programm wurde erstellt von DI Dr. techn.
Michael Bader, DI Dr. techn. Friedrich Faber,
DI Helmut Puschnig, DI Raimund Reinisch von der
Technischen Universität Graz, Österreich

zu Lernfeld 11:

Histogramm_Gausskurve.xls
zu Kapitel 3

ME 7 DEMO- & FREEWARE Version der Firma
Q-DAS GmbH & Co. KG
Einsetzbar zu den Kapiteln 5 und 6

Qualitätsregelkarte.pdf zu Seite 99

zu Lernfeld 13:

Gasflaschenwerk.wmf zu den Kapiteln 1 und 2
Video der Firma Erl Automation GmbH
zum automatisierten Anschweißen
von Griffen an Gasflaschen

Proportional-Wegeventil.avi
Simulationsvideo zu Kap. 4.1

Lageregelung_Sollwertkarte.avi
Simulationsvideo zu Kap. 4.2 Seite 184

Wichtige_Hinweise.pdf

Lernfeld 10:
Herstellen und Inbetriebnehmen
von technischen Systemen

Dieses Lernfeld ist die Fortsetzung der Lernfelder 3 „Herstellen von einfachen Baugruppen" und 7 „Montieren von technischen Systemen".

In diesem Lernfeld geht es nun darum, dass Sie verschiedene Teilsysteme zu komplexen Gesamtsystemen fügen und diese in Betrieb nehmen. Gesamtzeichnungen, Stücklisten, Montagepläne usw. sind die Grundlage Ihrer Tätigkeiten. Aus diesen Darstellungen erkennen Sie die Funktionszusammenhänge der einzelnen Bauelemente und Baugruppen und wählen diese nach Funktion oder Vorgabe aus. Sie nehmen Änderungsaufträge entgegen, fertigen Skizzen an und führen erforderliche Berechnungen durch.

Ihre Arbeitsabläufe planen Sie unter Berücksichtigung ergonomischer Gesichtspunkte. Sie wählen geeignete Montagehilfsmittel aus und stellen alle erforderlichen Einzelteile zusammen. Ferner entscheiden Sie sich für fachlich und wirtschaftlich angemessene Fertigungs- und Fügeverfahren.

Bei der **Inbetriebnahme** stellen Sie die geforderten Parameter ein, prüfen und dokumentieren diese. Die Inbetriebnahme ist dann erfolgreich verlaufen, wenn das von Ihnen erstellte System alle Bedingungen erfüllt, die dem Kunden zugesagt wurden und die der Kunde zu Recht von diesem erwarten darf.

Dem **Kunden** übergeben Sie ein voll funktionsfähiges technisches System einschließlich aller zugehörigen War-

tungs- und Bedienungsanleitungen und fertigen ein **Übergabeprotokoll** an. Inhaltlich bilden komplette **Antriebssysteme**, bestehend aus Getriebe, Kupplung bzw. Riemen- oder Kettentrieb und elektrischem Antrieb, einen Schwerpunkt dieses Lernfeldes. Ferner beschäftigen Sie sich mit **Pumpen** und erweitern bzw. vertiefen Ihre Kenntnisse **stoffschlüssiger Fügeverfahren** wie Kleben und Schweißen. Einen weiteren Schwerpunkt bilden **Hebezeuge** und das fachgerechte Anschlagen von Lasten.

Gerade hierbei, aber auch bei allen anderen Tätigkeiten, beachten Sie die jeweiligen **Sicherheitsvorschriften** und verwenden vorgeschriebene oder geeignete **Sicherheitseinrichtungen**.

1 Getriebe

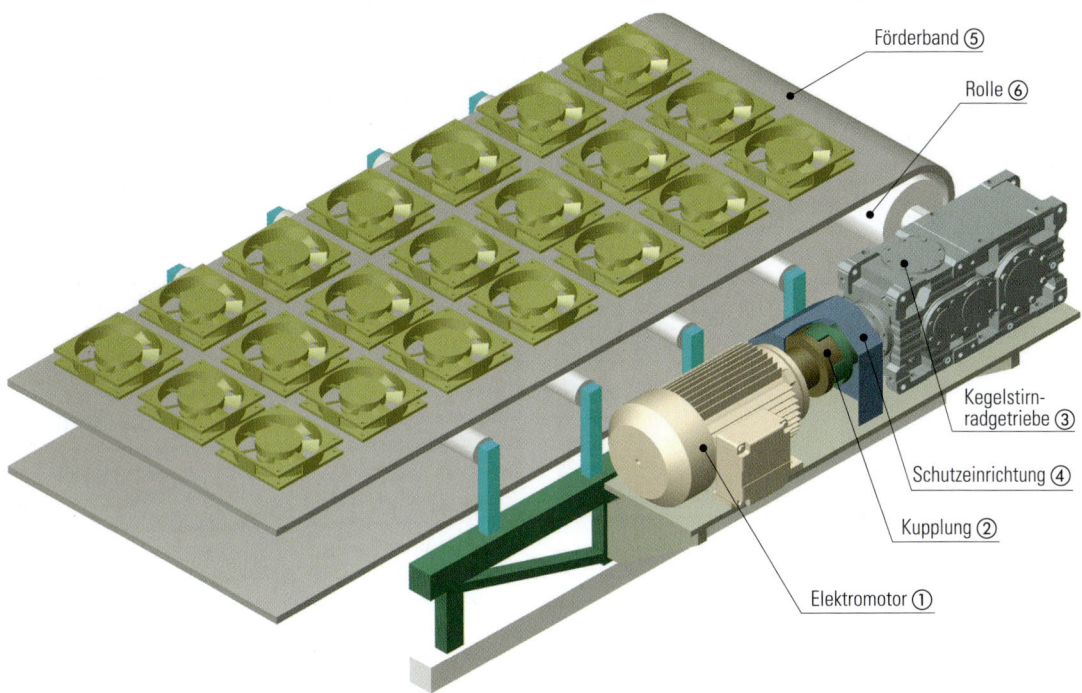

1 *Förderbandantrieb*

Der Bandantrieb eines **Förderbandes** *(conveyors)* ⑤ soll in Betrieb genommen werden (Bild 1). Dazu muss er montiert und auf seine Funktionstüchtigkeit überprüft werden. Bei einem Kunden soll diese Anlage eingebaut und übergeben werden. Die Komponenten des Antriebs sind:

Der **Elektromotor** *(electric motor)* ① wandelt die elektrische Energie in mechanische Rotationsenergie um. Er erzeugt ein **Drehmoment**, das auf die Antriebsrolle des Förderbands übertragen wird.
Die **Kupplung** *(coupling)* ② hat die Aufgabe, die jeweiligen Wellenenden von Motor und Getriebe miteinander zu verbinden. Das Drehmoment wird durch die Kupplung hindurchgeleitet. Die **Schutzeinrichtung** *(safety device)* ④ verhindert, dass drehende Teile der Kupplung berührt werden können. Solche Schutzeinrichtungen sind Vorschrift. Ohne sie darf eine Maschine oder Anlage nicht betrieben werden.
Das dargestellte **Getriebe** *(gearing)* ③ wandelt die Umdrehungsfrequenzen und überträgt die Drehmomente auf die Abtriebsseite (Abtriebswelle). Die Abtriebswelle des Getriebes ist hohl, sodass die Rolle ⑥ des Förderbandantriebes direkt in das Getriebe mit einer Passfeder eingesetzt werden kann.

1.1 Aufgabengebiete von Getrieben

Aufgabe des Getriebes *(gear)* ist es, die hohe Umdrehungsfrequenz des Motors ($n = 1470$/min) auf die gewünschte Umdrehungsfrequenz der Abtriebswelle ($n = 35$/min) zu reduzieren. Gleichzeitig wird dabei das Abtriebsdrehmoment erhöht. Getriebe wandeln

- die **Umdrehungsfrequenz** *(rotational speed)* und
- das **Drehmoment** *(static torque)*.

Weitere Aufgaben sind:

- Festlegung des **Drehsinns** *(direction of rotation)* zwischen An- und Abtriebswelle.
- Bestimmung der **Wellenlage** *(position of shaft)* zwischen An- und Abtriebswelle.

Typische Getriebeformen sind:

- **Zahnradgetriebe** *(gear drives)* (vgl. Kap. 1.2 und Seite 3 Bild 1)
- **Zugmittelgetriebe** *(traction drives)* (Kap. 1.3 und Seite 3 Bild 2)

Von allen Getrieben wird verlangt, dass sie

- einen hohen Wirkungsgrad,
- eine lange Lebensdauer,
- eine geringe Geräuschentwicklung,
- ein hohes Maß an Wartungsfreundlichkeit und
- eine niedrige Ausfallquote

haben.

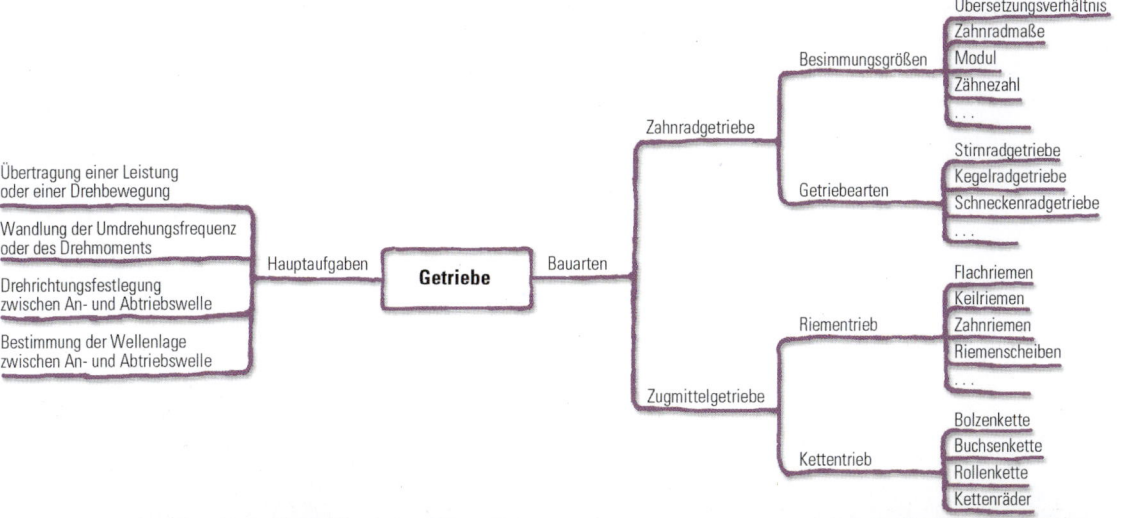

1 Zahnradgetriebe

2 Zugmittelgetriebe

1.2 Zahnradgetriebe

Bei Zahnradgetrieben *(gear drives)* (Bild 3) greifen einzelne Zähne ineinander (sie kämmen). Hierdurch werden die Umdrehungsfrequenzen bzw. das Drehmoment formschlüssig und somit schlupffrei übertragen.

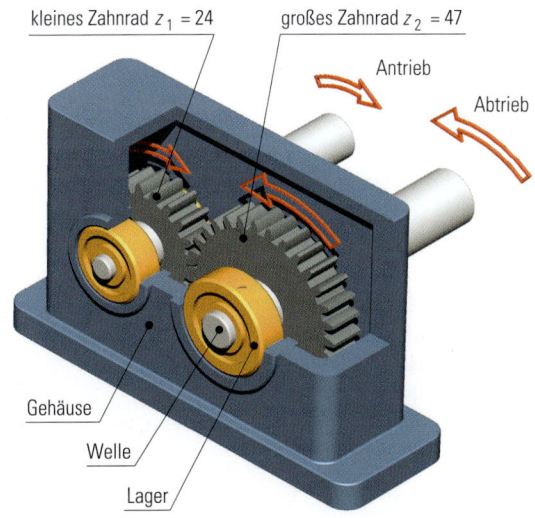

kleines Zahnrad $z_1 = 24$

großes Zahnrad $z_2 = 47$

Antrieb

Abtrieb

Gehäuse

Welle

Lager

3 Einstufiges Zahnradgetriebe

1.2.1 Bestimmungsgrößen von Zahnradgetrieben

1.2.1.1 Übersetzungsverhältnisse

Das Übersetzungsverhältnis *(gear transmission ratio)* macht eine Aussage über das Verhältnis der Umdrehungsfrequenzen zwischen An- und Abtriebsseite.

$$\text{Übersetzungsverhältnis} = \frac{\text{Umdrehungsfrequenz des treibenden Zahnrads}}{\text{Umdrehungsfrequenz des getriebenen Zahnrads}}$$

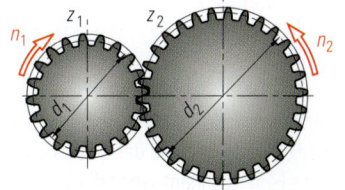

$$i = \frac{n_{\text{treib.}}}{n_{\text{getr.}}}$$

Meist erhalten **treibende** Zahnräder **ungerade Indizes** und **getriebene** Zahnräder **gerade Indizes**.

Für Rad 1 gilt: n_1; d_1; z_1; ...
Für Rad 2 gilt: n_2; d_2; z_2; ...

Die Zähne eines Zahnrades sind gleichmäßig über seinen Umfang verteilt. Somit kann das Übersetzungsverhältnis i auch über das Verhältnis der Anzahl der Zähne der einzelnen Zahnräder berechnet werden:

$$n_1 \cdot z_1 = n_2 \cdot z_2$$

$$\frac{n_1}{n_2} = \frac{z_2}{z_1}$$

$$i = \frac{z_2}{z_1} = \frac{z_{getr.}}{z_{treib.}}$$

n_1: Umdrehungsfrequenz des treibenden Zahnrads

z_1: Zähnezahl des treibenden Zahnrads

n_2: Umdrehungsfrequenz des angetriebenen Zahnrads

z_2: Zähnezahl des angetriebenen Zahnrads

i: Übersetzungsverhältnis

Beispielrechnung

Berechnen Sie die Umdrehungsfrequenz n_2 von einer Zahnradpaarung mit folgenden Angaben:

$z_1 = 24$; $z_2 = 47$; $n_1 = 810/\text{min}$

$$\frac{z_2}{z_1} = \frac{n_1}{n_2} \qquad \text{oder:} \qquad \frac{z_2}{z_1} = i = \frac{n_1}{n_2}$$

$$\frac{47}{24} = 1{,}958 = i$$

$$n_2 = \frac{n_1 \cdot z_1}{z_2}$$

$$n_2 = \frac{n_1}{i}$$

$$n_2 = \frac{810 \cdot 24}{\text{min} \cdot 47}$$

$$n_2 = \frac{810}{\text{min} \cdot 1{,}958}$$

$$\underline{\underline{n_2 = 413{,}7/\text{min}}}$$

$$\underline{\underline{n_2 = 413{,}7/\text{min}}}$$

Um größere Übersetzungsverhältnisse zu erzielen, wären hierzu bei nur **einer** Übersetzungsstufe relativ große Zahnräder erforderlich. Größere Zahnräder erhöhen jedoch die Abmessungen des Getriebes und somit auch die Kosten seiner Herstellung. Wenn das **Gesamtübersetzungsverhältnis** *(final drive ratio)*

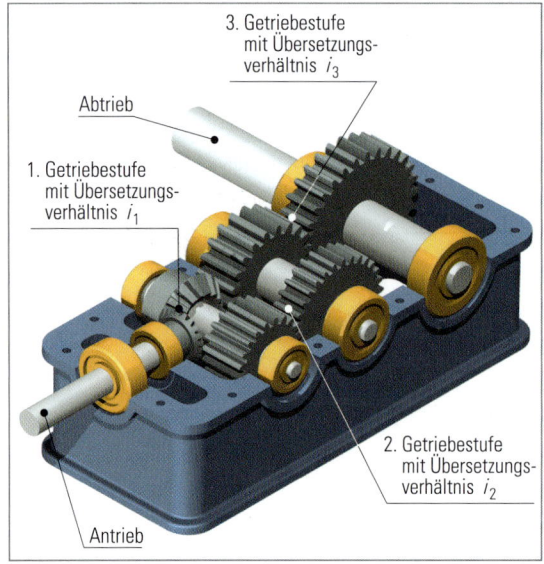

- 3. Getriebestufe mit Übersetzungsverhältnis i_3
- Abtrieb
- 1. Getriebestufe mit Übersetzungsverhältnis i_1
- 2. Getriebestufe mit Übersetzungsverhältnis i_2
- Antrieb

1 *Mehrstufiges Getriebe*

auf mehrere Stufen verteilt werden kann, ist eine insgesamt kleinere Bauweise des Getriebes möglich. In diesem Fall werden deshalb **zwei-** oder **mehrstufige Getriebe** verwendet (Bild 1).

Im dargestellten dreistufigen Getriebe wird das **Gesamtübersetzungsverhältnis** i wie folgt berechnet:

$$i = \frac{z_2}{z_1} \cdot \frac{z_4}{z_3} \cdot \frac{z_6}{z_5} = \frac{n_1}{n_6}$$

$$i = i_1 \cdot i_2 \cdot i_3$$

1.2.1.2 Drehmomentwandlung

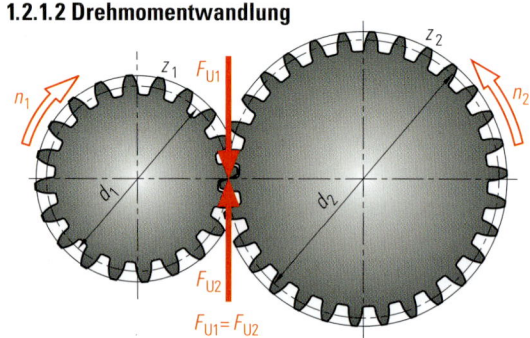

bei n_1, n_2 = konst.

$$F_{U1} = F_{U2}$$

$$\left. \begin{array}{l} M_1 = F_{U1} \cdot \dfrac{d_1}{2} \\[2ex] M_2 = F_{U2} \cdot \dfrac{d_2}{2} \end{array} \right\} \quad \frac{M_2}{M_1} = \frac{\cancel{F_{U2}} \cdot d_2 \cdot \cancel{2}}{\cancel{F_{U1}} \cdot d_1 \cdot \cancel{2}}$$

$$\frac{M_2}{M_1} = \frac{d_2}{d_1} = i$$

An der Eingangswelle eines Stirnradgetriebes ($i = 1{,}6$) wirken 175 Nm. Berechnen Sie das Abtriebsdrehmoment M_2.

$$i = \frac{M_2}{M_1}$$

$$M_2 = i \cdot M_1$$
$$M_2 = 1{,}6 \cdot 175 \text{ Nm}$$
$$\underline{\underline{M_2 = 280 \text{ Nm}}}$$

Wie groß muss der Teilkreisdurchmesser des getriebenen Zahnrades gewählt werden, wenn das treibende Zahnrad einen Teilkreisdurchmesser von $d_1 = 120$ mm hat?

geg.: $i = 1{,}6$ oder   **geg.:** $M_1 = 175$ Nm
       $d_1 = 120$ mm $M_2 = 280$ Nm
                                   $d_1 = 120$ mm

$$i = \frac{d_2}{d_1} \qquad\qquad \frac{M_2}{M_1} = \frac{d_2}{d_1}$$

$$d_2 = 1{,}6 \cdot 120 \text{ mm} \qquad d_2 = \frac{280 \text{ Nm} \cdot 120 \text{ mm}}{175 \text{ Nm}}$$

$$\underline{\underline{d_2 = 192 \text{ mm}}} \qquad\qquad \underline{\underline{d_2 = 192 \text{ mm}}}$$

1.2.1.3 Zahnradmaße

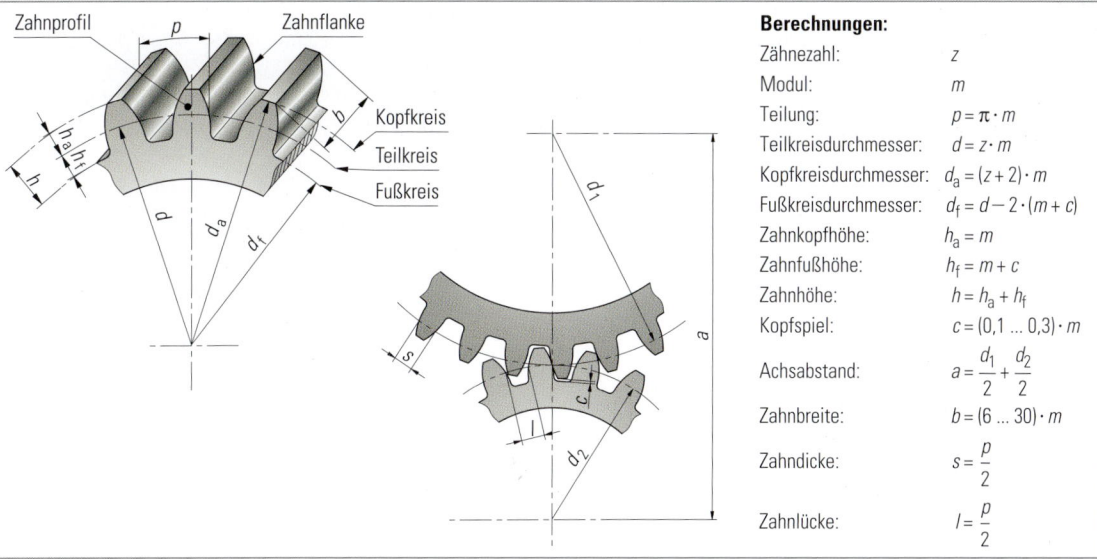

Berechnungen:

Zähnezahl:	z
Modul:	m
Teilung:	$p = \pi \cdot m$
Teilkreisdurchmesser:	$d = z \cdot m$
Kopfkreisdurchmesser:	$d_a = (z + 2) \cdot m$
Fußkreisdurchmesser:	$d_f = d - 2 \cdot (m + c)$
Zahnkopfhöhe:	$h_a = m$
Zahnfußhöhe:	$h_f = m + c$
Zahnhöhe:	$h = h_a + h_f$
Kopfspiel:	$c = (0{,}1 \ldots 0{,}3) \cdot m$
Achsabstand:	$a = \dfrac{d_1}{2} + \dfrac{d_2}{2}$
Zahnbreite:	$b = (6 \ldots 30) \cdot m$
Zahndicke:	$s = \dfrac{p}{2}$
Zahnlücke:	$l = \dfrac{p}{2}$

1 *Zahnradbestimmungsgrößen*

Der äußere Umfang des Zahnrades wird durch den Kopfkreis begrenzt (Bild 1). Aus dem Kopfkreis mit dem **Kopfkreisdurchmesser** d_a und der **Zahnhöhe** h ergibt sich der Fußkreis mit dem dazugehörigen **Fußkreisdurchmesser** d_f.
Die Zahnhöhe entspricht bei der Fertigung der Frästiefe.
Zwischen Kopfkreis und Fußkreis befindet sich der **Teilkreis** d *(pitch diameter)*. Er teilt den Zahn in den Zahnfuß und den Zahnkopf. Das **Kopfspiel** c *(clearance)* ergibt sich aus der Differenz der größeren Zahnfußhöhe des einen Zahnrades und der kleineren Zahnkopfhöhe des anderen Zahnrades. Es verhindert ein Klemmen der Räder und ermöglicht, überschüssiges Öl und Schmutz aufzunehmen.
Die **Teilung** *(pitch)* p wird aus dem Bogenmaß auf dem Teilkreisumfang von einem Punkt einer Zahnflanke bis zum nächsten entsprechenden Punkt des anderen Zahnes ermittelt.
Der Umfang des Teilkreises eines Zahnrades ergibt sich sowohl aus der Multiplikation der Zähnezahl z mit der Teilung p als auch aus der Multiplikation des Teilkreisdurchmessers d mit π (allgemeine Formel zur Berechnung eines Kreisumfangs).
Folglich gilt dann:

$z \cdot p = U = d \cdot \pi$
$z \cdot p = d \cdot \pi$

$$\boxed{\dfrac{d}{z} = \dfrac{p}{\pi} = m}$$

d: Teilkreis-durchmesser
z: Zähnezahl
p: Teilung
m: Modul

Die Verhältnisse $d : z$ bzw. $p : \pi$ sind als der **Modul** m *(module)* eines Zahnrades definiert. Je größer der Modul, desto größer die Zahnteilung und das Zahnprofil. Das bedeutet, dass sich mit dem Modul proportional alle Verzahnungsabmessungen vergrößern. Dies gilt insbesondere für die **Zahnhöhe** h *(whole depth)* und die **Zahndicke** s *(tooth thickness)*.

M E R K E

Nur Zahnräder mit gleichem Modul können miteinander gepaart werden.

Um die Anzahl der Werkzeuge einzuschränken, wurde der Modul genormt.

Modulreihe 1 (Auszug):

m in mm: ...; 0,8; 0,9; 1; 1,25; 1,5; 2; 2,5; 3; 4; 5; ...

Die **Zahndicke** s ist ein wichtiges Maß für die Stabilität des gesamten Zahnrades und somit auch für die Höhe des übertragbaren Drehmoments.

1.2.1.4 Schrägverzahnung

linkssteigendes Zahnrad   rechtssteigendes Zahnrad
2 *Zahnschrägen*
Die Angabe der Steigungsrichtung bezieht sich auf die vom Betrachter aus gesehen unten liegende Stirnfläche

Getriebe

Wenn der Modul und die **Zahnschräge** *(pitch of the helix)* übereinstimmen, können Räder mit unterschiedlichen Zähnezahlen gepaart werden (Seite 5 Bild 2). Ein Kämmen der einzelnen Zahnräder ist jedoch nur bei gegensinnig verlaufenden Steigungen möglich.

Werden Zahnräder mit Schrägverzahnung in einem Getriebe *(helical gears)* verwendet, so werden immer Axialkräfte wirksam. Bild 1 zeigt die Entstehung dieser axialen Kräfte. Ihre Größe ist abhängig von der Zahnschräge β_0. Die axialen Kräfte müssen von einem geeigneten Lager aufgenommen und in das Gehäuse weitergeleitet werden. Dies kann einen höheren Platzaufwand zur Folge haben.

Doppelschrägverzahnung *(double helical gearing)*

Eine Lösung dieses Problems ist die Verwendung eines zweiten Zahnrades auf der gleichen Welle (Bild 2). Dieses muss die gleichen Maße und Zähnezahlen besitzen. Nur die Zahnschräge ist gegensinnig angeordnet. Die auftretenden Axialkräfte heben sich auf diese Weise auf. Ein weiterer Vorteil ist die Selbstzentrierung dieser Verzahnungsart. Der Lagerungsaufwand und die Führung der Welle können somit weniger aufwändig gestaltet werden.

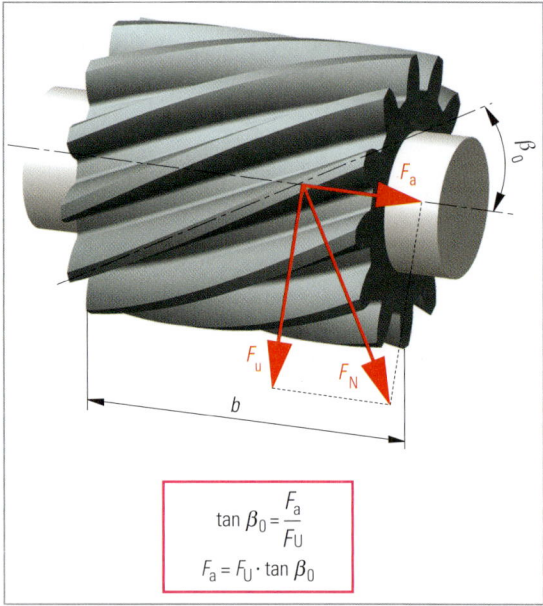

$$\tan \beta_0 = \frac{F_a}{F_U}$$

$$F_a = F_U \cdot \tan \beta_0$$

1 Entstehung der Axialkraft F_a bei der Schrägverzahnung

2 Doppelschrägverzahnung bei einem Turbinengetriebe

3 Pfeilverzahnung bei Pumpenwellen

Vorteile der Schrägverzahnung gegenüber der Geradverzahnung	**Nachteile der Schrägverzahnung gegenüber der Geradverzahnung**
■ Bessere Laufruhe und geringere Geräuschentwicklung, da jedes Zahnpaar mit einem kontinuierlichen Übergang in und aus dem Eingriff läuft und somit die Übertragung des Drehmoments gleichmäßiger verläuft. ■ Verteilung der Umfangskraft auf mehrere Zähne. ■ Größere Umdrehungsfrequenzen realisierbar. ■ Größere Umfangskräfte möglich. ■ Reduzierung der Schwingungen.	■ Es entsteht eine Axialkraft auf das Lager (Bild 1). Dies hat auf die Lagerauswahl Einfluss. Alternativ kann man durch eine Pfeilverzahnung (Bild 3) die Axialkräfte sich gegenseitig aufheben lassen (kostenintensiv) oder es werden auf einer gemeinsamen Welle ein linkssteigendes und ein rechtssteigendes Zahnrad gleicher Steigung kombiniert (Bild 2). ■ Höherer Fertigungsaufwand, damit etwas höhere Fertigungskosten. ■ Geringerer Wirkungsgrad durch die höheren Reibungskräfte in den Lagern.

4 Vor- und Nachteile einer Schrägverzahnung gegenüber einer Geradverzahnung

Kegelradgetriebe

Schneckenradgetriebe

Zahnrad-getriebearten

Stirnradgetriebe

mit außen liegendem Gegenrad

mit innen liegendem Gegenrad (Hohlradgetriebe)

mit Zahnstange

Planetengetriebe

Pfeilverzahnung *(herringbone gearing)*

Die Pfeilverzahnung (Seite 6 Bild 3) hat grundsätzlich die gleichen Eigenschaften wie die Doppelschrägverzahnung. Die Herstellung ist jedoch aufwändiger. Je nach Konstruktion kann eine insgesamt geringere Zahnradbreite gegenüber der Doppelschrägverzahnung realisiert werden. Verwendung findet diese Verzahnung in Kfz-Getrieben und im Pumpenbau.

Zahnflankenform

Die **Zahnflanken** *(tooth profiles)* wälzen sich beim Ineinandergreifen zweier Zahnräder aufeinander ab. Sie sollen dabei möglichst wenig gleiten, damit Verschleiß, Erwärmung und Geräuschentwicklung gering bleiben. Diese Forderung erfüllt besonders die **Evolventenform** eines Zahnes (Seite 5 Bild 1). Sie ermöglicht die **gleichmäßige** Übertragung der Drehbewegung zwischen dem treibenden und dem getriebenen Rad.

ⓂⓔⓇⓀⓔ

Im Maschinenbau wird fast ausschließlich die Evolventenverzahnung für Zahnräder verwendet.

Achsabstand

Die Teilkreisdurchmesser sind eine entscheidende Größe für den Achsabstand *a* *(center distance)* (Seite 5 Bild 1), der sich wie folgt berechnet:

$$a = \frac{d_1}{2} + \frac{d_2}{2}$$

d_1: Teilkreisdurchmesser von Zahnrad 1
d_2: Teilkreisdurchmesser von Zahnrad 2
a: Achsabstand

1.2.2 Zahnradgetriebearten

Die Getriebeart, die für eine Maschine oder Anlage ausgewählt wird, richtet sich nach

- dem erforderlichen Übersetzungsverhältnis bzw.
- dem zu übertragenden Drehmoment und
- der Übertragungsrichtung (Lage der Drehachsen zueinander).

Stirnradgetriebe und Kegelradgetriebe können z. B. mit gerader Verzahnung oder mit Schrägverzahnung hergestellt werden.

1.2.3 Zeichnerische Darstellung von Zahnrädern

Die zeichnerische Darstellung von Zahnrädern ist genormt[1]. Bild 1 auf Seite 8 zeigt die Darstellung eines Stirnrads mit Schrägverzahnung. Hierbei sind einige Besonderheiten zu erkennen:
❶ Strich-Punkt-Linie für Teilkreis
❷ Zähne werden nicht geschnitten
❸ Der Zahnfuß wird möglichst nur im Schnitt dargestellt. Bei Bedarf wird er in Ansichten mit dünner Volllinie gezeichnet.
❹ Flankenrichtung der Verzahnung
In Bild 2 auf Seite 8 sind weitere zeichnerische Darstellungen verschiedener Zahnräder zu sehen.

Falls es erforderlich ist, wird die Flankenrichtung der Zähne bei Stirnrädern mit drei schmalen Volllinien an einem Rad gekennzeichnet (Seite 8 Bild 3).

Bild 4 auf Seite 8 zeigt die zeichnerische Darstellung verschiedener Zahnradpaarungen.

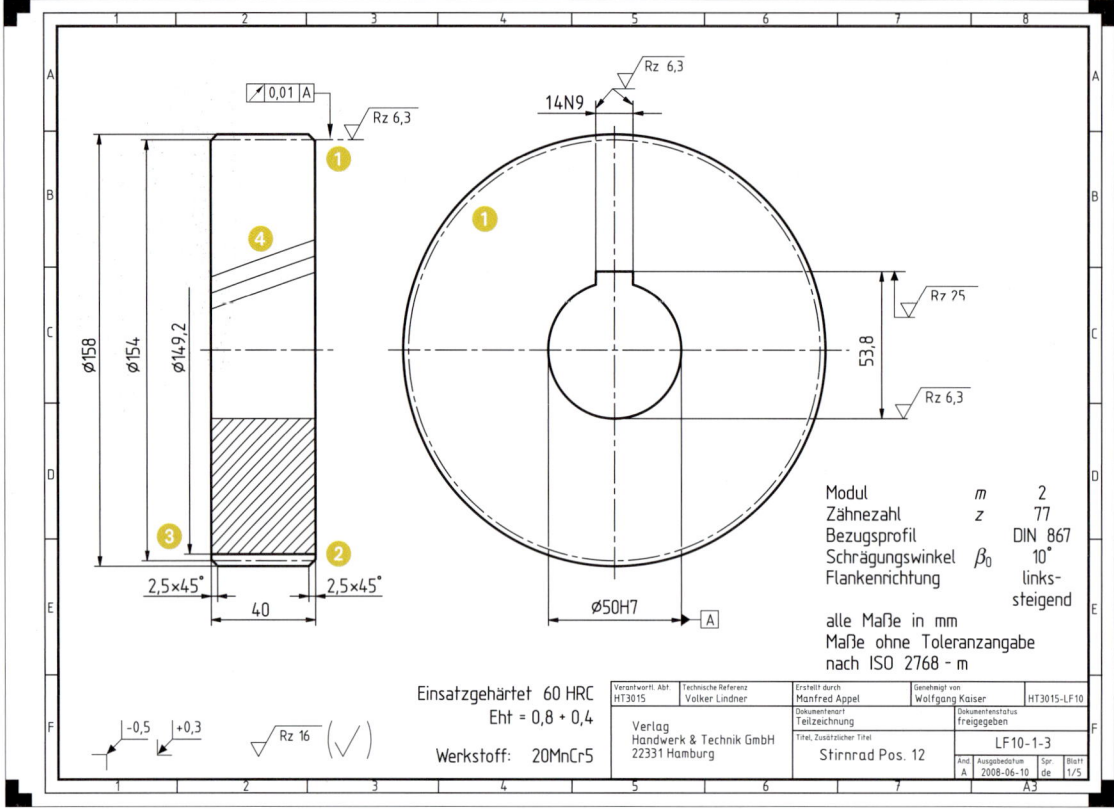

1 Zeichnerische Darstellung eines Stirnrads

Within the drawing figure 1, visible text:

0,01 A

Rz 6,3

14N9

Rz 6,3

Ø158
Ø154
Ø149,2

2,5×45°   2,5×45°

40

Ø50H7   A

Rz 25

53,8

Rz 6,3

Modul m 2
Zähnezahl z 77
Bezugsprofil   DIN 867
Schrägungswinkel β_0 10°
Flankenrichtung   links-
                        steigend

alle Maße in mm
Maße ohne Toleranzangabe
nach ISO 2768 – m

Einsatzgehärtet 60 HRC
Eht = 0,8 + 0,4
Werkstoff: 20MnCr5

−0,5 +0,3

Rz 16

Verantwortl. Abt. HT3015	Technische Referenz Volker Lindner	Erstellt durch Manfred Appel	Genehmigt von Wolfgang Kaiser	HT3015-LF10

Verlag
Handwerk & Technik GmbH
22331 Hamburg

Dokumentenart
Teilzeichnung

Dokumentenstatus
freigegeben

Titel, Zusätzlicher Titel
Stirnrad Pos. 12

LF 10-1-3

Änd. A   Ausgabedatum 2008-06-10   Spr. de   Blatt 1/5

A3

2 Teilzeichnungen einzelner Zahnräder

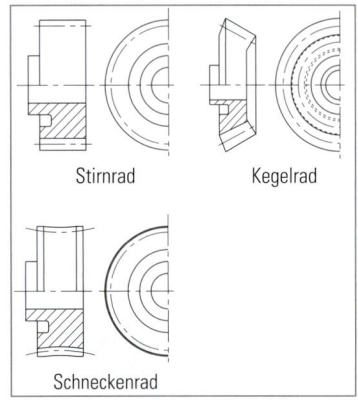

Stirnrad   Kegelrad

Schneckenrad

3 Zahnflankenrichtungen

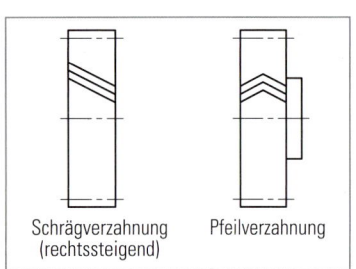

Schrägverzahnung
(rechtssteigend)   Pfeilverzahnung

4 Zahnradpaarungen (Auswahl)

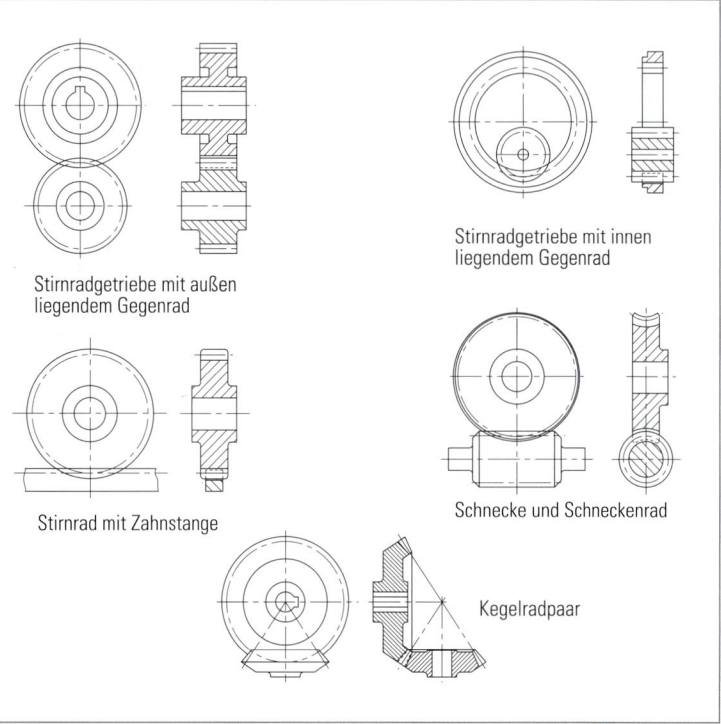

Stirnradgetriebe mit außen
liegendem Gegenrad

Stirnradgetriebe mit innen
liegendem Gegenrad

Stirnrad mit Zahnstange

Schnecke und Schneckenrad

Kegelradpaar

1.2.4 Stirnradgetriebe

Bei einem Stirnradgetriebe *(spur gear)* mit Außenverzahnung liegen die Achsen parallel (Bild 1). Je nach Bauart lassen sich mehrere Stufen hintereinander schalten, wobei bei jeder Stufe eine **Drehrichtungsumkehr** auftritt. Bei Stirnradgetrieben mit Geradverzahnung lassen sich Schaltgetriebe relativ einfach realisieren.

Bei sehr großen Unterschieden im Durchmesser zweier Zahnräder einer Stufe wird das kleinere Zahnrad als **Ritzel** bezeichnet. Die Mindestzähnezahl für ein Ritzel liegt für Stirnradgetriebe bei ca. 14...15 Zähnen. Bei einer geringeren Anzahl wäre das Kämmen der Zähne nicht mehr möglich.

Montage *(mounting)*

Die genaue Ausrichtung der Zahnräder zueinander ist abhängig von der Montage der Wellen und Lager in dem Gehäuse. Eine Einstellung ist nicht erforderlich.

1 *Stirnradgetriebe*

1.2.5 Hohlradgetriebe/Planetengetriebe

Hohlradgetriebe

Beim Hohlradgetriebe *(ring gear)* (Bild 2) liegt die Achse des Antriebsritzels innerhalb des Hohlrades. Durch diese Anordnung kann der Achsabstand zwischen antreibender Achse und angetriebener Achse deutlich verringert werden. Durch das gleichsinnige Kämmen von Ritzel und Hohlrad sind mehr Zähne im Eingriff als bei der Außenverzahnung. Es kann somit ein höheres Drehmoment übertragen werden. Es findet keine Drehrichtungsänderung statt.

Innenverzahnungen können als Gerad- und als Schrägverzahnung hergestellt werden.

Bei Hohlrädern mit Schrägverzahnung treten die gleichen Vor- und Nachteile auf wie bei den Zahnradpaarungen für Außenräder (siehe Tabelle Bild 4 auf Seite 6).

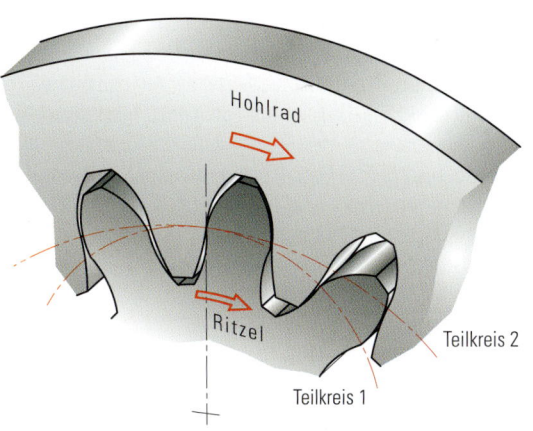

2 *Innenverzahnung eines Hohlradgetriebes*

Planetengetriebe

Ein einfaches **Planetengetriebe** *(epicyclic gear)* (Bild 3) besteht aus dem Sonnenrad in der Mitte, dem äußeren Hohlrad, Planetenrädern und dem Planetenradträger. Alle fünf Zahnräder sind ständig im Eingriff.

Bei Planetengetrieben gibt es unterschiedliche Antriebsvarianten:

Wird z. B. das **Sonnenrad** (n_1) angetrieben und das Hohlrad von einer Bremse festgehalten, sodass es sich nicht drehen kann, erfolgt der Abtrieb über den **Planetenradträger** (n_2). Damit sind Übersetzungen ins Langsame bis etwa $i = n_1/n_2 = 10$ möglich (Seite 10 Bild 1a).

Es ist auch möglich, das Sonnenrad anzutreiben und den Planetenradträger festzusetzen (Seite 10 Bild 1b). Dadurch wird eine weitere Getriebestufe mit dem Verhältnis der Zähnezahlen des Hohlrades zum Sonnenrad ermöglicht.

Je nach Aufgabe des Getriebes sind weitere Kombinationen aus Antrieb, Festsetzung eines Getriebeteiles und Abtrieb möglich (Seite 10 Bild 2).

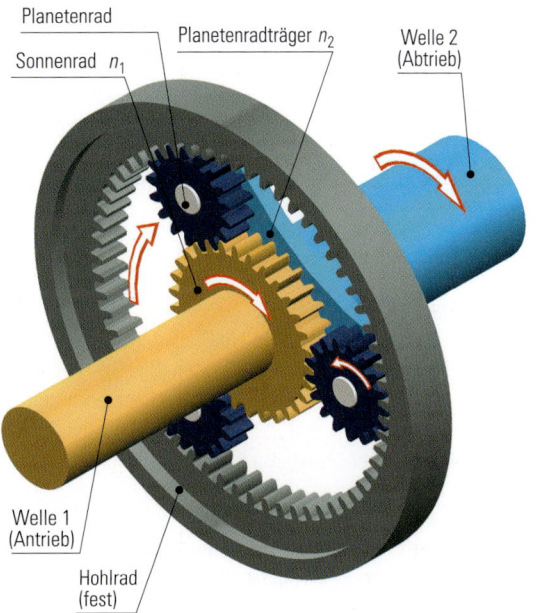

3 *Plantenradgetriebe*

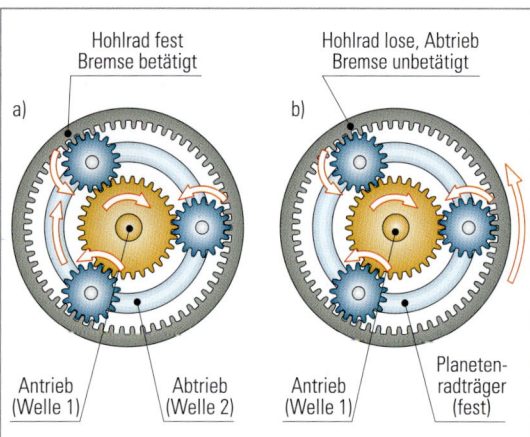

1 Kombinationsmöglichkeiten am Planetenradgetriebe

Eingang	Ausgang	fest	Bemerkung
Sonnen-rad	Planeten-rad	Hohlrad	Übersetzung ins Lang-same gleiche Drehrichtung
Planeten-rad	Sonnen-rad	Hohlrad	Übersetzung ins Schnelle gleiche Drehrichtung
Hohlrad	Planeten-rad	Sonnen-rad	Übersetzung ins Lang-same gleiche Drehrichtung
Planeten-rad	Hohlrad	Sonnen-rad	Übersetzung ins Schnelle gleiche Drehrichtung
Sonnen-rad	Hohlrad	Planeten-rad	Übersetzung ins Lang-same Drehrichtungsumkehr
Hohlrad	Sonnen-rad	Planeten-rad	Übersetzung ins Schnelle Drehrichtungsumkehr

2 Kombinationen am Planetenradgetriebe

Planetengetriebe sind für kleine und große Drehmomente sowie für große und kleine Antriebsumdrehungsfrequenzen geeignet. Sie haben eine kompakte Bauweise und der An- und Abtrieb liegen auf einer Achse. Dadurch wird der Lagerungsaufwand geringer. Die Bauweise ermöglicht Schaltvorgänge, ohne dass Zahnräder zusätzlich in Eingriff gebracht werden müssen.
Typische Anwendungen sind:

- Achsantriebe von Robotern
- Rundschalttische
- Werkzeugwechselmagazine
- Klappenverstellungen von Flugzeugen
- Fahrzeugantriebe (Lkw)
- Hebezeuge (Trommelantrieb bei Kranen)

1.2.6 Harmonic-Drive-Getriebe (Gleitkeilgetriebe)

Roboter oder Schwenktische innerhalb von Produktionsanlagen müssen immer wieder gleiche Positionen anfahren. Dabei ist eine hohe Genauigkeit für jede einzelne Stellung eines Werkzeugs oder für die Zuführung von Material zu einer Maschine erforderlich. Wenn dabei Kräfte wirken, die von Stellmotoren (Servomotore) nicht direkt erreicht werden können, sind Getriebe erforderlich. Wo zusätzlich hohe Übersetzungsverhältnisse mit kleinen Einbaumaßen notwendig sind, können **Gleitkeilgetriebe** (Bild 3) eingesetzt werden.

Aufbau und Funktionsweise
Das Harmonie-Drive-Getriebe ist ein Gleitkeilgetriebe und besteht im Wesentlichen aus drei Elementen (Bild 3):

- Der ovalen Antriebsscheibe ① mit einem aufgeschrumpften Wälzlager.
- Einer zylindrischen Stahlhülse ③ mit Außenverzahnung. Sie ist elastisch verformbar und bildet den Abtrieb.
- Einem zylindrischen Außenring ② mit Innenverzahnung.

Die Stahlhülse ③ hat mindestens zwei Zähne weniger als der Außenring ②. Somit haben die Stahlhülse wie auch der Außenring eine unterschiedliche Zahnteilung. Wird die Antriebsscheibe ① gedreht, gleiten die Zähne der Stahlhülse ③ auf den

Außenring ②

Stahlhülse ③

Antriebsscheibe ①

3 Aufbau und Funktion eines Harmonic-Drive-Getriebes

Flanken des innenverzahnten Außenrings ②. Es kommt zu einer Drehbewegung der Stahlhülse ③. Der Außenring ② wird hierbei nicht gedreht.
Mit wenigen Bauteilen lassen sich mit diesem Getriebe in nur einer Stufe sehr große Übersetzungen ($i = 30 : 1 ... 320 : 1$) erzielen.

Eigenschaften:

- sehr hohe Übertragungs- und Wiederholgenauigkeit
- sehr hohe Übersetzungsverhältnisse zwischen An- und Abtrieb möglich
- geringe Getriebeabmessungen
- hoher Wirkungsgrad ($\eta = 0,85$)
- kein Spiel zwischen An- und Abtriebsseite
- hohe Drehmomentübertragung

1) Der Begriff „Achse" ist in diesem Zusammenhang als „Drehachse" zu verstehen

1.2.7 Zahnstangengetriebe

Zahnstangengetriebe *(rack gears)* haben die Aufgabe, eine drehende Bewegung des Ritzels in eine Längsbewegung der Zahnstange umzuwandeln und umgekehrt (Bild 1). Anwendungsgebiete sind zum Beispiel:

- Höhenverstellung des Bohrtisches an einer Säulenbohrmaschine
- Längsvorschub des Werkzeugschlittens einer Drehmaschine

1 Zahnstangengetriebe

1.2.8 Kegelradgetriebe

Kegelradgetriebe *(bevel gears)* (Bild 2) werden eingesetzt, wenn die Wellenausrichtung winklig zueinander steht. Es sind beliebige Winkel realisierbar (Bild 3).

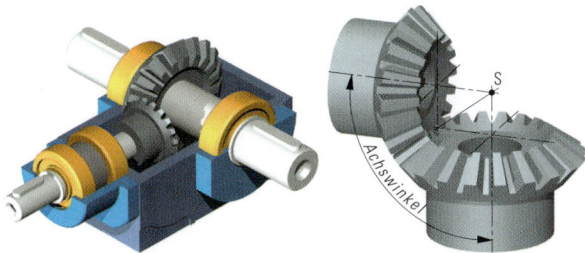

2 Kegelradgetriebe   *3 Achswinkel*

Bei Kegelradgetrieben mit Gerad- und mit Schrägverzahnung schneiden sich die Achsen[1] (Bild 4). Die Schrägverzahnung wird verwendet, wenn die Kegelradpaare größere Leistungen übertragen und ruhig laufen sollen.

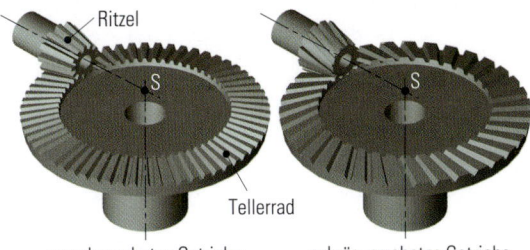

4 Kegelradgetriebe

Bei speziellen Kegelradgetrieben (**Hypoidgetrieben**) *(hypoid gears)* (Bild 5) kreuzen sich die Achsen, ohne sich jedoch zu schneiden. Diese Getriebeart ist in Fahrzeugantrieben zu finden. Wenn beide Zahnräder etwa gleiche Größe haben, bezeichnet man sie als **Kegelräder** *(bevel wheels)*. Bei erheblicher Größendifferenz wird das größere Zahnrad als **Tellerrad** *(crown gear)*, das kleinere Zahnrad als **Ritzel** *(pinion)* bezeichnet.

5 Hypoidgetriebe

Montage

Geradverzahnte Kegelräder sind besonders empfindlich gegen Achsverlagerungen. Bei Fehlern tragen dann nur die Zahnkanten. Dies hat vor allem einen frühen Verschleiß des Ritzels zur Folge. Es wird daher zunächst das Zahnspiel mit Distanzscheiben eingestellt. Danach ist der Sitz der Lager an den Getriebegehäusen sorgfältig zu prüfen und das Lagerspiel einzustellen. Ziel ist eine Verbesserung der Laufruhe und die Verlängerung der Lebensdauer der Verzahnung.

Bei Reparaturen werden die Zahnräder immer paarweise ausgewechselt.

Bei bogenverzahnten Kegelrädern sind die Zahnflanken von Rad und Gegenrad verschieden gekrümmt. Sie berühren sich daher nur in der Flankenmitte. Bei Achsenverlagerungen wandert die Berührungsfläche, wodurch eine einseitige Überlastung vermieden wird. Bei Belastung vergrößern sich die Berührungsflächen zwischen den Zahnflanken (Bild 6).

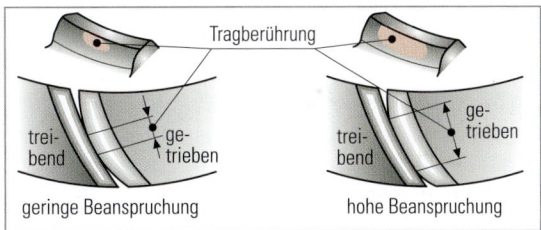

6 Tragbilder verschiedener Beanspruchungshöhen

1.2.9 Schneckengetriebe

Mit Schneckengetrieben *(worm drives)* (Bild 7) lassen sich innerhalb einer Getriebestufe sehr große Übersetzungen ins Langsame (z. B. $i = 60 : 1$) erzielen. Die Schnecke treibt das Schneckenrad. Sie kann ein- oder mehrgängig und rechts- oder linksgängig sein. Ein Schneckengetriebe ist ein Winkelgetriebe, dessen Achsen auf verschiedenen Ebenen liegen und sich kreuzen, aber nicht schneiden.

7 Schneckengetriebe

---

1) Der Begriff „Achse" ist in diesem Zusammenhang als „Drehachse" zu verstehen

Das Übersetzungsverhältnis gilt auch für die zu übertragenden Drehmomente. **Schneckenradsätze** laufen leise und können große Leistungen übertragen. Liegt der Steigungswinkel der Schneckengänge unter 5°, ist das Schneckengetriebe selbsthemmend, d.h., es kann nicht vom Schneckenrad her angetrieben werden. Bei Hebezeugen z.B. wird dadurch ein Absinken der Last verhindert. Das Getriebe ist auch für Stellantriebe geeignet, die nicht durch zusätzliche Bremseinrichtungen gesichert werden müssen. Allerdings können Vibrationen die Selbsthemmung lösen. Brems- oder Feststelleinrichtungen sind demzufolge nicht immer verzichtbar.

Wenn große Massen in Bewegung sind, ist bei einem Schneckenradgetriebe ein Nachlauf beim Abschalten des Antriebes erforderlich. Ohne Nachlauf käme das Getriebe sofort zum Stehen. Sehr hohe Lagerbeanspruchungen sind die Folge und somit auch ein erhöhter Verschleiß des gesamten Getriebes.

Die **Steigung** der eingängigen Schnecke entspricht der Teilung des Schneckenrades, sodass bei einer Umdrehung der Schnecke das Schneckenrad um einen Zahn weitergedreht wird.

Durch die Schraubbewegung der Schnecke am Schneckenrad entsteht Gleitreibung. Um den Verschleiß und die Wärmeentwicklung in Grenzen zu halten, sind die Werkstoffe von Schnecke (Stahl) und Schneckenrad (Grauguss, CuSnP-Legierung) aufeinander abzustimmen. Damit die Reibung weiter minimiert werden kann, muss der Radsatz teilweise in einem Ölbad laufen. Der Ölstand muss regelmäßig überprüft werden[1]. Insgesamt ist der mechanische Wirkungsgrad von Schneckengetrieben wesentlich geringer als der von Stirnradgetrieben.

Montage

Bei der Montage ist es wichtig, dass die Achsen der Schnecke und des Schneckenrades in parallelen Ebenen liegen. Die Achsen müssen sich unter 90° kreuzen. Weiterhin ist wichtig, dass die senkrechte Ebene der Schneckenachse mittig durch die Zähne des Schneckenrades läuft.

Die richtige Einbaulage von Schnecke und Schneckenrad lässt sich durch **Tuschieren** der tragenden Flanken kontrollieren. Dabei wird die berührende Flanke der Schnecke dünn mit Tuschierfarbe eingestrichen.

Durch Kontrolle der Lage des **Tragbildes** (Farbabrieb; Bild 1) im eingebauten Zustand lässt sich erkennen, ob ein Einbaufehler vorliegt. Das Tragbild sollte möglichst zur Auslaufseite des

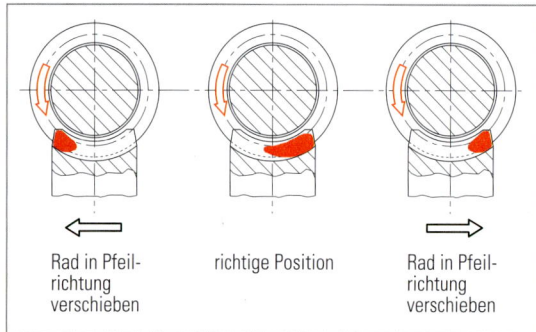

1 *Einstellen des Tragbildes bei linkssteigender Verzahnung*

Schneckenrades verschoben sein und bei wechselnder Drehrichtung zur Mitte. Im nahezu unbelasteten Betrieb soll sich nur auf dem äußeren Flankenteil des Schneckenradzahnes ein Farbabrieb zeigen. Bei voller Belastung soll das Tragbild einen möglichst großen Teil der Zahnflanke bedecken. Das Tragbild ist zum einen justierbar durch axiales Verschieben der Schnecke und zum anderen durch Verschieben der Schnecke in Achsrichtung des Schneckenrades.

1.2.10 Sinnbilder für Getriebeelemente

Eine Aussage über Funktion und Aufbau eines Getriebes ist oft durch eine sehr vereinfachte Darstellung möglich.

Die einzelnen Bauteile wie z.B. Zahnräderanordnung, Lagerungen und Schaltbarkeit der Umdrehungsfrequenzen werden dabei auf einfache Strichdarstellungen reduziert (Bild 2).

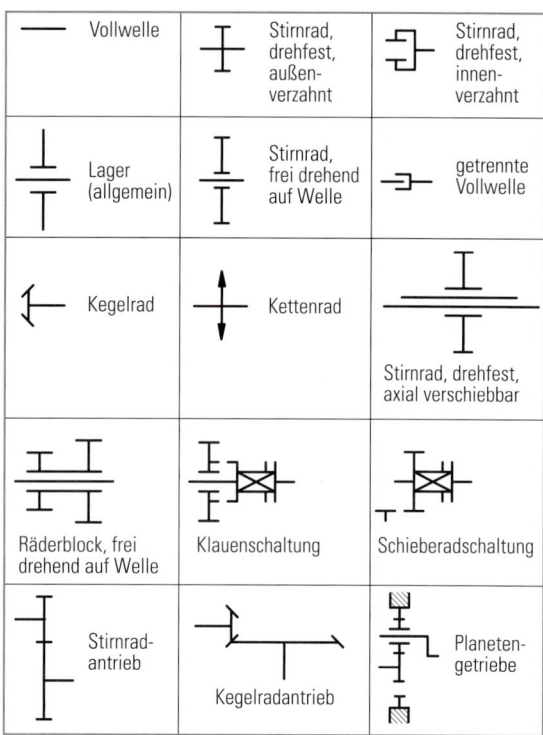

2 *Sinnbilder für Getriebeelemente (nicht genormt)*

1.2.11 Getriebeplan

Der Getriebeplan *(gearing layout)* (Seite 13 Bild 1) zeigt mithilfe von Sinnbildern den Aufbau des Kegelstirnradgetriebes von Seite 26 und das Zusammenwirken seiner Bauelemente. Eine Aussage über die konstruktiven Einzelheiten der Bauelemente macht er nicht.

Ein weiterer Getriebeplan zeigt den Aufbau eines **Schaltgetriebes** (Seite 13 Bild 2). Es werden drei Wellen, zwei Schieberäder und insgesamt 10 Zahnräder dargestellt. So können mit zwei Schalthebeln (H_1 und H_2) insgesamt 6 Abtriebsdrehfrequenzen ($n_1 \ldots n_6$) realisiert werden.

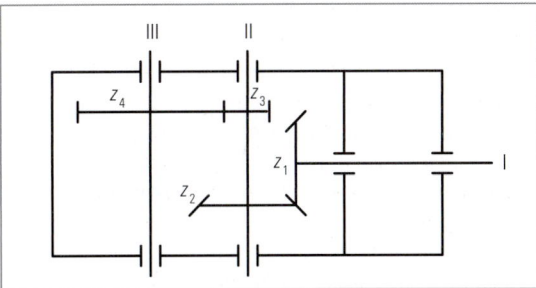

1 Getriebeplan eines zweistufigen Kegelstirnradgetriebes

Das **Umdrehungsfrequenzbild** (Seite 14 Bild 1) ist eine übersichtliche zeichnerische Darstellung dieser Übersetzungsverhältnisse, Schaltstufen und Umdrehungsfrequenzen eines Getriebes. Es enthält die Wellen (I, II, III) des Getriebes als paral-

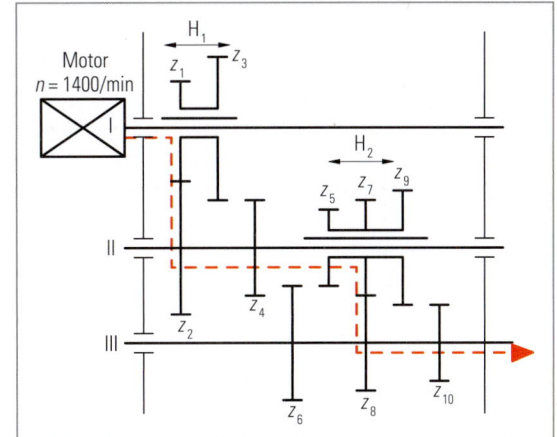

2 Darstellung eines Schaltgetriebes

Getriebeart	Stirnradgetriebe außenverzahnt	Stirnradgetriebe innenverzahnt	Zahnstangen-antrieb	Kegelrad-getriebe	Schnecken-radgetriebe
		Hohlrad / Ritzel	Zahnstange		Schnecke
Lage der Wellen	parallele Wellen	parallele Wellen	Welle rechtwinkelig zur Zahnstange	sich schneidende Wellen	sich kreuzende Wellen
mögliche Verzahnungsarten (Auswahl)	Gerad- und Schrägverzahnung	Gerad- und Schrägverzahnung	Gerad- und Schrägverzahnung	Gerad- und Schrägverzahnung	Sonderverzahnung an Schnecke und Schneckenrad
Wirkungsgrad-minderung in %	Einflussgrößen: Zahnradoberfläche, Schmiermittel, Zahnradwerkstoff, Lagerausführung, Umdrehungsfrequenz, Ölfüllung ca.: 1 % pro Zahneingriff; 0,5 % pro Wälzlagerung; 2 % pro Gleitlagerung; 1 … 5 % für Wellenabdichtung und Ölbad Bei Schrägverzahnung können die Wirkungsgrade ca. 1 … 2 % kleiner als bei der Geradverzahnung sein				0,7 … 0,9 Je mehr Gänge (Zähne) der Schnecke, desto besser der Gesamtwirkungsgrad
Besonderheiten	Übersetzung und Drehrichtungsänderung	Übersetzung ohne Drehrichtungsänderung	Übersetzung und Umwandlung von Dreh- in Längsbewegung und umgekehrt	Übersetzung und Drehrichtungsänderung Kraftumlenkung	große, einstufige Übersetzung
Anwendungsgebiete	Ein- oder mehrstufige Getriebe, Planetengetriebe, Hebezeuge	Planetengetriebe, Hebezeuge	Vorschubantriebe an Drehmaschinen, Säulenbohrmaschine	Differenzialantriebe	Aufzüge, Winden, Krane, Antriebe von Band- und Schneckenförderern

3 Zahnradgetriebe im Vergleich

Getriebe

lele Geraden in beliebigen, aber untereinander gleichen Abständen. Die bei den verschiedenen Schaltstufen erreichbaren Abtriebsdrehfrequenzen werden aufsteigend an der Abtriebswelle (hier III) angetragen.

Bei mehrstufigen Stirnradgetrieben mit Außenverzahnung sind die Übersetzungsverhältnisse je Stufe bei $i = 1 : 2{,}5$ ins Schnelle und $i = 5 : 1$ ins Langsame begrenzt.

Kleinere Übersetzungsverhältnisse wie z. B. $1 : 4$ können zu einer sehr hohen Abtriebsdrehfrequenz führen. Eine stärkere Geräuschentwicklung kann die Folge sein.

Größere Übersetzungsverhältnisse wie z. B. $10 : 1$ erfordern einen großen Raum, da auf der Abtriebsseite ein sehr großes Zahnrad gebraucht wird. Dies zieht eine Vergößerung der Abmessungen des Getriebegehäuses nach sich.

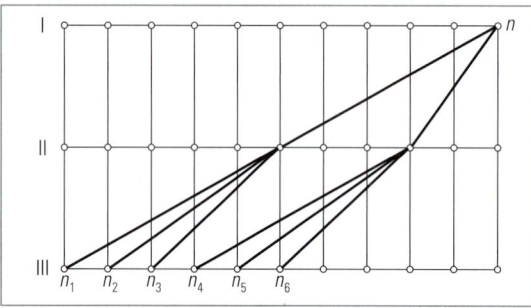

1 *Umdrehungsfrequenzbild des Schaltgetriebes*

Berechnung eines mehrstufigen Getriebes

Die Gesamtzeichnung (Bild 3) und die Stückliste (Seite 15 Bild 1) sind der Betriebsanleitung des Stirnradgetriebes SK 63 (Bild 2) entnommen. Das Getriebe hat drei Zahnradpaare oder Stufen und somit drei Einzelübersetzungen.

Alle Formelzeichen die zu einem Rad gehören, erhalten den gleichen Index: m_1, z_1, d_1, n_1, M_1 und F_1 gehören zum Rad 1. Die Wellen, auf denen die Räder sitzen, erhalten eine eigene Kennzeichnung. Im Beispiel sind das römische Ziffern: n_I, n_{II}, n_{III} und n_{IV}.

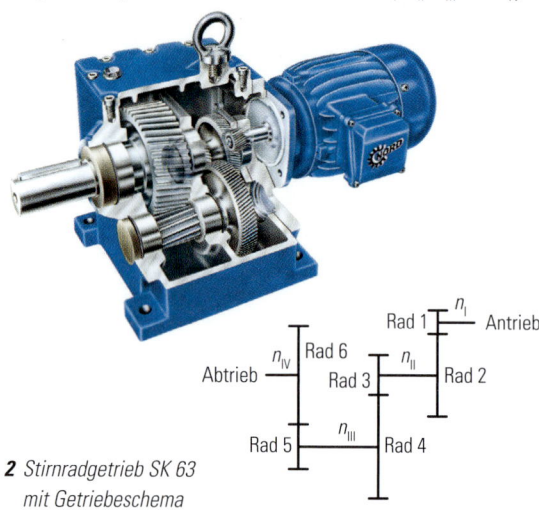

2 *Stirnradgetrieb SK 63 mit Getriebeschema*

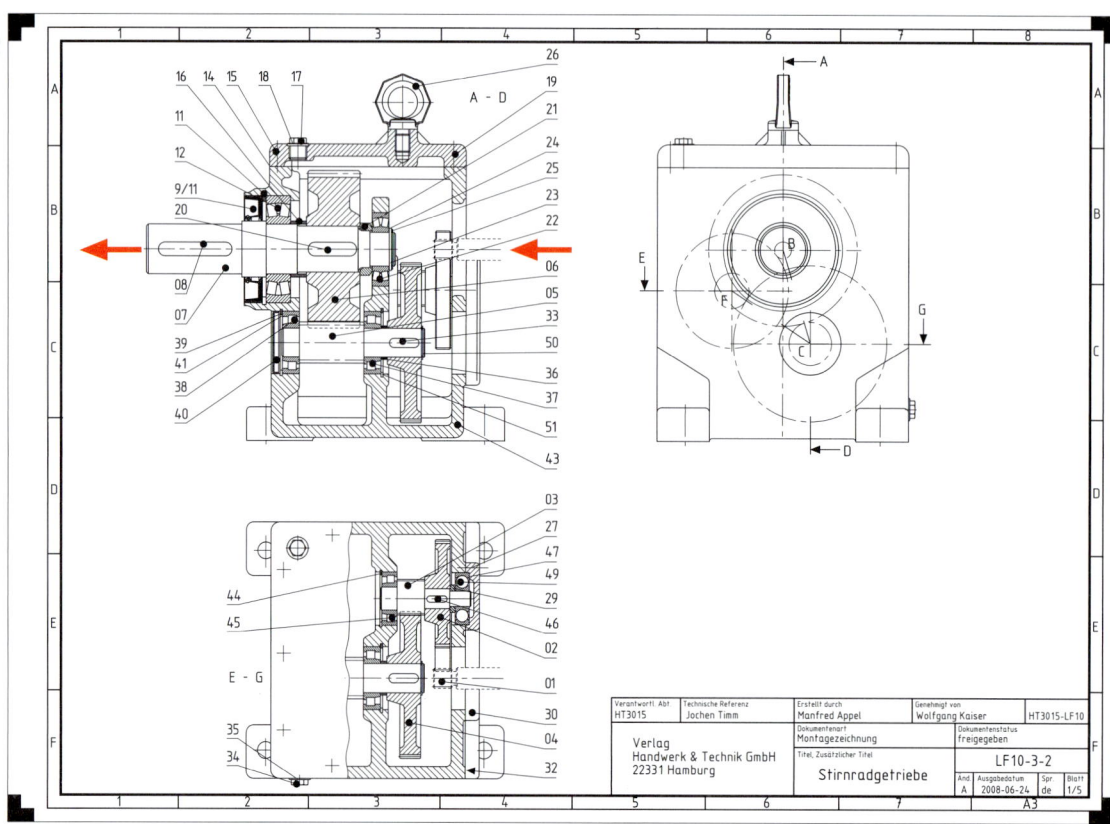

3 *Stirnradgetriebe SK 63*

Position	Menge	Benennung	Sach-Nr./Norm-Kurzbezeichnung	Bemerkung
01	1	Rad 1		Baugruppe Motor $z = 18$, $m = 1,25$
02	1	Rad 2		$z = 117$, $m = 1,25$
03	1	Rad 3		$z = 19$, $m = 2,00$
04	1	Rad 4		$z = 93$, $m = 2,00$
05	1	Rad 5		$z = 13$, $m = 3,50$
06	1	Rad 6		$z = 54$, $m = 3,50$
07	1	Abtriebswelle		
08	1	Passfeder	DIN 6885 – A18 × 11 × 60 – St	
09	1	Radialwellendichtring	DIN 3760 – AS90 × 120 × 12 – NBR	
10				entfällt
11	1	Sicherungsring	DIN 472 – 120 × 4	
12	1	Pendelrollenlager	DIN 635 – 2 – 21311	
13	1	Nilos-Ring	6213 AV	
14	1	Gehäuse-Dichtung		$s = 0,5$
15	1	Gehäusedeckel		
16	1	Distanzbuchse		
17	1	Entlüftungsschraube	DIN 910 – M24 × 1,5	
18	1	IT-Öldichtung	DIN 7603 – 24 × 29 × 2	
19	8	Zylinderschraube	ISO 4762 – M12 × 25 – 8.8	
20	1	Passfeder	DIN 6885 – B18 × 11 × 65 – St	
21	1	Distanzbuchse		
22	1	Pendelrollenlager	DIN 635 – 2 – 21309	
23	1	Stützscheibe	DIN 988 – 45 × 55 × 3,0	
24	2	Passscheibe	DIN 988 – 45 × 55 × 0,1	
25	1	Sicherungsring	DIN 471 – 45 × 1,75	
26	1	Ringschraube	DIN 580 – M20 – C15E	
27	7	Zylinderschraube	ISO 4762 – M12 × 25 – 8.8	
28	1	Motor-Dichtung		$s = 0.5$
29	1	Distanzbuchse		
30	1	Getriebedeckel		
31				entfällt
32	1	Getriebedichtung		$s = 0,5$
33	1	Passfeder	DIN 6885 – B12 × 8 × 45	
34	2	Verschlussschraube	DIN 908 – M24 × 1,5	
35	2	IT-Öldichtung	DIN 7603 – 24 × 29 × 2	
36	1	Distanzbuchse		
37	1	Zylinderrollenlager	DIN 5412 – 1 – NJ208	
38	1	Zylinderrollenlager	DIN 5412 – 1 – NJ208	
39	1	Sicherungsring	DIN 472 – 80 × 2,5	
40	1	Verschlusskappe	80 × 8	
41	2	Passscheibe	DIN 988 – 63 × 80 × 0,1	
43	1	Fußgehäuse		
44	1	Sicherungsring	DIN 472 – 62 × 2,5	
45	1	Zylinderrollenlager	DIN 5412 – 1 – NJ206	
46	1	Passfeder	DIN 6885 – B8 × 7 × 28	
47	2	Passscheibe	DIN 988 – 42 × 52 × 0,1	
49	1	Kugellager	DIN 625 – 1 – 6304	
50	1	Sicherungsring	DIN 471 – 40 × 1,75	
51	1	Sicherungsring	DIN 472 – 80 × 2,5	

1 Stückliste des Stirnradgetriebes SK 63

Das Getriebeschema in Bild 2 auf Seite 14 zeigt, dass nur zwei grundlegende Räderkombinationen vorkommen:

zwei Räder auf zwei Wellen   **zwei oder mehr Räder auf einer Welle**

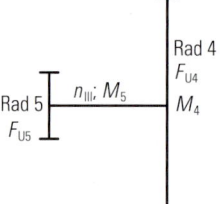

Für Rad 1 und Rad 2 gilt:

$$n_1 \neq n_2$$
$$z_1 \neq z_2$$
$$d_1 \neq d_2$$
$$m_1 = m_2$$
$$M_1 \neq M_2$$
$$F_{U1} = F_{U2}$$

Für Rad 4 und Rad 5 gilt:

$$n_5 = n_4$$
$$z_5 \neq z_4$$
$$d_5 \neq d_4$$
$$m_5 \neq m_4$$
$$M_5 = M_4$$
$$F_{U5} = F_{U4}$$

Ausnahme: Für $i = 1$ sind die zusammengehörenden Werte gleich wie z. B.: $n_1 = n_2$. Die Kraft wird von Rad 1 auf Rad 2 übertragen. Ohne Reibungsverluste ist $F_{U1} = F_{U2}$. In Abhängigkeit von den Durchmessern d_1 und d_2 ändern sich die Drehmomente.

In einem Bauteil und in fest mit einem Bauteil verbundenen Einzelteilen ist das Drehmoment überall gleich. In Abhängigkeit von den Durchmessern d_4 und d_5 ändern sich die Kräfte F_{U4} und F_{U5}.

In der Betriebsanleitung sind als Ergänzung zur Stückliste weitere Angaben enthalten:
Die Motorwelle, auf der das Antriebsritzel mit $z = 18$; $m = 1{,}25$ sitzt, hat eine Umdrehungsfrequenz $n = 1390/min$ und ein Drehmoment $M = 7{,}56$ Nm.
Die Berechnung der Getriebedaten soll mithilfe einer Tabelle durchgeführt werden.

- Die tabellarische Darstellung erleichtert den Rechenvorgang, weil die Formeln und die Einheiten nur einmal aufgeschrieben werden müssen.
- Die tabellarische Darstellung erleichtert die Kontrolle der Zwischen- und Endergebnisse, weil Abweichungen sofort auffallen.
- Die tabellarische Darstellung ermöglicht einen einfachen und schnellen Überblick über alle wesentlichen Daten des Getriebes.

Überlegen Sie!

1. Warum ist das Getriebe in der Gesamtzeichnung auf Seite 14 in zwei Schnitten dargestellt?
2. Wie und wo wird das Drehmoment im Getriebe gewandelt?
3. Warum ist bei dem Beispielgetriebe die größte Übersetzung in der ersten Stufe?
4. Wie verändern sich die Werte für n, M und F_U bei einem Getriebe mit $i_g < 1$?
5. Begründen Sie die genaue Berechnung der Übersetzungsverhältnisse.

Stufen	Benennung	\textit{Räder} treibend	getrieben	z	m	d	\textit{Übersetzung} a	i_{Stufe}	i_g	\textit{Umdrehungsfrequenz} n	\textit{Drehmoment} M	\textit{Kraftübertragung ohne Reibung} F_U
Formelzeichen				z	m	d	a	i	i_g	n	M	F_U
Formel						$d = z \cdot m$	$a = \dfrac{d_{tr.} + d_{getr.}}{2}$	$i = \dfrac{z_{getr.}}{z_{tr.}}$	$i_g = i_1 \cdot i_2 \cdot i_3$	$n_{tr.} = i \cdot n_{getr.}$; $n_{getr.} = \dfrac{n_{tr.}}{i}$	$M = F_U \cdot \dfrac{d}{2}$	$F_U = 2 \cdot \dfrac{M}{d}$
Einheit					mm	mm	mm			min^{-1}	Nm	N
1	Rad 1	×		18	1,25	22,5				1390	7,56	672
1	Rad 2		×	117		146,25	84,375	6,5	132,17	213,846	49,14	
2	Rad 3	×		19	2,0	38,0						2586,3
2	Rad 4		×	93		186,0	112	4,895		43,687	240,53	
3	Rad 5	×		13	3,50	45,5						10572,7
3	Rad 6		×	54		189,0	117,25	4,154		10,519	999,1	

1.3 Zugmittelgetriebe

1.3.1 Riemengetriebe

Riemengetriebe *(belt drives)* übertragen Drehmomente zwischen zwei oder mehreren Wellen (Bilder 1 bis 3). Je nach Riemenart kann dies kraft- oder formschlüssig geschehen. Dabei können **beliebige Achsabstände** überwunden werden.
Die **Größe der übertragbaren Kraft** hängt ab von

- Reibfaktor,
- Normalkraft und
- Umschlingungswinkel (Bild 4)

1 Antrieb mit Keilriemen

2 Flachriemenantrieb

3 Zahnriemenantrieb

1.3.1.1 Riemenarten *(kinds of belts)*
An Riemen werden hohe Anforderungen gestellt bezüglich

- hoher Zerreißfestigkeit,
- gutem Reibverhalten und
- einer Unempfindlichkeit gegenüber Umwelteinflüssen

Deshalb werden Riemenarten und Riemenwerkstoffe auf die speziellen Anforderungen der Antriebsaufgabe ausgelegt (Bild 5).

Gebräuchlich sind:

- Flachriemen *(flat belts)* (Bild 2)
- Keilriemen *(V-belts)* (Bild 1)
- Zahnriemen *(toothed belts)* (Synchronriemen; (Bild 3)
- Keilrippenriemen *(V-ribbed belts)*

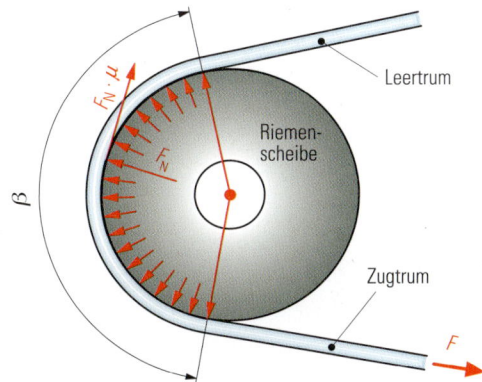

4 Umschlingungswinkel an einer Riemenscheibe

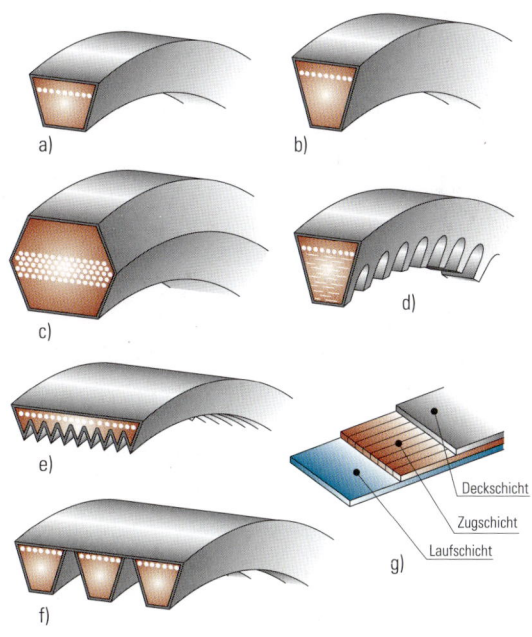

5 Riemenarten
  a) Normalkeilriemen
  b) Schmalkeilriemen
  c) Doppelkeilriemen
  d) Schmalkeilriemen flankenoffen, gezahnt
  e) Keilrippenriemen
  f) Verbundkeilriemen
  g) Flachriemen: Bandriemen mit zusammengesetzten Zugbändern

1.3.1.2 Riemenführungen *(belt guides)*

Je nach Antriebsaufgabe verbinden die Riemen die Riemenscheiben auf verschiedene Weisen (Übersicht Seite 19). Damit ein ausreichender Umschlingungswinkel erreicht werden kann, sind häufig **Umlenkrollen** erforderlich (Bild 1).

> **MERKE**
>
> Je größer der Umschlingungswinkel desto größer sind die übertragbaren Kräfte.

Selbst bei genauer Ausrichtung der Riemenscheiben (siehe Kap. 1.3.1.3) ist bei Flach- und Zahnriemen eine gesonderte Führung erforderlich. Dies geschieht durch den Einsatz einer **Führungsrolle** (Bild 2).

1.3.1.3 Montage von Riemengetrieben
Auswahl des Riemens

Der Riemen *(belt)* und die Riemenscheibe *(belt pulley)* müssen das gleiche Profil besitzen. Dies gilt besonders für Keilriemen *(V-belts)*. Bei falscher Wahl des Querschnitts ändert sich der Wirkdurchmesser und dadurch können die Seitenflächen des Riemens nicht mehr in vollem Umfang Reibkräfte übertragen (Bild 3). Der Winkel in der Riemenscheibe muss durch entsprechende Wahl des Rillenwinkels angepasst werden[1]. Dazu kommt noch ein höherer Verschleiß des Keilriemens. Dabei ist zu beachten, dass der Querschnitt eines Keilriemens zusätzlich abhängig ist vom Umschlingungswinkel um die Keilriemenscheibe (Bild 4). Grund hierfür ist das elastische Verhalten des Riemenwerkstoffes.

Die Form des Keilriemens beruht auf der Keilwirkung zur Erhöhung der Normalkräfte bei vorhandenen Vorspannkräften (Bild 5).

Das Übersetzungsverhältnis wird über die Außendurchmesser der Riemenscheiben ermittelt. Eine Ausnahme ist die Keilriemenscheibe. Aufgrund der Keilriemengeometrie ist der für das Übersetzungsverhältnis verantwortliche Wirkdurchmesser[2] (Richtdurchmesser) geringer als der Außendurchmesser. Bild 6 zeigt ein Anwendungsbeispiel:

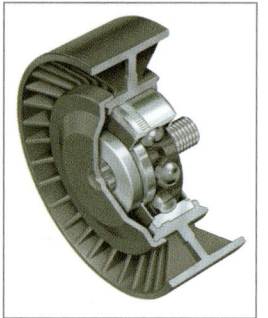

1 Umlenkrolle

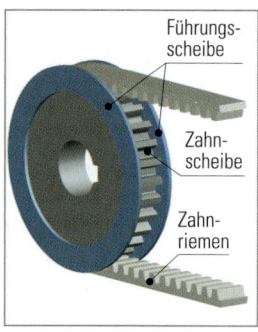

2 Führungsrolle bei einem Zahnriementrieb

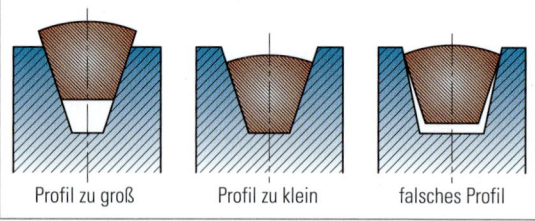

Profil zu groß   Profil zu klein   falsches Profil

3 Falsche Wahl des Riemenquerschnitts

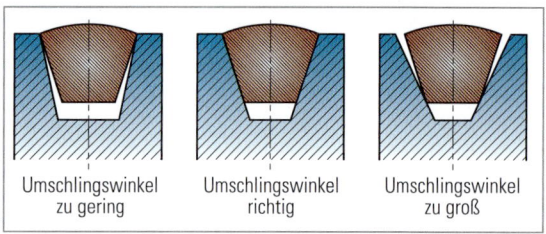

Umschlingungswinkel zu gering   Umschlingungswinkel richtig   Umschlingungswinkel zu groß

4 Abhängigkeit des Riemenquerschnitts vom Umschlingungswinkel

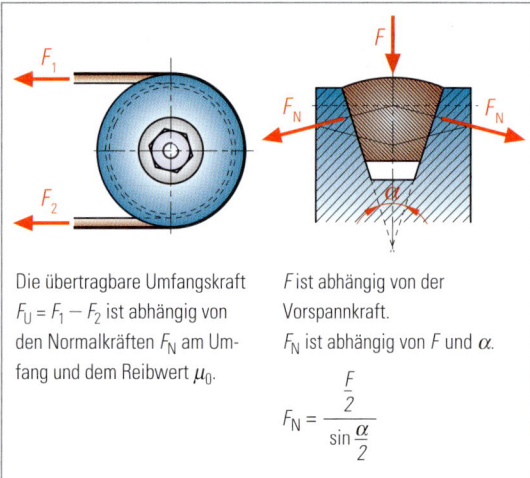

Die übertragbare Umfangskraft $F_U = F_1 - F_2$ ist abhängig von den Normalkräften F_N am Umfang und dem Reibwert μ_0.

F ist abhängig von der Vorspannkraft. F_N ist abhängig von F und α.

$$F_N = \frac{\frac{F}{2}}{\sin\frac{\alpha}{2}}$$

5 Keilwirkung des Keilriemens

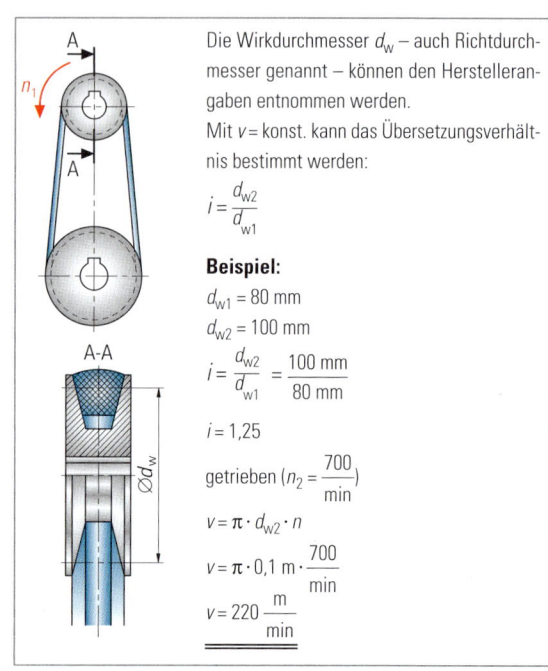

Die Wirkdurchmesser d_w – auch Richtdurchmesser genannt – können den Herstellerangaben entnommen werden.

Mit v = konst. kann das Übersetzungsverhältnis bestimmt werden:

$$i = \frac{d_{w2}}{d_{w1}}$$

Beispiel:

$d_{w1} = 80$ mm

$d_{w2} = 100$ mm

$$i = \frac{d_{w2}}{d_{w1}} = \frac{100 \text{ mm}}{80 \text{ mm}}$$

$i = 1{,}25$

getrieben $\left(n_2 = \frac{700}{\text{min}}\right)$

$v = \pi \cdot d_{w2} \cdot n$

$v = \pi \cdot 0{,}1 \text{ m} \cdot \frac{700}{\text{min}}$

$v = 220 \, \dfrac{\text{m}}{\text{min}}$

6 Wirkdurchmesser des Keilriementriebs

---

1) 2) siehe Tabellenbuch

Getriebe

Riemenführung	Eigenschaften
Offener Riementrieb Antrieb, gezogenes Trum, Abtrieb, n_1, n_2, ziehendes Trum	■ Kann in waagerechter, schräger und senkrechter Anordnung betrieben werden. ■ Gleicher Drehsinn von An- und Abtriebsscheibe. ■ Einfacher Aufbau.
Gekreuzter (geschränkter) Riementrieb Antrieb, Abtrieb, n_1, n_2	■ Wie offener Riementrieb, jedoch entgegengesetzter Drehsinn von An- und Abtriebsscheibe. ■ Berührung des Riemens wegen zu hoher Verschleißgefahr ist zu vermeiden. ■ Nicht geeignet für Keil- und Keilrippenriemen.
Mehrfachantrieb schlupffrei mit Zahnriemen (Synchronriemen) Umlenkrolle, Spannrolle, Antrieb	■ Geeignet, um das Drehmoment von einer Antriebsscheibe auf mehrere Abtriebsscheiben zu übertragen. ■ Wenn eine Relativbewegung der einzelnen Scheiben zueinander unerwünscht ist, muss ein Zahnriemen (Synchronriemen) verwendet werden.
Mehrfachantrieb mit Flachriemen	
Winkelgetriebe Winkeltrieb mit zwei Achsen Winkeltrieb mit drei Achsen	■ Antrieb von sich kreuzenden Wellen

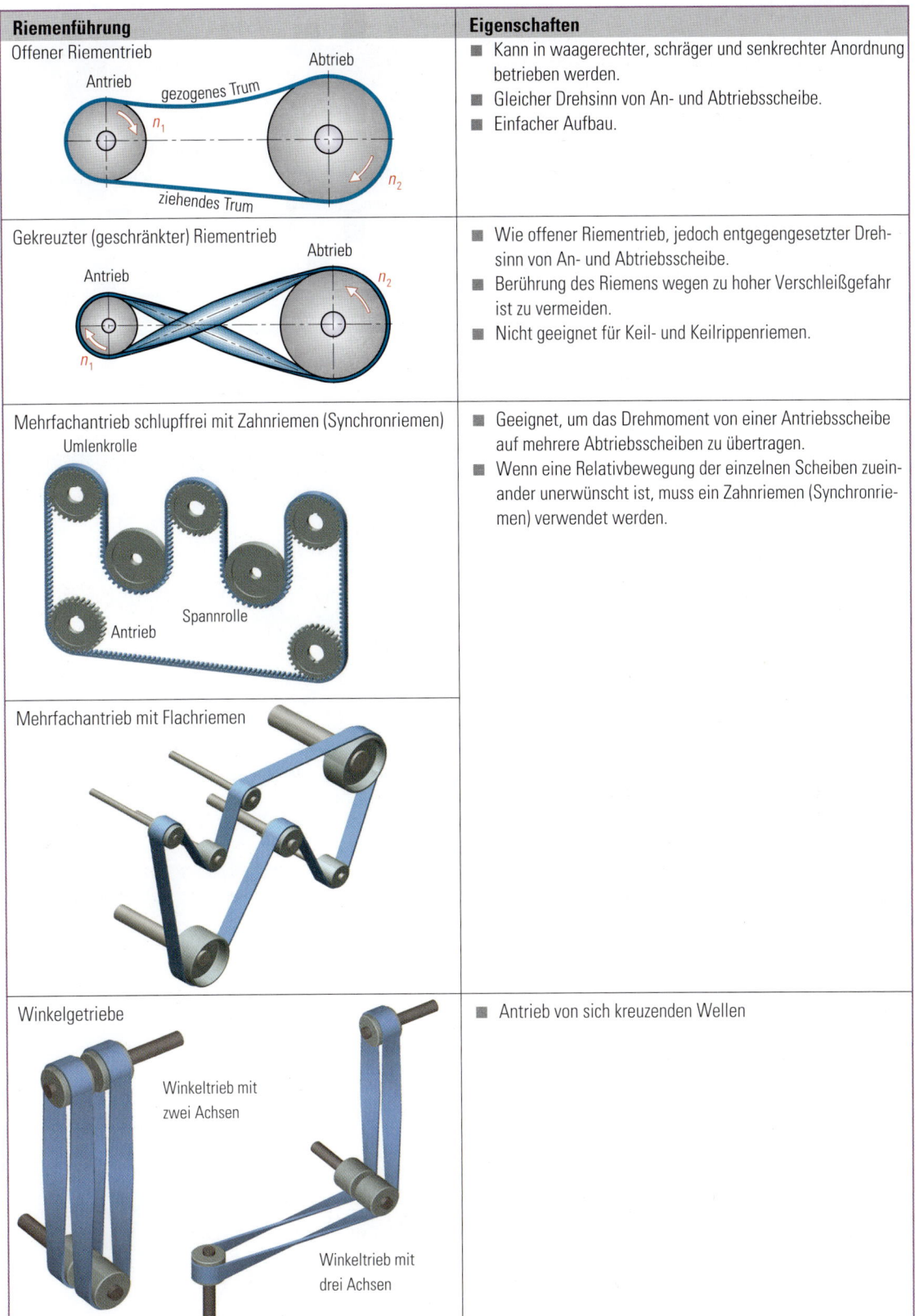

1 Eigenschaften verschiedener Riemenführungen

Ausrichtung der Riemenscheiben

Die Riemenscheiben müssen alle achsparallel und ohne Winkelversatz montiert werden (Bild 1). Nur so lässt sich ein störungsfreier und verschleißarmer Betrieb gewährleisten. Höchste Präzision bei der Ausrichtung wird mithilfe von Lasern erreicht. Herkömmlich werden Parallelität und somit auch der Winkelversatz mit einem Lineal und Winkeln geprüft.

MERKE

Falsche Ausrichtung der Riemenscheiben führt zu höherem Verschleiß und höherer Geräuschentwicklung

Erzeugung einer Vorspannkraft

Damit ein Riementrieb ordnungsgemäß durch Kraftschluss funktioniert, muss der Riemen eine richtige Spannkraft haben. Dies gilt auch für den formschlüssig arbeitenden Zahnriemen (Synchronriemen).

Die Vorspannkraft hat Einfluss auf den Wirkdurchmesser (Richtdurchmesser) eines Keilriementriebes, da eine erhöhte Vorspannkraft den Keilriemen tiefer in die Keilriemenscheibe hineindrückt.

Die erforderliche Spannkraft kann auf unterschiedliche Weise realisiert werden (Bild 2):

- durch einstellbare Spannkraft: Spannschiene, Schwenkscheibe, Spannrolle (Bild 3)
- durch Gewichtskraft von Massen: Wippe, Spannschlitten

MERKE

Die Spannkraft von Riemen wird durch fest montierte Spannrollen, die justiert werden können, oder mithilfe der Gewichtskraft von Massen aufgebracht.

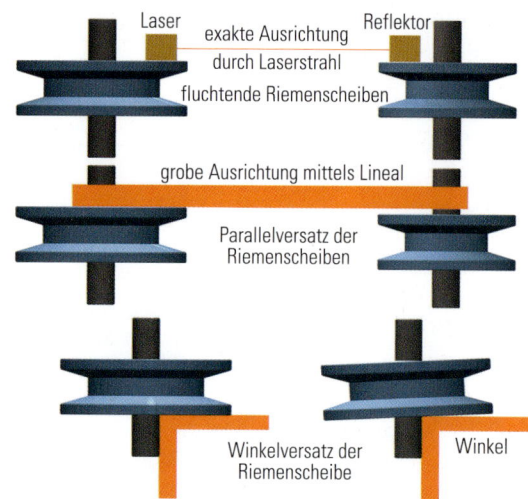

1 *Ausrichten von Riemenscheiben*

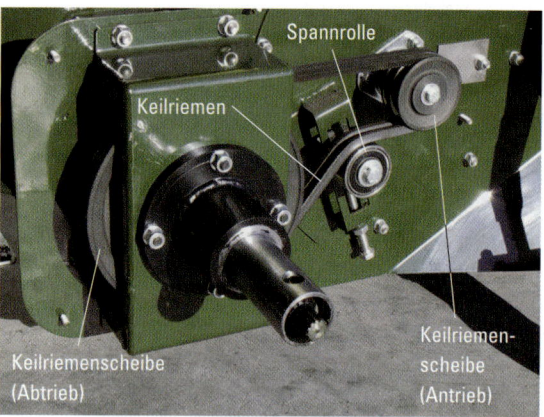

3 *Einsatz einer Spannrolle bei einem Maschinenantrieb*

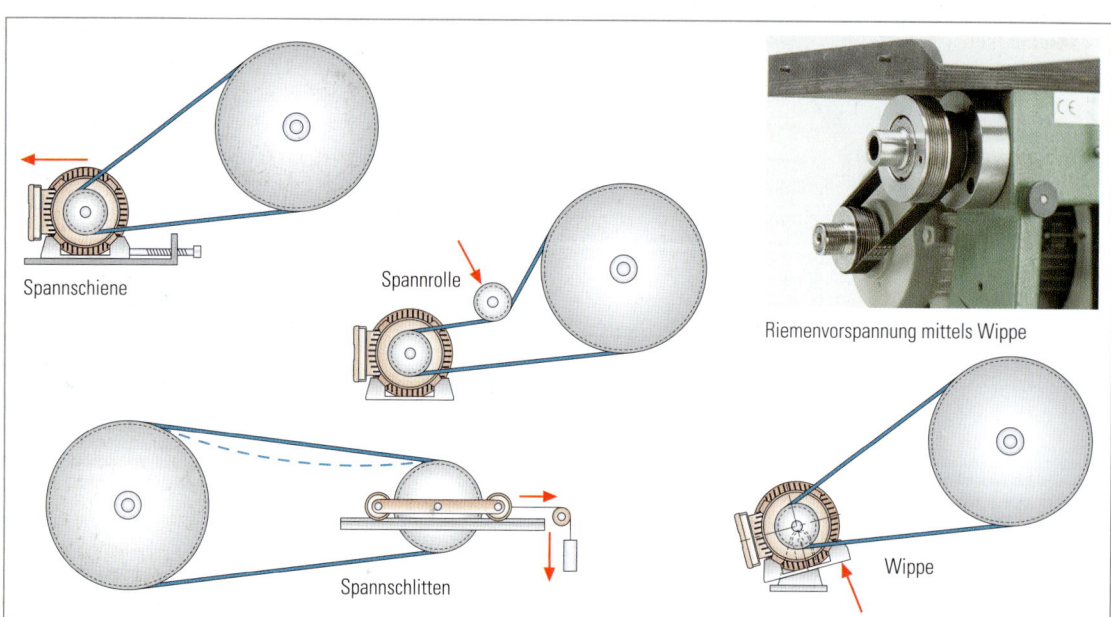

2 *Vorspannmöglichkeiten bei Riementrieben*

Einstellung der Vorspannkraft bei Zahnriemen (Synchronriemen)

Die Erzeugung einer Vorspannkraft hat die Aufgabe, wie beim Keil- oder Flachriemen, eine Mindestspannkraft auch im Leertrum zu gewährleisten. Nur so ist ein störungsfreies Einzahnen in die Abtriebsscheibe gewährleistet (Bild 1). Die Vorspannung sollte generell nur so groß wie nötig eingestellt werden.

Die Seilzugfestigkeit innerhalb des Riemens gilt als obere Grenze für die Trumbeanspruchung und somit für die Vorspannkraft.

Die Überprüfung der Riemenlänge geschieht mithilfe eines Längenmessgeräts (Bild 2).

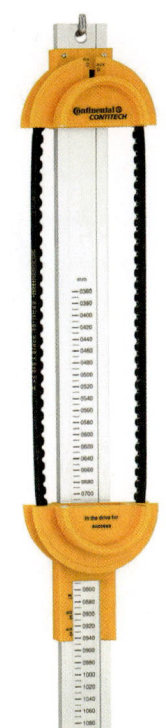

2 Riemenlängenmessgerät für verschiedene Querschnittsformen

1 Einkämmen eines Zahnriemens

zu geringe Vorspannung	■ Die Verzahnung des Leertrums läuft hoch bzw. klettert auf die Verzahnung der Abtriebsscheibe. ■ Flankenverschleiß durch Reibkraft beim Einzahnen. ■ Gewaltbruch durch Überdehnen beim vollständigen Aufklettern.
zu große Vorspannung	■ Hohe Lagerbeanspruchung der Wellen bzw. Lager. ■ Verminderung der übertragbaren Leistung. ■ Hoher Verschleiß am Riemenzahn.

3 Folgen falscher Vorspannungseinstellung

Prüfen der Vorspannkraft

Die Vorspannkraft beeinflusst ganz wesentlich das Betriebsverhalten und die Lebensdauer des gesamten Getriebes. Sie ist eine der wenigen Größen, die die Fachkraft selbst einstellen muss.

Die Überprüfung der Vorspannkraft eines Zahnriemens kann durch das Messen der Durchbiegung erfolgen (Bild 4a und Lernfeld 4) oder durch die Messung der Eigenfrequenz des Riemens. Spezielle Sensoren erfassen dabei einseitig die Schwingung eines vorher angeregten Zahnriemens. Ein Messgerät ermittelt die Eigenfrequenz (Bild 4b)). Bei bekannter Riemenlänge ist die Schwingung ein Maß für die Vorspannkraft. Diese wird durch das Messgerät ermittelt und angezeigt.

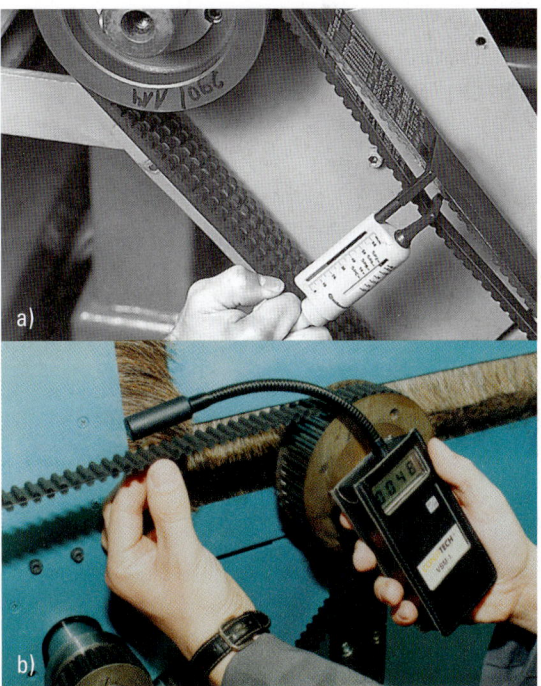

4 Messen der Riemenvorspannung

1.3.2 Kettentriebe

Kettentriebe *(chain drives)* sind vielfach in Bereichen der Textilmaschinen, Land- und Baumaschinen und in der Fördertechnik zu finden. Sie sind für raue Betriebsverhältnisse geeignet und können in Temperaturbereichen eingesetzt werden, die für Riementriebe nicht geeignet sind. Sie sind geeignet für hohe Umfangsgeschwindigkeiten und halten gleichzeitig hohen Belastungen Stand.

Je nach Aufgabe das Antriebs wird die hierfür geeignete Kettenart ausgewählt. Bild 1 zeigt den Kettentrieb eines Förderbandes.

Grundsätzlich sind die gleichen Anordnungen der Kettenräder wie bei den Riemenscheiben möglich (Bild 2).

Als Spann- und Dämpfungseinrichtungen kommen Schienen zum Einsatz (Bild 3). Sie verhindern ein Übersetzen der Kette sowie übermäßige Vibrationen.

Bolzenketten

Bolzenketten *(pin chains)* sind eine einfache und preiswerte Bauart von Gelenkketten.

Die **Gallkette** (Seite 23 Bild 1a) ist eine robuste Antriebskette, die für viele Anwendungsgebiete von Zahnradtrieben geeignet ist.

Die **Flyerkette** (Seite 23 Bild 1b) ist eine reine Lastkette, d.h., sie dient meist als Zugmittel zur Umlenkung von Kräften. Die Flyerkette ist nicht geeignet, über verzahnte Kettenräder zu laufen und auf diese ein Drehmoment zu übertragen. Verwendung findet die Flyerkette in den Hubmasten von Gabelstaplern oder als Gegengewichtskette bei Werkzeugmaschinen.

Bei Bolzenketten nimmt die **Zahnkette** *(toothed chain)* (Seite 23 Bild 2) eine Sonderstellung ein. Sie hat hakenförmige Laschen-

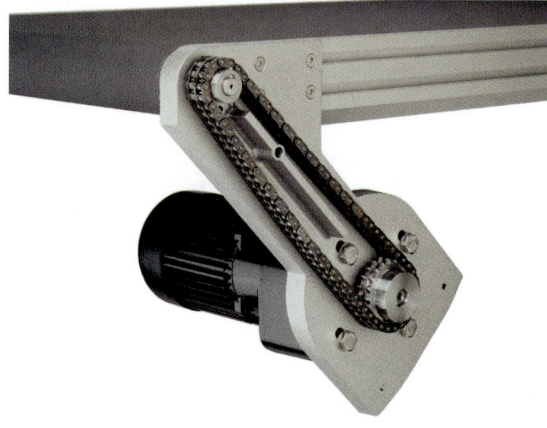

1 *Kettenantrieb eines Förderbandes*

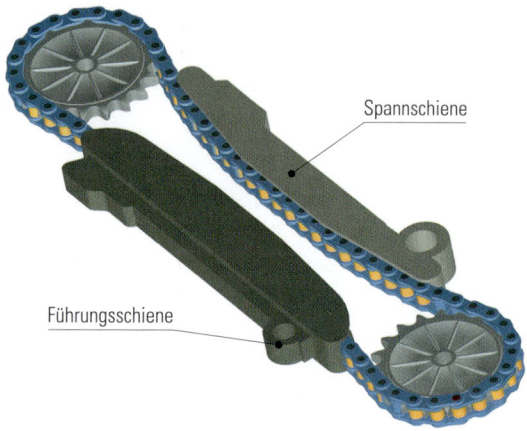

Spannschiene

Führungsschiene

3 *Kettentrieb mit Spann- und Führungsschiene*

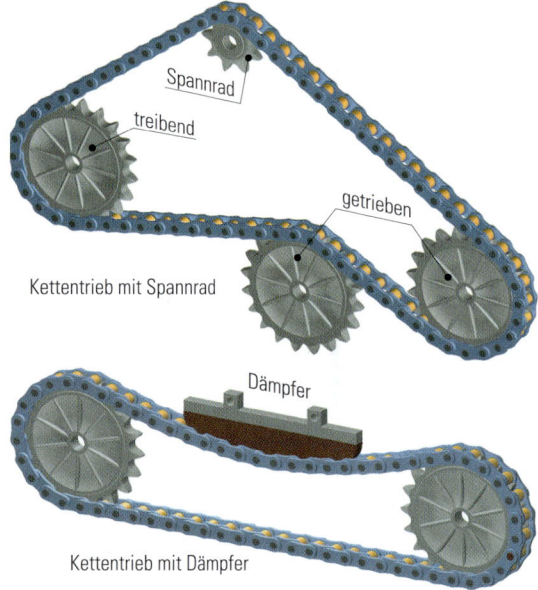

Spannrad

treibend

getrieben

Kettentrieb mit Spannrad

Dämpfer

Kettentrieb mit Dämpfer

2 *Anordnung von Kettenrädern*

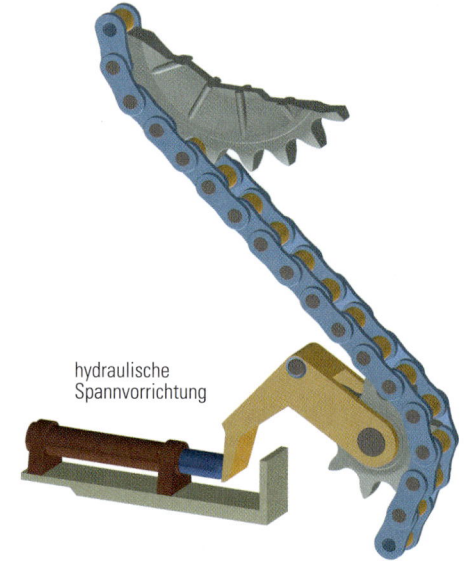

hydraulische
Spannvorrichtung

pakete mit je 2 Zähnen. Der Eingriff und Austritt aus den Kettenrädern ist ohne Gleitbewegung möglich. Eine Seitenführung ist durch eine Führungslasche gegeben.

Buchsenketten

Buchsenketten *(bush chains)* (Bild 3) besitzen gegenüber den Bolzenketten eine höhere Verschleißfestigkeit. Die Innenlaschen der Kette sind auf Buchsen gepresst. Dadurch wird die Flächenpressung erheblich gemindert und die Lebensdauer der Kette erhöht.

Rollenketten

Rollenketten *(roller chains)* (Bild 4) haben ein fast unbeschränktes Anwendungsgebiet. Sie besitzen eine auf einer Buchse gelagerte gehärtete Rolle. Die Rolle kann sich während des Einkämmens in das Kettenrad drehen und somit die Reibung erheblich minimieren.
Die Rollenkette wird dort eingesetzt, wo erschwerte Betriebsbedingungen herrschen wie z. B. bei mangelhafter Schmierung oder in Bereichen, wo ganz auf Schmierung verzichtet werden muss (Lebensmittelindustrie).

Kettenräder

Kettenräder *(sprocket wheels)* (Bild 5) bilden die Verbindung zwischen Wellen und Ketten. Bei der Auswahl von Material und Herstellungsverfahren der Räder werden die auftretenden Belastungen, die zu realisierende Geometrie sowie die Wirtschaftlichkeit berücksichtigt. Grundsätzlich wird zwischen folgenden Typen unterschieden:

- feingestanzte Kettenräder
- Kettenräder aus Sintermetall
- spanend hergestellte Kettenräder
- geschmiedete/fließgepresste Kettenräder

Montage von Kettenrädern

Bei der Montage von Kettenrädern gelten die gleichen Bedingungen wie bei Riemenscheiben (vgl. Kap. 1.3.1.3). Zusätzlich müssen beim Austausch einer Kette auch die Kettenräder bzw. Ritzel ausgetauscht werden. Sie unterliegen dem gleichen Verschleiß wie die Kette selbst.
Bei erfolgter Montage muss eine Kette geschmiert werden[1]. Herstellerangaben bezüglich Art und Häufigkeit der Schmierung sind hierbei zu beachten.

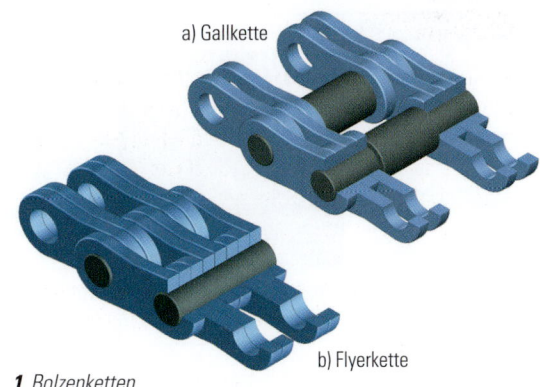

a) Gallkette
b) Flyerkette

1 *Bolzenketten*

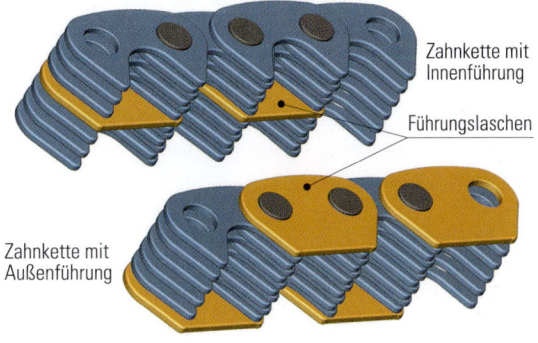

Zahnkette mit Innenführung
Führungslaschen
Zahnkette mit Außenführung

2 *Zahnketten*

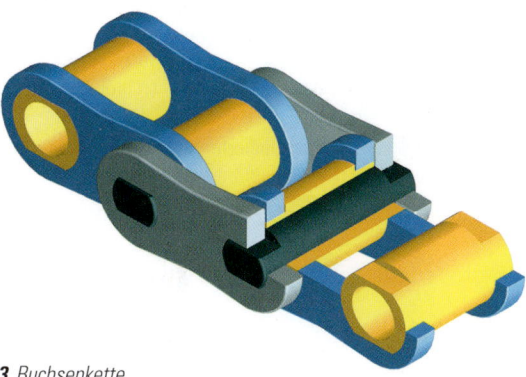

3 *Buchsenkette*

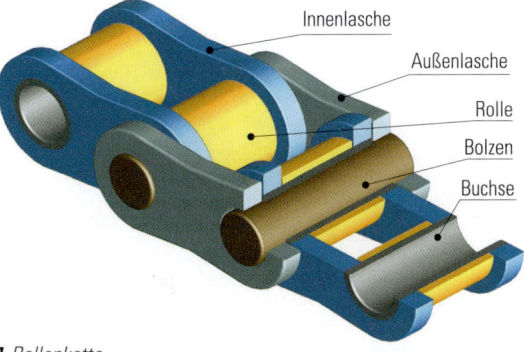

Innenlasche
Außenlasche
Rolle
Bolzen
Buchse

4 *Rollenkette*

5 *Kettenrad*

Getriebeart	Flachriemen	Keilriemen	Zahnriemen	Kettentrieb
Übertragungs-prinzip	kraftschlüssig	kraftschlüssig	formschlüssig	formschlüssig
Schlupf vorhanden	ja	ja	nein	nein
Wartung	Sicherstellung der Riemenvorspannung			Schmierung erforderlich
Stoßdämpfung	ja	ja	ja	nein
Umwelt-bedingungen	Empfindlich gegenüber Temperaturschwankungen (hoch/niedrig) Nicht geeignet für aggressive Medien			Für raue Betriebsbedin-gungen geeignet. Staub/Schmutz erhöhen jedoch den Verschleiß

1 *Vergleich der Zugmittelgetriebearten*

Vorteile der formschlüssigen gegenüber der kraft-schlüssigen Kraftübertragung:	Nachteile der formschlüssigen gegenüber der kraft-schlüssigen Kraftübertragung:
■ Die Kette braucht kleinere Kontakt- bzw. Reibflächen zur Kraftübertragung als Riemen, daher sind kleinere (Zahn-)Scheibendurchmesser möglich. ■ Es ist nur eine sehr geringe Vorspannung nötig, was die Lager der Wellen entlastet. ■ Es können je nach Anwendung wesentlich größere Kräfte übertragen werden. ■ Die Lebensdauer gut geschmierter Kettentriebe ist ver-gleichsweise hoch.	■ Kettengetriebe müssen häufig geschmiert und deshalb auch gereinigt werden, besonders in staubiger Umgebung. ■ Kettentriebe haben höhere Laufgeräusche. ■ Schwingungen – vor allem auf der rücklaufenden Ketten-strecke – müssen teilweise durch zusätzliche (teils gefe-derte Dämpfer) oder Spannrollen verringert werden.

2 *Vergleich form- und kraftschlüssiger Zugmittelgetriebe*

ÜBUNGEN

Getriebe

1. Nennen Sie sind die Hauptaufgaben von Getrieben.

2. Nennen Sie typische Getriebeformen.

3. Welche Anforderungen haben Getriebe zu erfüllen?

4. Worin unterscheiden sich Zahnradgetriebe von Zugmittel-getrieben?

Zahnradgetriebe

5. Nennen Sie drei Bestimmungsgrößen für Zahnradgetriebe.

6. Welche Bedingungen müssen erfüllt sein, damit zwei Stirnräder gepaart werden können?

7. Warum werden bei großen Übersetzungsverhältnissen mehrere Getriebestufen gewählt?

8. Welche Vorteile haben schrägverzahnte Zahnräder gegenüber geradverzahnten Zahnrädern?

9. Nennen Sie Getriebearten, bei denen sich die Drehachsen schneiden.

10. Nennen Sie Getriebearten, bei denen sich die Drehachsen kreuzen.

11. Wie berechnet man bei Stirnrädern mit Geradverzahnung den Teilkreisdurchmesser?

12. Was versteht man unter dem Modul eines Zahnrades?

13. Wie heißt der Abstand von Zahnmitte zu Zahnmitte?

14. Wie groß soll das Kopfspiel c bei Zahnradgetrieben gewählt werden?

15. Wozu ist ein Kopfspiel c bei Zahnrädern erforderlich?

16. Welche besondere Eigenschaft haben Pfeilverzahnungen bzw. Doppelschrägverzahnungen?

17. Nennen Sie die besonderen Eigenschaften und Aufgabengebiete eines
- Stirnradgetriebes
- Kegelradgetriebes
- Schneckenradgetriebes
- Planetengetriebes
- Zahnstangentriebes

18. Weshalb werden Schneckenräder oft aus Grauguss oder Buntmetall (CuSnP-Leg.) hergestellt?

19. Warum können mit Schneckengetrieben wesentlich größere Übersetzungen erreicht werden als mit Stirnradgetrieben?

20. Zeigen Sie, dass bei einem Schneckengetriebe die Übersetzung = Zähnezahl des Schneckenrades/Gangzahl der Schnecke ist.

21. Welche Vorteile besitzen Planetengetriebe?

22. Ermitteln Sie die Abtriebsdrehrichtung des einstufigen Planetengetriebes (Seite 9 Bild 3), wenn der Antrieb im Uhrzeigersinn erfolgt.

23. In welchen Bereichen (Maschinen, Anlagen) werden Zahnradgetriebe in Ihrem Ausbildungsbetrieb genutzt?

24. Worüber gibt die „Schneckengangzahl" Auskunft?

25. Welche Kurvenform für eine Zahnflanke ist im Maschinenbau üblich?

26. Für ein Schaltgetriebe sind die Daten aus nachfolgendem Bild bekannt.

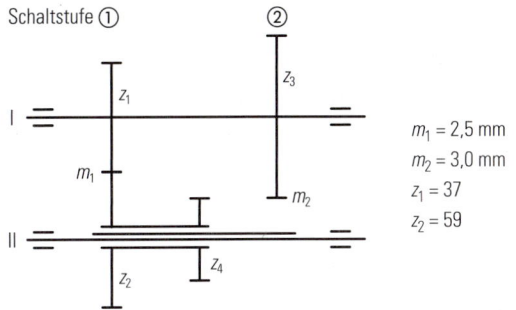

Schaltstufe ①　②

$m_1 = 2,5$ mm
$m_2 = 3,0$ mm
$z_1 = 37$
$z_2 = 59$

a) Bestimmen Sie den Achsabstand a für die Schaltstufe 1.
b) Bestimmen sie die Zähnezahl z_4, wenn $z_3 = 47$ und der Modul mit $m = 3,0$ mm angegeben ist.
c) Berechnen Sie die Übersetzungsverhältnisse i_1 und i_2.
d) Berechnen Sie den Teilkreisdurchmesser der Zahnräder 1 und 2.
e) Es wirkt an der Antriebswelle (I) ein Drehmoment von $M_A = 50$ Nm. Berechnen Sie die Umfangskraft für die erste Schaltstufe.
f) Welche Axialkraft wird an der Antriebswelle (I) wirksam, wenn schrägverzahnte Zahnräder ($\beta_0 = 8°$) zum Einsatz kommen?
g) Bei welchem Modul wäre für die Schaltstufe 2 die Montage der Zahnräder $z_3 = 43$ und $z_1 = 77$ zulässig?

27. An einem beschädigten Zahnrad (Antriebsseite) können nur noch der Fußkreißdurchmesser ($d_{f1} = 95,75$ mm) und die Zähnezahl ($z_1 = 79$) ermittelt werden. (Hinweis: $c = 0,2 \cdot m$).
Bestimmen Sie
a) den Modul
b) den Teilkreisdurchmesser
c) den Außendurchmesser
d) die Zahnhöhe
e) die Kopfhöhe
f) die Fußhöhe

28. Mit dem Zahnrad aus Aufgabe 27 soll ein Getriebe mit einem Übersetzungsverhältnis von $i = 2$ hergestellt werden. Bestimmen Sie die Abmessungen des zweiten Zahnrades (Abtriebsseite) ($z_2, d_2, d_{a2}, d_{f2}, h, h_{a2}, h_{f2}, a$).

Zugmittelgetriebe

29. Nennen Sie formschlüssig und kraftschlüssig wirkende Zugmittelgetriebe.

30. Was bedeutet ein Übersetzungsverhältnis von:
a) $i = 0,2$
b) $i = 3$
c) $i = 1$?

31. Wie verändert sich der Umschlingungswinkel an der kleinen Riemenscheibe, wenn sich der wirksame Durchmesser der großen Riemenscheibe
a) vergrößert, bzw.
b) verkleinert?

32. Durch welche Maßnahmen kann das übertragbare Drehmoment eines Riementriebes vergrößert werden?

33. Nennen Sie typische Anwendungsbeispiele für einzelne Zugmittelgetriebe und beschreiben Sie kurz den besonderen Vorteil.

34. Welche Aufgabe erfüllen Spannrollen und an welcher Stelle im Riementrieb werden sie montiert?

35. Welche Vor- und Nachteile haben Spannrollen bei Riementrieben?

36. Erläutern sie den Begriff „Schlupf" im Zusammenhang mit kraftschlüssigen Zugmittelgetrieben.

37. Beschreiben Sie die Drehrichtungsänderung für die einzelnen Zugmittelgetriebe.

38. Welcher Durchmesser ist bei einer Keilriemenscheibe für das Übersetzungsverhältnis maßgebend?

39. Unterscheiden Sie die Zugmittelgetriebe nach kraftschlüssiger und formschlüssiger Kraftübertragung.

40. Wie erfolgt die Einstellung bzw. Kontrolle der Riemenvorspannkraft?

41. In welchen Anwendungsbereichen (Maschinen, Anlagen) werden Zugmittelgetriebe in Ihrem Ausbildungsbetrieb genutzt? Unterscheiden Sie dabei kraft- und formschlüssig wirkende Zugmittelgetriebe.

42. In welchen Fällen werden Kettentriebe verwendet?

43. Welche Aufgabe hat bei Kettentrieben die Spannrolle?

Projektaufgabe Kegelstirnradgetriebe

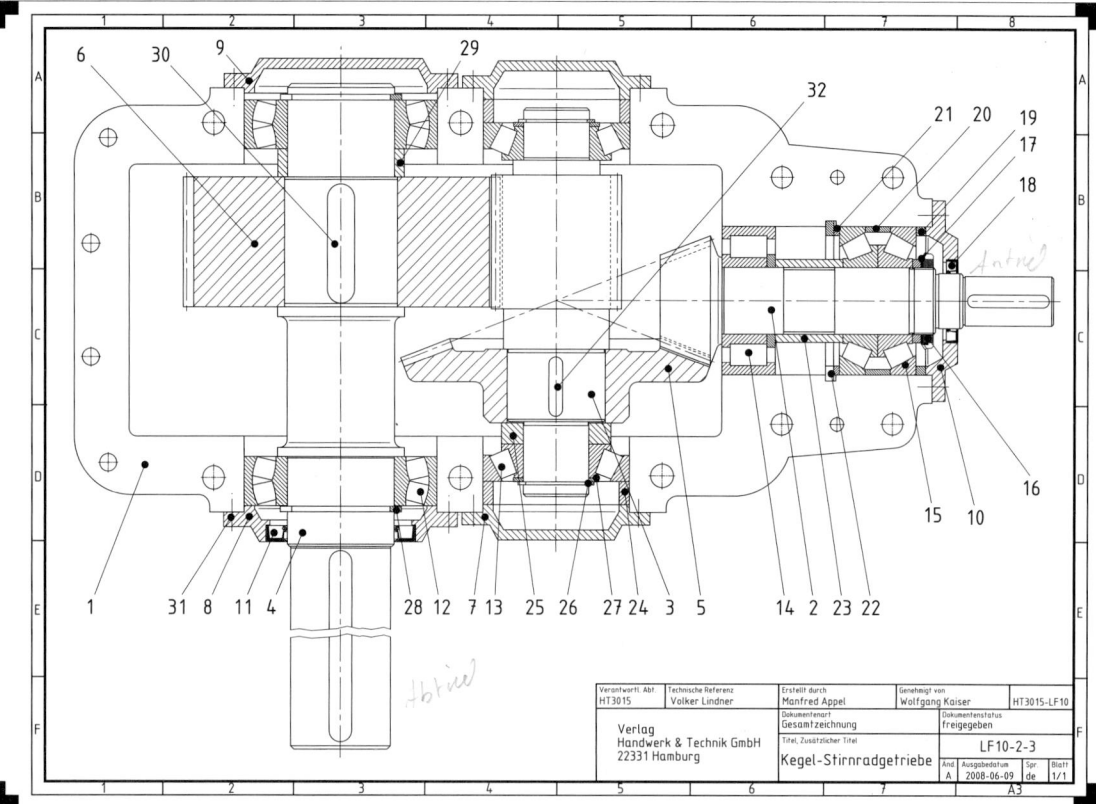

Wegen hoher Geräuschentwicklung während des Betriebes ist das obige Getriebe zu Ihnen in die Werkstatt gebracht worden. Das Getriebe ist zu analysieren und zu reparieren.

1. Analyse
Bauteile

1. Beschreiben Sie den Energieverlauf innerhalb des Getriebes.

2. Benennen und begründen Sie die Auswahl der Lagerarten. (Hinweis: Das Zahnrad Pos. 6 ist geradverzahnt.)

3. Welche Eigenschaften hat die Lagerungsart der Antriebswelle Pos. 2?

4. Erläutern sie die Lagerungsarten der Wellen Pos. 3 und Pos. 4.

5. Welche Aufgabe erfüllen die Distanzringe in dem Getriebe?

6. Welche Funktion erfüllen die Radial-Wellendichtringe Pos. 11 und Pos. 18?

7. Wie erfolgt die Schmierung des Getriebes?

8. Sie stellen aufgrund Ihrer Sichtkontrolle fest, dass das Zahnrad Pos. 6 beschädigt ist. Sie können radial verlaufende Riefen erkennen. Worauf ist dies zurückzuführen?

9. Das Zahnrad Pos. 6 soll neu gefertigt werden.
   a) Wählen Sie einen Werkstoff aus.
   b) Begründen Sie Ihre Auswahl.
   c) Beschreiben sie das Wärmebehandlungsverfahren für das Zahnrad.

Berechnung
Zu dem Getriebe sind folgende Daten bekannt:
$n_{Antrieb} = 600/min$; $M_{Antrieb} = 20$ Nm.

10. Skizzieren Sie einen Getriebeplan.

Position	Menge	Benennung	Sach-Nr./Norm-Kurzbezeichnung	Bemerkung
1	1	Gehäuse		
2	1	Antriebswelle		$z_1 = 30$; $m = 3$ mm
3	1	Ritzelwelle		$z_3 = 24$; $m = 4$ mm
4	1	Abtriebswelle		
5	1	Tellerrad		$z_2 = 75$; $m = 3$ mm
6	1	Zahnrad		$z_4 = 60$: $m = 4$ mm
7	2	Deckel		
8	1	Deckel		
9	1	Deckel		
10	1	Deckel		
11	1	Radial-Wellendichtring	DIN 3760 – A80 × 110 × 10 – NBR	
12	2	Pendelrollenlager	DIN 635 – 2 – 21316	
13	2	Kegelrollenlager	DIN 720 – 30213	
14	1	Zylinderrollenlager	DIN 5412 – 1 – 213 NUP	
15	2	Kegelrollenlager	DIN 720 – 30213	
16	1	Nutmutter	DIN 981 – KM12	
17	1	Sicherungsblech	DIN 5406 – MB12	
18	1	Radial-Wellendichtring	DIN 3760 – A45 × 65 × 8 – NBR	
19	1	Distanzring		
20	1	Distanzring		
21	1	Distanzring		
22	1	Sicherungsring	DIN 472 – 120x4	
23	1	Distanzring		
24	2	Distanzring		
25	1	Distanzring		
26	2	Sicherungsring	DIN 471 – 65 × 2,5	
27	2	Distanzring		
28	2	Sicherungsring	DIN 471 – 80 × 2,5	
29	1	Distanzring		
30	1	Passfeder	DIN 6888 – A22 × 14 × 90 – St	
31	30	Sechskantschraube	ISO 4762 – M6 × 25 – 8.8	
32	1	Passfeder	ISO 6888 – A14 × 9 × 45 – St	

1 Stückliste Kegelstirnradgetriebe

11. Wie viele Stufen hat das Getriebe?

12. Wie verändert sich die Abtriebsumdrehungsfrequenz gegenüber der Antriebsumdrehungsfrequenz?

13. Warum sind die Zahnbreite und der Wellendurchmesser in der zweiten Stufe größer?

14. Erstellen sie eine tabellarische Berechnung des Getriebe nach der Vorlage auf der Seite 16.

2. Reparatur
Demontage

15. Sie bekommen den Auftrag, alle Wälzlager auszutauschen. Nennen Sie verschiedene Möglichkeiten, die Wälzlager von den Wellen abzuziehen.

16. Erstellen Sie für die Ritzelwelle Pos. 3 einen Demontageplan.

17. Worauf ist bei der Demontage des Tellerrades zu achten?

18. Welches Werkzeug wählen Sie für die Demontage des Sicherungsrings Pos. 22?

Montage

19. Beschreiben Sie die Montage des Tellerrades Pos. 5 auf die Ritzelwelle Pos. 3.

20. Worauf ist bei der Montage des Kegelradpaares besonders zu achten?

21. Erstellen Sie einen Montageplan für die Abtriebswelle Pos. 4.

22. Wie wird das Lagerspiel der Ritzelwelle Pos. 3 eingestellt?

23. Beschreiben Sie ausführlich die Montage der Radial-Wellendichtringe Pos. 11 und Pos. 18.

2 Wellenkupplungen

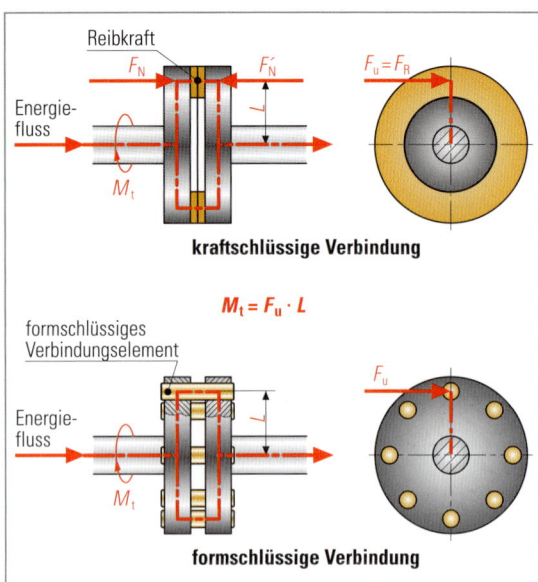

1 *Funktionsprinzipien von Kupplungen*

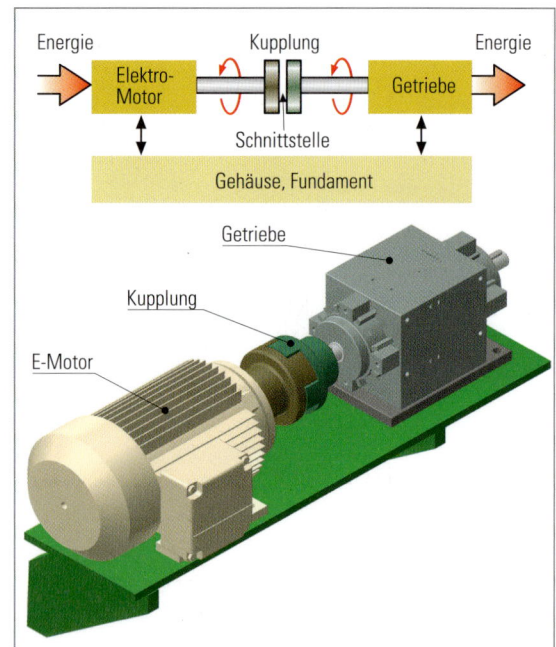

2 *Funktionseinheit zur Energieübertragung*

Wellenkupplungen übertragen den Energiefluss von einer Welle auf eine andere (Bild 2).

Die **Hauptaufgaben** von Wellenkupplungen sind:

- Übertragung von Drehbewegung und Drehmoment
- Ausgleich von Wellenverlagerungen (radial, axial, winkelig)
- Dämpfung stoßartiger Belastungen
- Schalten und Unterbrechen des Energieflusses

Es gibt zwei **Wirkprinzipien der Drehmomentübertragung** bei Kupplungen (Bild 1):

- Bei der **kraftschlüssigen** *(non-positive locking)* Drehmomentübertragung wirken Reibkräfte.
- Bei der **formschlüssigen** *(positive locking)* Drehmomentübertragung werden Bauelemente auf Abscherung beansprucht.

2.1 Nicht schaltbare Kupplungen

2.1.1 Starre Kupplungen

Starre Kupplungen *(rigid couplings)* verbinden Wellenenden ohne die Möglichkeit, Wellenversatz ausgleichen zu können. Die Wellenenden müssen daher vor der Montage fluchten. Nicht fluchtende Wellen verursachen Lagerschäden durch zu hohe Lagerbeanspruchungen und -belastungen[1].

Die **Schalenkupplung**[2] *(split coupling)* (Bild 3) besteht aus zwei Hälften, die leicht zu montieren sind, auch dann, wenn die zu verbindenden Baugruppen schon montiert sind. Jede Kupplungsschale berührt kraft- und formschlüssig beide Wellen-

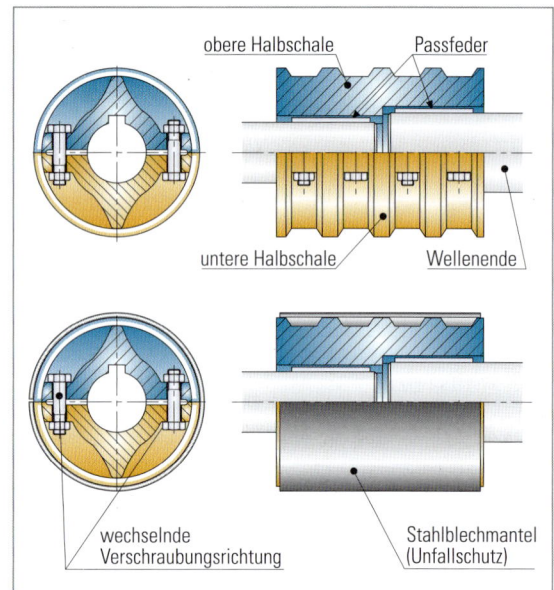

3 *Schalenkupplung a) ohne und b) mit Stahlblechmantel*

enden. Bei der Montage werden die Schrauben wechselseitig angeordnet. Damit wird eine Unwucht vermieden.

Die **Scheibenkupplung**[3] *(disc coupling)* (Seite 29 Bild 1) besteht aus zwei Kupplungshälften, die jeweils auf einem Wellenende sitzen. Die Kupplungshälften werden vor dem Zusammenbau an die beiden Wellenenden montiert. Passschrauben übertragen die Kräfte formschlüssig.

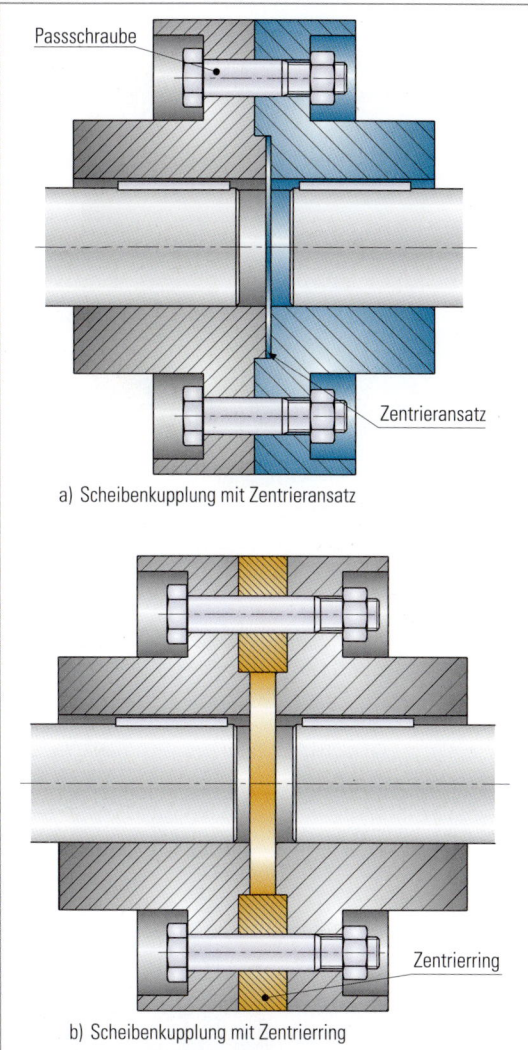

a) Scheibenkupplung mit Zentrieransatz

Passschraube

Zentrieransatz

Zentrierring

b) Scheibenkupplung mit Zentrierring

1 *Scheibenkupplung mit a) Zentrieransatz und b) Zentrierring*

2.1.2 Ausgleichende Kupplungen

In vielen Anwendungsbereichen gibt es **Wellenverlagerungen** (Bild 2). Es können Winkel-, Axial- oder Radialversatz der beiden zu verbindenden Wellen auftreten. Oft treten diese Versetzungen kombiniert auf. Auch solche Versetzungen müssen durch Kupplungen aufgenommen oder ausgeglichen werden können. Es wird dabei zwischen Kupplungen unterschieden, die das Drehmoment **starr übertragen** (drehstarre Kupplungen) und Kupplungen, die ein elastisches Formelement besitzen – also das Drehmoment **elastisch übertragen** (drehelastische Kupplungen).

Elastische Formelemente wie z. B. Gummi- oder Kunststoffteile haben eine dämpfende bzw. stoßmildernde Wirkung. Wird ein Stoß von der getriebenen Welle in die Kupplung eingeleitet, kann ein solches Element diesen Stoß abmildern. Damit werden nachfolgende Maschinen geschont. Stöße innerhalb einer Maschine vermindern die Lebensdauer des gesamten Systems.

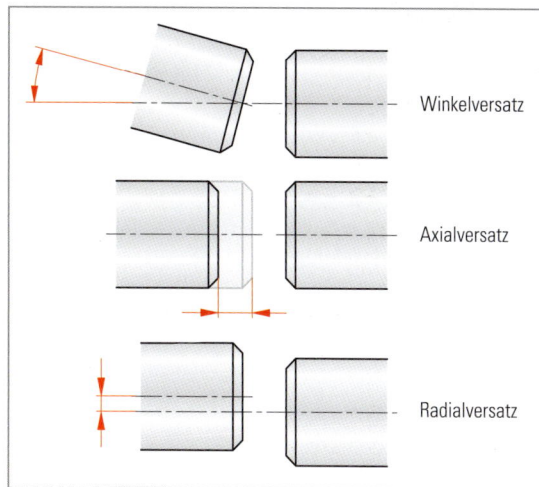

Winkelversatz

Axialversatz

Radialversatz

2 *Wellenversatz*

Zwischen die Kupplungshälften werden elastische Verbindungen aus Gummi, Kunststoff, Federstahl oder Textilgewebe eingesetzt. Damit sind die Wellenenden je nach Kupplungsart in geringem Maße gegeneinander beweglich.

Einige elastische Formelemente sind empfindlich gegen schädigende Umwelteinflüsse wie z. B. hohe Temperaturen oder aggressive Dämpfe. Bei ihrer Auswahl, z. B. für Instandhaltungsmaßnahmen, muss die Fachkraft auf den Einsatzbereich der Kupplung achten.

2.1.2.1 Drehelastische Kupplungen

Die **drehelastische Klauenkupplung** *(torsional flexible claw coupling)* (Bild 3) wird in vielen Bereichen des Maschinenbaus, insbesondere beim Antrieb von Getrieben, verwendet.

Die Kupplung überträgt das Drehmoment formschlüssig und ist **durchschlagsicher**.

Ⓜ Ⓔ Ⓡ Ⓚ Ⓔ

Durchschlagsichere Kupplungen *(puncture proofed couplings)* übertragen das Drehmoment auch bei Zerstörung des elastischen Elementes.

Bei einer **nicht durchschlagsicheren Kupplung** trennt das durch die Überlastung zerstörte elastische Element das Drehmoment zwischen An- und Abtriebswelle.

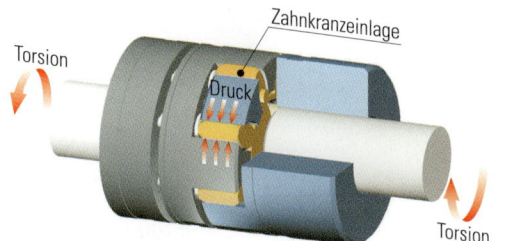

Zahnkranzeinlage

Torsion

Druck

Torsion

3 *Verformungen der Zahnkranzeinlage bei einer elastischen Klauenkupplung*

Die während des Betriebs von ungleichmäßig arbeitenden Maschinen auftretenden Schwingungen und Stöße werden durch einen **Zahnkranz** *(tooth rim)* (Seite 29 Bild 3) wirksam gedämpft und abgebaut.

Die einzelnen Zähne dieses Zahnkranzes sind ballig profiliert, um Kantenpressungen bei Fluchtungsfehlern der Wellen zu vermeiden. Die Klauenkupplung kann Axial-, Radial- und Winkelverlagerungen der zu verbindenden Wellen ausgleichen.

Die **elastische Bolzenkupplung** *(elastic pin coupling)* (Bild 1) kann Axial-, Radial- und Winkelverlagerungen ausgleichen. Sie ist durchschlagsicher. Wenn das Verformungsvermögen des elastischen Formelements (Kompressionshülse) aufgebraucht ist, wird das Drehmoment weiterhin formschlüssig über die Bolzen übertragen.

Folgen von Winkelverlagerungen:

- zusätzliche Verformungsarbeit an den elastischen Elementen (Verringerung der Lebensdauer)
- Erwärmung der Kupplung
- Verschlechterung des Wirkungsgrades

Bild 2 zeigt ein Beispiel für nicht durchschlagsichere Kupplungen. Die **elastische Nockenkupplung** *(elastic cam coupling)* ist nicht durchschlagsicher, da bei Überlastung der Kupplung die elastischen Formelemente wegkippen und somit die Drehmomentübertragung aufheben. Bei Überlastung einer **Reifenkupplung** *(tyre coupling)* (Bild 3) wird die Übertragung des Dreh-momentes komplett aufgehoben, da das drehmomentübertragende Element (Gummiringe mit Gewebeeinlage) dabei vollständig zerstört wird.

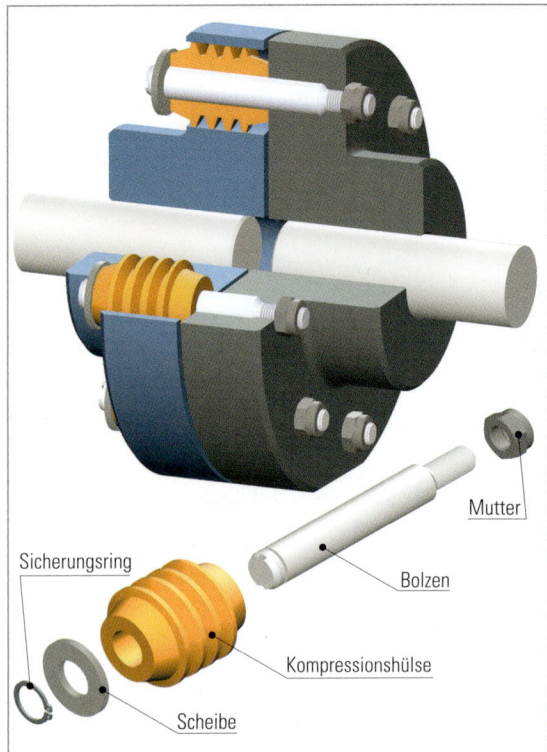

Mutter

Sicherungsring

Bolzen

Kompressionshülse

Scheibe

1 Elastische Bolzenkupplung

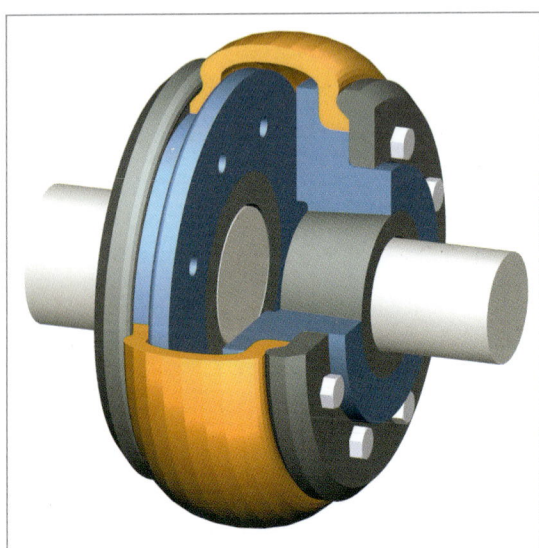

3 Reifenkupplung

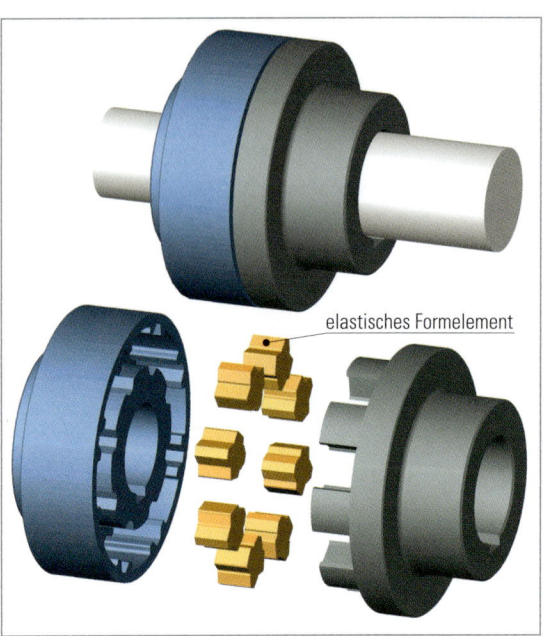

elastisches Formelement

2 Elastische Nockenkupplung

2.1.2.2 Drehstarre Kupplungen

Drehstarre Kupplungen *(torsional stiff couplings)* werden eingesetzt, wenn Wellenverlagerungen ausgeglichen werden müssen. Sie übertragen das Drehmoment dennoch starr (drehsteif). Sie werden z. B. an Vorschubantrieben bei Werkzeugmaschinen verwendet.

Eine **Bogenzahnkupplung** *(curved tooth coupling)* (Bild 1) ist in der Lage, axialen Versatz und Winkelversatz auszugleichen. Stöße werden aber ungemindert übertragen. Die gleichen Eigenschaften hat eine **Metallbalgkupplung** (Bild 2). Sie hat gegenüber der Bogenzahnkupplung den Vorteil, dass sie bei höheren Temperaturen und höheren Umdrehungsfrequenzen betrieben werden kann. Zudem ist sie wartungsfrei.

2.2 Schaltbare Kupplungen

2.2.1 Formschlüssige Schaltkupplungen

Eine formschlüssige Schaltkupplung wie z. B. die Klauenkupplung *(claw coupling)* (Bild 3) **darf nicht bei unterschiedlichen Umdrehungsfrequenzen von An- und Abtrieb geschaltet werden**. Wenn dies trotzdem geschieht, werden die Klauen beschädigt.

Die Klauenkupplung wirkt starr und kann in geringem Umfang Axialversatz ausgleichen. Bei der schaltbaren Klauenkupplung (Bild 3) muss eine Kupplungshälfte axial beweglich sein. Die schaltbare Klauenkupplung wird über eine umlaufende, axial verschiebbare Schaltklaue betätigt, die mit der beweglichen Kupplungshälfte verbunden ist. Die Betätigung kann von Hand, pneumatisch oder hydraulisch erfolgen.

Elektromagnetisch betätigte **Zahnkupplungen** *(toothed couplings)* haben ein ähnliches Wirkprinzip wie die Klauenkupplungen. Auch hier wird bei der Betätigung eine Verzahnung formschlüssig in Eingriff gebracht oder geöffnet (Bild 4). Der Vorteil liegt in der **elektrischen Ansteuerbarkeit**.

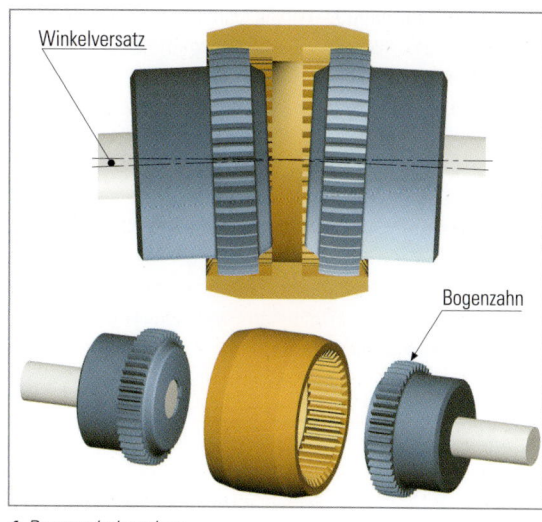

1 Bogenzahnkupplung

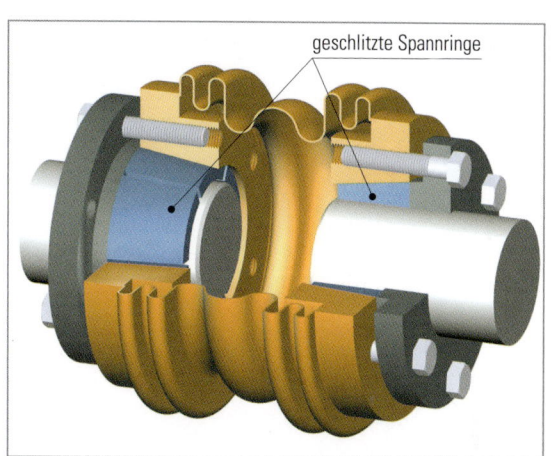

2 Metallbalgkupplung

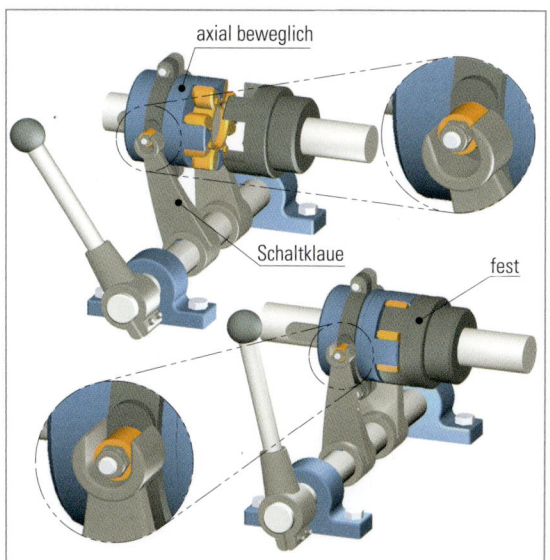

3 Klauenkupplung

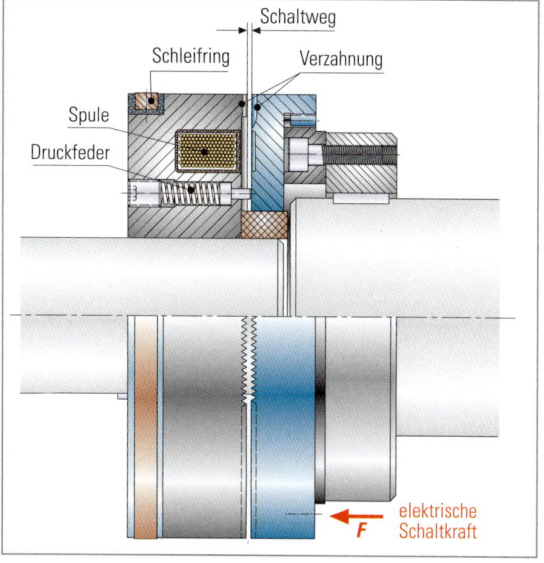

4 Zahnkupplung

Die Zahnkupplung wird elektromechanisch durch das Magnetfeld der Spule geschaltet. Wird das Magnetfeld abgeschaltet, wird mithilfe von Druckfedern der Kraftfluss unterbrochen. Dieses Prinzip kann auch umgekehrt werden, sodass Druckfedern die Kupplung betätigen (Kraftfluss herstellen) und durch das Magnetfeld die Kupplung unterbrochen wird.

2.2.2 Kraftschlüssige Schaltkupplungen

Wenn Kupplungen bei unterschiedlichen Umdrehungsfrequenzen geschaltet werden müssen, kommen kraftschlüssige (Schalt-)kupplungen zum Einsatz.

Die **Reibkupplung** *(friction coupling)* (Bild 1) überträgt das Drehmoment kraftschlüssig. Ein Verschieben der Schaltmuffe (Pos. 7) lässt über drei Winkelhebel (Pos. 6) die sechs Keilreibringe (Pos. 5) zwischen den Tellerscheiben (Pos. 4) nach außen gleiten. Die Keilreibringe berühren dann den Kupplungsmantel (Pos. 2) und können die Reibkräfte (das Drehmoment) übertragen. Das Schaltverhalten ist abhängig von der Schaltgeschwindigkeit. Langsames als auch schnelles Einkuppeln ist auf diese Weise möglich. Die Schaltkräfte können mechanisch, pneumatisch, hydraulisch oder elektromagnetisch erzeugt werden.

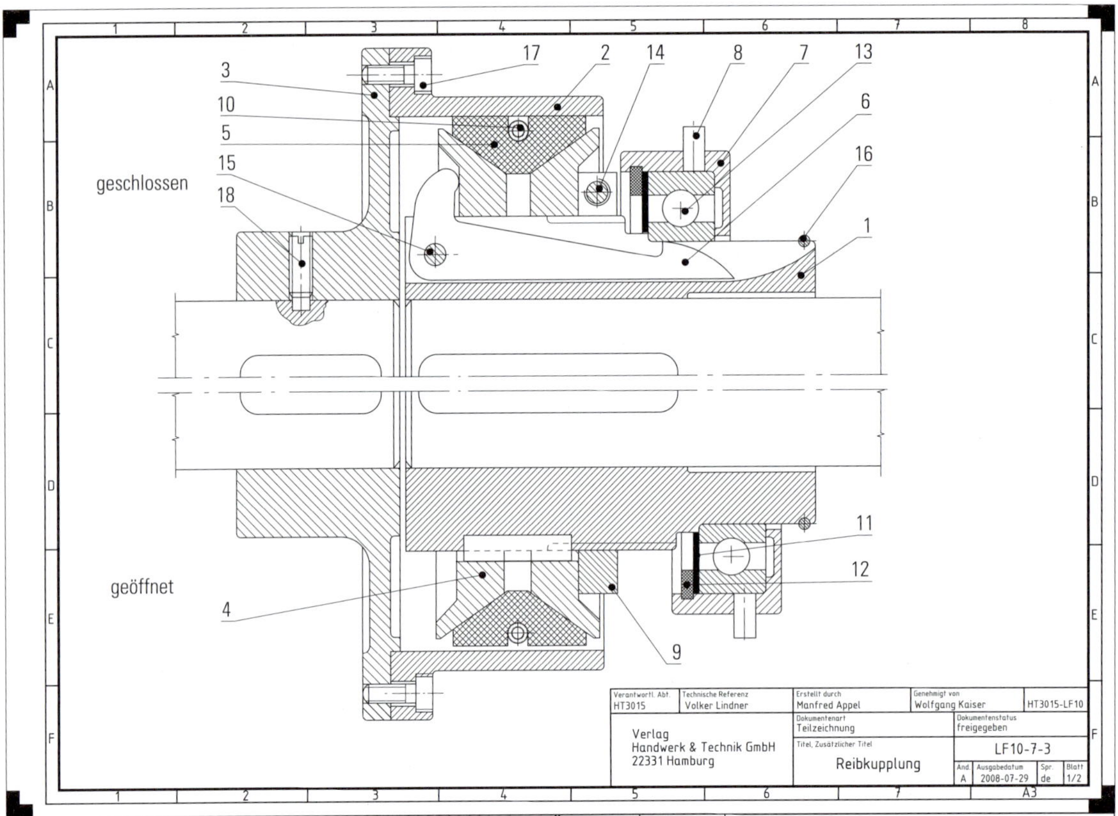
1 2 3 4 5 6 7 8
A B C D E F
3
10
5
15
18
17
2
14
8
7
13
6
16
1
11
12
9
4
geschlossen
geöffnet
Verantwortl. Abt.
HT3015
Technische Referenz
Volker Lindner
Erstellt durch
Manfred Appel
Genehmigt von
Wolfgang Kaiser
HT3015-LF10
Dokumentenart
Teilzeichnung
Dokumentenstatus
freigegeben
Verlag
Handwerk & Technik GmbH
22331 Hamburg
Titel, Zusätzlicher Titel
Reibkupplung
LF10-7-3
Änd
A
Ausgabedatum
2008-07-29
Spr.
de
Blatt
1/2
A3

9	1	Stellring	18	6	Gewindestift ISO 7935 – M6 × 16
8	1	Mitnehmerbolzen	17	6	Zylinderschraube ISO 7984 – M6 × 16
7	1	Schaltmuffe	16	1	Sprengring DIN 9045 – 60
6	3	Winkelhebel	15	3	Zylinderschraube ISO 8734 – A – 8 × 30
5	6	Keilreibring	14	1	Zylinderschraube ISO 4762 – M6 × 16
4	2	Tellerscheibe	13	1	Kugellager DIN 625 – 6012
3	1	Flanschnabe	12	1	Sicherungsring
2	1	Kupplungsmantel	11	1	Dichtscheibe
1	1	Kupplungsnabe	10	2	Zugfederring
Pos.	Menge	Benennung/Norm-Kurzbezeichnung	Pos.	Menge	Benennung/Norm-Kurzbezeichnung

1 *Reibkupplung*

Bei allen Reibkupplungen wird zwischen schaltbarem und übertragbarem Drehmoment unterschieden. Beim Schalten unter Last gleiten zunächst beide Kupplungshälften mit ihren Gleitschichten aufeinander, sodass nur die Reibkraft mit der Gleitreibungszahl wirksam ist (schaltbares Drehmoment). Erst wenn beide Kupplungshälften dieselbe Umdrehungsfrequenz besitzen, sie also synchron laufen, wirkt zwischen den Reibflächen die Haftreibung (übertragbares Drehmoment).

Bild 1 zeigt eine **Einflächenkupplung** *(unifacial coupling)*, die elektromagnetisch geschaltet wird. Sie arbeitet kraftschlüssig und kann keinen radialen Wellenversatz ausgleichen. Für den Schaltvorgang ist es erforderlich, dass eine Kupplungsseite sich axial verschieben lässt.

Das übertragbare Drehmoment einer Reibkupplung ist umso größer, je

- mehr Reibflächen vorhanden sind,
- größer der wirksame Radius der Reibflächen ist,
- höher der Reibfaktor der Reibflächen ist,
- höher die Normalkraft ist.

Die Erhöhung der Anzahl der Reibflächen für eine höhere Drehmomentübertragung wird bei der **Lamellenkupplung** *(multidisc clutch)* genutzt. Bild 2 zeigt eine elektromagnetisch betätigte Lamellenkupplung. Einmal zusammengepresste Lamellen neigen durch die Adhäsionskräfte zum „Verkleben". Damit die Lamellen sich wieder leichter voneinander trennen können, ist eine Seite der beiden Lamellenpakete wellenförmig geformt. Sie werden in geschaltetem Zustand elastisch aneinandergepresst und übertragen das Drehmoment kraftschlüssig. Die Lamellen wiederum sind formschlüssig in den Nuten des Innenbzw. Außenringes geführt.

2.2.3 Sicherheitskupplungen

Sicherheitskupplungen *(safety clutches)* dienen der Betriebssicherheit von Antrieben, Maschinen und Anlagen. Sie sorgen dafür, dass die konstruktiv festgelegten Kräfte und Momente nicht überschritten werden. So werden Getriebeteile, Maschinen oder Geräte vor Beschädigungen geschützt.

Die einfachste Form von Sicherheitskupplungen sind die formschlüssig wirkenden **Abscherkupplungen** *(shear pin clutches)*. Die in gehärteten Buchsen geführten Stifte oder Bolzen sind auf ein maximal übertragbares Moment ausgelegt. Übersteigt das tatsächliche Betriebsmoment das konstruktiv festge

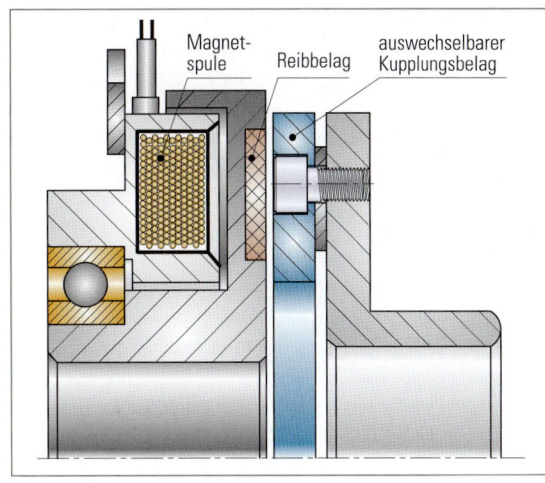

1 *Elektromagnet-Einflächenkupplung*

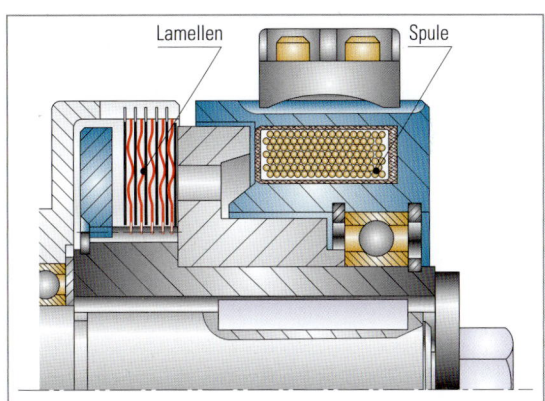

2 *Sinus-Lamellenkupplung*

legte Maximalmoment, wird der Scherstift oder Bolzen abgeschert (Bild 4). Der abgescherte Stift muss, nachdem die Störungsursache behoben wurde, durch einen gleichartigen Stift ersetzt werden. Es ist auch möglich, dass mehrere Stifte am Umfang der Kupplung das Drehmoment übertragen.

Wenn bei Überlastung keine dauerhafte Trennung des Drehmomentes erforderlich ist, also nur das Drehmoment einen einstellbaren Maximalwert nicht überschreiten soll (Bild 4), kom

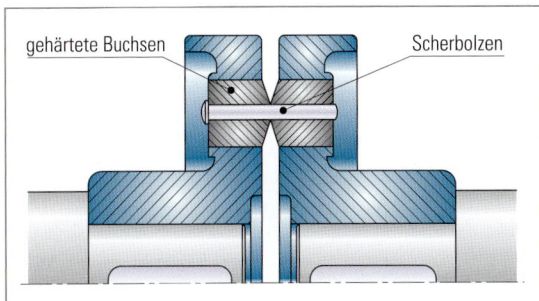

3 *Sicherheits-Abscherkupplung*

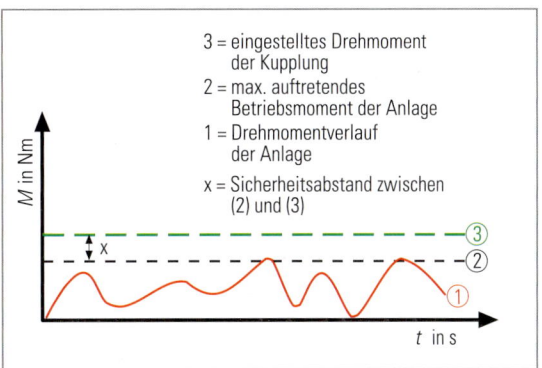

4 *Drehmomentverlauf*

men **Drehmomentbegrenzer** *(torque limiter)* zum Einsatz. Das Ansprechmoment der Kupplung sollte ca. 30 % über dem bei störungsfreiem Lauf der Anlage auftretenden Maximalmoment liegen[1]. Bild 1 zeigt das Funktionsprinzip eines Drehmomentbegrenzers. Kugeln übertragen das Drehmoment formschlüssig. Wenn eine Überlast auftritt, werden aufgrund der Drehfähigkeit der Kugeln die Andrückscheiben auseinander gedrückt. Dadurch verlassen die Kugeln ihre Mulden und rollen frei. Die Drehmomentübertragung ist dadurch unterbrochen. Das Schaltmoment ist direkt abhängig von der Federkraft, die über die Einstellmutter stufenlos eingestellt werden kann.

Eine konstruktive Ausführung dieses Prinzips zeigt Bild 2. Der Ausrückweg kann durch Endschalter oder Näherungssensoren messtechnisch erfasst und dann ausgewertet werden. Die Überlast sollte nicht allzu lange auftreten, da das Ansprechen der Kupplung immer auch Verschleiß zur Folge hat.

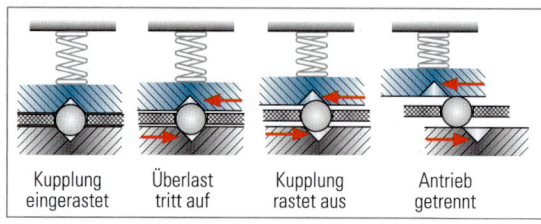

1 *Drehmomentbegrenzer – Funktionsprinzip*

Anwendung findet sie z. B. bei Kugelgewindeantrieben an Werkzeugmaschinen. Bei einer Störung (Werkzeugbruch) treten axial wirkende Kräfte auf, die auf den Drehmomentbegrenzer wirken. Dieser schaltet den Antrieb frei vom Drehmoment und gleichzeitig sorgt der Näherungssensor für eine Unterbrechung der Stromversorgung des Antriebes.

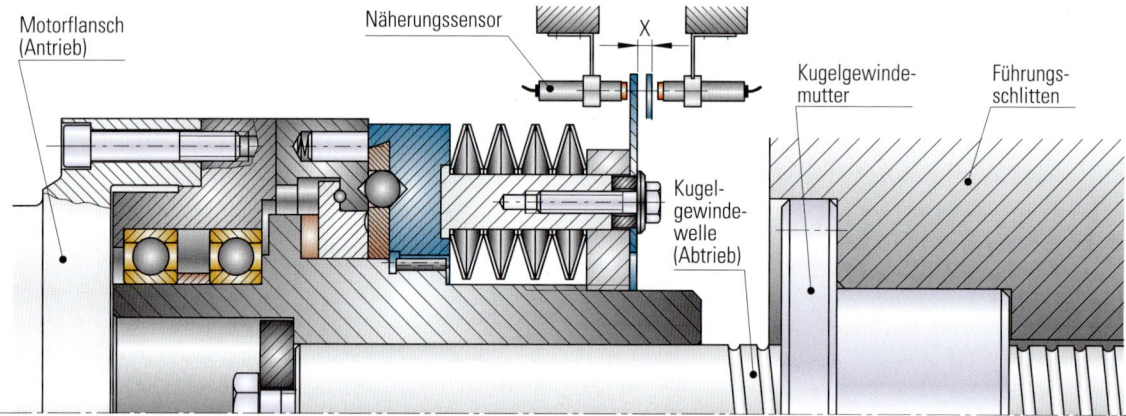

2 *Drehmomentbegrenzer*

2.2.4 Fliehkraftkupplung

Bei einer Fliehkraftkupplung *(centrifugal clutch)* (Seite 35 Bild 1) sind auf der Profilnabe Fliehmassen gelagert, die durch Zugfedern über die Belagbügel zusammengehalten werden. Axial sind die Fliehgewichte durch Scheiben gesichert. Die Belagbügel werden oft durch Niete auf der Fliehmasse fixiert. Wenn die Nabe sich dreht, werden aufgrund der Fliehkraft die Massen radial nach außen gedrückt. Dadurch legen sich die Reibbeläge an dem Innendurchmesser der Kupplungsglocke an und übertra-

gen aufgrund von Reibkräften das Drehmoment kraftschlüssig. Dieses ist besonders bei Antrieben erforderlich, bei denen das Motorantriebsmoment erst mit steigender Umdrehungsfrequenz erreicht wird (z. B. Kurzschlussläufermotor, Verbrennungskraftmaschinen). Um den Antriebsmotor in der Motorleistung zu begrenzen, überträgt die Kupplung das Antriebsmoment in Abhängigkeit von der erreichten Antriebsfrequenz.

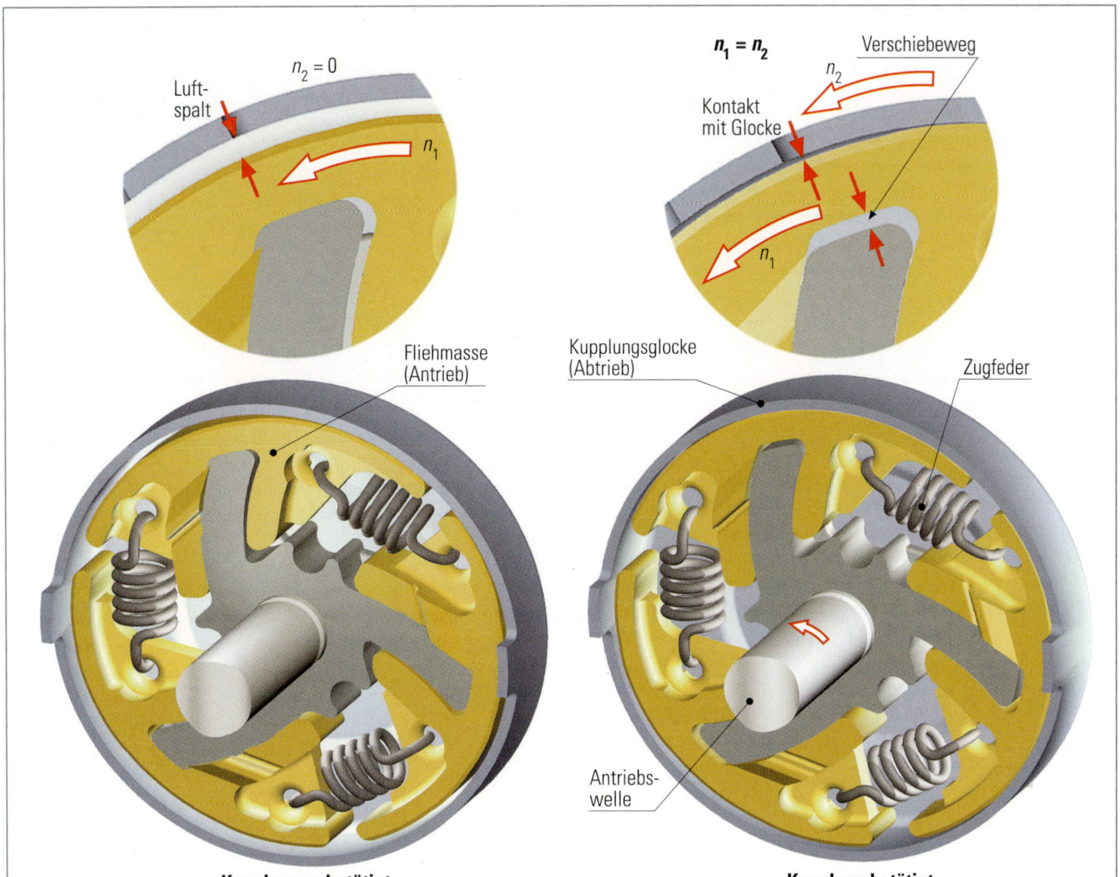

$n_2 = 0$

Luft-
spalt

n_1

$n_1 = n_2$

n_2

Verschiebeweg

Kontakt
mit Glocke

n_1

Fliehmasse
(Antrieb)

Kupplungsglocke
(Abtrieb)

Zugfeder

Antriebs-
welle

Kupplung unbetätigt

Kupplung betätigt

1 Fliehkraftkupplung

2.2.5 Freilaufkupplung

Bei **drehrichtungsabhängigen** Kupplungen (Freilaufkupplun-
gen) *(free-wheel clutches)* werden Drehmomente nur in einer
Drehrichtung übertragen. Wird der Innenring über die Welle im
Uhrzeigersinn angetrieben (Bild 2a), verklemmen sich die Rollen
oder Kugeln am Umfang. Das Drehmoment wird übertragen. Bei
entgegengesetzter Drehrichtung der Antriebswelle (Bild 2b)
lösen sich die Rollen und die Drehmomentübertragen wird
unterbrochen. Es kommt zu einem **Freilauf** *(free-wheel)*.

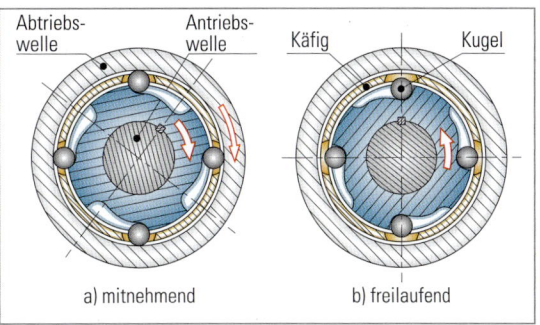

Abtriebs-
welle

Antriebs-
welle

Käfig

Kugel

a) mitnehmend

b) freilaufend

2 Freilaufkupplung

Wellenkupplungen

Kupplungsverhalten schaltbarer Kupplungen				
fremdbetätigt		**momentbetätigt**	**umdrehungsfre-quenzbetätigt**	**drehrichtungs-betätigt**
mechanisch	**elektromechanisch**			
■ Klauenkupplung	■ Sinus-Lamellen-kupplung	■ Drehmoment-begrenzer	■ Fliehkraftkupplung	■ Freilaufkupplung
■ Bogenzahnkupplung	■ Zahnkupplung			
■ Sinus-Lamellen-kupplung				
■ Zahnkupplung				

1 Bauarten von schaltbaren Wellenkupplungen (Auswahl)

Kupplungsverhalten nicht schaltbarer Kupplungen									
starr		**ausgleichend**							
		drehelastisch				**drehstarr, gelenkig**			
	zulässige Wellen-verlagerung		**zulässige Wellen-verlagerung**				**zulässige Wellen-verlagerung**		
			axial	**radial**	**winkelig**		**axial**	**radial**	**winkelig**
Schalenkupplung	keine	Bolzenkupplung	x	x	x	Zahnkupplung	x		
Scheibenkupplung	keine	Klauenkupplung mit elastischem Formele-ment	x	x	x	Klauenkupplung	x		
		Reifenkupplung	x	x	x	Bogenzahnkupplung	x		x
		Nockenkupplung	–	–	–	Membrankupplung			x
		Stahlfederkupplung	x	–	–	Kreuzscheibenkupplung			x
						Stahllamellenkupplung	–	–	x
						Metallbalgkupplung			x

2 Bauarten von nicht schaltbaren Wellenkupplungen (Auswahl)

Ü B U N G E N

1. Welche Aufgaben erfüllen Kupplungen?

2. Welche Versetzungen können bei zwei zu verbindenden Wellen auftreten?

3. Welche Folgen können bei Kupplungen auftreten, wenn Wellen nicht genau zueinander ausgerichtet sind?

4. Welche Eigenschaften haben starre Kupplungen?

5. Nennen Sie Einsatzgebiete für
a) drehstarre Kupplungen
b) elastische Kupplungen

6. Welche Vorteile haben elastische Kupplungen gegenüber drehstarren Kupplungen?

7. Durch welche Maßnahmen lässt sich das übertragbare Moment von Reibkupplungen erhöhen?

8. Welchen Vorteil haben elektrisch oder pneumatisch/hydraulisch betätigte Kupplungen in der Automatisierung?

9. Erläutern Sie die Funktion einer Lammellenkupplung und nennen Sie mögliche Anwendungsgebiete.

10. In welchen Fällen werden Freilauf- bzw. Überholkupplungen verwendet?

11. Welche Aufgabe erfüllen Sicherheitskupplungen?

12. Beschreiben Sie das Kupplungsverhalten einer Fliehkraftkupplung.

13. Welche Aufgaben erfüllen folgende Kupplungen?
a) Rutschkupplung an einer Bohrmaschine
b) Freilaufkupplung an einem Fahrrad
c) Elastische Kupplung an einem Förderbandantrieb

14. Welche Kupplungsarten sind selbstbetätigend?

15. Warum ist die Berücksichtigung des Werkstoffs für die Stifte und Bolzen bei Stift- und Bolzen-Sicherheitskupplungen besonders wichtig?

16. Warum führt eine längere Überlastung bei der Sicherheits-Rutschkupplung zu einem erhöhten Verschleiß? Welche Maßnahme kann die Zerstörung verhindern?

17. Nennen Sie Anwendungsbeispiele für den Einbau von Sicherheitskupplungen.

18. Informieren Sie sich im Internet bei verschiedenen Herstellern von Kupplungen über weitere Kupplungsarten und
a) stellen Sie ihre Recherche ihrer Klasse vor.
b) vergleichen Sie die Funktionen der von Ihnen gefundenen Kupplungen mit denen ihrer Mitschüler.

Projektaufgabe

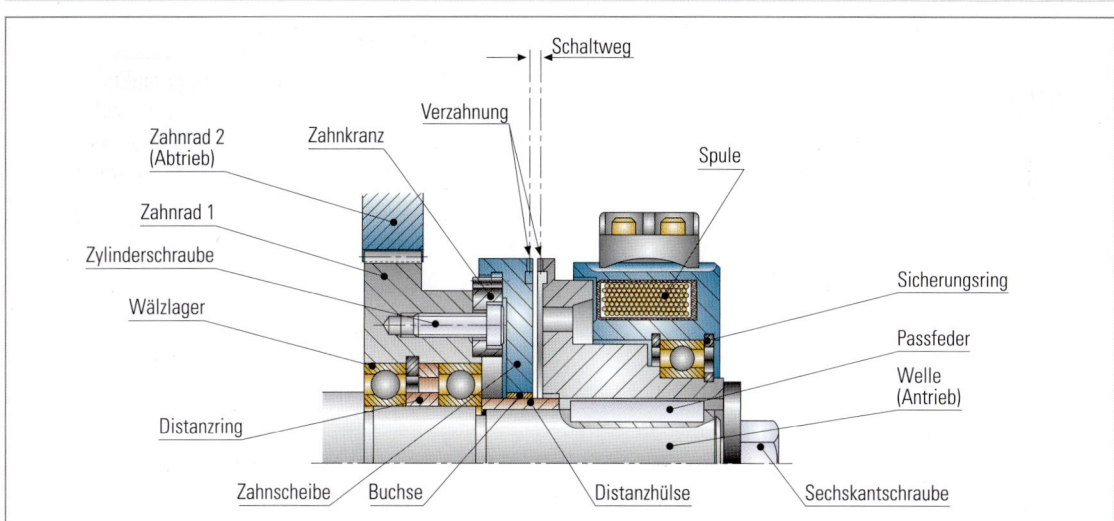

1. Beschreiben Sie den Drehmomentfluss beginnend vom Antrieb (Welle) zum Abtrieb (Zahnrad 2)

2. Welche Kupplungsart findet Verwendung?

3. Beschreiben Sie die Funktionsweise der dargestellten Kupplung.

4. Vergleichen Sie die Eigenschaften dieser Kupplung mit denen einer Sinus-Lamellenkupplung. (Tabelle)

5. Welche Aufgabe erfüllt die Passfeder?

6. Welche Aufgabe erfüllen die Sicherungsringe?

7. Welche Aufgabe erfüllt der Zahnkranz?

8. Das Zahnrad 1 muss ausgetauscht werden. Beschreiben Sie die Demontage.

Elektrische Antriebe *(seitlich)*

3   Elektrische Antriebe

Elektrische Maschinen *(electrical machines)* werden für den Betrieb von Anlagen und Maschinen eingesetzt (Bild 1). Sie besitzen folgende Vorteile:

- Abgasfreiheit *(exhaust freedom)*
- Geräuscharmut *(low noise level)*
- Wartungsfreiheit *(maintenance freedom)*

3.1 Elektromagnetismus

Elektrische Antriebe *(electrical drives)* und elektromagnetisch arbeitende Geräte *(appliances)* basieren auf der Erzeugung eines **magnetischen Feldes** durch einen elektrischen Strom. Es entstehen dabei Kraftwirkungen. Typische Anwendungen des Elektromagnetismus sind:

- Magnetspannplatten *(magnet clamping plates)*
- Relais *(relays)*
- Magnetventile *(magnet valves)*
- Transformatoren *(transformers)*
- Generatoren *(generators)*
- Elektromotoren *(electrical motors)*

3.1.1 Magnetfelder Strom durchflossener Leiter

Jeder Strom durchflossene Leiter *(current carrying conductor)* besitzt ein Magnetfeld *(magnetic field)*. Soll zum Beispiel im laufenden Betrieb der Schweißstrom ermittelt werden, so kann dies mithilfe eines Zangenstrommessgeräts ohne die Auftrennung des Stromkreises erfolgen (Bild 2). Bei dieser Messung wird dabei über das Magnetfeld des Leiters der fließende Strom ermittelt (Bild 3).

> Fließt ein Strom durch einen elektrischen Leiter, so entsteht um diesen ein magnetisches Feld.

Das magnetische Feld umgibt den elektrischen Leiter vollständig. Die Ausrichtung des Magnetfelds ist abhängig von der Stromrichtung (Bild 4).

Werden zwei parallele Leiter *(parallel conductors)* von einem Strom durchflossen, so kommt es zwischen diesen Leitern zu einer **Kraftwirkung** *(dynamic effect)* (Seite 40 Bild 1). In dem dargestellten Fall liegen zwei gleichartig ausgerichtete Magnetfelder nebeneinander. Es kommt zu Kräften *F*, welche die Leiter voneinander abstoßen.

> Wirken zwei magnetische Felder aufeinander, so kommt es zu einer Kraftwirkung zwischen diesen Feldern.

Überlegen Sie!

Welche Kraftwirkung entsteht zwischen den Leitern in Bild 4, wenn beide Leitungen in gleicher Richtung von einem Strom durchflossen werden?

1 *Elektrischer Antrieb*

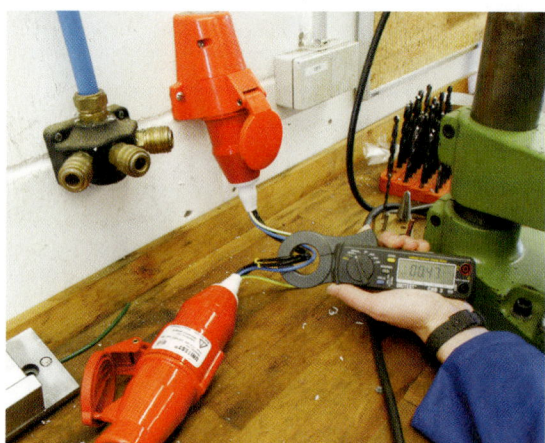

2 *Zangenstrommessgerät*

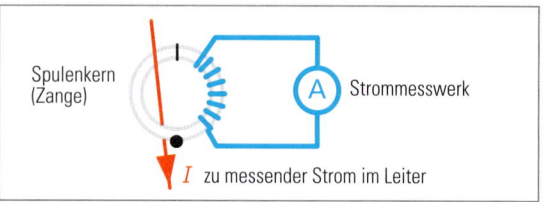

Spulenkern (Zange)   A   Strommesswerk

I   zu messender Strom im Leiter

3 *Prinzipbild eines Zangenstrommessgeräts*

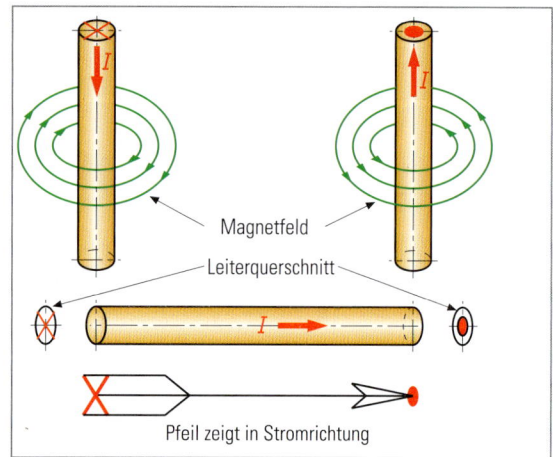

Magnetfeld

Leiterquerschnitt

I

Pfeil zeigt in Stromrichtung

4 *Magnetfelder Strom durchflossener Leiter*

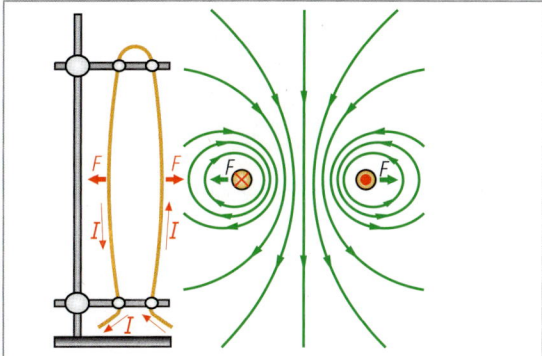

1 Magnetfeld einer Leiterschleife

3.1.2 Magnetfelder Strom durchflossener Spulen

Wird ein Leiter in Form einer Spule *(inductor)* gewickelt und von einem Strom durchflossen, so entsteht ein Magnetfeld. Dieses wirkt wie ein Dauermagnet *(permanent magnet)* und besitzt einen **Nord-** und einen **Südpol** *(north pole/south pole)* (Bild 2). Das Magnetfeld einer Spule ändert seine **Polarität** *(polarity)*, also seine Nord-Süd-Ausrichtung, wenn sich die Stromrichtung ändert. Mit der Verwendung eines **Eisenkerns** kann das Magnetfeld bei gleichem Spulenstrom um das bis zu 100.000-Fache verstärkt werden, da Eisen die Wirkung des magnetischen Feldes bündelt.

MERKE

Die Kraftwirkung des Magnetfelds einer Spule ist abhängig von:
- der Stärke des elektrischen Stroms
- der Anzahl der Windungen
- der Verwendung eines Eisenkerns

*Überlegen Sie!*

1. Welche Anwendungen des elektromagnetischen Feldes kennen Sie?
2. Wie muss die Spule in Bild 2 angeschlossen werden, um eine Umkehrung der magnetischen Pole zu erreichen?

3.1.3 Induktion

Wird ein Magnet durch eine Spule bewegt (Bild 3), so wird in der Spule eine Spannung *(voltage)* erzeugt. Die Polarität dieser Spannung hängt von der Bewegungsrichtung bzw. der Magnetfeldänderung in der Spulenwicklung ab. Sie ist so gerichtet, dass sie der Erzeugung entgegenwirkt. Dieser physikalische Vorgang wird als Induktion bezeichnet. Die Induktion einer Spannung ist die Grundlage für die Arbeitsweise von Generatoren und Transformatoren. Die entstehende Spannung heißt **Induktionsspannung** *(induction voltage)*.

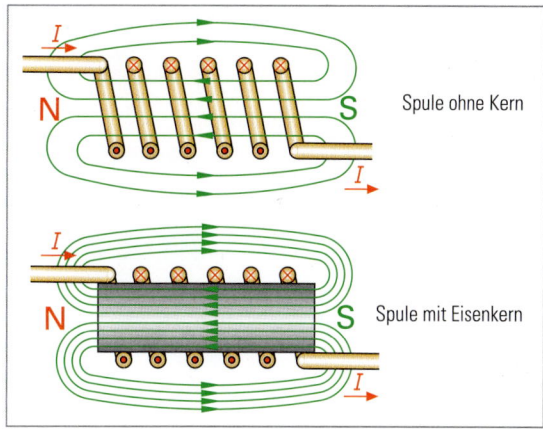

2 Magnetfeld einer Spule

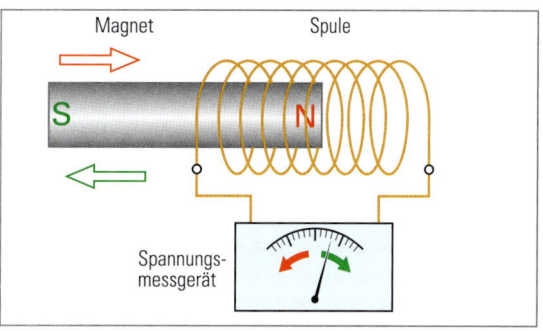

3 Induktionsprinzip

MERKE

Die Induktionsspannung ist umso größer, je größer die Geschwindigkeit der Änderung des Magnetfelds und je größer die Windungszahl der Induktionswicklung ist

3.1.4 Elektromotorisches Prinzip

Wirkt auf einen stromdurchflossenen elektrischen Leiter ein äußeres magnetisches Feld, so ergibt sich eine **Kraftwirkung** auf den Leiter (Seite 40 Bild 1). Die Kraftwirkung ergibt sich aus der Überlagerung der magnetischen Felder des Leiters und des Magneten. Während auf der einen Seite das magnetische Feld geschwächt wird, kommt es auf der anderen Seite zu einer Verstärkung. Dies bewirkt eine Bewegung des Leiters. Die Größe der Kraft ist abhängig von
- der Stärke des äußeren magnetischen Felds und
- der Höhe des elektrischen Stroms durch den Leiter.

Die Richtung der Kraft ist abhängig von Stromrichtung und der Polarität des äußeren Magnetfelds.

Befindet sich innerhalb des Magnetfelds eine drehbar gelagerte Spule, so wird diese wie eine Leiterschleife abhängig von der Stromrichtung ausgelenkt. Um eine kontinuierliche Drehbewegung zu erhalten, ist entweder die Polarität des Magnetfelds oder die Stromrichtung in der Leiterschleife periodisch umzupolen. Die notwendigen magnetischen Felder werden in der Regel durch Elektromagneten erzeugt.

Elektrische Antriebe

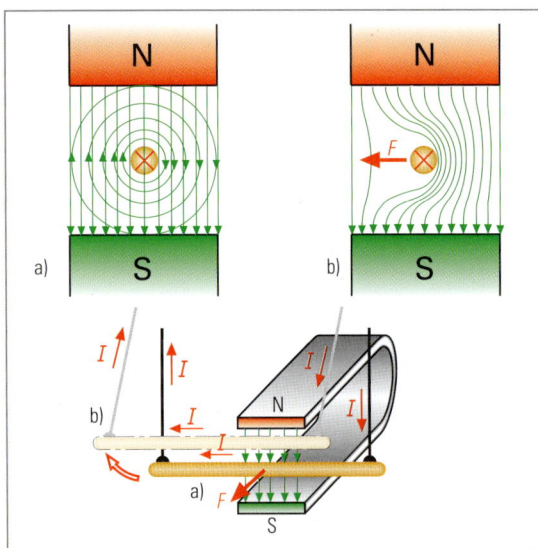

1 *Elektromotorisches Prinzip*

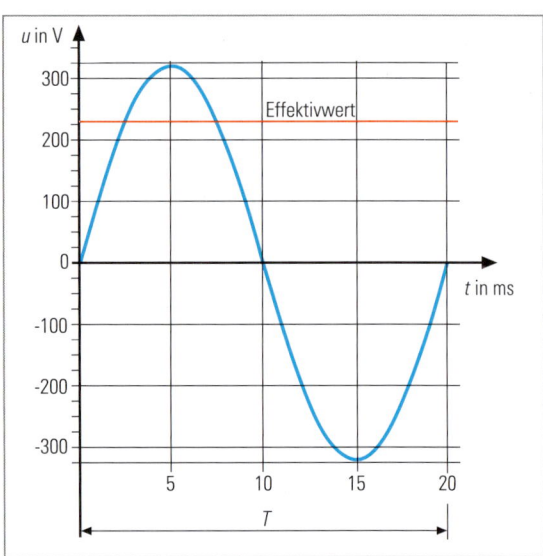

2 *Einphasen-Wechselspannung*

> **MERKE**
>
> Ein gegenüberliegendes Magnetpaar *(pair of magnets)* – bestehend aus Nord- und Südpol – wird als Polpaar *(pair of poles)* bezeichnet (Bild 1).

Eine kontinuierliche Umpolung der Magnetfelder wird durch die Verwendung von Wechselspannungen oder duch Stromwender (Kommutatoren; siehe Kap. 3.4.1) erreicht.

3.2 Wechselspannungen

Bei der Erzeugung einer Spannung durch einen Generator entsteht eine **sinusförmige Wechselspannung** *(alternating voltage)* (Bild 2). Diese wird über Wechselspannungsnetze verteilt und unter anderem für Beleuchtungszwecke und Antriebe verwendet. Die Netze müssen so ausgelegt sein, dass die benötigte Leistung für die Verbraucher möglichst verlustarm bereit gestellt wird. Deutlich erkennbar ist der Zusammenhang mit dem Induktionsprinzip (Seite 39 Bild 3).

3.2.1 Einphasen-Wechselspannung

Einphasen-Wechselspannungen[1] *(single-phase alternating voltages)* werden für Verbraucher mit geringer Leistungsaufnahme wie z. B. Handgeräte und Beleuchtungen eingesetzt. Sie basieren auf der Verwendung von Dreiphasen-Wechselspannungsnetzen. Es wird jedoch nur eine Phase genutzt. Die anliegende sinusförmige Spannung hat in Deutschland einen Effektivwert von 230 V mit einer Frequenz von 50 Hz (Bild 2).

> **MERKE**
>
> Der **Effektivwert** *(effective value)* ist der Wert einer Wechselspannung, der die gleiche Leistung bewirkt wie eine entsprechende Gleichspannung.

> **MERKE**
>
> Die **Frequenz** *(frequency)* ist die Anzahl der Schwingungen pro Sekunde und wird in Hertz (Hz) angegeben.

Der Anschluss erfolgt mit drei Leitungen:
- einem **Außenleiter** *(phase conductor)* (L1, schwarz, braun oder grau),
- einem **Neutralleiter** *(neutral conductor)* (N, blau) und
- einem **Schutzleiter** *(protective conductor)* (PE, grün/gelb).

Überlegen Sie!

1. Welchen Effektivwert und welche Frequenz hat die in Bild 2 dargestellte Spannung?
2. Welche Leiter sind an den Steckern in Bild 3 angeschlossen?

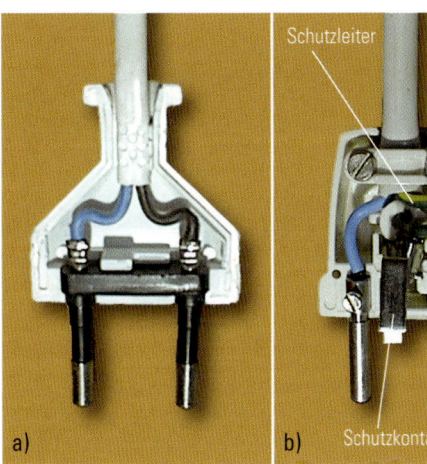

3 *Anschluss von Steckern*
a) Gerät mit Schutzisolierung
b) Gerät mit Schutzleiter

[1] Die Momentanwerte sinusförmige Spannungen und Ströme werden mit dem Formelzeichen *u* bzw. *i* angegeben.

3.2.2 Dreiphasen-Wechselspannung

Bei Verbrauchern mit sehr großen Leistungen und bei der Übertragung elektrischer Energie über weite Strecken (Hochspannungsleitungen) werden Drehstromsysteme *(three-phase systems)* verwendet. Für die Übertragung werden die Spannungen auf bis zu 400 kV gewandelt.

MERKE

Das Dreiphasen-Wechselspannungsnetz wird auch als **Drehstromnetz** bezeichnet.

Beim **Drehstromnetz** *(three-phase current)* wirken **drei gleiche Wechselspannungen** *(alternating voltages)* miteinander. Diese Einzelspannungen sind in ihrem zeitlichen Verlauf gegeneinander versetzt (Bild 1). Betrachtet man den Verlauf der ersten Spannung (rot), so folgen die anderen beiden Spannungen (blau, lila) im Abstand jeweils einer drittel Periodendauer (*T*/3) der vorhergehenden Spannung. Für den Anschluss eines Verbrauchers werden insgesamt fünf Anschlussleitungen benötigt:

- 3 Außenleiter mit den Bezeichnungen L1, L2 und L3 (Farbkennzeichnung braun, schwarz und grau),
- 1 Neutralleiter mit der Bezeichnung N (Farbkennzeichnung blau)
- 1 Schutzleiter mit der Bezeichnung PE (Farbkennzeichnung grün-gelb)

Die Spannung zwischen den Außenleitern (L1, L2 und L3) beträgt 400 V. Die Spannung zwischen einem Außenleiter und dem Neutralleiter beträgt 230 V (Bild 2). Durch unterschiedliche Anschlussweisen lassen sich so in einem Drehstromnetz zwei Versorgungsspannungswerte nutzen.

3.3 Gleichspannungen

Gleichspannungen *(direct voltages)* werden durch Akkumulatoren *(accumulators)*, Solaranlagen oder Gleichrichterschaltungen *(rectifier circuits)* zur Verfügung gestellt und haben einen konstanten Spannungsverlauf (Bild 3). Je nach Einsatzgebiet liegen die Vorteile z. B in den geringen Abmessungen und Gewichten für die Spannungsquellen (Akkumulatoren, galvanische Elemente) und in der erhöhten Sicherheit für den menschlichen Organismus.

Folgende Anwendungen benötigen häufig eine Gleichspannung:

- LED-Lampen *(LED-lamps)*
- Notbeleuchtungen *(emergency lights)*
- Kleingeräte *(small appliances)*
- Automatisierungssysteme *(automation systems)*
- Galvanisieranlagen *(plants for galvanisation)*
- Elektrofilter *(electric filters)*
- Gleichstromantriebe *(direct current drives)*

Typische Werte von Gleichspannungen in Versorgungsnetzen sind 12 V, 24 V und 110 V.

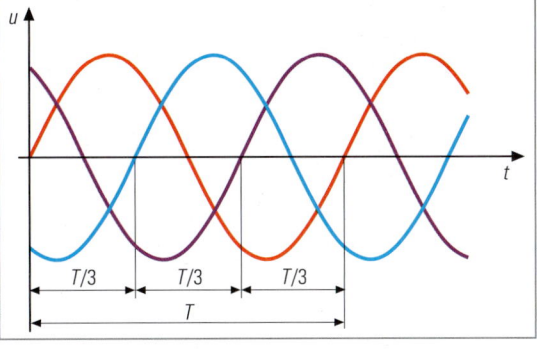

1 Dreiphasen-Wechselspannung

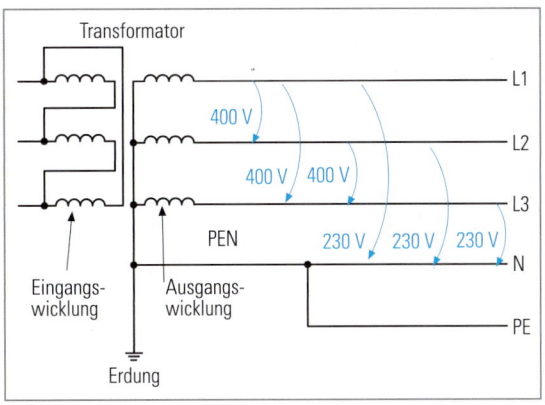

2 Drehstromnetz

3 Gleichspannung

Überlegen Sie!

1. Erkunden Sie, welche elektrischen Spannungsarten in Ihrem Betrieb verwendet werden.
2. Wo kommen in Ihrem Betrieb elektrische Gleichspannungen zum Einsatz?

Elektrische Antriebe

3.4 Elektromotoren

3.4.1 Gleichstrommotoren

Wird der Motor an einer Gleichspannung betrieben, so wird für die Umpolung an der Leiterschleife ein **Stromwender** (Kommutator) eingesetzt (Bild 1). Den Aufbau eines Gleichstrommotors *(direct current motor)* zeigt Bild 2. Gleichstrommotoren werden zum Beispiel in Werkzeugmaschinen *(machine tools)* als Vorschubantrieb *(feed drive)* und in Anlassern *(starting motors)* eingesetzt.

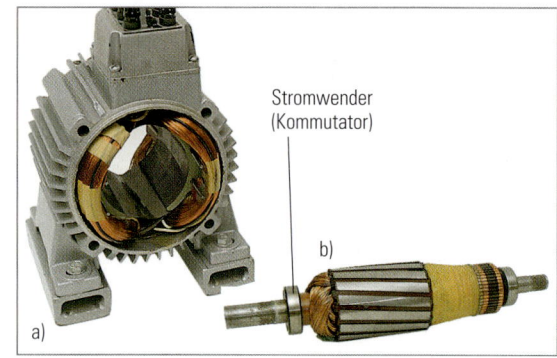

Stromwender
(Kommutator)

b)

a)

2 *Bauteile eines Gleichstrommotors a) Ständer b) Läufer*

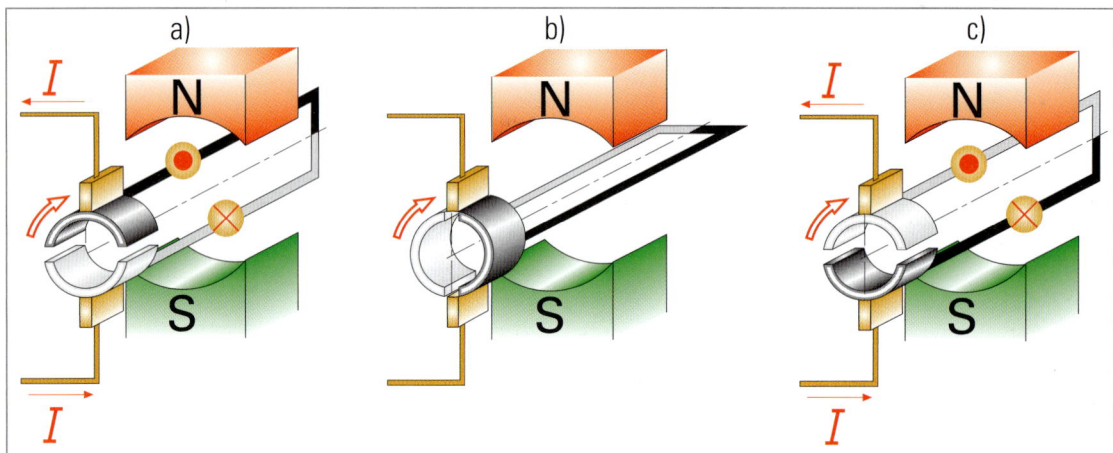

1 *Arbeitsweise eines Elektromotors mit Stromwender (Kommutator)*

3.4.2 Wechselstrommotoren

Alle Wechselstrommotoren *(alterating current motors)* nutzen den Verlauf der Versorgungsspannung für die Erzeugung eines sich verändernden magnetischen Feldes. Je nach Bauart sind diese Motoren als **Universalmotoren** *(universal motors)* auch für den Einsatz als Gleichstrommotoren geeignet.

> **M E R K E**
>
> Die **Umdrehungsfrequenz** *(rotational frequency)* eines Wechselstrommotors ergibt sich aus der Anzahl der Polpaare und aus der Netzfrequenz.

$$n = \frac{f}{p}$$

n: Umdrehungsfrequenz des Motors
f: Frequenz der Versorgungsspannung
p: Anzahl der Polpaare

Universalmotoren werden vorwiegend in elektrischen Handgeräten wie Bohr- und Schleifmaschinen eingesetzt.

Drehstrommotoren

Der am meisten verwendete Antrieb in stationären Anlagen ist der Drehstrommotor *(three-phase motor)*. Da durch das anliegende Drehstromnetz zusätzlich zu der Wirkung der einzelnen Wechselspannung eine Verschiebung zwischen den einzelnen

Leitern herrscht, ist die Erzeugung eines umlaufenden magnetischen Feldes mit einfachen Mitteln möglich. Man bezeichnet das entstehende magnetische Feld auch als **Drehfeld**. Befindet

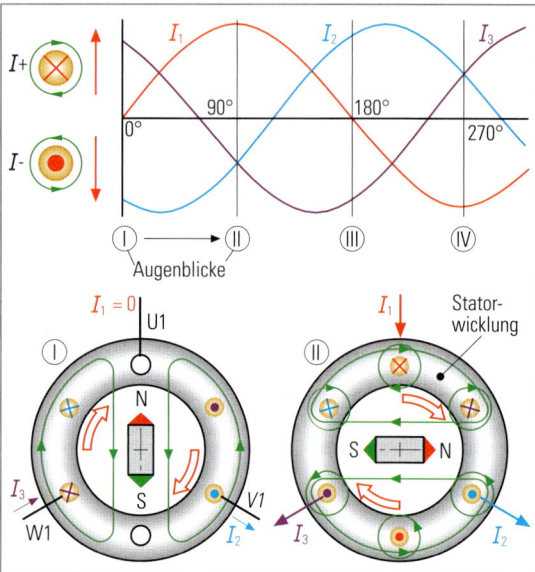

3 *Funktionsprinzip eines Drehstrom-Synchronmotors*

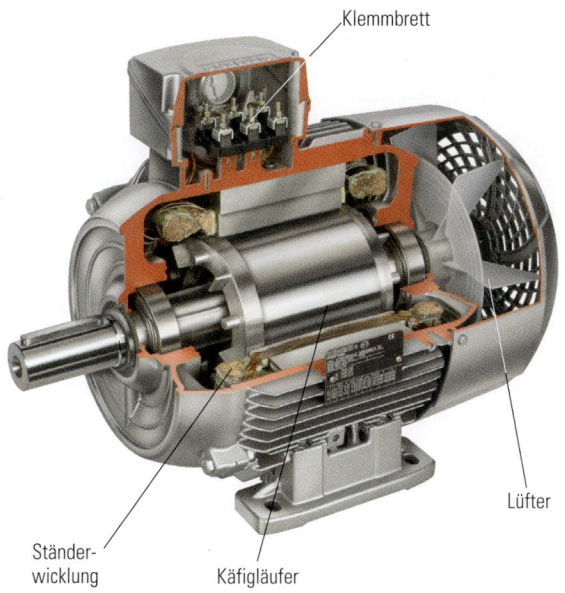

Klemmbrett

Lüfter

Ständer-
wicklung

Käfigläufer

1 *Aufbau eines Drehstrom-Asynchronmotors*

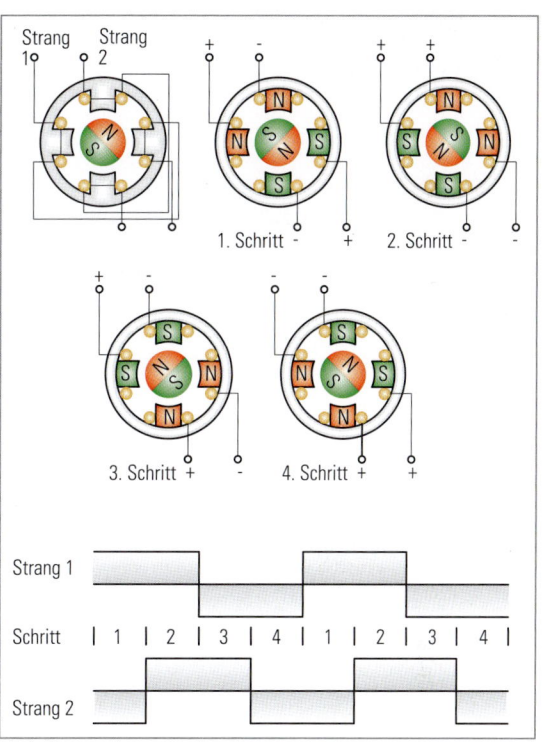

2 *Ansteuerung eines Schrittmotors*

sich innerhalb dieses Feldes ein Magnet, so dreht dieser mit derselben Frequenz wie das umlaufende Drehfeld (Seite 42 Bild 3). Diese Motoren werden deshalb als **Drehstrom-Synchron-motoren** *(three-phase synchronous motors)* bezeichnet.

Noch einfacher im Aufbau sind die **Drehstrom-Asynchron-motoren** *(three-phase induction motors)* (Bild 1). Da der Läufer als einfacher Käfig konstruiert ist, entsteht in dem Käfig durch das äußere umlaufende Drehfeld ein weiteres magnetisches Feld. Dieses magnetische Feld, welches den Läufer antreibt, läuft nicht mit derselben Frequenz des Drehfelds des Ständers um. Es entsteht ein Schlupf.

M E R K E

Der Schlupf ist die Differenz zwischen der Drehfrequenz des Drehfelds im Ständer und der Drehfrequenz des Rotors.

3.4.3 Schrittmotoren

Ein Schrittmotor *(step motor)* ist prinzipiell wie ein Wechsel-strommotor aufgebaut, dessen Ständerwicklungen einzeln an-gesteuert werden können. Der Rotor wird durch einen Dauer-magneten realisiert. Werden die Wicklungen nacheinander mit einem Gleichstrom angesteuert, so folgt der Rotor schrittweise dem erzeugten Magnetfeld (Bild 2). Die Geschwindigkeit der Impulsfolgen bestimmt die Drehfrequenz des Motors. Durch eine veränderte Impulsfolge kann der Drehsinn umgekehrt wer-den. Aus der Bauform des Motors ergibt sich der Schrittwinkel, der pro Impuls erreicht wird.

3.4.4 Linearmotoren

Der Aufbau und die Wirkungsweise eines Linerarmotors *(linear motor)* lässt sich von einem Drehstrom-Asynchronmotor ablei-

ten. Beim Linearmotor sind jedoch die Ständerwicklungen in flacher Form gefertigt. Dieser Teil wird als **Primärteil** oder

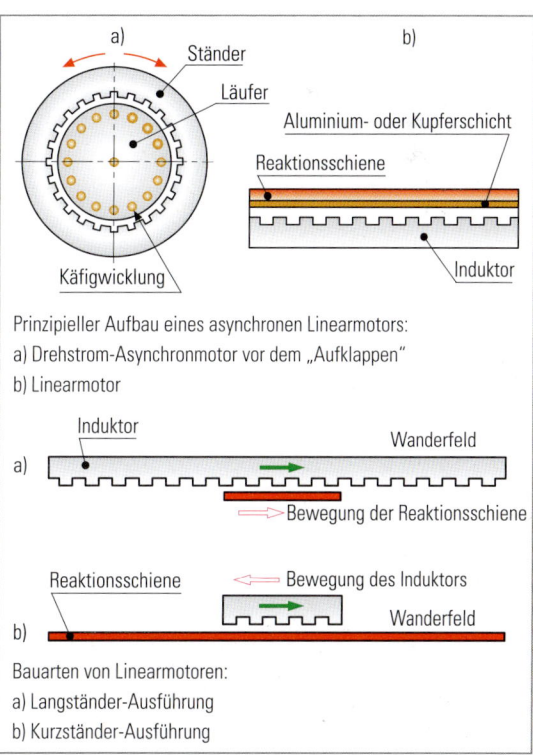

Prinzipieller Aufbau eines asynchronen Linearmotors:
a) Drehstrom-Asynchronmotor vor dem „Aufklappen"
b) Linearmotor

Bauarten von Linearmotoren:
a) Langständer-Ausführung
b) Kurzständer-Ausführung

3 *Aufbau eines Linearmotors*

Induktor bezeichnet. Innerhalb des von ihm erzeugten magnetischen Wanderfelds befindet sich als **Reaktionsschiene** der **Sekundärteil**. Ist diese frei beweglich, so wird sie durch die magnetische Wechselwirkung mit dem Primärteil in der selben Richtung wie das Wanderfeld bewegt (Seite 43 Bild 3).

M E R K E

Linearmotoren erzeugen keine Drehbewegung, sondern eine lineare Bewegung.

Linearmotoren besitzen ein ähnliches Betriebsverhalten wie Asynchronmotoren, haben jedoch aufgrund des größeren Luftspalts einen größeren Schlupf. Linearmotoren werden in Werkzeugmaschinen, Handhabungsgeräten und Fahrzeugen eingesetzt.

3.5 Kenngrößen von elektrischen Maschinen

Jede elektrische Maschine besitzt ein **Leistungsschild** *(specification plate)*, welches in seinem Aufbau genormt ist und Auskunft über wichtige Kenndaten gibt. Je nach Maschine werden nur die erforderlichen Felder ausgefüllt.

① Name des Herstellers *(name of producer)*
② Kennzeichen für den Typ *(characteristic of model)*
③ Stromart: Drehstrom
     (type of current)
④ Art der Maschine: Motor
     (kind of machine)
⑤ Fertigungsnummer und Herstellungsjahr
⑥ Schaltart der
     Wicklung bei
     Wechselstrom-
     maschinen: z.B. Sternschaltung
⑦ Nennspannung: 400 V (Versorgungsspannung,
     (nominal voltage)   an die der Motor angeschlossen wird)
⑧ Nennstrom: 23 A (Stromaufnahme die der Motor
     (nominal current)   im laufenden Betrieb hat)
⑨ u.⑩ Nennleistung: 11 kW (Leistungsaufnahme
     (nominal power)   im laufenden Betrieb)
⑪ Nennbetriebsart: S1 (Dauerbetrieb)
     (rated duty)
⑫ Leistungsfaktor: 0,8
⑬ Drehrichtung: z.B. →Rechtslauf
⑭ Nenndrehfrequenz: 1440/min
     *(nominal rotational
     frequency)*
⑮ Nennfrequenz: 50 Hz
⑯ z.B. das Wort „Erregung" oder Abkürzung „Err" bei Gleichstrom- oder Synchronmaschinen oder das Wort „Läufer" bzw. „Lfr" bei Asynchronmaschionen
⑰ Schaltungsart *(connection method)*
     der Läuferwicklung:
⑱ Nennerregerspannung *(nominal exciting voltage)*

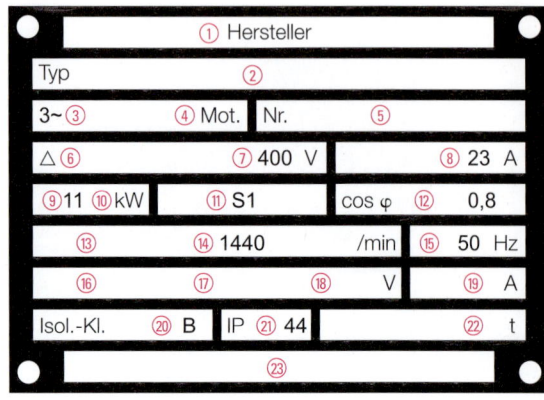

1 *Leistungsschild eines Drehstrom-Asynchronmotors*

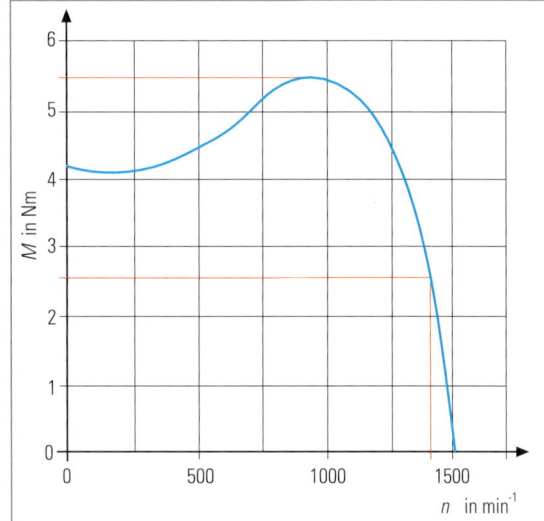

2 *Kennlinie eines Drehstrom-Asynchronmotors*

⑲ Erregerstrom *(exciting current)*
⑳ Isolierstoffklasse *(insulation class)*
㉑ Schutzart: IP 44 (Schutz gegen kornförmige
     (protective system) Fremdkörper, Schutz gegen
                                    Spritzwasser)
㉒ Masse *(mass)* von Maschinen, deren Gesamtgewicht 1 t überschreitet. Bei einer Masse < 1 t nach Bedarf.
㉓ Zusätzliche Vermerke *(comments)* wie z.B. VDE mit Jahreszahl, Kühlmittelmengen, Baugröße, Bauform

Über das Leistungsschild hinaus lassen sich Motoren in ihrem Betriebsverhalten beschreiben. Dieses wird als **Kennliniendiagramm** dargestellt und stellt z.B. das Drehmoment in Abhängigkeit von der Umdrehungsfrequenz dar. Bild 2 zeigt beispielhaft die Kennlinie eines Drehstrommotors. Die Tabelle auf Seite 45 zeigt eine Übersicht über häufig verwendete Motoren.

Überlegen Sie!

Analysieren Sie das Typenschild eines Antriebsmotors in Ihrem Betrieb.

Motortyp	Synchronmotor	Asynchronmotor	Gleichstrommotor	Universalmotor	Linearmotor	Schrittmotor
Prinzip	Drehstrommotor mit Dauermagnet	Drehstrommotor mit Käfigläufer	Wechselfelderzeugung über Kommutator	Aufbau ähnlich wie Gleichstrommotor	Induktionsmotorprinzip	Digitale Ansteuerung
Eigenschaften	■ Selbstanlauf nur durch Anlaufhilfe ■ Drehfrequenz abhängig von der Frequenz ■ fällt bei Überlast außer Tritt	■ Robust ■ Wartungsarm ■ Kompakt ■ Drehfrequenzsteuerung über Umrichter	■ Hohes Anlaufdrehmoment ■ Lastabhängige Drehfrequenz ■ Darf nur belastet betrieben werden	■ Für Gleich- und Wechselstrom ■ Betriebsverhalten ähnlich dem des Gleichstrommotors	■ Lineare Bewegung ■ Einfacher, robuster Aufbau ■ Keine Kühlungsprobleme	■ Drehbewegung in beide Bewegungsrichtungen in Winkelschritten ■ Winkelteilung von der Anzahl der Pole abhängig
Umdrehungsfrequenz	ca. 375 min⁻¹ ... ca. 3000 min⁻¹	ca. 1000 min⁻¹ ... ca. 13000 min⁻¹	ca. 7000 min⁻¹ ... ca. 28000 min⁻¹	ca. 7000⁻¹ min ... ca. 28000 min⁻¹	Lineare Geschwindigkeit	Bis etwa 5000 min⁻¹
Leistung	Bis mehrere kW	Bis mehrere kW	Bis mehrere kW	Bis ca. 1 ... 2 kW	Bis mehrere kW	Bis mehrere kW
Wirkungsgrad	ca. 10 %	ca. 70 % ... 90 %	ca. 70 % ... 80 %	ca. 50 %	ca. 60 %	ca. 45 %
Kennlinie						
Anwendung	■ Maschinenantriebe ■ Umformer ■ Verdichter ■ Phasenschieber ■ Uhren	■ Werkzeugmaschinen ■ Hebezeuge ■ Landwirtschaftliche Maschinen ■ Maschinen mit großer Schwungmasse ■ Antriebe mit hoher Dynamik	■ Werkzeugmaschinen ■ Förderanlagen ■ Maschinen mit großer Schwungmasse ■ Anlasser im Kfz ■ Fahrzeugantriebe	■ Handmaschinen ■ Kleingeräte	■ Werkzeugmaschinen ■ Pumpen ■ Büromaschinen ■ Fahrzeugantriebe	■ Ansteuerung von Stellgliedern ■ Roboter

Elektrische Antriebe

Elektrische Antriebe

3.6 Betrieb von Elektromotoren

Beim Betrieb eines Elektromotors sind für einen Fertigungsprozess die Kenngrößen **Umdrehungsfrequenz** *(rotational frequency)* oder **Drehmoment** *(static torque)* von Bedeutung (siehe auch Seite 44 Bild 2). Darüber hinaus ist insbesondere im Anlaufmoment des Motors die **erhöhte Stromaufnahme** *(current draw)* zu berücksichtigen.

3.6.1 Motoranlauf

Wird ein Motor eingeschaltet, so ergibt sich für den Anlauf *(start-up of motor)* eine erhöhte Stromaufnahme. Diese kann beispielsweise bei Drehstrommotoren durch unterschiedliche Schaltungsvarianten gemindert werden:

- Verwendung von Vorwiderständen,
- Stern-Dreieck-Schaltung
- Anlasstransformator
- Kurzschluss-Käfigläufer-Sanftanlauf

So können die drei Spulen eines Drehstrommotors in den in Bild 1 dargestellten Varianten geschaltet werden. Durch die Verkettung der Spulen ergibt sich bei der Stern-Schaltung eine um $1\sqrt{3}$ reduzierte Leiterspannung an jedem Strang.

3.6.2 Frequenzumrichter

Eine weite Verbreitung insbesondere in der Ansteuerung von Drehstrom-Asynchronmotoren haben Frequenzumrichter *(frequency converter)* (Bild 2). Mit ihnen wird aus der allgemeinen Versorgungsspannung über eine Elektronik eine den Betriebsanforderungen entsprechende Frequenz erzeugt (Bild 3). Durch Vorgabe dieser Frequenz wird die Umdrehungsfrequenz und/oder das Drehmoment des Motors beeinflusst. Wird dabei gleichzeitig die aktuelle Stromaufnahme ermittelt, sind auch Regelungen des Motorverhaltens möglich.

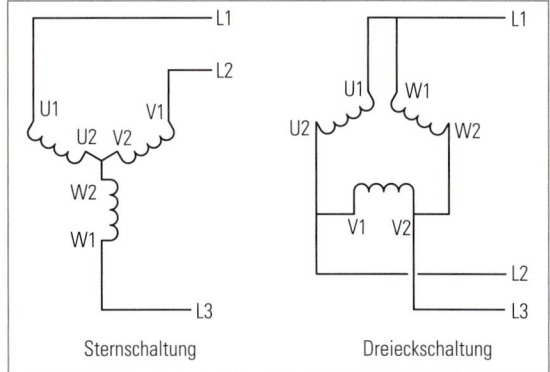

1 Stern- und Dreieckschaltung von Motoren

Der Einsatz eines Frequenzumrichters erspart die Verwendung eines Getriebes und außerdem ist ein erheblich flexiblerer und präziserer Betrieb möglich. Typische Einsatzgebiete sind Aufzüge, Förderbänder, Pumpen und Lüfter.

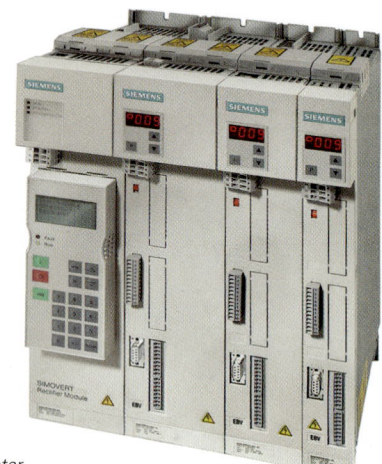

2 Frequenzumrichter

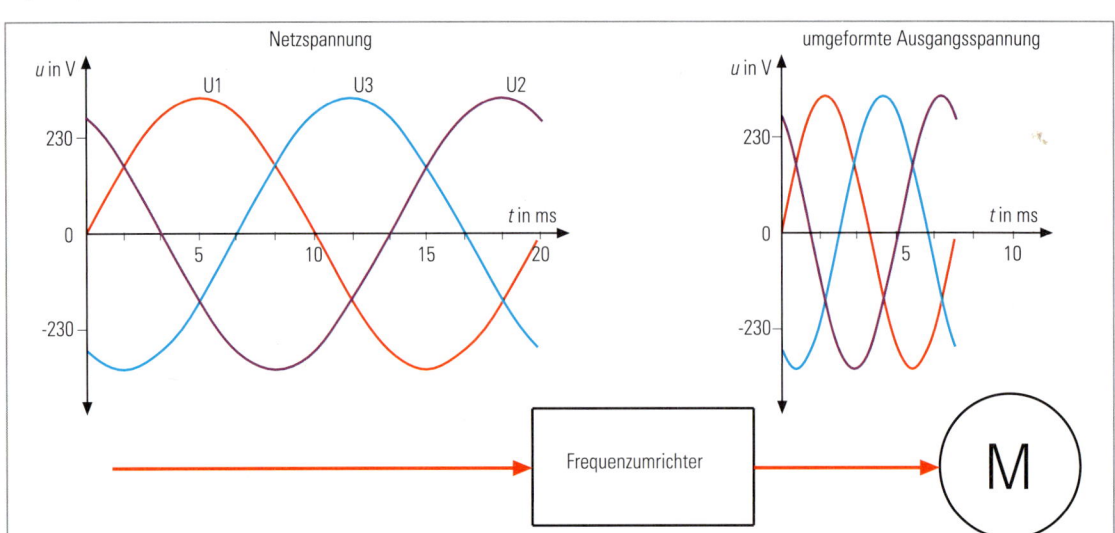

3 Prinzip der Frequenzumrichtung

3.6.3 Motorschutz

Da Motoren wechselnden Belastungen unterworfen sind oder im Dauerbetrieb laufen, sind sie gegen Überlastung oder falschen Betrieb zu schützen. Dies ist als erhöhte Stromaufnahme oder Wärmeentwicklung festzustellen. Dem Motor vorgeschaltete **Motorschutzrelais** *(motor protecting relay)* und **Motorschutzschalter** *(motor protecting switch)* (Bild 1) schützen diesen.

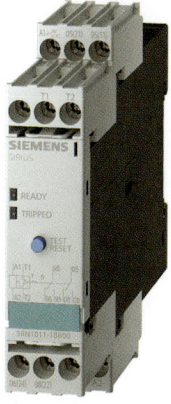
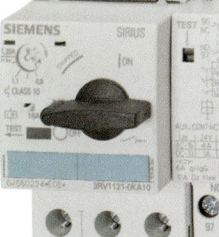

a)   b)

1 *Motorschutz*
   a) Motorschutzrelais
   b) Motorschutzschalter

3.6.4 Wartung

Prinzipiell sind Elektromotoren **wartungsfrei** *(maintenance free)*. Im Betrieb sollte jedoch darauf geachtet werden, dass Lufteinlässe und Kühlrippen nicht zugesetzt werden. Beschädigte Anschlusskästen, defekte Lager oder verschlissene Bürsten (bei Gleichstrommotoren) sind Gegenstand von Instandsetzungsarbeiten durch entsprechende Fachunternehmen.

Überlegen Sie!

Welche Betriebsarten eines Elektromotors können Sie in Ihrem Betrieb ermitteln?

ÜBUNGEN

1. Ein Elektromotor mit vier Polpaaren wird am Versorgungsnetz betrieben (230 V, 50 Hz). Mit welcher Umdrehungsfrequenz läuft der Elektromotor?

2. Nennen Sie vier wichtig Kenndaten eines Elektromotors.

3. Warum werden Elektromotoren bei ihrem Anlauf anders geschaltet als im Betrieb?

4. Für welche Anforderungen werden Frequenzumrichter eingesetzt?

5. Gegen welche Gefahren wirkt ein Motorschutzschalter?

4 Ausrichten eines Antriebsstrangs

Bei der Ausrichtung eines Antriebsstrangs werden Wellen zweier oder mehrerer Maschinen (z. B. Elektro-Motor, Getriebe, Pumpe etc.) so positioniert, dass die Mittellinien eine gemeinsame Gerade bilden; die Wellen also fluchten (Bild 2). Für den einwandfreien Betrieb der einzelnen Maschinen soll sich dieser Zustand bei der Betriebstemperatur einstellen.

Die genaue Ausrichtung der einzelnen Maschinenachsen ist Voraussetzung für eine maximale Lebensdauer der angeschlossenen Geräte und Bauteile. Können die Wellen betriebsbedingt nicht fluchten, so übernehmen geeignete Kupplungen den Wellenausgleich. Dies ist jedoch immer mit einem erhöhten Verschleiß aller beteiligten Bauelemente durch Reibung/Wärme verbunden. Gut zueinander ausgerichtete Wellen haben größere Wartungs- und Instandhaltungsintervalle und somit werden die Betriebskosten der gesamten Anlage gesenkt.

2 *Antriebsstrang Motor – Kupplung – Getriebe*

Ausrichten eines Antriebsstrangs

4.1 Einflussgrößen bei der Wellenausrichtung

Die möglichen Ursachen für Wellenverlagerungen sind vielfältig und abhängig von der jeweiligen Einbausituation:

- **Wärmedehnung** *(heat strain)* des Fundaments, der Gehäuse oder der Wellen
- **Verformungen** *(distortion)* der Bauteile während des Betriebs
- **Durchbiegung** *(deflexion)* der Wellen durch die Eigenmasse bzw. die Masse der Kupplung
- **Veränderung der Wellenlage** *(change of shaft position)* im Betriebszustand gegenüber dem Montagezustand infolge von Lagerspielen, Zahnkräften (Getriebe) oder hydrodynamischer Schmierung

4.2 Ausrichtgrößen

Die **Radialverlagerung** (Seite 48 Bild 1) muss als **Parallelversatz** in horizontaler und vertikaler Richtung ausgerichtet werden.
Die **Winkelverlagerung** muss als **Winkelversatz** in horizontaler und vertikaler Richtung ausgerichtet werden.
Darüber hinaus gibt es auch den **Axialversatz**. Für die Ausrichtung der einzelnen Wellen spielt dieser Versatz jedoch keine Rolle.
Die Versatzrichtungen treten manchmal einzeln, jedoch oft kombiniert auf.

4.3 Folgen einer Fehlausrichtung von Wellen

Wenn Wellen nicht fluchten, sind Schwingungen im Gesamtsystem nicht zu vermeiden. Je nach Intensität der Schwingungen kann dies aber weitreichende Folgen haben.
Durch Schwingungen

- verringert sich die Fertigungsgenauigkeit bei Fertigungsmaschinen.
- wird die Lagerbeanspruchung und somit der Lagerverschleiß erhöht.
- erhöht sich der Verschleiß der Dichtungen an den Maschinen. Zusätzlich eindringender Schmutz führt zu einer Lebenszeitverkürzung von Lagern und zu einem frühzeitigen Maschinenausfall.
- erwärmt sich die Kupplung. Hiervon sind auch alle angrenzenden Bauteile betroffen (Bild 2c). Ein erhöhter Verschleiß der Bauteile ist die Folge.
- entstehen Geräusche.

Eine erhöhte Temperatur von Kupplung und Welle kann zu Durchbiegungen der Wellen führen, wodurch sich die Schwingungen innerhalb des Systems weiter vergrößern.

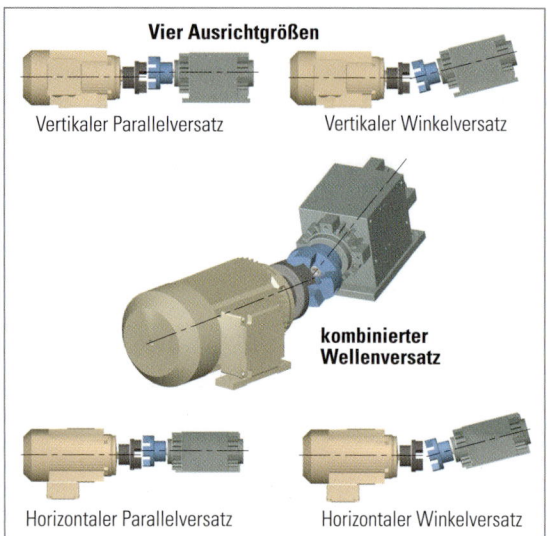

1 *Ausrichtgrößen*

a) Normalansicht einer installierten Kupplung

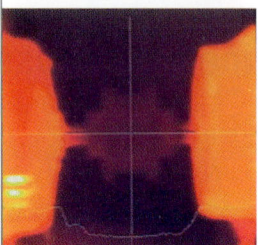 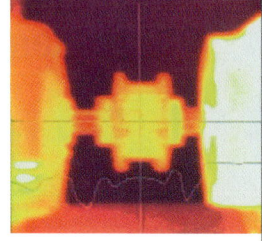

b) Das Thermogramm zeigt: Ideal ausgerichtete Welle; fast keine Erwärmung erkennbar.

c) Das Thermogramm zeigt: Schlecht ausgerichtete Welle; Erwärmung deutlich erkennbarer.

2 *Thermische Folgen einer falsch ausgerichteten Welle*

4.4 Ausrichtmethoden im Vergleich

Bild 1 Auf Seite 49 zeigt verschiedene Ausrichtmethoden im Vergleich.
In den meisten Fällen wird zuerst die Arbeitsmaschine, dann das Getriebe aufgestellt und dieses dann zur Arbeitsmaschine ausgerichtet.
Bei der Ausrichtung wird zuerst der Winkelversatz auf das richtige Maß gebracht, bevor der Radialversatz eingestellt wird.

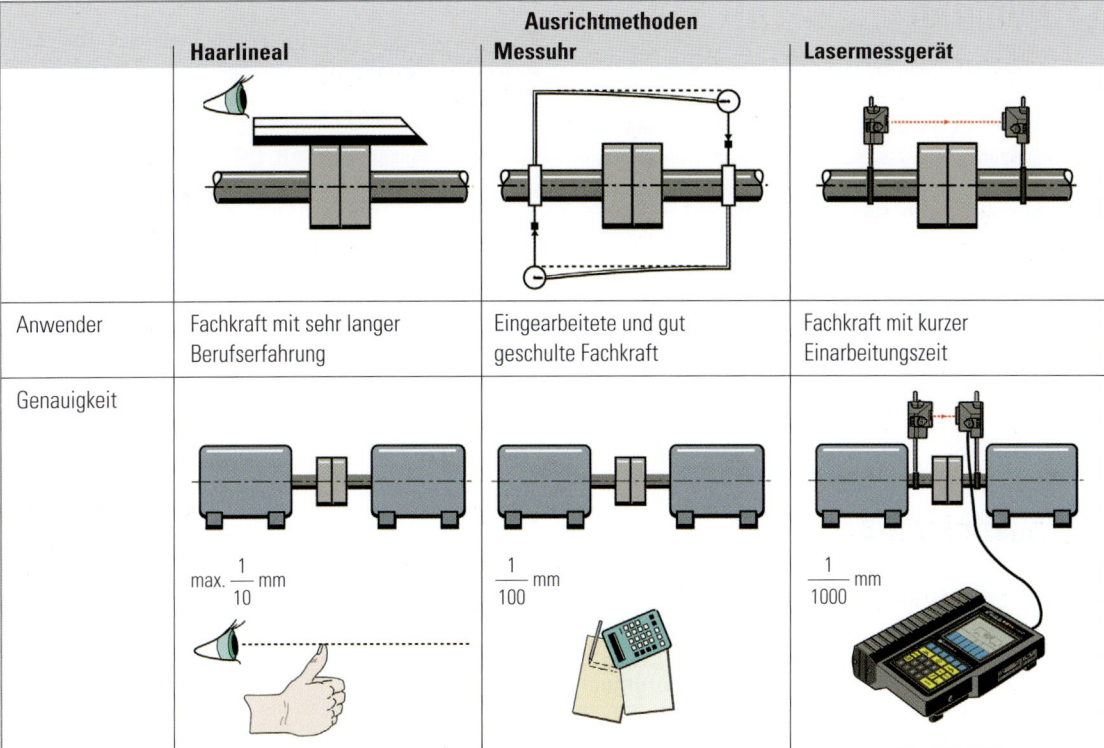

Ausrichtmethoden		
Haarlineal	**Messuhr**	**Lasermessgerät**
Anwender Fachkraft mit sehr langer Berufserfahrung	Eingearbeitete und gut geschulte Fachkraft	Fachkraft mit kurzer Einarbeitungszeit
Genauigkeit max. $\frac{1}{10}$ mm	$\frac{1}{100}$ mm	$\frac{1}{1000}$ mm

1 Ausrichtmethoden

Bei zulässigem bzw. richtig eingestelltem Winkelversatz braucht dann das Getriebe nur achsparallel, horizontal und vertikal verschoben zu werden.

Sind Flansche oder Kupplungsnaben bereits montiert, ist es erforderlich, beide Wellen zu drehen und immer an der gleichen Stelle der Flansche zu messen. Die beiden Wellen müssen hierbei nicht gleichzeitig gedreht werden. Es genügt, wenn sie nacheinander um jeweils 90° gedreht und dann die Messuhren abgelesen werden.

Durch die Anwendung von lasergestützten Messapparaturen (Bild 2) mit entsprechender Auswertung durch einen Computer wird der Montage- und Ausrichtvorgang erheblich vereinfacht und somit auch zeitlich verkürzt. Nach der Eingabe aller geometrischen Rahmenbedingungen erhält die Fachkraft unmittelbar die erforderlichen Angaben (Maße) für die Ausrichtung der Maschinen.

ÜBUNGEN

1. Warum sollten Wellen verschiedener Maschinen gut zueinander ausgerichtet sein?

2. Wovon können Wellenverlagerungen abhängig sein?

3. Welche beiden Ausrichtgrößen werden bei der Ausrichtung zweier Wellen unterschieden?

4. Welche Folgen haben die Schwingungen, die bei schlecht zueinander ausgerichteten Wellen auftreten können?

5. Beschreiben Sie das grundsätzliche Vorgehen bei der Wellenausrichtung.

2 Laserausrichtsystem

5 Pumpen

Pumpen *(pumps)* erzeugen einen **Volumenstrom** von z.B. 10 dm³/min. Dieser wird auch gegen Strömungswiderstände aufrechterhalten, die z.B. in einer Rohrleitung entstehen. Pumpen können zum

- **Umwälzen** *(circulate)* einer Flüssigkeit in einem geschlossenem Kreislauf verwendet werden (z.B. Heizungsanlage) oder zum
- **Fördern** *(lift)* einer Flüssigkeit (z.B. Wassertransport bei einem Löscheinsatz der Feuerwehr).

5.1 Pumpenbauarten

Allen Pumpen ist gemeinsam, dass die zu pumpende Flüssigkeit von der Saugseite zur Druckseite gefördert wird.

5.1.1 Verdrängerpumpen

In Bild 1 ist eine Übersicht über bereits in den Lernfeldern 3 und 6 behandelte Verdrängerpumpen.

Bei Verdrängerpumpen *(positive displacement pumps)* wird das Flüssigkeitsmedium nach dem Ansaugen in das Rohrnetz **gedrückt**. Der Flüssigkeitsstrom pulsiert auf der Druckseite.
Zahnradpumpen *(gear pumps)* sind grundsätzlich Konstantpumpen, da sich ihre Förderkammern nicht verstellen lassen.
Bei einigen Pumpen wie z.B. bei Axialkolbenpumpen *(axial piston pumps)* ist das Kammervolumen während des Betriebes verstellbar. Diese Pumpen haben bei konstanter Umdrehungsfrequenz ein einstellbares Fördervolumen.

5.1.2 Kreiselpumpen

Die Kreiselpumpe *(centrifugal pump)* ist die im Rohrleitungsbau am weitesten verbreitete Pumpe. Sie findet Anwendung

- in Heizungsanlagen (Umwälzen)
- zur Trinkwasserzirkulation (Umwälzen)
- in Druckerhöhungsanlagen (Umwälzen)
- in Trinkwasserförderanlagen (Fördern)
- in Schmutzwasserförderanlagen (Fördern)

Im Weiteren wird insbesondere auf die Funktion „Umwälzen einer Flüssigkeit" eingegangen.

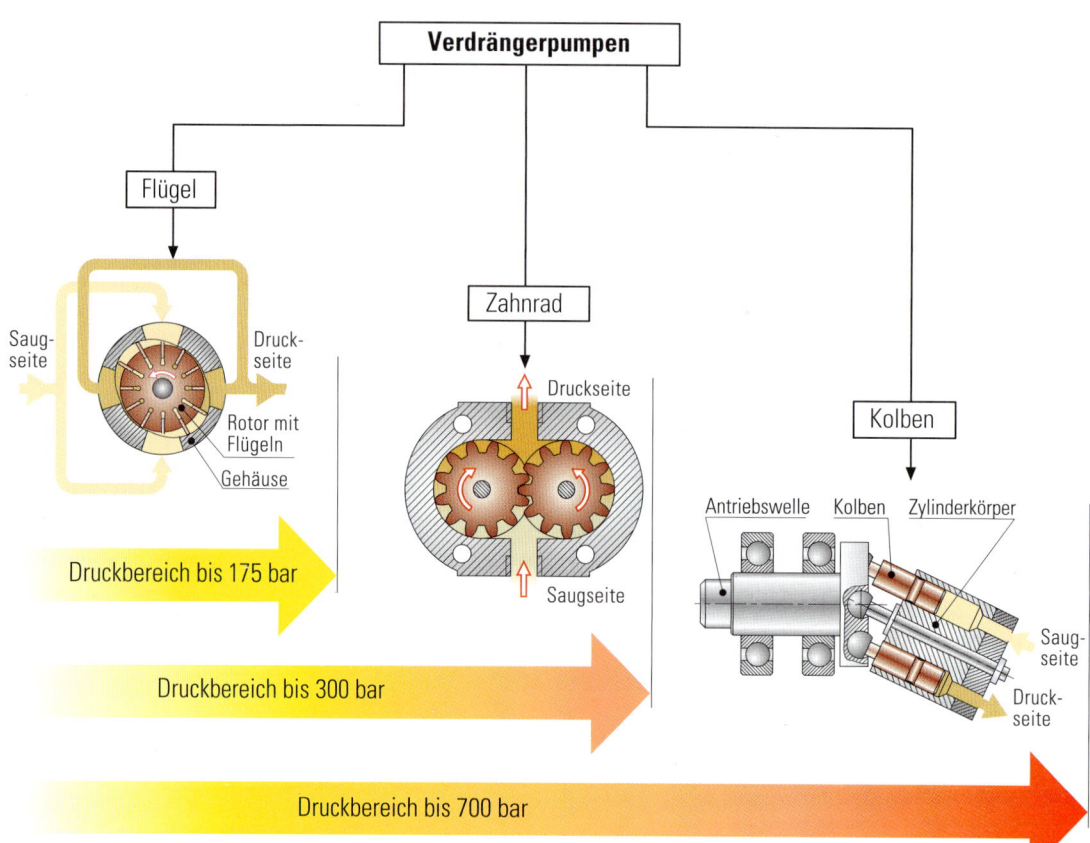

1 Verdrängerpumpen (Übersicht)

Die Kreiselpumpe in Bild 1 besteht aus

- Gehäuse
- Laufrad
- Antriebswelle und
- Motoranschluss.

Das **Laufrad** *(impeller)* läuft im Gehäuse mit großer Umdrehungsfrequenz. Die zwischen den Schaufeln befindliche Flüssigkeit wird beschleunigt und nach außen in einen Ringkanal geleitet. Die Energieübertragung ist beendet, sobald die Flüssigkeit die Laufradkanäle verlässt. Dabei wird die Fließgeschwindigkeit erhöht. Im anschließenden Ringkanal wird die Fließgeschwindigkeit gemindert und dadurch wird der Druck erhöht. Kreiselpumpen müssen vor Inbetriebnahme gefüllt werden. Luftansammlungen im Schaufelrad führen zu einer unzulässig hohen Umdrehungsfrequenz mit der Gefahr, dass Dichtringe heißlaufen und Lager beschädigt werden.

Kreiselpumpen werden in **Nass-** und **Trockenläuferpumpen** unterteilt.

5.1.2.1 Nassläuferpumpen

Kennzeichnend für die Nassläuferpumpe *(wet running meter pump)* (Bild 2) ist die kompakte Bauweise von **Antriebsmotor** *(drive motor)* und Pumpengehäuse. Der Rotor des Motors ist stromlos. Nur der Stator, der wasserdicht vom Rotor abgetrennt ist (Spaltrohr), steht unter Spannung. Durch das Gleitlager (Bild 2) kann somit Förderflüssigkeit (Wasser) zum Rotor fließen und diesen kühlen und schmieren.

Nassläuferpumpen werden angewendet als Heizungsumwälzpumpen in geschlossenen Kreisläufen von Heizungsanlagen in Wohnhäusern sowie bei der Brauchwasserversorgung.

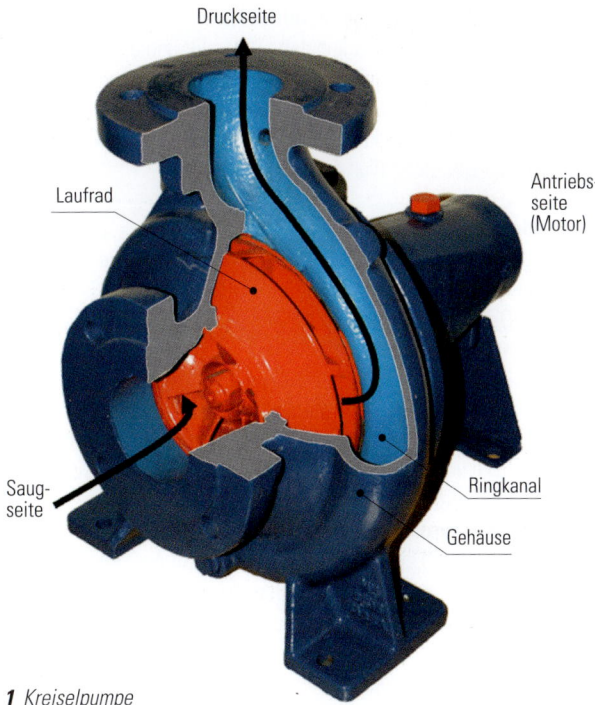

1 Kreiselpumpe

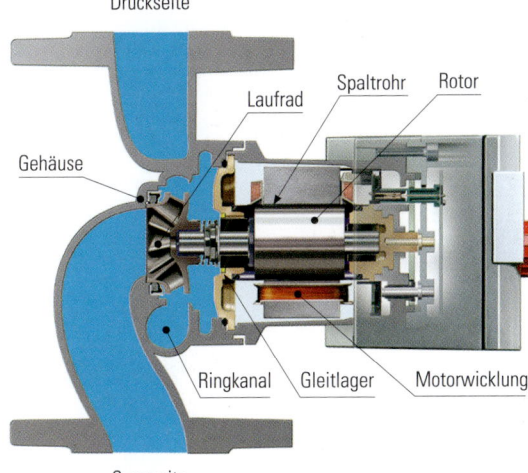

2 Nassläuferpumpe

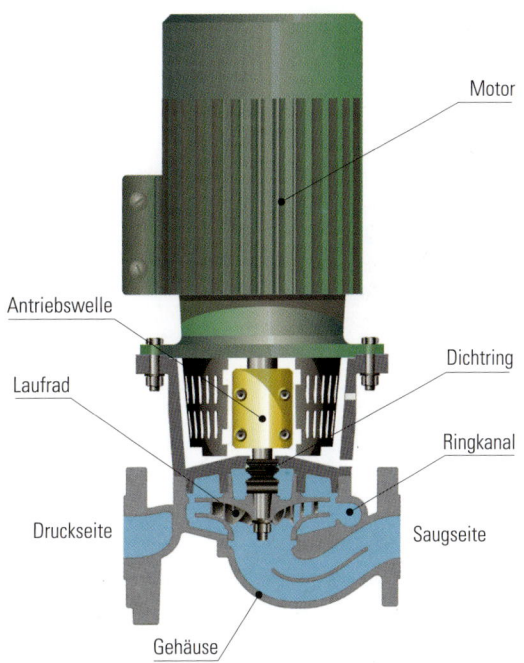

3 Trockenläuferpumpe

5.1.2.2 Trockenläuferpumpen

Zur Förderung von Frisch- und Kühlwasser sowie großer Fördermengen werden dagegen Trockenläuferpumpen *(dry running meter pumps)* (Bild 3) genutzt. Deren Motoren kommen nicht mit dem geförderten Wasser in Berührung, haben dadurch geringere Reibungsverluste und erreichen somit höhere Wirkungsgrade. Eine Gleitringdichtung oder eine Stopfbuchse dichtet das Gehäuse von der Flüssigkeit ab. Trockenläuferpumpen haben gegenüber den Nassläuferpumpen ein höheren Gesamtwirkungsgrad (Motor, Kupplung und Pumpe). Sie sind allerdings lauter und bei Stopfbuchsenausführung nicht wartungsfrei. Anwendung finden diese Pumpen beispielsweise in der Kühlwasserversorgung größerer Anlagen.

Bei der **Grundplattenbauweise** werden Pumpe und Motor auf einer gemeinsamen Grundplatte befestigt und über eine Kupplung zueinander ausgerichtet (Bild 1). Die Vorteile sind eine freie Auswahl der Antriebsmaschine und der Antriebsart. Die Nachteile sind der hohe Platzbedarf und die genaue Ausrichtung von Pumpe und Motor (vgl. Kap. 4).

Montage

Bei der Montage *(assembly)* von Pumpen sind die folgenden Grundsätze einzuhalten:

- Der Einbau *(mounting)* der Pumpe muss elektrisch spannungsfrei erfolgen.
- Nassläuferpumpen sind aufgrund der Lagerung *(bearing)* der rotierenden Teile stets waagerecht zu montieren.
- Bei Trockenläuferpumpen darf der Motor *(motor)* nicht nach unten montiert werden, damit bei Undichtigkeiten die Flüssigkeit nicht in die elektrische Einrichtung läuft.
- Pumpen sollten immer zwischen Absperrorganen (z. B. Schiebern) eingebaut werden, damit ein Austausch *(replacement)* problemlos möglich ist.
- Pumpen, die von einem separaten Motor angetrieben werden, erfordern eine genaue Ausrichtung *(justification)* von Motor, Kupplung und Pumpe (Bild 1 und Kap. 4).
- Vor der Inbetriebnahme ist die Drehrichtung *(direction of rotation)* des Motors zu prüfen.
- Bei Bedarf muss eine Pumpe entlüftet werden. Da die Pumpe nicht luft- oder selbstansaugend ist, muss sie vor Inbetriebnahme mit dem Fördermedium *(medium to be pumped)* gefüllt sein.
- Pumpen nie trocken betreiben *(never operate dry)*. Dies führt zu hohen Umdrehungsfrequenzen des Antriebs und zu einem Warmlaufen mit der Gefahr, dass Dichtringe und Lager beschädigt werden.

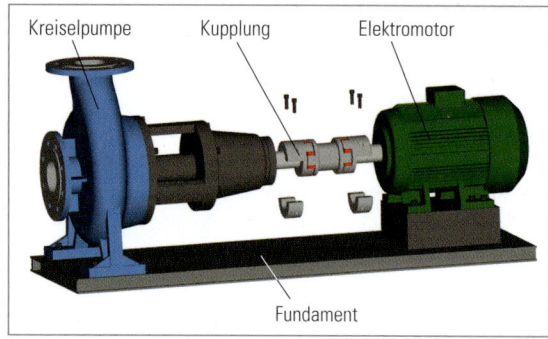

1 *Kreiselpumpe mit Antrieb in Grundplattenbauweise*

Darüber hinausgehende Montageanweisungen sind den Herstellerangaben zu entnehmen. Eine weitere, für die Funktion wichtige Unterscheidung der Bauarten ergibt sich aus der Form des Laufrads (Bild 2).

5.2 Pumpen- und Rohrnetzkennlinien

5.2.1 Pumpenkennlinie

Die Kennlinie einer Pumpe zeigt den Zusammenhang in einem geschlossenem Rohrsystem zwischen dem **Volumenstrom** $\dot{V}$ und dem **Pumpendruck** p bzw. der **Förderhöhe** h (Seite 53 Bild 1). An der Pumpenkennlinie kann die Fachkraft ablesen, welcher Volumenstrom bei einem bestimmten Pumpendruck bzw. bei einer bestimmten Förderhöhe erreicht werden kann.

Bei **flachen Kennlinien** *(flat characteristics)* ändert sich der Volumenstrom bei gleichen Druckänderungen stärker als bei **steilen Pumpenkennlinien** *(steep pump characteristics)* (Bild 1).

Laufrad Darstellung	Axialräder	Halbaxialräder[1]	Radialräder
Eigenschaften	Die Flüssigkeit wird in Achsrichtung durch das Laufrad gefördert. Axialräder haben von allen Laufrädern die höchste Umdrehungsfrequenz und eignen sich für große Volumenströme bei geringer Förderhöhe.	Halbaxialräder sind ein „Kompromiss" zwischen reinen Radial- und Axialrädern. Sie erfüllen die jeweiligen Eigenschaften reiner Radial- bzw. Axialräder nur zum Teil.	Die Flüssigkeit wird aufgrund der Rotation des Rads radial nach außen geschleudert. Radialräder eignen sich für reine Flüssigkeiten und nur leicht verunreinigte Flüssigkeiten.

1) Einige Halbaxialräder können während des Betriebs oder im Stillstand verstellt und somit den jeweiligen Förderbedingungen angepasst werden.

2 *Laufräder von Kreiselpumpen*

5.2.2 Rohrnetzkennlinie

Wenn Flüssigkeiten durch ein Rohr fließen, verringern die Reibungswiderstände innerhalb des Rohrs den Druck in der Leitung (Bild 2). Es kommt zu Druckverlusten. Je länger eine Rohrleitung ist und je kleiner der Leitungsquerschnitt ist, je mehr **Drosselstellen** (Ventile, Rohrbögen…) also vorhanden sind, desto größer ist der Druckverlust innerhalb der Leitung .

Überlegen Sie!

Welche Eigenschaften eines Rohrnetzsystems begünstigen einen hohen Volumenstrom bzw. geringe Druckverluste?

5.2.3 Betriebspunkt

Werden die Kennlinien der Pumpe und des Rohrnetzes maßstabsgetreu übereinander gezeichnet, so ergibt sich ein Schnittpunkt (Bild 3). Der Schnittpunkt kennzeichnet den **Betriebspunkt** *(duty point)* der Pumpe oder der Anlage.

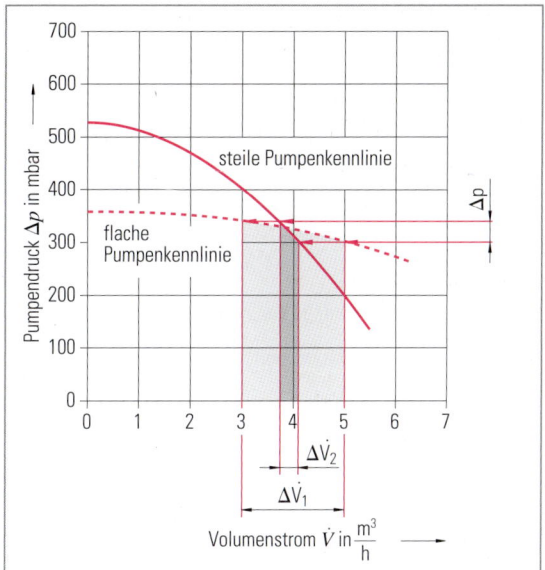

1 Vergleich zweier Pumpenkennlinen

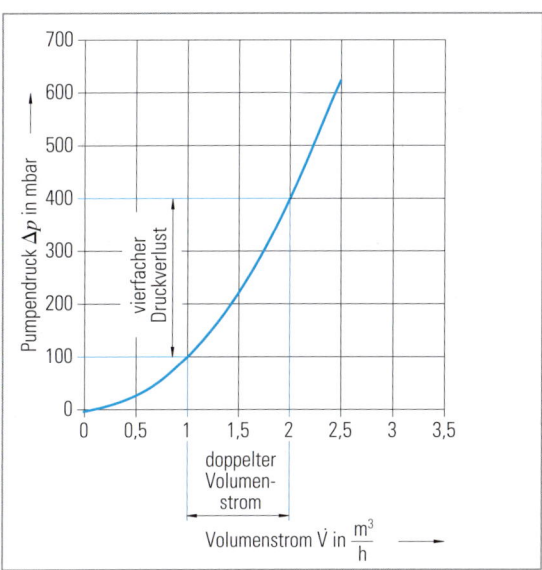

2 Rohrnetzkennlinie

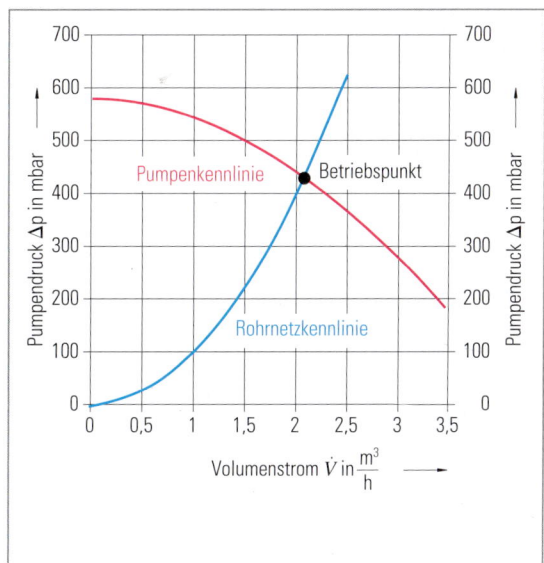

3 Betriebspunkt

MERKE

Der Betriebspunkt gibt an, wie groß der Volumenstrom für ein bestimmtes Rohrnetz ist.

Der geförderte Volumenstrom richtet sich nach der Pumpe und nach dem Rohrnetz. Bei einer Veränderung des Rohrleitungswiderstands z. B. durch Öffnen eines Ventils, ändert sich der Gesamtwiderstand des Rohrleitungsnetzes und somit auch der Betriebspunkt der Anlage. Großen Einfluss haben auch die Übergänge zwischen einzelnen Rohren und an den Rohrübergangsstellen z. B. zu Ventilen. Deshalb ist darauf zu achten, dass die Rohrenden entgratet sind.

Pumpen

ÜBUNGEN

1. Welche Aufgaben erfüllen Pumpen allgemein?

2. Nennen Sie verschiedene Verdrängerpumpen.

3. Welche Anwendungsgebiete haben Kreiselpumpen?

4. Beschreiben Sie das Funktionsprinzip einer Kreiselpumpe.

5. Worin unterscheiden sich Trockenläuferpumpen von Nassläuferpumpen?

6. Was ist bei der Montage von Kreiselpumpen zu beachten?

7. Warum kann eine Kreiselpumpe nur im entlüfteten Zustand funktionieren?

8. Welche Aufgabe erfüllen die unterschiedlichen Laufräder, die für Kreiselpumpen eingesetzt werden?

9. Welchen Zusammenhang zeigt
a) eine Pumpenkennlinie?
b) eine Rohrnetzkennlinie?

10. Was hat innerhalb eines Rohrnetzes Einfluss auf die Rohrnetzkennlinie?

11. Was ist der Betriebspunkt einer Pumpe oder eines Rohrnetzes?

12. Versehentlich wird ein schlecht entgratetes Rohrstück in ein Rohrnetz eingebaut. Welche Auswirkungen hat dies auf die gesamte Anlage?

13. In einem Rohrsystem wird ein Ventil teilweise geschlossen. Erläutern Sie das Verhalten der Anlage, wenn sich dadurch der Betriebspunkt der Anlage von Betriebspunkt 1 nach Betriebspunkt 2 verschiebt.

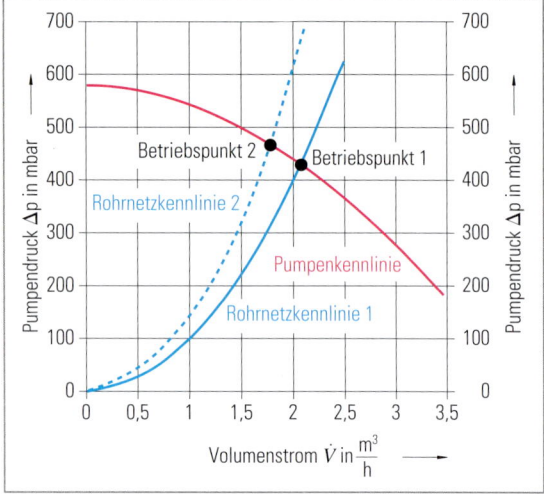

Betriebspunktänderung

6 Hebezeuge

Sowohl in der Fertigung, Lagerwirtschaft als auch bei der Montage werden häufig Lasten mit Hebezeugen *(hoists)* bewegt bzw. positioniert (Bild 1).

Lastaufnahmeeinrichtungen

Der Fachausdruck Lastaufnahmeeinrichtung *(load suspension device)* ist der Oberbegriff für

- **Tragmittel** *(load-bearing medium)*
- **Lastaufnahmemittel** *(load-carrying equipment)*
- **Anschlagmittel** *(sling)*

Kettenzug	Brückenkran (Laufkran)	Schwenkkran

Ketten- und Seilzüge werden im **Werkstattbereich** zum Heben geringer Lasten (2 ... 4 Tonnen) verwendet.	Brücken- bzw. Laufkrane dienen dem Materialtransport in **Werkshallen** und überspannen diese daher meist. Je nach Ausführung können sie Lasten bis ca. 100 t bewältigen.	Schwenkkrane werden meist bei der **Montage** zum Heben von Lasten bis ca. 10 t eingesetzt.
Hebebühne/Scherenhubtisch	Portalkran	Manipulator

Hebebühnen/Scherenhubtische werden in der Verlade- und Lagertechnik sowie bei der Fertigung, Montage und Instandhaltung verwendet. Sie heben Lasten bis ca. 2 t.	Portalkrane für den Handbetrieb finden Verwendung im Werkstattbereich bei der Fertigung und Montage. Sie heben Lasten bis zu 1 t.	Manipulatoren sind Handhabungsgeräte (Hebehilfen), die mit speziellen Greifmitteln bei der Montage in manchen Fällen unentbehrlich sind (vgl. Lernfeld 13). Je nach Ausführung heben sie Lasten bis zu 1 t.

1 Hebezeuge für verschiedene Anwendungsgebiete

Ein sicherer Transport von Lasten mit Hebezeugen ist nur dann gewährleistet, wenn die Fachkraft die für das Heben der Last geeigneten Lastaufnahme- und Anschlagmittel auswählt.

Die Lastaufnahme- und Anschlagmittel

- müssen für den jeweiligen Verwendungszweck geeignet sein,
- dürfen bei bestimmungsgemäßer Verwendung nicht über ihre Tragfähigkeit hinaus belastet werden und
- müssen sich in einem betriebssicheren Zustand befinden.

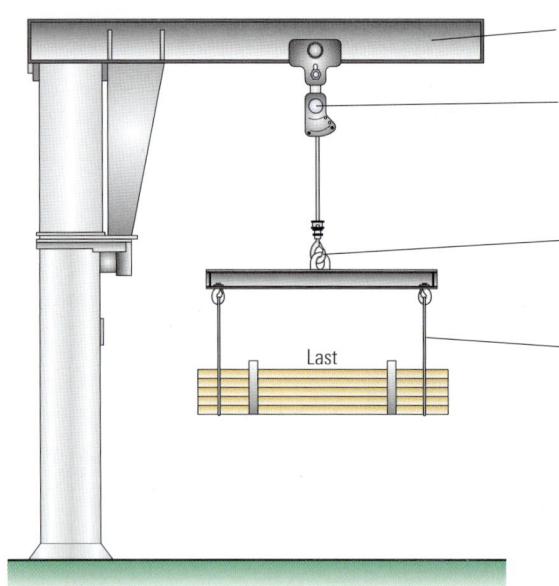

Last

Hebezeuge wie z. B. Brückenkran oder Wandkran dienen zum Anheben von Lasten

Tragmittel wie z. B. Traversen und Kranhaken sind Einrichtungen, die **fest** mit dem Hebezeug **verbunden** sind.
Sie dienen zur Aufnahme von Anschlagmitteln oder direkt der jeweiligen Last.

Lastaufnahmemittel sind z. B. Kübel, Greifer, Lasthebemagnete, Traversen oder Zangen. Sie dienen zum Aufnehmen der Last und werden mit dem Tragmittel des Hebezeugs verbunden.

Anschlagmittel wie z. B. Ketten, Seile oder Bänder sind Einrichtungen, die eine Verbindung zwischen Tragmittel und Last bzw. zwischen Tragmittel und Lastaufnahmemittel herstellen.

Die folgende Übersicht vergleicht die gebräuchlichsten Anschlagmittel bezüglich ihrer jeweiligen Einsatzgebiete.
Damit eine Last von einem Kran angehoben werden kann, müssen entsprechende Lastaufnahmeeinrichtungen verwendet werden. An diesen befestigt die Fachkraft die anzuhebende Last – die Last wird von ihr **angeschlagen** *(fastened)*.

Rundstahlkette

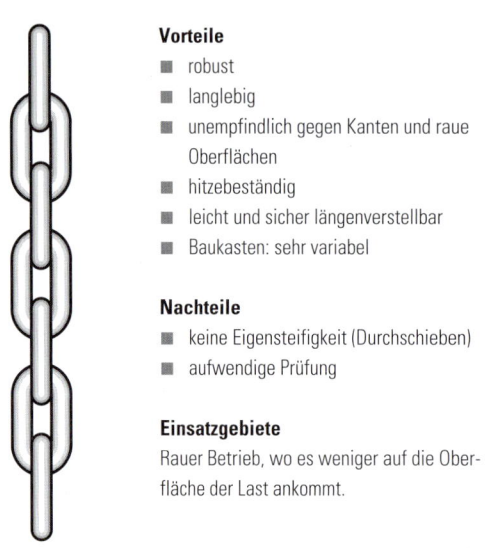

Vorteile

- robust
- langlebig
- unempfindlich gegen Kanten und raue Oberflächen
- hitzebeständig
- leicht und sicher längenverstellbar
- Baukasten: sehr variabel

Nachteile

- keine Eigensteifigkeit (Durchschieben)
- aufwendige Prüfung

Einsatzgebiete

Rauer Betrieb, wo es weniger auf die Oberfläche der Last ankommt.

Hebebänder und Rundschlingen
(Polyester oder Polyamid)

Vorteile

- hohe Tragfähigkeit bei geringem Eigengewicht
- leichte Handhabung, gut für Schnürgang
- Hebebänder eigensteif
- lastschonend, rutschhemmend

Nachteile

- nicht verkürzbar
- sehr empfindlich (raue Oberflächen, scharfe Kanten, Hitze)
- Hebeband für Schrägzug ungeeignet

Einsatzgebiete

Überall, wo leichte und Oberflächen schonende Anschlagmittel erforderlich sind, jedoch keine rauen Bedingungen herrschen.

Stahldrahtseile

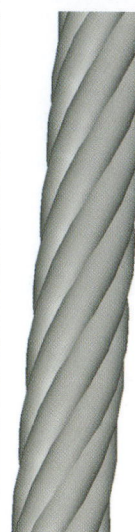

Vorteile
- eigensteif
- preisgünstig
- in jeder Länge

Nachteile
- nicht verkürzbar
- empfindlich gegen scharfe Kanten
- Verletzungsgefahr bei Drahtbrüchen

Einsatzgebiete
Überall, wo leichte, eigensteife und relativ robuste Anschlagmittel gefordert sind.

Natur- und Chemie-Faserseile

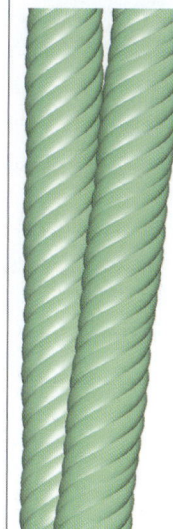

Vorteile
- leicht zu handhaben
- in jeder Länge herstellbar
- preisgünstig

Werkstoffe	Natur	Chemie
	Manila	Polyamid
	Hanf	Polyester
		Polypropylen

Nachteile
- geringe Tragfähigkeit
- Brennbarkeit
- Verrottung

Einsatzgebiete
Überall, wo leichte und Oberflächen schonende Anschlagmittel erforderlich sind, jedoch keine rauen Betriebsbedingungen herrschen.

6.1 Anschlagen von Lasten

Beim Umgang mit **Hebezeugen** *(hoists)* sind einige wichtige Verhaltensregeln bzw. Vorschriften einzuhalten[1].

MERKE

Personen, die Lasten anschlagen (anbinden) und diese anheben, müssen dafür ausgebildet bzw. unterwiesen sein.

Viele Unfälle geschehen beim innerbetrieblichen Transport von Lasten. Ursachen hierfür sind:
- Verhaltensfehler beim Anschlagen der Last
- Mängel an den Hebezeugen und den Lastaufnahmeeinrichtungen

Um den **Transport** *(transport)* einer Last mit einem Kran ohne Überlastung durchführen zu können, sind Angaben über die Größe der anzuhebenden Last erforderlich. Die maximal zulässige Tragfähigkeit des Krans darf nicht überschritten werden. Häufig kommt es durch die mangelhafte Befestigung des Anschlagmittels direkt an der Last oder am Kranhaken zu Unfällen. Die Fachkraft muss beim Anschlagen (Anbinden) der Last mit den ausgewählten Lastaufnahme- und Anschlagmitteln u. a. Folgendes beachten (Auswahl):
- Es müssen immer sichere Anschlagpunkte an der Last gewählt werden.
- Lastaufnahmeeinrichtungen dürfen nur bis zu ihrer maximal zulässigen Tragfähigkeit beansprucht werden. Bei Seilen, Bändern und Ketten darf der Spreizwinkel von 120° bzw. ein Neigungswinkel von 60° nicht überschritten werden (Bild 1). Die auftretenden Seilkräfte würden sonst unzulässig hoch (Kräftezerlegung). Die Angaben über die

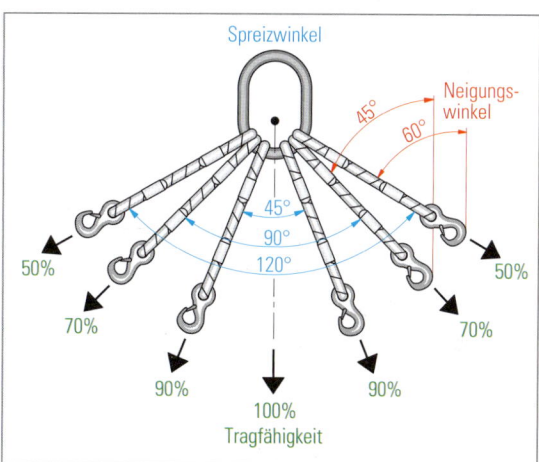

1 Tragfähigkeit von Lastaufnahmemitteln in Abgängigkeit vom Spreiz- bzw. Neigungswinkel

2 Kennzeichnungsschild für eine Anschlagkette

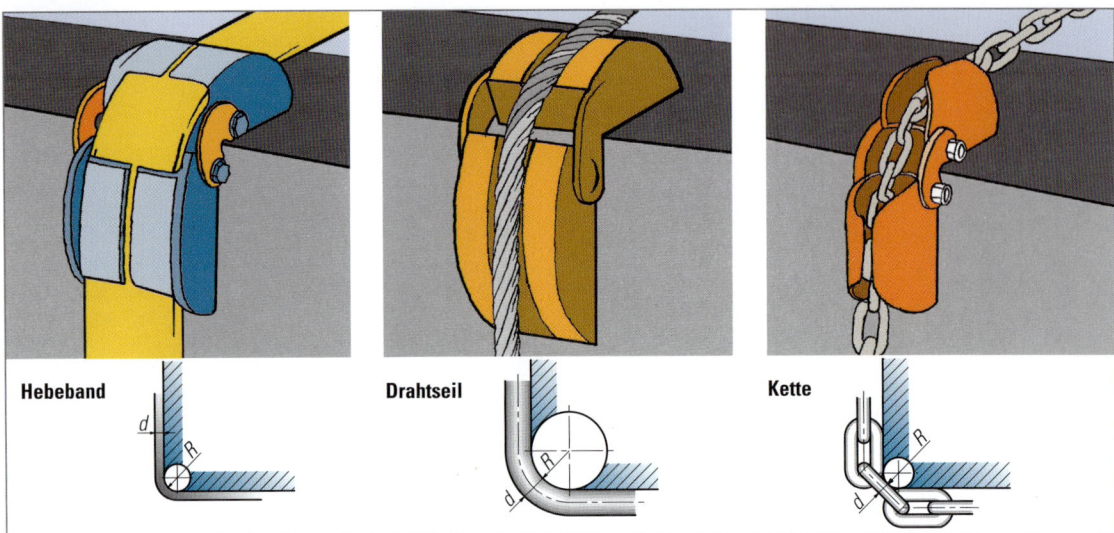

1 *Kantenschutz für scharfkantige Lasten*

Hebeband   Drahtseil   Kette

zulässigen Tragfähigkeiten in Abhängigkeit vom Spreizwinkel müssen z. B. an Ketten auf einer Plakette angebracht sein.

- Ketten, Seile und Bänder dürfen nicht über scharfe Kanten gezogen werden. Eine Kante gilt dann als scharf, wenn der Kantenradius R der Last kleiner als der Durchmesser d des Seils, die Nenndicke d der Rundstahlkette oder die Dicke d des Hebebandes ist. Falls erforderlich muss ein Kantenschutz verwendet werden (Bild 1).

- Die Fachkraft muss einen sicheren Standplatz haben. Sie muss im Gefahrenfall ausweichen können. Sie darf dabei niemals zwischen der Last und einer Wand, Maschine oder sonstiger Einrichtung stehen, da sie keine Ausweichmöglichkeit hat, wenn die Last ins Pendeln kommt.

- Der Kranhaken muss mittig über dem Schwerpunkt der Last stehen, da die Last sonst beim Anheben ins Pendeln kommt und Personen gefährdet, die zu nahe an der Last stehen. Pendelt die Last beim Anheben, niemals versuchen, sie mit der Hand anzuhalten (Bild 2)!

- Beim Einweisen ist es wichtig, dass der Einweiser die Zeichen so gibt, wie sie aus Sicht des Kranführers eindeutig sind (Bild 3).

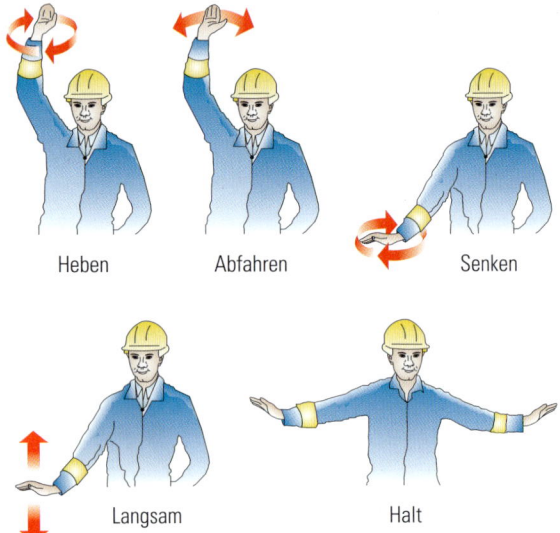

Heben   Abfahren   Senken

Langsam   Halt

3 *Verständigungszeichen für den Kranbetrieb*

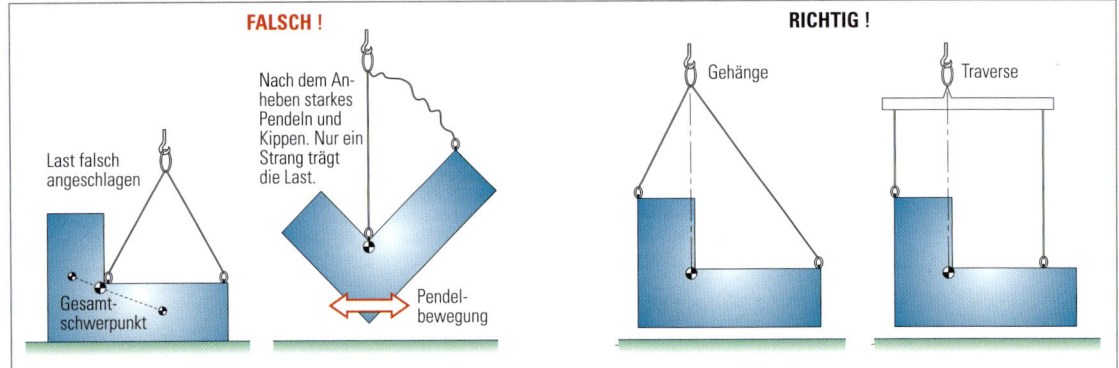

FALSCH !   RICHTIG !

Nach dem Anheben starkes Pendeln und Kippen. Nur ein Strang trägt die Last.

Last falsch angeschlagen

Gesamtschwerpunkt

Pendelbewegung

Gehänge   Traverse

2 *Schwerpunkt der Last*

6.2 Sicherheitseinrichtungen

Zusätzlich zur normalen Arbeitskleidung hat die Fachkraft zusätzliche **persönliche Schutzmaßnahmen** *(protective arrangments)* zu ergreifen (Bild 1).

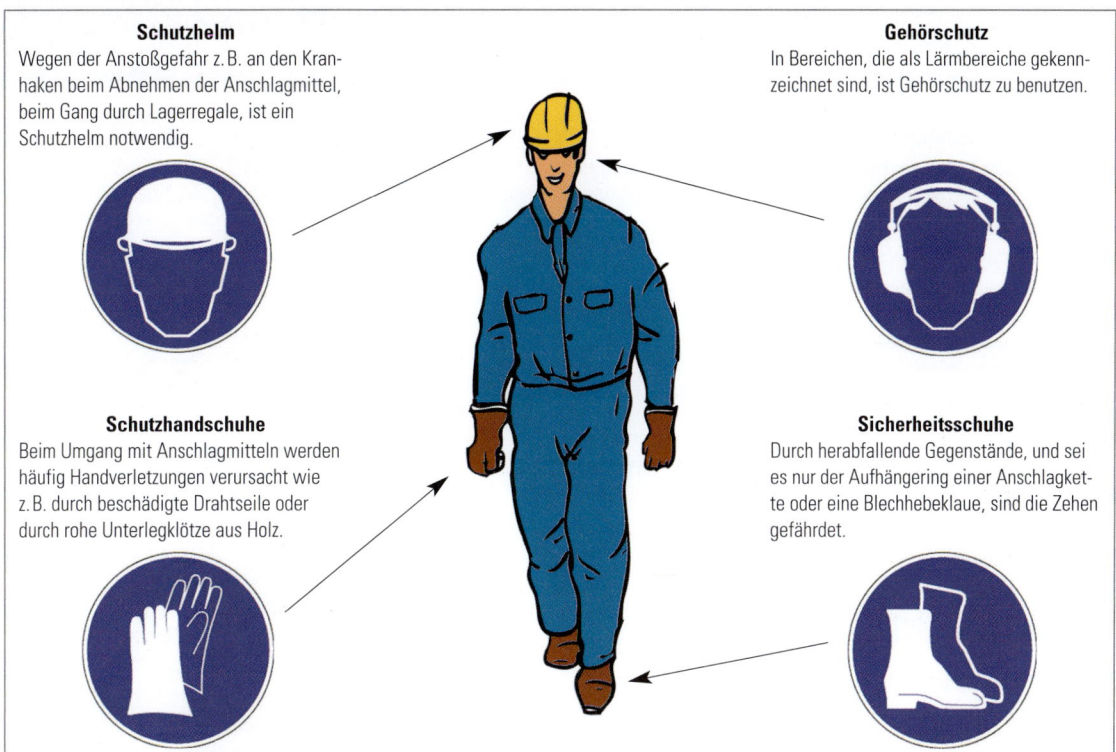

Schutzhelm
Wegen der Anstoßgefahr z. B. an den Kranhaken beim Abnehmen der Anschlagmittel, beim Gang durch Lagerregale, ist ein Schutzhelm notwendig.

Gehörschutz
In Bereichen, die als Lärmbereiche gekennzeichnet sind, ist Gehörschutz zu benutzen.

Schutzhandschuhe
Beim Umgang mit Anschlagmitteln werden häufig Handverletzungen verursacht wie z. B. durch beschädigte Drahtseile oder durch rohe Unterlegklötze aus Holz.

Sicherheitsschuhe
Durch herabfallende Gegenstände, und sei es nur der Aufhängering einer Anschlagkette oder eine Blechhebeklaue, sind die Zehen gefährdet.

1 *Persönliche Schutzausrüstung zusätzlich zur Arbeitskleidung*

ÜBUNGEN

1. Nennen Sie Hebezeuge, die zum Heben von Lasten innerhalb der Montage besonders geeignet sind.

2. Nennen sie Hebezeuge, die in Ihrem Ausbildungsbetrieb zu finden sind.
   Welche Lasten können damit jeweils maximal gehoben werden?
   Vergleichen Sie Ihre Ergebnisse innerhalb Ihrer Klasse.

3. Nennen Sie verschiedene
   a) Lastaufnahmemittel
   b) Anschlagmittel

4. Sie haben die Aufgabe bekommen, Stangenmaterial (Vierkantrohr) aus dem Materiallager zu einer Bandsäge mit einem Brückenkran zu transportieren. Welches Anschlagmittel wählen sie. Begründen Sie ihre Auswahl.

5. Nennen Sie für folgende Anschlagmittel die geeigneten Einsatzgebiete:
   a) Rundstahlketten
   b) Hebebänder
   c) Stahldrahtseile

6. Woher erhalten Sie Informationen darüber, wie viel ein Anschlagmittel maximal tragen darf?

7. Wer darf ein Hebezeug bedienen?

8. Welches sind häufige Unfallursachen beim Heben von Lasten?

9. Was ist von Ihnen beim Anschlagen von Lasten besonders zu beachten?

10. Welche persönlichen Schutzmaßnahmen sind von Ihnen im Zusammenhang mit dem Heben von Lasten zu ergreifen?

11. Welche Maßnahme muss beim Anschlagen von scharfkantigen Lasten getroffen werden?

12. Wann ist eine Last scharfkantig?

13. Wo muss sich der Kranhaken befinden, wenn eine Last angehoben wird?

Schweißen

7 Schweißen
7.1 Metall-Schutzgasschweißen

Beim Metall-Schutzgasschweißen (MSG) *(gas metal arc welding)* wird der Lichtbogen zwischen einer abschmelzenden Drahtelektrode und dem Werkstück gebildet. Der Draht wird dabei kontinuierlich von einer Rolle mit einer Zuführeinrichtung nachgeführt. Zur Abschirmung vor Sauerstoff wird das Schweißbad mit einem Schutzgas umhüllt.

Die Schutzgase werden in **Inertgas**[1] *(inert gas)* und **Aktivgas** *(metal active gas)* unterschieden. Die Verfahrensbezeichnung ändert sich dabei:

- MIG (**M**etall-**I**nert**g**asschweißen) *(MIG welding)*
- MAG (**M**etall-**A**ktiv**g**asschweißen) *(MAG welding)*

7.1.1 MAG-Schweißverfahren

Das MAG-Schweißverfahren *(MAG-welding process)* eignet sich für unlegierte und legierte Stähle. Es werden aktive Gase wie z. B. CO_2 oder Gasgemische wie Argon mit Sauerstoff bzw. Argon mit CO_2 verwendet. Ein aktives Schutzgas beeinflusst die Lichtbogenbildung, das Werkstoffverhalten während des Schweißvorgangs und die Schweißnahtbildung.

7.1.2 MIG-Schweißverfahren

NE-Metalle und legierte Stähle werden bei Anwendung von MIG-Schweißverfahren *(MIG-welding processes)* mit inerten Schutzgasen (Argon, Helium und deren Gemische) geschweißt. Die Schweißnähte dieser Metalle sollten nicht chemisch mit der Umgebungsluft reagieren. Inerte Gase erfüllen diese Forderung, indem sie die Umgebungsluft verdrängen und nicht mit der Schmelze chemisch reagieren.

Unlegierte und legierte endlose Drahtelektroden werden gezogen und mit verkupferter Oberfläche geliefert. Die Verkupferung dient der Verringerung des Gleitwiderstands und des verbesserten Kontakts mit der Stromkontaktdüse.

7.1.3 MIG/MAG-Schweißanlagen

Bild 1 zeigt eine MIG/MAG-Schweißanlage *(welding facility)*. Sie besteht hauptsächlich aus einer Gleichstromquelle, dem Schutzgas, einer Drahtzuführeinrichtung, einem Schlauchpaket für den Draht und dem Schutzgas sowie aus einem Schweißbrenner.

Das Metall-Schutzgasschweißen ist für das Verbindungsschweißen in allen Positionen sowie für das Auftragsschweißen geeignet.

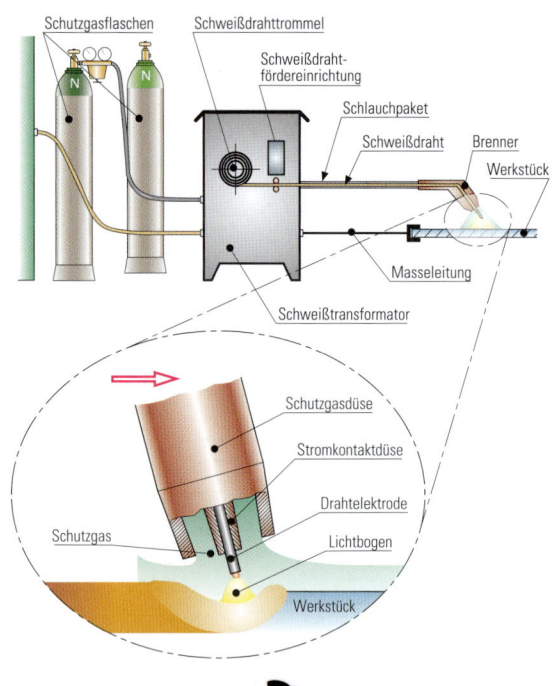

Schutzgasflaschen — Schweißdrahttrommel — Schweißdrahtfördereinrichtung — Schlauchpaket — Schweißdraht — Brenner — Werkstück — Masseleitung — Schweißtransformator — Schutzgasdüse — Stromkontaktdüse — Drahtelektrode — Schutzgas — Lichtbogen — Werkstück

1 *MIG/MAG-Schweißanlage*

7.2 Wolfram-Schutzgasschweißen

Eine **WIG-Schweißanlage** (Bild 1) besteht im Wesentlichen aus dem Schutzgas, dem Schweißtransformator (in der Regel wird mit Gleichstrom geschweißt), aus einem Schlauchpaket für die Stromleitung, der Wasserkühlung und dem Schutzgas sowie dem wassergekühlten Brenner. Die Brennerart unterscheidet sich beim Plasmaschweißen gegenüber dem WIG-Schweißen.

Moderne Stromquellen bereiten den Wechselstrom mithilfe elektronischer Komponenten so auf, dass ein künstlicher rechteckförmiger Wechselstrom erzeugt wird. Hierdurch wird das Schweißverhalten begünstigt.

7.2.1 Wolfram-Inertgasschweißen

Beim Wolfram-Inertgasschweißen (WIG) *(tungsten-inert gas welding)* brennt ein Lichtbogen zwischen Elektrode und Werkstück. Die Elektrode aus Wolfram schmilzt dabei kaum ab. Die Elektrode hat eine Brenndauer von 30 … 300 h. Der Grund hierfür liegt in der hohen Schmelztemperatur von Wolfram (ca. 3390 °C). Den Schutz vor dem umgebenden Luftsauerstoff erreicht ein inertes Schutzgas (Argon, Reinheit min. 99,99 Vol.-%, Stickstoff, Helium).

Häufig wird beim Schweißen von Aluminium Helium verwendet. Der Einbrand der Naht wird dadurch verbessert.

Dünne Bleche werden ohne Schweißzusatz geschweißt. Bei dicken Blechen wird ein Massivdraht von Hand (ähnlich wie beim Gasschmelzschweißen) oder maschinell zugeführt.

Die **Brennerführung** *(blowpipe guidance)* erfolgt nach dem Prinzip des Nachlinksschweißens, d. h., der Zusatzstab läuft vor dem Brenner her. Dieser ist leicht in Schweißrichtung geneigt. Der Zusatzstab wird tupfend in das Schmelzbad eingebracht.

7.2.2 Plasmaschweißen

Das Plasmaschweißverfahren *(plasma arc welding process)* gehört zu den Wolfram-Schutzgasschweißverfahren. Der Aufbau der Schweißanlage entspricht dem des WIG-Schweißverfahrens. Im Gegensatz zum WIG-Schweißen ist der Lichtbogen jedoch stark eingeschnürt (Bild 2). Die Einschnürung wird durch eine besondere Brennerkonstruktion erreicht. Neben der mecha-

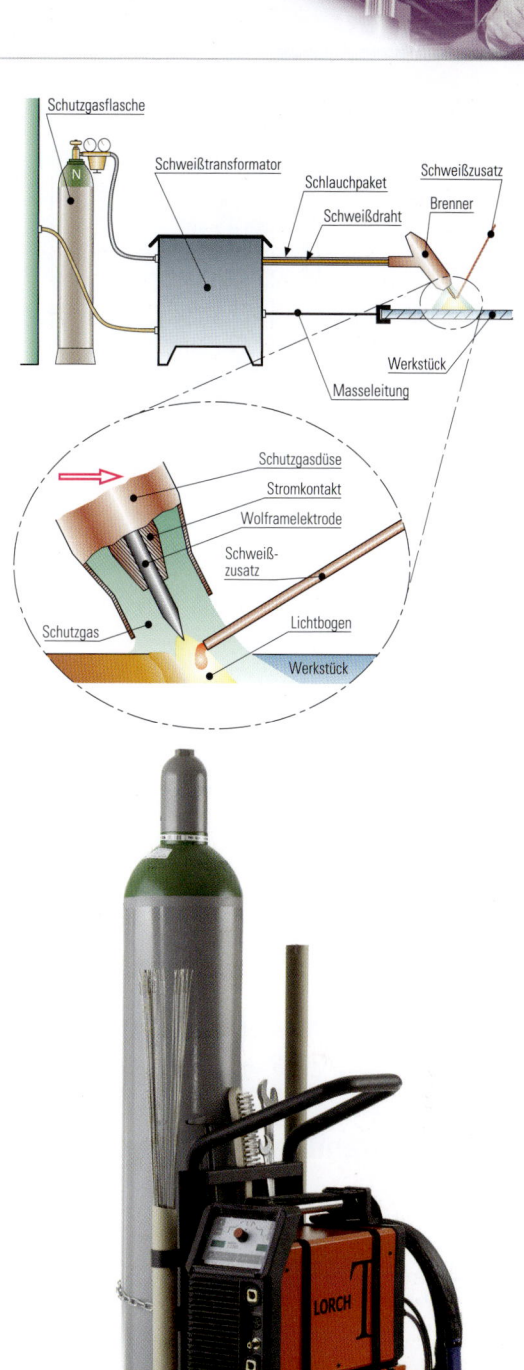

1 WIG-Schweißanlage

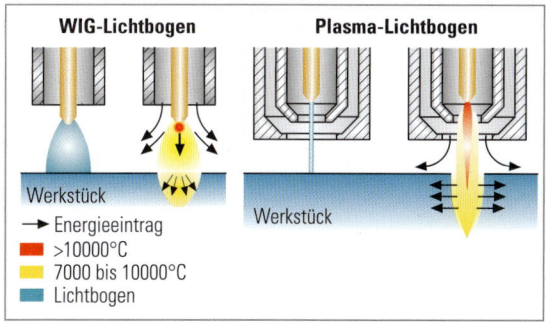

2 Vergleich von WIG- und Plasmalichtbogen und Temperaturverteilung

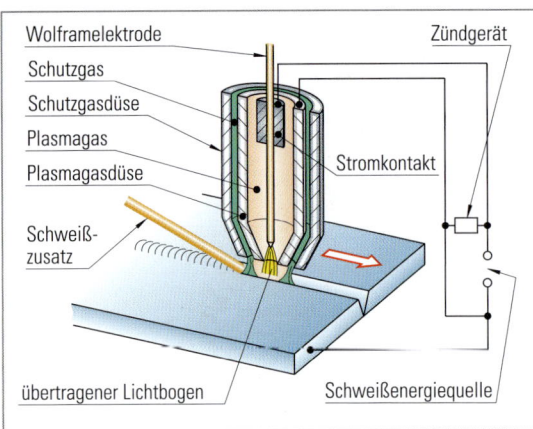

1 *Plasmaschweißverfahren*

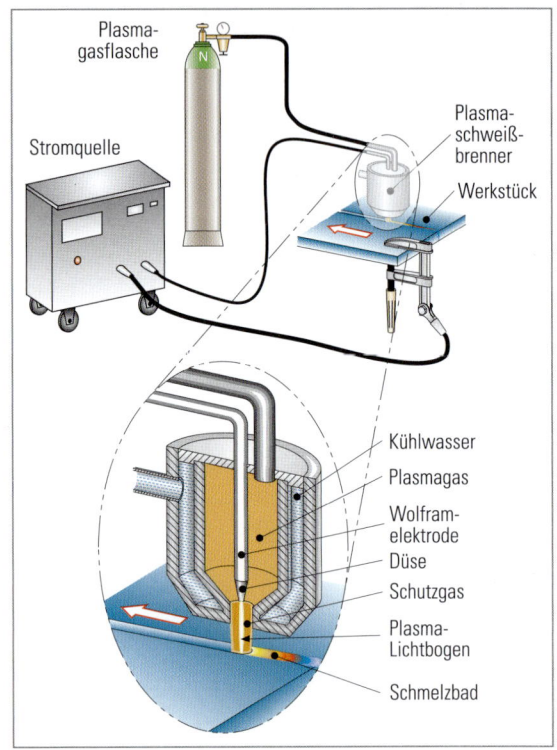

2 *Stichlochtechnik*

nischen Einschnürung kommt noch eine thermische Einschnürung durch kaltes Schutzgas außerhalb der Düse hinzu (Bild 1). Das Plasmaschweißverfahren eignet sich durch seine hohe Energiedichte zum Schweißen von legierten Stählen mit geringen Wanddicken.

Die **Stichlochtechnik** *(plug weld)* (Bild 2) ist eine besondere Schweißtechnik. Dabei durchstößt der Plasmastrahl den gesamten Werkstoff. Dadurch wird die Energie des Lichtbogens auf die gesamte Bauteilstärke übertragen. Das flüssige Metall wird vom Plasmastrahl zur Seite gedrängt. Hinter der sich bildenden Schweißöse fließt die Schmelze wieder zusammen. Die Stichlochtechnik erfordert eine präzise Brennerführung und wird ausschließlich automatisiert angewendet. Vorteil dieses Verfahrens ist der Tiefschweißeffekt (hohe Festigkeiten) und gegenüber dem WIG-Schweißverfahren die hohe Schweißgeschwindigkeit (Wirtschaftlichkeit).

7.3 Widerstandspressschweißen

Die Widerstandspressschweißverfahren *(resistance pressure welding)* verbinden Werkstücke durch Wärme und Druck. Die Wärme entsteht durch elektrischen Strom. Die höchste Wärmeentwicklung entsteht dabei an den Stellen des größten Widerstands im Stromkreis (siehe Lernfeld 4). Der größte elektrische Widerstand und damit die höchste Temperatur ϑ ergibt sich jeweils an den Kontaktstellen der zu verbindenden Werkstücke und den Elektroden (Bild 3). Die bei diesem Prozess entstehenden Temperaturen im Kontaktbereich der Werkstücke reichen aus, Stahl zu schmelzen und eine Schweißverbindung herzustellen.

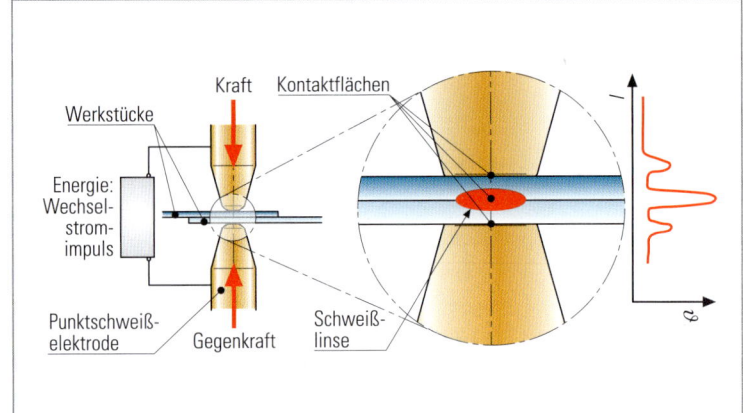

3 *Punktschweißverfahren*

7.3.1 Widerstands-Punktschweißen

Beim Widerstands-Punktschweißen *(resistance spot welding)* (Seite 62 Bild 3) werden zwei Strom führende Elektroden auf die zu verbindenden Bleche geführt. Die Elektroden pressen die Bleche aufeinander. Durch den folgenden Stromdurchgang infolge des Übergangswiderstands erwärmt sich der Kontaktbereich örtlich. Im Außenbereich der Bleche kann die Wärme gut in die relativ kühl bleibenden Kupferelektroden abfließen. Im Kontaktbereich der Bleche entsteht jedoch ein Wärmestau. Es bildet sich an der Kontaktfläche der Bleche eine Schweißlinse. Der Werkstoff wird teigig und schmilzt. Nachdem die Stromzufuhr beendet wird, erstarrt die Schmelze in der Schweißlinse. Der Schweißvorgang ist beendet und die Elektroden werden von den Blechen gelöst.

Punktschweißverbindungen bei der Montage von Karosserieteilen ist einer der häufigsten Anwendungsbereiche.

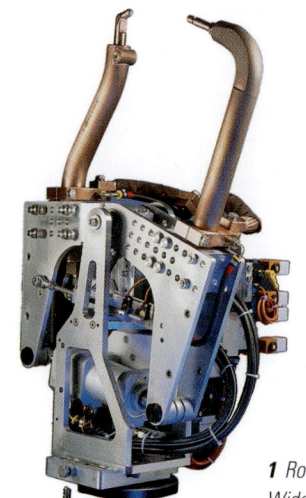

1 *Roboter-Schweißzange zum Widerstands-Punktschweißen*

7.3.2 Rollennahtschweißen

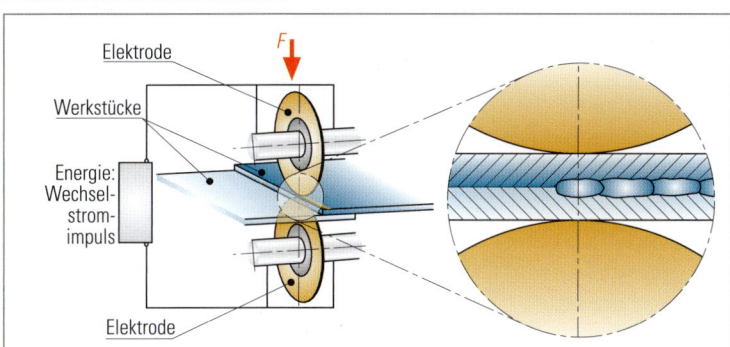

2 *Entstehung einer dichten Naht beim Rollennahtschweißen*

Beim Abrollen scheibenförmiger Elektroden werden durch Stromstöße Schweißpunkte erzeugt (Bild 2). Die dabei entstehenden Schweißlinsen überlappen sich. Auf diese Weise lassen sich flüssigkeits- und gasdichte Schweißnähte erzeugen. Anwendung findet dieses Verfahren *(continuous seam welding)* beim Herstellen von dünnwandigen Behältern und Rohren (Bild 3).

7.4 Bolzenschweißen

Bolzenschweißen *(stud welding)* dient zum Verbinden stiftförmiger Teile (Bolzen) mit flächigen Werkstücken (Bild 4) durch Pressschweißen. Die Verbindung erfolgt im plastischen oder flüssigen Zustand der Schweißzone.

Die einzelnen Verfahren werden nach der Art der Wärmeeinbringung unterschieden.

4 *Auf Blech geschweißter Gewindebolzen*

3 *Rollennahtschweißen*

7.4.1 Lichtbogenbolzenschweißen

Sehr große wirtschaftliche Bedeutung, universelle Einsatzmöglichkeiten durch handliche, transportable Geräte, sehr kurze Schweißzeit, geringe Wärmeeinbringung, große Stückzahlen durch Automatisierung möglich, hohes Qualitätsniveau der Schweißverbindungen.

7.4.1.1 Lichtbogenbolzenschweißen mit Hubzündung

Mit den Hubzündungsverfahren (Seite 64 Bild 1) lassen sich Bolzen aus unlegierten, nicht rostenden und hitzebeständigen Stählen sowie aus Aluminium bzw. Aluminiumlegierungen aufschweißen. Dabei sind sowohl artgleiche als auch artfremde Bolzen-Grundwerkstoff-Kombinationen möglich. Das Verfahren wird für Bolzen ⌀3 ...25 mm eingesetzt. Typische Anwendungsgebiete sind z.B. Stahlbau, Brückenbau, Schiffbau, Fahrzeugbau, Maschinenbau und Behälterbau.

Die Bewegungsvorrichtung wird mit einer Abstützeinrichtung auf das Werkstück aufgesetzt. Beim Abheben durch den Hubmechanismus wird der Lichtbogen gezündet. Zuerst brennt ein Vorlichtbogen, nach dem Abheben wird ein Hauptlichtbogen zwischen Bolzen und Werkstück gezündet. Bolzenstirnfläche

Schweißen

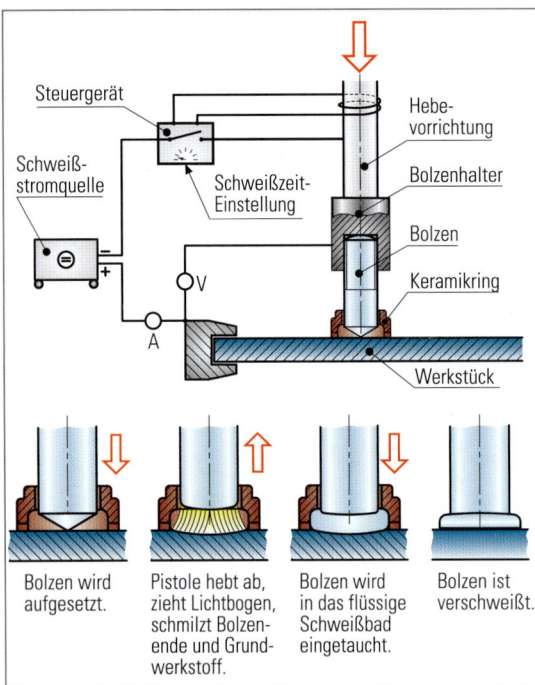

1 Lichtbogenbolzenschweißen mit Hubzündung

Steuergerät

Hebevorrichtung

Schweißstromquelle

Schweißzeit-Einstellung

Bolzenhalter

Bolzen

Keramikring

Werkstück

Bolzen wird aufgesetzt.

Pistole hebt ab, zieht Lichtbogen, schmilzt Bolzenende und Grundwerkstoff.

Bolzen wird in das flüssige Schweißbad eingetaucht.

Bolzen ist verschweißt.

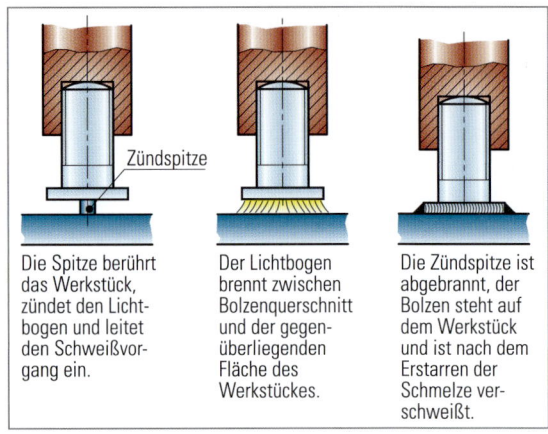

2 Lichtbogenbolzenschweißen mit Spitzenzündung

Zündspitze

Die Spitze berührt das Werkstück, zündet den Lichtbogen und leitet den Schweißvorgang ein.

Der Lichtbogen brennt zwischen Bolzenquerschnitt und der gegenüberliegenden Fläche des Werkstückes.

Die Zündspitze ist abgebrannt, der Bolzen steht auf dem Werkstück und ist nach dem Erstarren der Schmelze verschweißt.

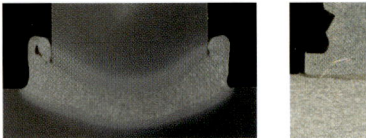

3 Hubzündungsschweißung

4 Spitzenzündungsschweißung

und Grundwerkstoff schmelzen dabei an (Bild 1). Nach Ablauf der Schweißzeit taucht der Bolzen mit geringer Kraft in das Schmelzbad ein; kurz danach wird der Strom abgeschaltet.

Zur Lichtbogenkonzentration und -stabilisierung ist bei Bolzen > ⌀16 mm ein **Keramikring** (Bild 1) erforderlich.

Schutzgas wird alternativ zum Keramikring eingesetzt. Es reduziert die Porenbildung im Schweißgut. Der Lichtbogen brennt gleichmäßiger und stabiler. Der Einsatz ist sehr empfehlenswert für die Serienfertigung und bei hohen Qualitätsanforderungen im Kurzzeitbolzenschweißbereich.

7.4.1.2 Lichtbogenbolzenschweißen mit Spitzenzündung

Mit dem Bolzenschweißen mit Spitzenzündung (Bild 2) lassen sich Bolzen aus unlegierten und legierten Stählen, aber auch aus Aluminium und Messing schweißen.

Das Lichtbogenbolzenschweißen mit Spitzenzündung ist ein Kondensatorentladungsschweißen, bei dem der Lichtbogen durch eine Zündspitze an der Bolzenstirnseite gezündet wird. Länge und Durchmesser der Zündspitze beeinflussen die Schweißqualität.

Typische Anwendungsgebiete sind der Haushaltsgerätebau, Gehäusebau, Fassadenbau und Fahrzeugbau.

7.4.2 Reibbolzenschweißen

Beim Reibbolzenschweißen erfolgt die Wärmeeinbringung mechanisch durch Reibungswärme – unter drehender (oder translatorischer) Relativbewegung und gleichzeitiger Krafteinwirkung an den Fügeflächen.

7.5 Unfallverhütung

- Es ist Schutzkleidung zu tragen, da die Augen und die Haut vor der ultravioletten Strahlung und vor der Wärmeeinwirkung geschützt werden müssen.
- Der Schweißraum ist gut zu be- und entlüften.
- Der Schweißplatz ist so abzuschirmen, dass er von außen nicht eingesehen werden kann.
- Weitere Vorschriften der Berufsgenossenschaften sind, je nach Anwendungsgebiet des Schweißverfahrens, zu beachten.

Schweißverfahren	zu schweißender Werkstoff
MAG	unlegierte und legierte Stähle
MIG	legierte Stähle, NE-Metalle (u. a. Aluminium, Kupfer, Titan und deren jeweilige Legierungen wie z. B. CuMn5 oder CuNi40)
WIG	legierte Stähle, NE-Metalle (u. a. Aluminium, Kupfer, Titan und deren jeweilige Legierungen)
Plasma	unlegierte Stähle, legierte Stähle (Edelstähle), NE-Metalle
Widerstands-Punktschweißen	unlegierte und legierte Stähle, NE-Metalle (u. a. Aluminium, Kupfer, Titan und deren jeweilige Legierungen wie z. B. EN AW-5754 [AlMg3])
Rollennahtschweißen	unlegierte und legierte Stähle, NE-Metalle (u. a. Aluminium, Kupfer, Titan und deren jeweilige Legierungen)
Lichtbogenbolzenschweißen	unlegierte und legierte Stähle

7.6 Schweißfehler

Nur eine fehlerfreie Schweißnaht kann Kräfte optimal übertragen. Fehler innerhalb der Schweißnaht *(defects in welding)* setzen diese Fähigkeit herab. Dies führt aber nicht zwangsläufig zu einem Versagen der Schweißnaht. Welcher Fehler einer Naht noch zulässig ist, lässt sich daher nur im Einzelfall von einer Fachkraft beurteilen.

Schweißnähte können nach ihrem inneren und äußeren Befund beurteilt werden (Tabelle Bild 1). Aus Kostengründen werden nur besonders stark beanspruchte Bauteile nach ihrem inneren Befund beurteilt. Dafür geeignete Prüfverfahren zeigt folgende Tabelle. Eine Beschreibung der Verfahren finden Sie im Lernfeld 12 im Kapitel 5.

Zerstörende Prüfmethoden	Zerstörungsfreie Prüfmethoden
Mechanisch-technologische Prüfverfahren wie z. B. ■ Biegeversuch ■ Kerbschlagbiegeversuch ■ Härteprüfung	Visuelle Prüfung
Metallografische Prüfverfahren wie z. B. ■ Makroschliff ■ Mikroschliff ■ Fraktografie	Magnetpulverprüfung Röntgenprüfung Ultraschallprüfung Farbeindringverfahren

M E R K E

Tragende Konstruktionen dürfen nur von Fachkräften geschweißt werden, die durch entsprechende Prüfungen nach DIN EN 287-1 dazu befugt sind.

	Nahtüberhöhung	z. B. zu langsam geschweißt
	Kantenversatz	z. B. unsauber geheftet
	Randkerben	z. B. zu wenig gependelt
	offene Endkrater	z. B. zu schnell die Elektrode abgezogen
	sichtbare Poren	z. B. zu schnell abgekühlt
	Schweißspritzer	z. B. Einstellgröße falsch gewählt
	Wurzelüberhöhung	z. B. zu langsam geschweißt
	nicht durchgeschweißte Wurzel	z. B. zu wenig Wärme, zu schnell geschweißt
	Nahtüberhöhung	z. B. zu langsam geschweißt
	Ungleichschenkligkeit	z. B. falsche Elektrodenführung
	Einbrandkerbe	z. B. zu viel Wärme

Ü B U N G E N

1. Beschreiben Sie das Verfahrensprinzip des Metall-Schutzgasschweißens.

2. Was unterscheidet inerte Gase von aktiven Gasen?

3. Was ist ein Plasma?

4. Welche Aufgabe hat das Schutzgas?

5. Welche Schutzgase werden eingesetzt?

6. Warum wird das WIG-Schweißen insbesondere zum Wurzelschweißen eingesetzt?

7. Beschreiben Sie die Stichlochtechnik beim Plasmaschweißen.

8. Worin unterscheidet sich das Plasmaschweißen von den anderen Schutzgasschweißverfahren?

9. Nennen Sie Einsatzgebiete für das Plasmaschweißen.

10. Beschreiben Sie das Funktionsprinzip einer Widerstandsschweißung.

11. Nennen Sie Einsatzmöglichkeiten für das
a) Punktschweißverfahren
b) Rollennahtschweißen

12. In welchen Bereichen wird das Lichtbogenbolzenschweißverfahren angewendet?

13. Beschreiben Sie das Verfahren einer Lichtbogenbolzenschweißung mit Spitzenzündung.

14. Nennen Sie Vorteile des Bolzenschweißverfahrens gegenüber anderen Schweißverfahren.

15. Nennen Sie verschiedene mögliche Schweißfehler, die durch optische Prüfung festgestellt werden können.

16. Welche allgemeinen Unfallverhütungsmaßnahmen haben Sie beim Schweißen zu beachten.

Kleben

8 Kleben

Durch Kleben *(adhesive bonding)* werden Werkstoffe miteinander gefügt. Da eine Klebstoffverbindung ohne Zerstörung der Verbindung nicht gelöst werden kann, gehört dieses Fügeverfahren zu den **unlösbaren Verbindungen** *(non-detachable joinings).*

Klebstoffverbindungen finden in vielen Teilen der Montage Anwendung. Bild 1 zeigt die Klebstoffverbindungen von Leichtbauplatten.

Die Bindungskräfte an den Grenzflächen zwischen Werk- und Klebstoff lassen sich in **form-** und **stoffspezifische Haftkräfte** *(shape and material specific peel adhesions)* unterteilen.

Der **formspezifische Anteil** *(shape specific part)* an der Gesamtfestigkeit einer Klebstoffverbindung macht ca. 30 % aus. Dafür ist der geometrische Zustand der Werkstoffoberfläche verantwortlich. Die Rauigkeit einer Werkstückoberfläche ermöglicht es dem Klebstoff, in die entstehenden Bereiche der Oberfläche einzudringen und dort anzuhaften. Bei einer auftretenden Kraft in Richtung der Oberfläche wird der Klebstoff auf Abscherung beansprucht (Bild 2).

Der **stoffspezifische Anteil** *(material specific part)* an der Gesamtfestigkeit wird durch die Einzelfestigkeiten

- der Werkstücke (Kohäsion)
- der Grenzschichten (Adhäsion) und durch
- die Festigkeit der Klebstoffschicht (Adhäsion, Kohäsion)

bestimmt.

Einfluss auf die Haltbarkeit einer Klebstoffverbindung haben

- die Werkstückoberfläche,
- der zu klebende Werkstoff und
- die Klebstoffart.

Die innere Haftfähigkeit eines Klebstoffs beruht auf der **Kohäsion** *(cohesion)*. Die Festigkeit der Klebstoffschicht ist abhängig von der chemischen Zusammensetzung des Klebstoffs.

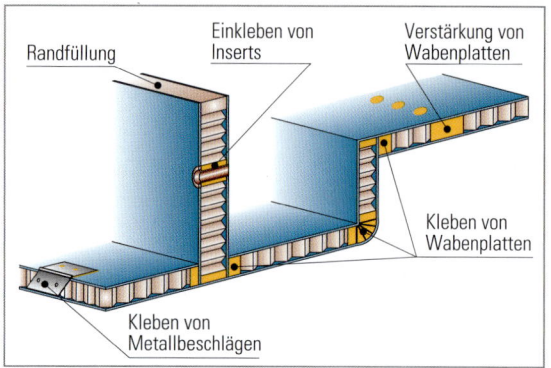

1 Klebstoffverbindung von Leichtbauplatten

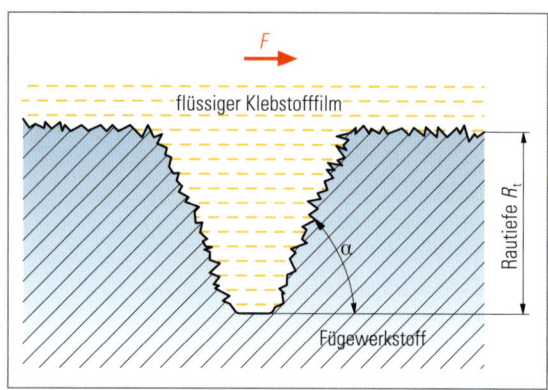

2 Formspezifischern Anteil an der Gesamtfestigkeit einer Klebeverbindung

Die Werkstückoberflächen müssen für eine gut haftende Klebstoffverbindung rau und schmutzfrei sein (siehe Lernfeld 3). Je größer die Benetzungsfläche des Klebstoffs ist, desto besser kann die **Adhäsion** *(adhesion)* zwischen Werkstück und Klebstoff wirken (Bild 3). Je besser sich ein Klebstoff auf der zu benetzenden Oberfläche verteilen kann, desto größer ist seine **Haftfestigkeit**. Ein Maß für die **Benetzungsfähigkeit** ist der **Benetzungswinkel** (Seite 67 Bild 1). Eine gute Oberflächenbenetzung erreichen Klebstoffe mit einem Benetzungswinkel von $\alpha < 30°$.

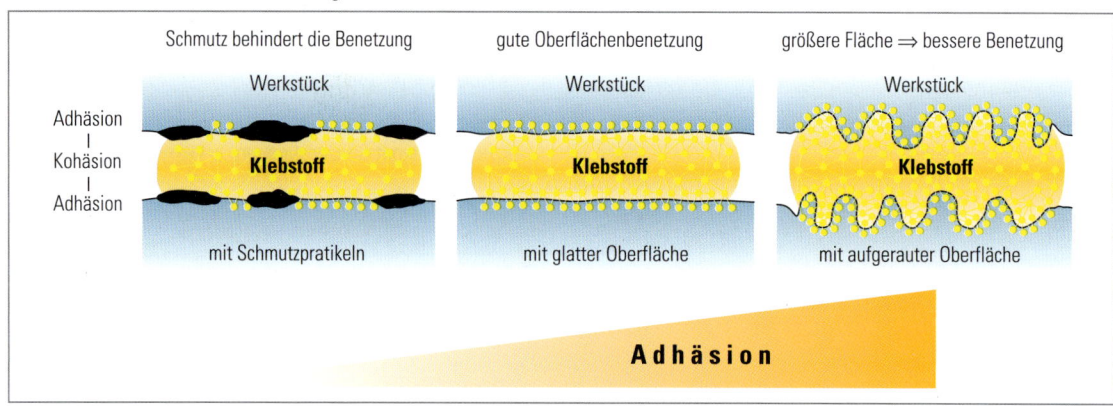

3 Adhäsion und Kohäsion einer Klebstoffverbindung

Die Werkstoffart der zu klebenden Bauteile ist ein weiteres Kriterium für die gute Haltbarkeit der Verbindung. Da Klebstoffe oft Kunststoffe sind, müssen die Moleküle des Kunststoffs gut an der Werkstückoberfläche anhaften. Während Klebstoffe gut an metallischen Oberflächen (z. B. Stahl, Chrom, Kupfer, Aluminium) haften, ist die Haftfähigkeit an thermoplastischen Kunststoffen (z. B. PE, PS, PVC) relativ gering. Daher müssen an Kunststoffen besondere Oberflächenbehandlungen (z. B. mechanische Erhöhung der Rauigkeit, chemische Behandlungen) vorgenommen werden um die notwendige Haftkraft zu gewährleisten.

Klebbare Werkstoffe

Alle metallischen und nichtmetallischen Werkstoffe sind grundsätzlich für das Kleben geeignet. Es müssen aber je nach Werkstoffart evtl. einige Besonderheiten beachtet werden.
An **Metallen** *(metals)* sind zu Erhöhung der Haftfähigkeit
- chemische (z. B. Beizen, Ätzen)
- elektrochemische (z. B. Anodisieren)
- mechanische (z. B. Strahlen, Schleifen, Bürsten)
Verfahren anzuwenden.
Bei Werkstoffen mit **schlechter Benetzbarkeit** *(poor wettability)* der Oberfläche sind **Haftvermittler** *(primer)* vor dem eigentlichen Klebvorgang auf die Oberflächen aufzutragen. Sie ermöglichen zum einen die gute Anhaftung an den zu klebenden Werkstoff und zum anderen die gute Bindung an den eigentlichen Klebstoff (Bild 1).
Des Weiteren sind die unterschiedlichen **Wärmeausdehnungskoeffizienten** *(thermal expansion coefficients)* der zu verklebenden Stoffe zu berücksichtigen. Es sind dann Klebstoffe zu wählen, die eine genügende Elastizität besitzen, Wärmedehnungen auszugleichen.
Duroplastische Kunststoffe *(thermosetting plastics)* werden nur aufgeraut und benötigen keine weitergehende Oberflächenbehandlung.
Einige **thermoplastische Kunststoffe** *(thermoplastics)* werden durch Auftragen geeigneter Lösemittel vorbereitet. Sie lösen die Oberfläche chemisch an und ermöglichen so die Anhaftung eines Klebstoffs.
Die Tabelle oben rechts zeigt die Klebbarkeit der thermoplastischen Kunststoffoberflächen. Welche Vorbehandlung im Einzelfall angewendet werden muss ist u. a. abhängig vom Oberflächenbehandlungsverfahren und der Klebstoffzusammensetzung (z. B. Lösungsmittel, Weichmacher). Die Herstellerangaben sind zu beachten.

Elastomere Kunststoffe *(elastomers)* sind im Allgemeinen gut klebbar. Eine Ausnahme ist Silikonkautschuk. Dieser kann nach Aufrauen der Oberfläche nur mit gleichartigen Silikon-Klebstoffen geklebt werden.

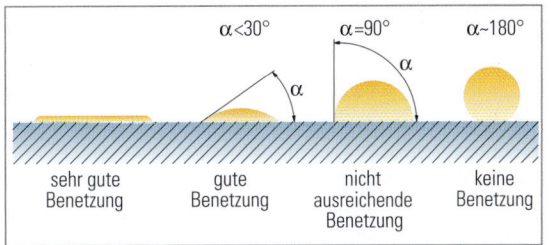

1 Benetzung von Klebstoffen auf Oberflächen

Kunststoff	Klebbarkeit
Polytetraflourethylen (PTFE)	nur mit spezieller Vorbehandlung klebbar
Polyethylen (PE) Polypropylen (PP)	ohne Vorbehandlung nur schwierig oder nicht klebbar
Polystyrol (PS) Polyisobutylen (PIB)	gut klebbar
Polyamid (PA) Polyethylenterephthalat (PET)	schwer klebbar
Polyvenylchlorid (PVC) Polymethylmethacrylat (PMMA)	gut klebbar

Klebverbindungen können auch **Dichtungsfunktionen** erfüllen. Bild 2 zeigt die Abdichtung eines Gehäusedeckels einer Zahnradpumpe.

Eigenschaften von Klebverbindungen mit Dichtungsfunktion
- Abdichten großer Spalte
- Elastische Anpassung bei Flanschbewegung
- Tolerierung von Oberflächenrauigkeiten
- Temperaturbereich: von -70 °C bis +260 °C, kurzzeitig bis +315 °C
- Gute Haftung auf zahlreichen Oberflächen
- Eingeschränkte chemische Verträglichkeit
- Nicht für Hochdruck- und stark beanspruchte Anwendungen geeignet

2 Abdichten mit Klebstoff

Bedienungsanleitung

Vorteil von Klebstoffverbindungen	Nachteile von Klebstoffverbindungen
■ Geringer Wärmeeintrag in den Werkstoff (geringer Bauteilverzug, Vermeidung aufwendiger Richtarbeiten) ■ Fügen wärmeempfindlicher Werkstoffe möglich ■ Artverschiedene Werkstoffe stoffschlüssig fügbar ■ Verbindungsmöglichkeit für sehr dünne Fügeteile (z.B. Folien) ■ Flächenförmige Kraftübertragung ermöglicht die Leichtbauweise ■ Isolierende Wirkung der Klebschicht (Kontaktkorrosion wird vermieden) ■ Dichtfähigkeit ■ hohe Schwingungsdämpfung ■ Schallisolierende Wirkung der Klebschicht ■ Toleranzausgleich	■ Einfluss der Zeit auf den Verfahrensablauf (Klebstoffaushärtung) ■ Oberflächenvorbehandlung der Fügeteile i. a. erforderlich ■ Alterungsabhängigkeit von Klebschicht und Grenzschicht ■ geringe Schälfestigkeiten ■ Kriechneigung der Klebschicht ■ geringe Schälbeanspruchung möglich 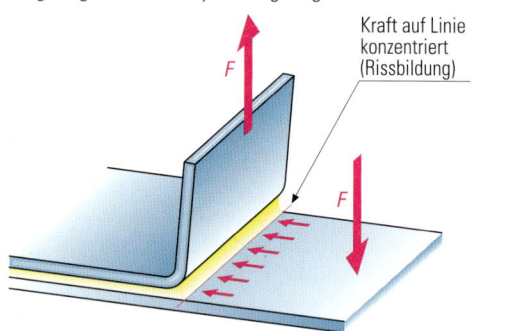

ÜBUNGEN

1. Wozu dienen Klebstoffverbindungen?

2. Wovon hängt die Haltbarkeit einer Klebstoffverbindung ab?

3. Welche Beanspruchung einer Klebstoffverbindung sollte vermieden werden?

4. Nennen Sie Vor- und Nachteile von Klebstoffverbindungen.

5. Warum müssen die Verbindungsflächen verschiedener Bauteile vorbehandelt werden?

6. Untersuchen sie für unterschiedliche Klebestoffe die Herstellerangaben bezüglich:
   ■ Vorbehandlung der Flächen,
   ■ Vorbereiten des Klebers,
   ■ Auftragen des Klebers,
   ■ Topf- und Aushärtezeit des Klebers und
   ■ Montagevorgaben zur Gewährleistung der Festigkeit.

7. Von welchen Größen ist die übertragbare Kraft einer Klebeverbindung abhängig?

8. Welche Eigenschaften sollten Klebstoffe mit Dichtungsfunktion aufweisen?

9   Bedienungsanleitung

Bedienungsanleitungen *(instruction manuals)* bzw. Gebrauchsanleitungen liefern der Fachkraft Informationen zur Benutzung einer Maschine oder Anlage.

Ziel einer Bedienungsanleitung ist es, alle notwendigen Informationen über ein Produkt in verständlicher Weise der Fachkraft mitzuteilen.

 **MERKE**

Die Bedienungsanleitung ist laut Maschinenrichtlinie notwendiger Produktbestandteil eines Produkts.

Fehlerhafte oder unverständliche Bedienungsanleitungen können unter Umständen zur Wandlung oder Minderung führen. Darüber hinaus sind sie im Sinne der Produkthaftung durch den Inhalt juristisch verbindlich (siehe Lernfeld 12).

Die Bedienungsanleitung liegt einem Produkt in gedruckter Form, als Video oder CD oder in Kombination der einzelnen Medien bei. Sie kann bei einfachen Produkten auch auf der Verpackung aufgedruckt sein.

Die Bedienungsanleitung umfasst den gesamten Lebenszyklus des Produkts:
■ Aufbau
■ Einrichtung/Sicherheit
■ Bedienung bzw. Betrieb
■ Wartung/Reparatur
■ Entsorgung/Umweltschutz
■ Technische Daten,
■ ggf. Problem- oder Störungsbeseitigungen

Darüber hinaus gibt sie Informationen über den Hersteller, Prüfzertifikate und **Konformitätserklärungen** *(declarations of conformity)*. Die Konformitätserklärung ist eine Auflistung der Normen, denen ein Gerät entspricht oder entsprechen muss.

Beschreibung des Aufbaus eines Produkts

Der Aufbau *(structure)* beschreibt die Konstruktion des Geräts oder der Maschine. In der Regel werden dazu leicht verständliche (dreidimensionale) Zeichnungen und eine Stückliste gezeigt (Bild 1). Sie weisen den einzelnen Bestandteilen Bezeichnungen zu, die im weiteren Verlauf der Bedienungsanleitung benutzt werden.

Sicherheit/Einrichtung

Bevor eine Maschine in Betrieb genommen werden kann, muss sie eingerichtet werden. Sie muss einen Standort bekommen und in einer für den Betrieb zugelassenen Umgebung aufgestellt werden. Eine Bedienungsanleitung gibt an dieser Stelle zusätzliche Hinweise zu Sicherheitsbestimmungen *(safety regulations)*, die eingehalten werden müssen. Diese Hinweise umfassen allgemeine und spezielle Sicherheitshinweise:

Allgemeine Hinweise, die Gefahren zu vermeiden helfen, sind z. B.:

- elektrische Geräte dürfen nicht in der Nähe von brennbaren Gasen und Flüssigkeiten betrieben werden
- Die Maschine nur für den vom Hersteller vorgesehen Zweck verwenden

Spezifische Hinweise für einen Kompressor sind z. B.:

- Verletzungsgefahr durch austretende Druckluft und Teile, die durch Druckluft mitgerissen werden
- Gefahr durch ölhaltige Druckluft
- Verbrennungsgefahr an den Oberflächen der Druckluftführenden Teile.

Zu jedem Hinweis gibt der Hersteller weitere Angaben, wie den beschriebenen Gefahren zu begegnen ist wie z. B. für

 Gefahr durch ölhaltige Druckluft!

Verwenden Sie ölhaltige Druckluft ausschließlich für Druckluftwerkzeuge, die für ölhaltige Druckluft vorgesehen sind. Benutzen Sie einen Druckluftschlauch für ölhaltige Druckluft nicht für Druckluftwerkzeuge, die nicht für ölhaltige Druckluft vorgesehen sind. Füllen Sie keine Autoreifen usw. mit ölhaltiger Druckluft.

Sind Sicherheitseinrichtungen an einer Maschine vorhanden, zeigt eine Bedienungsanleitung die Position dieser Sicherheitseinrichtung und erklärt die Funktionsweise (Bild 2).

Bedienung und Betrieb

An dieser Stelle werden vom Hersteller Hinweise zum Herstellen der **Betriebsfähigkeit** *(serviceability)* gegeben wie z. B.:

- Bauelemente, die noch montiert werden müssen
- Netzanschluss
- Ein- und Ausschalten der Maschine
- Erklärung des Bedienfelds einer Anlage und deren Auswirkungen

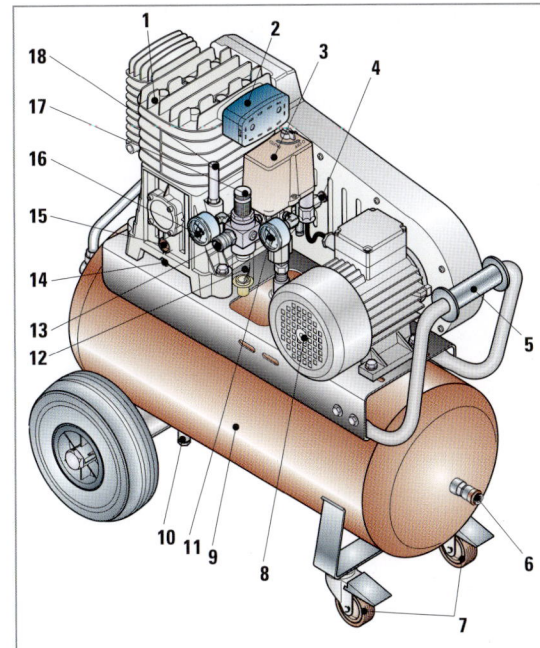

1 Verdichter	**10** Ablass-Schraube für Kondenswasser des Druckbehälters
2 Luftfiltergehäuse	**11** Manometer Kesseldruck
3 Ein/Aus-Schalter	**12** Filterdruckminderer
4 Sicherheitsventil	**13** Druckluftanschluss für geregelte Druckluft
5 Transportgriff	**14** Ölablass-Schraube
6 Druckluftanschluss für ungeregelte Druckluft	**15** Ölschauglas
7 Feststellbare Lenkrollen	**16** Manometer Regeldruck
8 Motor	**17** Druckregler
9 Druckbehälter	**18** Öleinfüllstutzen

1 Zeichnung und Stückliste eines Kompressors

Sicherheitsventil

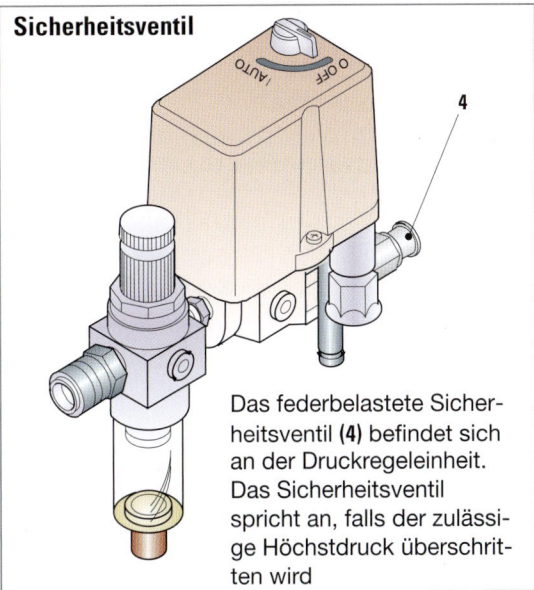

Das federbelastete Sicherheitsventil **(4)** befindet sich an der Druckregeleinheit. Das Sicherheitsventil spricht an, falls der zulässige Höchstdruck überschritten wird

2 Auszug aus der Bedienungsanleitung eines Kompressors

Bedienungsanleitung

- Einstellen von notwenigen oder erforderliche Betriebsparametern mit eventuellen Grenzwerten, die nicht überschritten werden dürfen
- Einstellen von Sicherheitseinrichtungen

Wartung/Reparatur

Bevor eine Wartung *(maintenance)* oder Reparatur *(repairing)* vorgenommen werden kann, muss die Maschine oder Anlage meistens von der Stromnetzversorgung getrennt werden. Es werden Hinweise gegeben, die sicherstellen, dass von der Maschine oder Anlage keine Gefahren mehr ausgehen können. Erst wenn dieser Zustand erreicht ist, dürfen Wartungs- oder Reparaturmaßnahmen eingeleitet bzw. durchgeführt werden.

Entsorgung/Umweltschutz

Nach der Gebrauchsdauer wird jede Maschine oder Anlage außer Betrieb genommen. Dies kann durch **Verschrottung** auf einer Deponie oder meistens durch **Entsorgung** *(disposal)* und **Wiederverwertung** *(recycling)* geschehen. Viele Maschinen und Anlagen enthalten neben ungefährlichen Bestandteilen (Gehäuse aus Stahl, Schutzschirme aus Kunststoff) auch direkt umweltschädliche Stoffe wie Öle, Fette oder andere Betriebsstoffe. Diese dürfen nicht deponiert oder in einer Recyclinganlage wiederverwertet werden. Für diese Stoffe sind besondere Entsorgungsvorschriften einzuhalten. Beispielsweise wird bei einem Kompressor das Schmieröl vom Rest der Maschine getrennt und dann erst entsorgt.

Technische Daten

Den Schluss einer Bedienungsanleitung bildet oft die Zusammenstellung technischer Daten *(technical data)*. Sie liefert der Fachkraft die erforderlichen allgemeinen Daten zu:

- der aufgenommenen Leistungen
- der Nutzleistung,
- der Netz-Anschlussspannung,
- der Umdrehungsfrequenz des Antriebsmotors
- der Schutzart der Maschine (Siehe Lernfeld 4)
- den Abmessungen der Maschine
- der Gesamtmasse

Zusätzlich zu den genannten Angaben kann eine Betriebsanleitung *(handbook)* auch Anleitungen zur Beseitigung von Störungen beinhalten. Diese geben einer Fachkraft die Möglichkeit, kleinere Unregelmäßigkeiten (Störungen) selber zu beheben ohne einen Servicedienst in Anspruch nehmen zu müssen.

Beispielsweise kann folgende Störung vorliegen:

- Kompressor läuft nicht

Ein entsprechender Plan zur Behebung nennt zum einen eine Mögliche Ursache und die entsprechende Störungsbehebung:

Kompressor läuft nicht:

- Keine Netzspannung
  - Kabel, Stecker, Steckdose und Sicherung prüfen.
- Zu geringe Netzspannung
  - Verlängerungskabel mit ausreichendem Aderquerschnitt verwenden (siehe „Technische Daten"). Bei kaltem Gerät Verlängerungskabel vermeiden.
- Kompressor wurde durch Ziehen des Netzsteckers ausgeschaltet, während er lief.
  - Kompressor am Ein/Aus-Schalter zunächst ausschalten, dann wieder einschalten.
- Motor überhitzt, z.B. durch mangelnde Kühlung (Kühlrippen verdeckt).
  - Ursache der Überhitzung beseitigen, etwa zehn Minuten abkühlen lassen, dann erneut einschalten.

Ü BUNGEN

1. Wozu werden Bedienungsanleitungen gebraucht?

2. Welche Inhalte sind in Bedienungsanleitungen zu finden?

3. Was bedeutet der Begriff „Konformitätserklärung"?

4. Warum sind häufig dreidimensionale Abbildungen in Bedienungsanleitungen zu finden?

5. Nennen Sie mögliche Sicherheitshinweise, die in Bedienungsanleitungen angegeben werden.

6. Warum werden in einer Bedienungsanleitung Hinweise zur Entsorgung der Maschine oder Anlage gegeben?

7. Untersuchen Sie eine Bedienungsanleitung einer Maschine aus ihrem Ausbildungsbetrieb auf ihre Inhalte und Angaben. Stellen Sie die Ergebnisse Ihrer Untersuchung in der Klasse vor.

10 Page in a Coupling Catalogue

FLENDER Standard Couplings
Flexible Couplings - N-EUPEX and N-EUPEX DS Series

General information

Overview

N-EUPEX as overload-holding, fail-safe series

N-EUPEX and N-EUPEX DS claw couplings connect machines. They compensate for shaft misalignment, generating only low restorative forces.

The torque is conducted through elastomer flexibles, so the coupling has typically flexible rubber properties.

Elastomer flexible of the N-EUPEX series

The flexibles of the N-EUPEX coupling are subjected to compression. If the flexibles are irreparably damaged, the hub parts come into contact with metal. This "emergency operation capability" is required, e.g., in the case of fire pump drives.

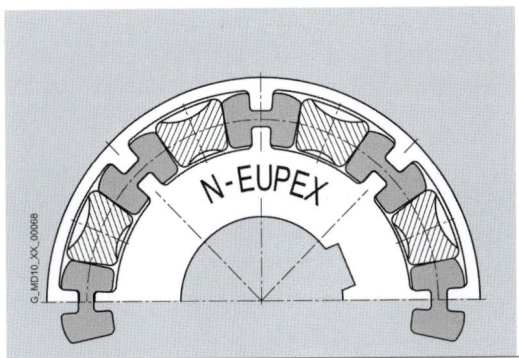

Basically a coupling consists of two halves, usually discs, and the connection, or joint, between the two. This joint between the two halves can be a positive joint, using bolts, claws, metal pins, springs, teeth etc. or, a non-positive joint using friction surfaces. Couplings should transmit turning moment under defined operating conditions, for example, shock free running between shafts or between a shaft and a pulley or a fly wheel. According to the function of the joint, the couplings are classified as being either rigid or flexible.

The coupling shown on the left is a claw coupling. This type of coupling transmits the turning moment through a positive joint but it will allow for small misalignments and small changes in length of the shafts.

Work With Words

Work With Words

In future you will come into the situation to talk, listen or read technical English. Very often it will happen that you either **do not understand** a word or **do not know the translation**.

In this case here is some help for you !!!

Below you will find a few possibilities to describe or explain a word you don't know or use opposites[1] or synonyms[2].
Write the results into your exercise book.

1. **Add as many examples** to the following terms as you can find for couplings and welding processes.

couplings:	rigid couplings split couplings	welding processes:	gas metal arc welding tungsten-inert gas welding

2 **Explain the two terms in the box:**
   Use the words below to form correct sentences. Be careful the range is mixed!

gearing:	with teeth around their edges/often consist of wheels/that fit into the teeth of another wheel/Gearing	pump:	from below the ground/ is a device/ A pump/for bringing water to the surface

3. **Find the opposites[1]:**

alternating voltage:		belt:	
crown gear:		wet running meter pump:	

4. **Find synonyms[2]:**
   You can find two synonyms to each term in the box below.

conveyor:		identification plate:	
coupling:		handbook:	

   clutch, band conveyor, hitch, conveyor belt   name plate, operating instruction, manual, rating plate

5. In each group there is a word which is the **odd man[3]**. Which one is it?

   a) magnet clamping plates, relays, magnet valves, transformers, defect in welding, generator, electric engine

   b) load-bearing medium, nominal current, load-carrying equipment, sling

   c) pin chain, toothed chain, bush chain, roller chain, torque limiter

   d) flat belt, V-belt, toothed belt, toothed profile, V-ribbed belt

6. Please translate the information below. Use your English-German Vocabulary List if necessary.

   When two things are bonded together using adhesive, the two things are said to be stuck together.

---

1) *opposite:* Gegenteil   2) *synonym:* Synonym, ähnliches Wort, Ergänzung   3) *odd man:* Außenseiter, überzähliges Wort, fünftes Rad am Wagen

Lernfeld 11:
Überwachen der Produkt- und Prozessqualität

Sie haben in Lernfeld 2 die Herstellung von Bauteilen durch spanende Verfahren kennengelernt, z. B. durch Bohren, Senken, Reiben, Drehen und Fräsen. Gleichzeitig sind Grundlagen des Qualitätsmanagements behandelt worden.

Im Lernfeld 5 haben Sie diese Kenntnisse vertieft und erweitert. Sie haben dabei Arbeitspläne erstellt, die Spannmittel, die technologischen Daten und die Hilfsstoffe ausgewählt und die Maschine eingerichtet. Ein Schwerpunkt dieses Lernfeldes waren die Prüftechnik und damit verbunden z. B. Prüfanweisungen und die Prüfmittelauswahl.

Im Lernfeld 8 sind Grundlagen zur CNC-Fertigung gelegt worden. In dieser Einführung haben Sie u. a. das Einrichten einer CNC-Maschine und die Programmerstellung kennengelernt. Für die gefertigten Teile waren Prüfpläne zu erstellen, auch im Hinblick auf die Serienfertigung.

Mithilfe dieser Ergebnisse haben Sie den Fertigungsprozess optimiert.

Im Lernfeld 11 sollen Sie wichtige Elemente der **Qualitätssicherung** kennenlernen, durch die in der Serienfertigung die **Prozessqualität** sichergestellt wird.

Die Prozessqualität ist dabei die Fähigkeit der Fertigungseinrichtungen, Produkte mit den festgelegten Toleranzen, Oberflächen, Form- und Lagetoleranzen etc. zu produzieren. Dabei soll die Fertigung wirtschaftlich und umweltverträglich sein.

Die Prozessqualität wird vor Serienbeginn nicht durch die subjektive Beurteilung einer Fachkraft festgestellt, sondern sie wird durch Prüfungen ermittelt. Dazu sind zunächst die **Maschinenfähigkeit** und dann die **Prozessfähigkeit** festzustellen. Durch statistische Methoden kann dabei von einer relativ kleinen Stückzahl auf eine große Serie geschlossen werden. Während der Produktion erfolgt durch Stichproben eine laufende Überwachung.

In der betrieblichen Praxis kommen dabei **Qualitätsregelkarten** zum Einsatz.

PROZESSREGELKARTE — Datum: / Name:

Name des Teils:	Merkmal:	Nennmaß mit Toleranz	Angaben in der Einheit dieser Karte		
Steckbolzen	Durchmesser	5,3 +/- 0,1	OGW 40	UGW 20	Stellenzahl 0

OGW = Obere Toleransgrenze
UGW = Untere Toleransgrenze
OEG = Obere Eingriffgrenze
UEG = Untere Eingriffgrenze

Ergebnisse:

Mittelwert der Mittelwerte	30,20
Mittelwert der Spannen	4,60
OEG	32,85
UEG	27,55
OEG (R)	10,50
s	2,02
cp	1,65
cpk	1,62

X 1	28	28	27	28	33	30	30	30	30	32
X 2	30	30	29	30	30	31	30	32	32	29
X 3	31	29	31	28	32	28	27	30	33	
X 4	28	27	30	33	30	33	34	35	33	
X 5	31	30	32	31	28	30	30	30	31	
X	30	29	30	30	31	30	31	31	31	
R	3	3	6	3	7	2	5	7	6	4
Zeit	8	5	8	9	12	9	12	14	15	

Konstanten:

n	A 2
2	1,880
3	1,023
4	0,729
5	0,577

Die Stichproben sind ebenfalls statistisch auszuwerten.

Durch die Anwendung statistischer Methoden und durch entsprechende Erfahrungen ist es möglich, ohne 100%-Prüfung der Werkstücke mit einer hohen Sicherheit

- den Bereich der Istmaße der nicht geprüften Teile zu prognostizieren und
- den Prozess zu überwachen

In diesem Lernfeld ist deshalb ein Einblick in diese statistischen Verfahren vorgesehen.

Durch die Stichproben ist der Aufwand für die Prüfungen minimiert.

Ein Aspekt einer wirtschaftlichen Serienfertigung ist eine niedrige Ausschussquote. Der Anteil darf heute bei maximal 0,27 % liegen. Oft gehen die Forderungen noch wesentlich weiter, z. B. bis 0,006 %. Die Prozentzahlen sind nicht beliebig gewählt, sondern hängen mit der schon erwähnten Statistik zusammen.

Ausschussteile sind aber nicht nur ein Kostenfaktor. Noch gravierender sind die Folgen, wenn diese Teile zur Montage gelangen und später zu einem vorzeitigen Ausfall der Maschine oder des Gerätes oder gar zu einem Unfall führen. Auch hier ist die statistische Auswertung hilfreich, die Ausschussteile zu finden.

Hinsichtlich der Produktqualität denkt man heute nicht nur in den strengen Kategorien „Gut" und „Ausschuss".

Also: Gut ist das Teil, wenn das Istmaß in der Toleranz liegt, ganz gleich, ob am Rand oder in der Mitte. Ausschuss liegt vor, wenn das Maß außerhalb der Toleranz ist, auch wenn es dicht an einem Grenzmaß liegt.

Sowohl für die Fertigung als auch für die Funktionalität und auch für die Lebensdauer ist es wichtig, dass die Maße in der Toleranzmitte liegen.

Damit ist der Begriff Qualität angesprochen. Nur Produkte mit einem hohen Qualitätsstandard können sich heute am Markt behaupten. Dabei geben die Kunden vor, was Sie unter Qualität verstehen, z. B. lange Gebrauchsdauer, keine oder wenige Ausfälle, leichte Austauschbarkeit von defekten Teilen bei Reparaturen, guter Kundendienst usw. In den meisten Firmen sind heute umfassende Qualitätskonzepte geplant und umgesetzt worden. Oft sind Qualitätsmanagementsysteme entstanden, die für die Festlegung der Qualitätsziele (z. B. guter Kundendienst) sowie für die Umsetzung dieser Ziele verantwortlich sind. Dabei entsteht ein Netzwerk, das alle betrieblichen Ebenen umfasst, denn über Qualität entscheidet nicht mehr nur die Endkontrolle. Nach Möglichkeit sollen Fehler und Fehlerquellen, die zu schlechter Qualität führen, auf allen Ebenen erkannt und ausgeschaltet werden. Ein umfangreiches Normenwerk legt entsprechende Standards fest.

1　Qualität

Der Begriff Qualität *(quality)* wird oft subjektiv verwendet und hat dann unterschiedliche Bedeutungen. Oft wird darunter die Güte eines Produkts verstanden. Qualität schließt diesen Bereich ein, aber die Verwendung in diesem Sinn erfasst nicht seine volle Bedeutung.

Die Norm sieht den Begriff aus Sicht der Kundenwünsche, die neben der Güte auch andere Bereiche einschließen.

Nach **DIN EN ISO 9000**[1] ist Qualität der „Grad, in dem ... **Merkmale** Anforderungen erfüllen". Merkmale *(characteristics)* lassen sich in verschiedene Klassen einteilen:

- **Physikalische Merkmale** *(physical characteristics)* wie z. B. mechanische oder elektrische Eigenschaften.
- **Funktionale Merkmale** *(functional characteristics)* wie z. B. Dauerbetrieb, Höchstgeschwindigkeit eines Fahrzeugs, Zuverlässigkeit, Sicherheitsstandards, Lebensdauer ...
- **Ergonomische Merkmale** *(ergonomic characteristics)* wie z. B. die Belastung des Menschen.
- **Verhaltensbezogene Merkmale** *(behavioural characteristics)* wie z. B. Ehrlichkeit, Wahrheitsliebe, Vertrauenswürdigkeit, Beratung.
- **Zeitbezogene Merkmale** *(temporal characteristics)* wie z. B. Pünktlichkeit, Verlässlichkeit.
- **Umweltbezogene Merkmale** *(environmental characteristics)* wie z. B. umweltverträgliche Produktion, umweltfreundliche Nutzung und Entsorgung bzw. Recycling.

 **MERKE**

Je besser die Produkte den Anforderungen oder den Erwartungen der Kunden entsprechen, desto höher ist die Produktqualität.

Überlegen Sie!

1. Erläutern sie den Begriff Qualität.
2. In welche Klassen können Merkmale eingeteilt werden?
3. Wodurch wird eine hohe Produktqualität erreicht?

1.1　Qualitätsmanagementsysteme

Viele Firmen haben ein **Q**ualitäts**m**anagementsystem (**QM**-System) *(quality management system)* eingeführt. Durch dieses System werden Strukturen geschaffen (Bild 2), die für die Qualitätsbestrebungen der Firma erforderlich sind. Dazu gehört auch die Besetzung dieses Bereiches mit geeigneten Mitarbeitern. Neben den Kundenwünschen sind folgende Aspekte zu beachten:

- internationale Verflechtung der Märkte
- die verschärften Sicherheitsbestimmungen (Produkthaftung vgl. Lernfeld 12 Kap. 3.3)
- die Umweltverträglichkeit und Entsorgung der Produkte
- die schnelle Marktreife der Produkte

1 Der Kunde ist König

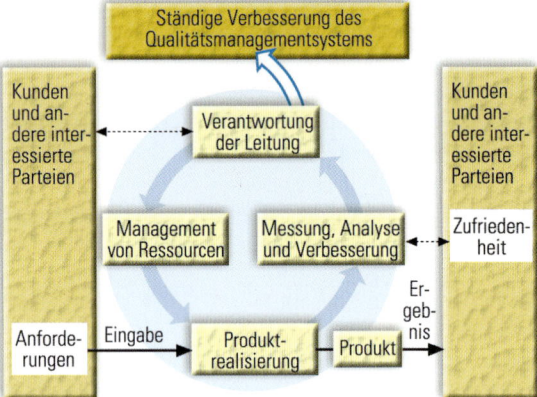

2 Prozessorientiertes Qualitätsmanagementsystem

 **MERKE**

Die Verantwortung für das QM-System liegt bei der Geschäftsleitung.

In einem **QM-Handbuch** *(QM assurance manual)* ist das QM-System zu dokumentieren.

Die Realisierung aller Qualitätsbestrebungen und die damit verbundenen Tätigkeiten liegt nach DIN EN ISO 9000 in den Händen des **Qualitätsmanagements** *(quality management)*.

Zu den Aufgaben des Qualitätsmanagements gehören damit auch das Festlegen der Qualitätspolitik und der Qualitätsziele, die daraus abzuleiten sind.

In der **Qualitätspolitik** *(quality policy)* werden die Bedürfnisse und Wünsche aller Interessenspartner des Unternehmens beschrieben. Als Interessenspartner des Unternehmens gelten:

- die Kunden
- die Lieferanten
- die Mitarbeiter
- die Eigentümer
- die Gesellschaft (Staat, Bürger, Institutionen)

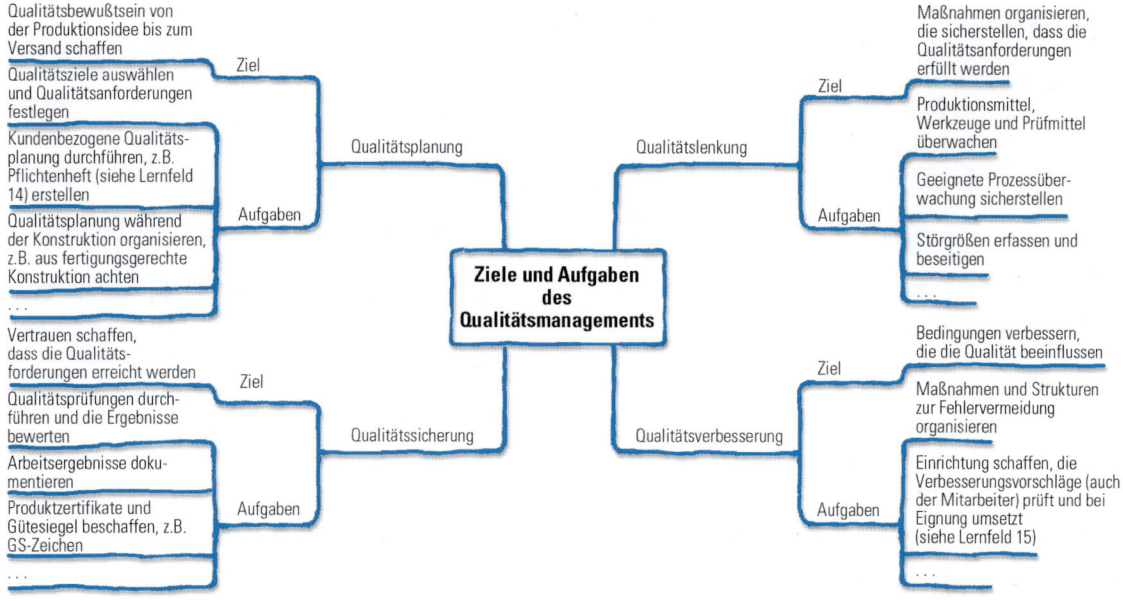

Qualitätsbewußtsein von der Produktionsidee bis zum Versand schaffen

Ziel — Qualitätsplanung

Qualitätsziele auswählen und Qualitätsanforderungen festlegen

Kundenbezogene Qualitätsplanung durchführen, z.B. Pflichtenheft (siehe Lernfeld 14) erstellen

Qualitätsplanung während der Konstruktion organisieren, z.B. aus fertigungsgerechte Konstruktion achten

Aufgaben — Qualitätsplanung

...

Maßnahmen organisieren, die sicherstellen, dass die Qualitätsanforderungen erfüllt werden

Ziel — Qualitätslenkung

Produktionsmittel, Werkzeuge und Prüfmittel überwachen

Geeignete Prozessüberwachung sicherstellen

Störgrößen erfassen und beseitigen

Aufgaben — Qualitätslenkung

...

Ziele und Aufgaben des Qualitätsmanagements

Vertrauen schaffen, dass die Qualitätsforderungen erreicht werden

Ziel — Qualitätssicherung

Qualitätsprüfungen durchführen und die Ergebnisse bewerten

Arbeitsergebnisse dokumentieren

Produktzertifikate und Gütesiegel beschaffen, z.B. GS-Zeichen

Aufgaben — Qualitätssicherung

...

Bedingungen verbessern, die die Qualität beeinflussen

Ziel — Qualitätsverbesserung

Maßnahmen und Strukturen zur Fehlervermeidung organisieren

Einrichtung schaffen, die Verbesserungsvorschläge (auch der Mitarbeiter) prüft und bei Eignung umsetzt (siehe Lernfeld 15)

Aufgaben — Qualitätsverbesserung

...

2 Zertifikat nach DIN EN ISO 9001

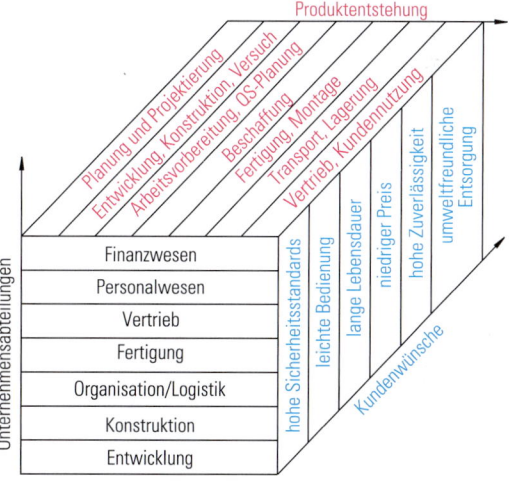

3 Enge Verzahnung zwischen Unternehmensabteilungen, Produktentstehung und Kundenwünschen

In regelmäßigen Untersuchungen (**Audits**) *(audits)* wird ermittelt, ob die festgelegten Anforderungen an das QM-System erfüllt sind. Führt eine unabhängige und dafür autorisierte Stelle die Audits mit positivem Ergebnis durch, ist die Firma nach **DIN ISO 9001**[1] zertifiziert (Bild 2). Diese **Zertifizierung** *(certification)* ist für viele Kunden wichtig, weil damit sichergestellt ist, dass der Anbieter Produkte mit gleich bleibender hoher Qualität liefern kann.

Für die Sicherung und Steigerung der Produktqualität ist es wichtig, dass

■ jede Abteilung in die Qualitätsüberlegungen einbezogen wird

■ die Mitarbeiter die Verantwortung für ihre Arbeit übernehmen

■ die einzelnen Abteilungen miteinander verzahnt sind wie z.B. die Konstruktion und die Montage.

In den **Qualitätszielen** *(quality goals)* wird eine „zunehmende Zufriedenheit dieser Interessenspartner" angestrebt.

Obige Mind-Map gibt einen Überblick über die Ziele und Aufgaben des Qualitätsmanagements.

Für diese Aufgaben sind verbindlich Mitarbeiter festzulegen und bei Bedarf zu schulen.

Bezieht man die Kundenwünsche noch in die Betrachtung ein, dann entsteht ein Beziehungsgeflecht zwischen der Produktentstehung, den Kundenwünschen und den Unternehmensabteilungen (Seite 3 Bild 3).

Dieser ganzheitliche Ansatz wird auch als **Total Quality Management (TQM)** bezeichnet.

1.2 Was ist Qualität?

Nachstehend sind einige Beispiele aufgeführt, die verdeutlichen, dass unterschiedliches Qualitätsverständnis *(commitment to quality)* zu verschiedenen Entscheidungen führen kann.

Fehlerverantwortung *(fault responsibility)*
Position 1: Einzelne Mitarbeiter sind für Fehler verantwortlich.
Position 2: Alle Mitarbeiter sind für Fehler verantwortlich.

Der Mitarbeiter aus der Qualitätssicherung kann einen Fehler nur im Nachhinein feststellen. Es ist zwar wichtig, dass fehlerhafte Teile entdeckt und aussortiert werden – es ist aber noch besser, wenn der Fehler überhaupt gar nicht erst entsteht. In manchen Fällen kann durch technische Maßnahmen ein Fehler verhindert werden. In anderen Fällen liegt es an der Motivation der Mitarbeiter oder auch an der fehlenden Schulung.
Besonders schwerwiegend sind Fehler, die erst sehr spät erkannt werden. Die Kosten und der Imageverlust können sehr hoch sein, wenn z. B. Rückrufaktionen (vgl. Lernfeld 12 Kap. 3.3) erforderlich sind (Bild 1).

Fehlereingrenzung *(fault location)*
Position 1: Menschen machen Fehler.
Position 2: Prozesse provozieren Fehler.

Durch Fehler von Mitarbeitern können Ausschussteile entstehen wie z. B. durch das falsche Einstellen einer Werkzeugmaschine. Andere Fehler sind durch den betrieblichen Ablauf, den Prozess bedingt. Wenn z. B. ein Konstrukteur eine Maschine konstruiert, bei der sich zwei Lager schlecht montieren lassen, dann steigt dadurch die Gefahr, dass die Lager bei der Montage beschädigt werden. Wenn es keine Rückmeldungen gibt, erfährt der Ingenieur seinen Fehler nicht und wiederholt ihn eventuell.
Ein Austausch zwischen den Abteilungen Konstruktion, Fertigung und Montage kann entscheidend zur Lösung dieser Probleme beitragen. In vielen Betrieben ist aus dieser Rückkopplung eine neue Methode entstanden. Sie wird mit dem Kürzel **FMEA**[1] bezeichnet. Es ist ein Verfahren, mit dem Fehler möglichst frühzeitig erkannt und vermieden werden. Die **Fehlersuche** *(fault finding)* bezieht sich sowohl auf das **Produkt** *(product)* als auch auf den **Prozess** *(process)*.
Die Mitarbeiter des FMEA-Teams setzen sich aus unterschiedlichen Abteilungen zusammen. Neben den Erfahrungen, dem Wissen und Können der Fachkräfte und neben Versuchsergebnissen werden vor allem frühere Fehler und ihre Ursachen in die Überlegungen einbezogen.

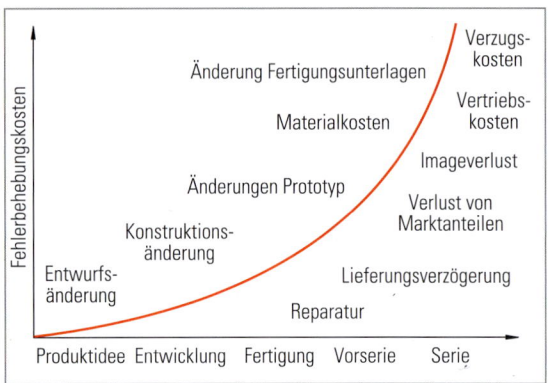

1 *Fehlerbehebungskosten*

Ausschussquote *(reject rate)*
Position 1: Null-Fehler-Produktion ist nicht machbar.
Position 2: Null-Fehler-Produktion ist das Ziel.

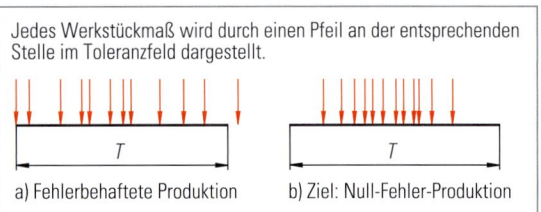

2 *Gegenüberstellung von Produktion mit Ausschuss und Null-Fehler-Produktion*

Im ersten Satz ist eine richtige Aussage formuliert. Gleichzeitig entsteht aber der Eindruck, dass es kaum möglich ist, in die Nähe der Null-Fehler-Produktion zu kommen. Die Aussage nimmt somit die Motivation, Schritte in diese Richtung zu gehen.
Dagegen ist die zweite Position ein ständiger Anreiz, nach Verbesserungen zu suchen. Die technische Entwicklung zeigt, dass es sehr oft möglich ist. Der Ausschussanteil ist in vielen Bereichen deutlich gesenkt worden.
Dabei darf der Ausschuss nicht nur als Kostenfaktor für die Teilefertigung gesehen werden. Wenn Ausschussteile dennoch zur Montage gelangen und das Produkt an den Kunden ausgeliefert wird, sind Reklamationen sehr wahrscheinlich. Die dadurch entstehenden Kosten übersteigen die Ausschusskosten während der Teilefertigung um ein Vielfaches. Das bedeutet einen zusätzlichen Imageverlust für Produkt und Herstellerfirma.

Verbesserungsvorschläge *(suggestions for improvement)*
Position 1: Für Verbesserungen und Weiterentwicklungen am Produkt und in der Fertigung sind die Mitarbeiter der entsprechenden Abteilungen verantwortlich (Ingenieure, Techniker, Meister).
Position 2: Jeder Mitarbeiter ist aufgerufen, Verbesserungsvorschläge einzubringen.

Einem Auszubildenden fiel kurz vor der Auslieferung einer neuen Maschinenreihe auf, dass sich bei mehreren Maschinen an einer schwer zugänglichen Stelle Öl sammelte. Die Beobachtung des jungen Mannes war richtig. Ein Bauteil hatte eine falsche Bohrungstiefe, dadurch entstand das Leck. Eine Nacharbeit war noch möglich.

In vielen Betrieben bringen Fachkräfte aus der Fertigung und der Montage wichtige Verbesserungsvorschläge ein, die auch umsetzbar sind. Viele Firmen prämieren die Verbesserungsvorschläge ihrer Mitarbeiter, wenn sie zur Anwendung kommen. Daraus ist eine wichtige Methode entstanden: der **k**ontinuierliche **V**erbesserungs-**P**rozess (**KVP**). Bild 1 zeigt die einzelnen Abschnitte, die bei der Umsetzung eines weitgreifenden Verbesserungsvorschlags erforderlich sind (siehe auch Lernfeld 15).

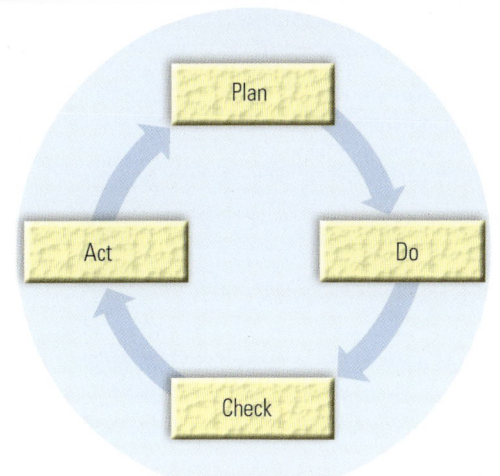

Plan: Eine Fachkraft erkennt z. B. einen betrieblichen Ablauf, der verbesserungsfähig ist. Sie gibt ihre Beobachtung und vielfach auch schon einen Verbesserungsvorschlag weiter. Daraufhin wird der Istzustand genau analysiert. Anhand dieser Analyse wird versucht, die Auswirkungen des Verbesserungsvorschlags abzuschätzen.

Do: In der zweiten Phase wird die Verbesserung meist unter provisorischen Bedingungen an einem einzelnen Arbeitsplatz getestet. Dabei besteht die Möglichkeit, den Vorschlag zu korrigieren bzw. zu optimieren.

Check: Der Prozessablauf und seine Resultate werden noch einmal sorgfältig überprüft.
Wenn das Ergebnis positiv ist, wird die Umsetzung beschlossen. Damit ist die Einführung freigegeben.

Act: In der letzten Phase erfolgt die Einführung in den betrieblichen Ablauf. Der Erfolg wird danach regelmäßig überprüft (Audits).
Eine Änderung kann mit einem erheblichen organisatorischen Aufwand verbunden sein (z. B. Änderung von Arbeitsplänen und CNC-Programmen, Schulungen usw.).
In Lernfeld 15 ist an einem Beispiel die Umsetzung eines Verbesserungsvorschlags dargestellt.

1 Umsetzung eines Verbesserungsvorschlags in vier Schritten

Toleranzüberlegungen *(tolerance related considerations)*

Position 1: Das Istmaß darf beliebig innerhalb der Toleranz liegen.

Position 2: Das ideale Istmaß liegt in der Toleranzmitte

Nach dem ersten Satz kann die Fertigung die Toleranz voll ausschöpfen. Dabei ist es gleichgültig, wo das Istmaß innerhalb des Toleranzfeldes liegt: im mittleren Bereich, im Grenzbereich oder auf einer Toleranzgrenze – wichtig ist, dass das Maß im Toleranzfeld liegt.

Beispiel:
Maß: 50 ± 0,2 mm; OGW[1] = 50,2 mm; UGW[2] = 49,8 mm
Danach ist ein Werkstück mit dem Istmaß 49,80 mm noch gut, ein Teil mit dem Maß 49,79 mm ist dagegen Ausschuss.
Es ist kaum vorstellbar, dass der geringe Maßunterschied von 0,01 mm eine Funktionsstörung verursacht.

Aus dem Beispiel folgt:
Die Toleranzgrenze trennt nicht unbedingt die beiden Bereiche „gute Qualität, d. h. funktionsfähig" und „schlechte Qualität d. h. nicht funktionsfähig", so wie es in Bild 2 dargestellt ist.

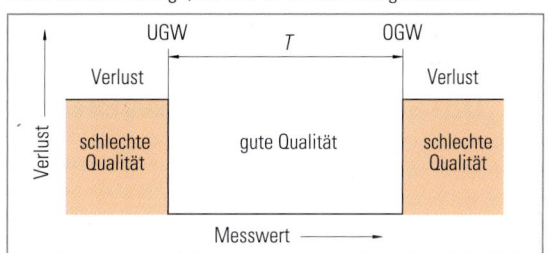

2 Ungünstiges Gut-Ausschuss-Denken im Zusammenhang mit der Toleranz

Schlussfolgerung:
Je weiter das Istmaß von der Toleranzmitte abweicht, desto größer ist der Qualitätsverlust.
Dieser Zusammenhang ist in Bild 3 dargestellt. Aus diesem Grund ist meist die Toleranzmitte anzustreben.

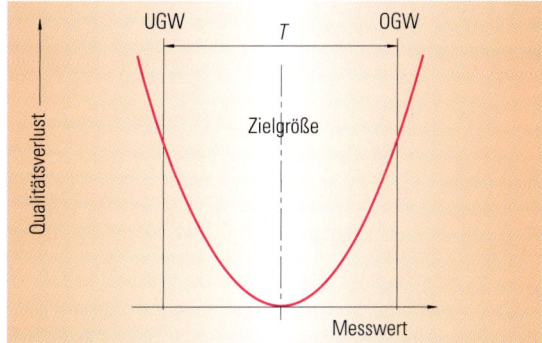

3 Qualitätsverlust nach Taguchi[3] in Abhängigkeit vom Abstand des Istmaßes von der Toleranzmitte

Für die Umsetzung der Qualitätsbestrebungen auf der betrieblichen Ebene sind u. a. folgende Maßnahmen wichtig:

- Mehr Verantwortung auf die Mitarbeiter verlagern (besonders für die Qualität der eigenen Arbeit)
- Gruppen- oder Teamarbeit organisieren
- Mitarbeiter schulen

In Bild 1 ist die damit zusammenhängende Organisationsform dargestellt.

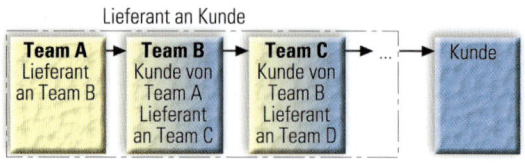

1 Beispiel einer betrieblichen Organisationsform mit internem Kunden-Lieferanten-Verhältnis

ÜBUNGEN

1. Wozu dienen Qualitätsmanagementsysteme?

2. Beschreiben Sie, wie ein Betrieb nach DIN EN ISO 9001 zertifiziert werden kann.

3. Nennen Sie mehrere Möglichkeiten, die Sie in Ihrem Betrieb haben, um die Qualität zu sichern oder zu verbessern.

4. Erläutern Sie die Methode Fehler-Möglichkeits- und Einfluss-Analyse.

5. Was wird unter der Methode „kontinuierlicher Verbesserungsprozess" verstanden?

6. Begründen Sie, weshalb eine große Abweichung von der Toleranzmitte zum Qualitätsverlust führt.

7. Beschreiben Sie Ihr Qualitätsverständnis.

2 Prüfmerkmale erfassen, darstellen und auswerten

Eine hohe **Produktqualität** *(product quality)* setzt Einzelteile voraus, bei denen z. B. die Merkmale Längenmaße, Oberflächen, Form- und Lagetoleranzen den Anforderungen entsprechen. Das ist nur möglich, wenn die Fertigungsprozesse stabil sind, d. h., wenn eine hohe **Prozessqualität** *(process quality)* vorliegt. Dies gilt in besonderem Maße für die Serienfertigung, in der große Stückzahlen produziert werden. Die Forderungen, die dabei zu erfüllen sind und die dafür notwendigen Voraussetzungen gibt die folgende Übersicht wieder.

Forderungen an eine hohe Prozessqualität:
- Prüfmerkmale einhalten
- kostengünstige Produktion
- termingerechte Lieferung

Voraussetzungen für eine hohe Prozessqualität:
- stabile Fertigungsprozesse
- niedriger Ausschussanteil
- möglichst nur Stichprobenmessung
- Einsatz moderner Fertigungsmittel (Maschinen, Werkzeuge usw.)
- Terminplanung

Die Prozessqualität steht im Mittelpunkt der folgenden Betrachtungen. Dabei geht es um:
- Voraussetzungen, die erforderlich sind, um in der Serienfertigung die angestrebten Ziele zu erreichen (vgl. Kap. 4, 5 und 6) und
- ständige Prozessüberwachung (vgl. Kap. 7 und 8).

Für beide Aspekte gibt es Methoden und Werkzeuge. Als Beispiel dient die Kegelradwelle (Seite 79 Bild 1), ein Antriebselement aus der Autoindustrie, das in Serienfertigung hergestellt wird.

Überlegen Sie!
Welchen Einfluss haben Sie auf die Prozessqualität?

2.1 Prüfmerkmale

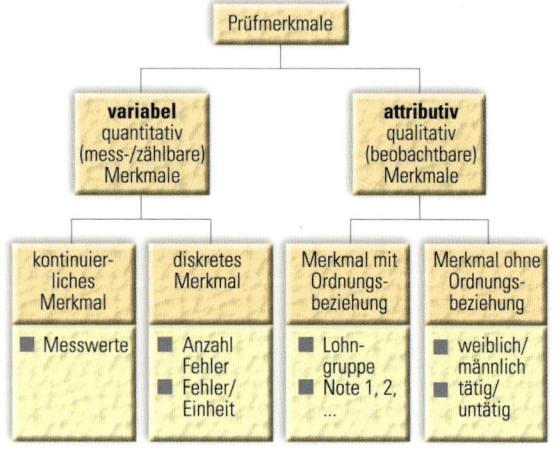

2 Einteilung der Prüfmerkmale

Ein Werkstück wird nach seinen Eigenschaften beurteilt. Diese Eigenschaften sind sehr unterschiedlich: Ein Längenmaß ist nicht vergleichbar mit der Anzahl der Bohrungen in einem Werkstück. Die Anzahl der Bohrungen kann z. B. nur durch eine ganze Zahl ausgedrückt werden, ein Längenmaß kann jeden Wert auf einer Skala einnehmen.

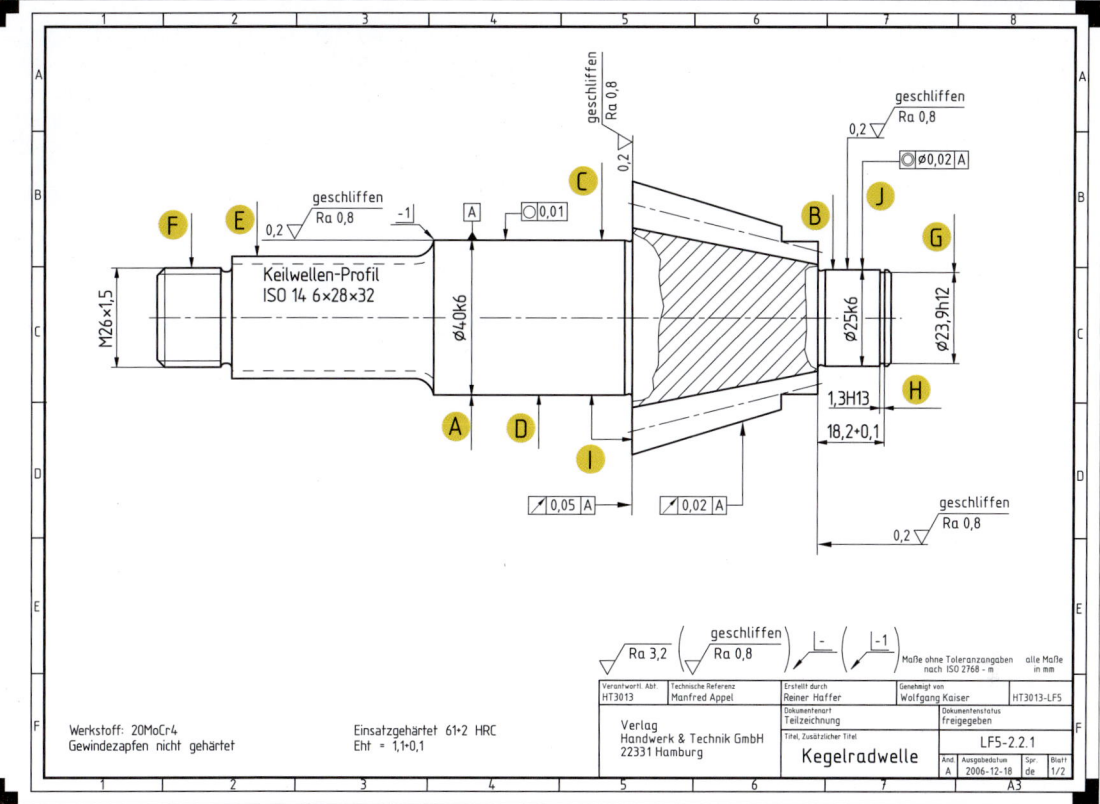

1 *Prüfplan für die Kegelradwelle*

Prüfmerkmal	Kennzeichen	Messmittel	Prüfschärfe[1]	Dokumentation
Lagersitz $\varnothing$40k6	A	Feinzeiger	20	1/S[1]
Lagersitz $\varnothing$25k6	B	Feinzeiger	20	1/S
Formtoleranz	C	Messmaschine	1/S	1/S
Rautiefe	D	Rautiefenmessgerät	100	
Keilwellenprofil	E	Grenzlehrringe	40	
Außengewinde	F	Gewindegrenzlehrring	40	
Einstichdurchmesser	G	Messschieber	100	
Lagetoleranz	I	Messmaschine	1/S	1/S
Lagetoleranz	J	Messmaschine	1/S	1/S

1) 1/S: einmal pro Schicht

Deshalb werden diese Eigenschaften in unterschiedliche Gruppen eingeteilt (Seite 78 Bild 2).

Variable Merkmale *(variable characteristics)*:
Kontinuierliche Merkmale sind z. B. Messwerte oder das Alter von Personen. Sie bestehen immer aus Zahlenwerten und Einheiten.
Diskrete Merkmale liefern nur ganzzahlige Werte wie z. B. die Anzahl der Ausschussteile in einer Probe.

Attributive Merkmale *(attributive characteristics)*:
Bei **Merkmalen mit Ordnungsbeziehungen** ist es möglich, eine Rangfolge vorzunehmen wie z. B. Gut/Ausschuss. Typisch dafür ist das Lehren. Ein anderes Gebiet, bei dem ebenfalls nach bestimmten Maßstäben unterschieden wird, sind Lohngruppen wie z. B. 7, 8, 9, …
Bei **Merkmalen ohne Ordnungsbeziehung** ist es nicht möglich, eine Rangfolge festzulegen wie z. B. männlich/weiblich; tätig/nicht tätig, Materialkosten/Maschinenkosten/Verwaltungskosten usw.

1) Die Prüfschärfe gibt an, in welchen Abständen die Werkstücke zu kontrollieren sind, z. B. jedes 20. Teil oder 1 mal pro Schicht

Prüfmerkmale erfassen, darstellen und auswerten

Überlegen Sie!

Nennen Sie jeweils zwei weitere Beispiele für

a) kontinuierliche Merkmale

b) diskrete Merkmale

c) Merkmale mit Ordnungsbeziehung

d) Merkmale ohne Ordnungsbeziehung

2.2 Prüfmerkmale festlegen

In dem **Prüfplan** *(quality control plan)* (Seite 79 Bild 1) sind die **Prüfmerkmale** *(inspection features)* festgelegt. Das sind Merkmale, die für die Funktion der Welle wichtig sind. Sie werden in der Serie ständig überwacht. Ein Team, das sich aus Mitarbeitern unterschiedlicher Abteilungen zusammensetzt, (Konstruktion, Qualitätssicherung, Fertigung usw.), legt diese Prüfmerkmale fest.

Die Auflistung der Prüfmerkmale in der Tabelle ist nicht vollständig. Es sind z. B. keine Merkmale für die Verzahnung aufgeführt.

Wenn die Prüfmerkmale festliegen, können die Messmittel bestimmt werden. Es ist wichtig, die Istwerte möglichst genau zu erfassen. Eine Auswertung der Messwerte kann keine brauchbaren Ergebnisse liefern, wenn die Messwerte ungenau oder falsch sind.

Die nachstehende Betrachtung beschränkt sich auf den großen Lagersitz ⌀40k6 der Kegelradwelle.

2.3 Messmittel bestimmen

Die **Qualitätssicherung** *(quality assurance)* legt die Bedingungen fest, nach denen die **Messmittel** *(measuring equipment)* ausgewählt und getestet werden. Für das ausgewählte Beispiel ist

a) der kleinste Ablesewert des Messmittels festzulegen und

b) seine Funktionsfähigkeit nachzuweisen.

Zu a): Der kleinste Ablesewert des Messgerätes soll 5 % der Toleranz betragen.

1 Messen der Kegelradwelle am Lagersitz ⌀40k6 mit Feinzeiger

Beispiel

Endmaß: 40,0000 mm

Toleranz des Werkstücks: T = 16 µm

Geduldete Abweichung: 5 % von T,

                     d. h., nach jeder Seite 2,5 %

                     2,5 % von 16 µm = 0,4 µm

Größter Messwert: 40 mm + 0,0004 mm = 40,0004 mm

Kleinster Messwert: 40 mm − 0,0004 mm = 39,9996 mm

Bei den Kontrollmessungen muss der Messwert in den angegebenen Grenzen liegen.

Beispiel

T = 16 µm

5 % von 16 µm = 0,8 µm

gewählt: 1 µm

d. h., der kleinste Ablesewert des Messgerätes sollte 1 µm betragen.

Es wird ein Feinzeiger mit 0,001 mm Ablesegenauigkeit gewählt (Bild 1).

Zu b): Die Funktionsfähigkeit des Messmittels ist nachzuweisen. Dazu wird eine Messreihe durchgeführt, bei der genaue Maßverkörperungen (z. B. Endmaße) gemessen werden. Die Messwerte dürfen im vorliegenden Fall nicht mehr als 5 % der Werkstücktoleranz von der Maßverkörperung abweichen (Bild 2).

2 Überprüfung der Funktionsfähigkeit eines Feinzeigers durch Messen eines Endmaßes

MERKE

Messmittel sind regelmäßig zu überprüfen.

Überlegen Sie!

Bei einer Toleranz von 20 µm soll der Ablesewert des Messgeräts 5 % betragen.

a) Welchen Genauigkeitswert muss das Messmittel haben?

b) Welches Messmittel würden Sie auswählen, wenn ein Außendurchmesser (ein Innendurchmesser) zu prüfen ist?

3 Messergebnisse darstellen und auswerten

Bei kleinen und mittleren Serien werden oft alle Teile gemessen, um sie sicher beurteilen zu können. In der Serienfertigung werden dagegen regelmäßig **Stichproben** geprüft.
Der Prüfplan für die Kegelradwelle zeigt, in welchen Abständen bei diesem Werkstück die einzelne Maße aufzunehmen sind (Prüfschärfe).
Die **Messergebnisse** *(test results)* werden statistisch ausgewertet. Dadurch erhält man bessere und genauere Informationen über den Fertigungsprozess.
Wenn der Fertigungsprozess stabil ist und positive Ergebnisse der statistischen Auswertung der Stichproben vorliegen, kann mit hoher Sicherheit davon ausgegangen werden, dass die nicht geprüften Teile auch in der Toleranz liegen.

MERKE

Das Ergebnis der statistischen Auswertung sind grafische Darstellungen und Kennzahlen.

Mit grafischen Darstellungen *(graphical representations)* lassen sich Zahlenkolonnen wie z.B. in Tabelle Bild 1 anschaulicher und aussagefähiger präsentieren. Deshalb werden nachstehend zwei **Darstellungsmöglichkeiten** *(illustration facilities)* vorgestellt, die in der Qualitätssicherung *(quality assurance)* häufig angewendet werden.
Die dabei verwendeten Messwerte beziehen sich auf das Maß $\varnothing$40k6 an der Kegelradwelle.
Die Betrachtung bezieht sich auf eine Schleifmaschine und eine Drehmaschine:

a) Schleifmaschine

In der Fertigung ist der betreffende Absatz durch Schleifen zu bearbeiten. Die Fähigkeit der Schleifmaschine wird in Kap. 5.3 nachgewiesen.

b) Drehmaschine

Drei Auszubildende erhalten den Auftrag, die Maschinenfähigkeit ihrer CNC-Drehmaschine in der Ausbildungswerkstatt in Bezug auf die Toleranz $\varnothing$40k6 zu prüfen. Anhand einer betriebsinternen Anweisung sollen sie die Prüfung selbstständig durchführen. Ihr Ergebnis ist mit den Werten der Schleifmaschine zu vergleichen.

Überlegen Sie!

1. Bestimmen Sie Höchstmaß und Mindestmaß des Maßes $\varnothing$40k6.
2. Bestimmen Sie die Toleranz und die Toleranzmitte des Maßes $\varnothing$40k6.

3.1 Histogramm

Das Histogramm *(histogram)* zeigt die Verteilung der Werkstücke im Toleranzfeld (Seite 82 Bild 1). Dazu werden die Werkstücke in Bereiche oder Klassen aufgeteilt. Für jede Klasse stellt ein Balken die Anzahl der Werkstücke dar.
Für die Darstellung sind Regeln vereinbart, die bei dem folgenden Beispiel zur Anwendung kommen:
Beispiel: Mit den Messwerten $\varnothing$40k6, die die Auszubildenden für die gedrehten Werkstücke ermittelt haben, ist ein Histogramm zu konstruieren:

3.1.1 Histogramm konstruieren und auswerten

Ein Histogramm wird in folgenden Schritten erstellt:

a) Messwerte ermitteln und in eine Urwertliste eintragen

Die Urwertliste enthält alle Messwerte in der Reihenfolge ihrer Aufnahme.

1	40,007	11	40,005	21	40,012	31	40,012	41	40,013
2	40,010	12	40,012	22	40,010	32	40,021	42	40,012
3	40,013	13	40,011	23	40,014	33	40,014	43	40,009
4	40,008	14	40,015	24	40,008	34	40,012	44	40,010
5	40,012	15	40,018	25	40,010	35	40,010	45	40,012
6	40,006	16	40,016	26	40,015	36	40,008	46	40,008
7	40,005	17	40,016	27	40,011	37	40,009	47	40,012
8	40,017	18	40,010	28	40,007	38	40,007	48	40,007
9	40,002	19	40,009	29	40,012	39	40,006	49	40,004
10	40,009	20	40,011	30	40,013	40	40,012	50	40,009

1 Urwertliste

b) Klassenweite *W* ermitteln

Ziel	Erklärung	Formel	Beispiel
1. Schritt: Spannweite R berechnen	Die Spannweite R ist die Differenz zwischen dem größten Maß X_o und dem kleinsten Maß X_u	$R = X_o - X_u$	$X_o = 40,021$ mm $X_u = 40,002$ mm $R = X_o - X_u$ $R = 40,021$ mm $- 40,002$ mm $R = 0,019$ mm
2. Schritt: Klassenweite W berechnen	Die Klassenweite W entspricht der Breite der Balken (Seite 82 Bild 1) n: Anzahl der Messwerte	$W = \dfrac{R}{\sqrt{n}}$	$W = \dfrac{0,019 \text{ mm}}{\sqrt{50}}$ $W = 0,0027$ mm gewählt: $W = 0,003$ mm

c) Klassen bilden

■ Die Klassen beginnen üblicherweise an der **unteren Toleranzgrenze**, d.h., bei *UGW*.
$UGW = 40,002$ mm; $W = 0,003$ mm
1. Klasse: 40,002 mm ... < 40,005 mm
2. Klasse: 40,005 mm ... < 40,008 mm

Messergebnisse darstellen und auswerten

- Es ist möglich, dass der letzte Balken im Histogramm über die obere Toleranzgrenze hinausgeht. Das bedeutet nicht automatisch, dass Ausschuss vorliegt.
- Wenn Maße außerhalb der unteren Toleranzgrenze darzustellen sind, dann wird das Histogramm nach dieser Seite erweitert.

d) Häufigkeitstabelle erstellen

Klassen		Anzahl
40,002 mm...< 40,005 mm	II	2
40,005 mm...< 40,008 mm	JHT III	8
40,008 mm...< 40,011 mm	JHT JHT JHT	15
40,011 mm...< 40,014 mm	JHT JHT JHT I	16
40,014 mm...< 40,017 mm	JHT I	6
40,017 mm...< 40,020 mm	II	2
40,020 mm...< 40,023 mm	I	1

e) Histogramm zeichnen

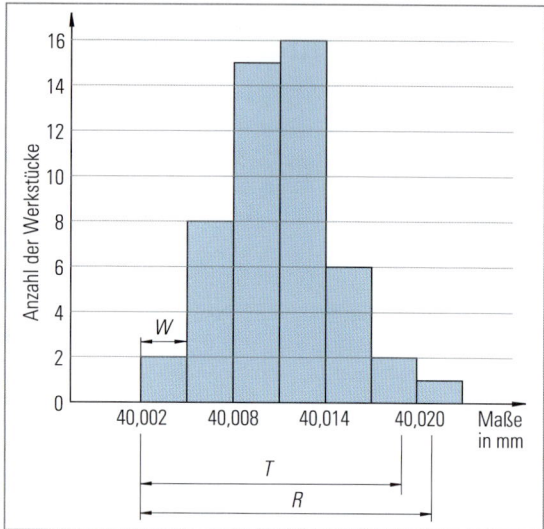

1 Histogramm

Ergebnisse

- Die meisten Werte (29) liegen im Bereich zwischen 40,008 mm und 40,014 mm. Das ist positiv, denn die Toleranzmitte 40,010 mm wird als Maß angestrebt. Allerdings ist der Bereich von 40,011 mm...40,014 mm am stärksten vertreten. Dadurch sind die Werte nicht gleichmäßig zu beiden Seiten der Toleranzmitte verteilt.

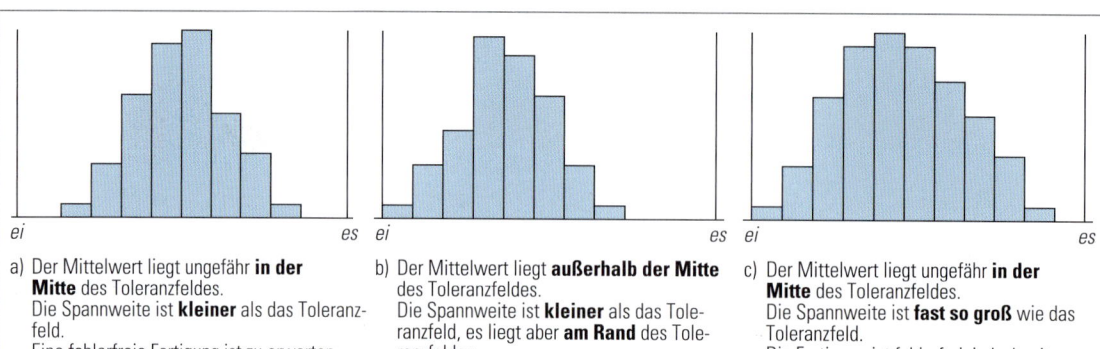

a) Der Mittelwert liegt ungefähr **in der Mitte** des Toleranzfeldes.
Die Spannweite ist **kleiner** als das Toleranzfeld.
Eine fehlerfreie Fertigung ist zu erwarten.

b) Der Mittelwert liegt **außerhalb der Mitte** des Toleranzfeldes.
Die Spannweite ist **kleiner** als das Toleranzfeldes, es liegt aber **am Rand** des Toleranzfeldes.
Die **Gefahr der Toleranzfeldüberschreitung** während der Fertigung ist jedoch groß.

c) Der Mittelwert liegt ungefähr **in der Mitte** des Toleranzfeldes.
Die Spannweite ist **fast so groß** wie das Toleranzfeld.
Die Fertigung ist fehlerfrei, jedoch mit einem **großen Risiko behaftet**.
Kleinste Änderungen der Einflussgrößen können zum Überschreiten des Toleranzfeldes führen.

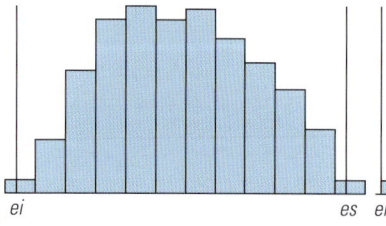

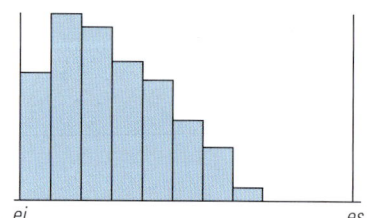

d) Der Mittelwert liegt ungefähr **in der Mitte** des Toleranzfeldes.
Die Spannweite ist jedoch **größer** als das Toleranzfeld.
Auf jeden Fall werden **Ausschussteile** geliefert.

e) Die Verteilung hat **mehrere Gipfel**. Mögliche Ursachen sind z. B. Änderungen des Werkstoffs oder des Schneidstoffs während der Fertigung oder es wurden verschiedene Lose vermischt.

f) Die Verteilung ist am unteren Abmaß **abgeschnitten**.
Diese Anordnung ist praktisch nicht möglich. Offensichtlich wurden alle fehlerhaften Teile aussortiert.

2 Deutung von Histogrammen mit verschiedenen Verteilformen

Die Ursache für die Verschiebung kann ein Einstellfehler sein. Die Fachkraft sollte die Toleranzmitte anstreben, damit bei zufälligen Abweichungen eine gleich große Reserve nach beiden Seiten vorhanden ist.

■ Negativ ist, dass ein Ausschussteil vorliegt. Diese Information ist der Urliste zu entnehmen.

Aus dem Histogramm kann die Anzahl der Ausschussteile nicht verbindlich entnommen werden, weil die Aufteilung der Bereiche (meist) nicht mit den Toleranzgrenzen übereinstimmt.

■ Negativ ist auch, dass in den beiden Grenzbereichen – zusammen mit dem Ausschussteil – fünf Werkstücke (von 50 Teilen) liegen. Das ist nach den heute üblichen Maßstäben zu viel.

Überlegen Sie!

Warum ist die Toleranzmitte als Sollmaß anzustreben?

Vor- und Nachteile des Histogramms
Vorteile:
■ Das Histogramm zeigt anschaulich die Verteilung der Werkstücke innerhalb des Toleranzfeldes.
■ Die Verteilform lässt Rückschlüsse auf Probleme bei der Fertigung zu (Seite 82 Bild 2).

Nachteile:
■ Wenn das Histogramm – wie im vorliegenden Fall – nicht mit der oberen Toleranzgrenze abschließt, kann man aus der Darstellung nicht die Anzahl der Ausschussteile entnehmen.
■ Das Histogramm gibt auch keine Auskunft über den prozentualen Ausschussanteil.

3.2 Gaußkurve

3.2.1 Vom Histogramm zur Gaußkurve

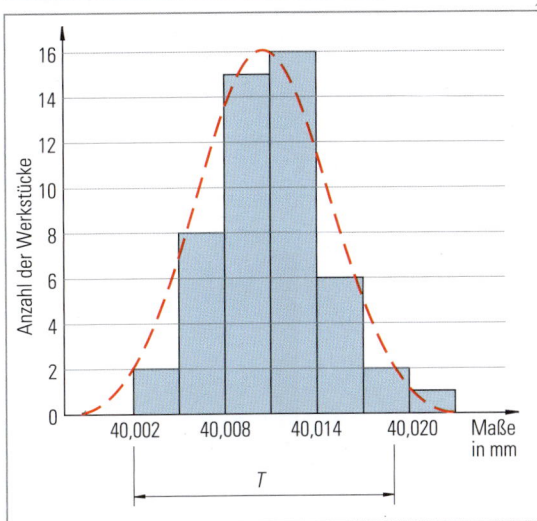

1 Histogramm und Gaußkurve

Das Histogramm von Seite 82 Bild 1 zeigt eine Verteilform, die in vielen Bereichen der Technik vorkommt. Der deutsche Mathematiker Johann C. F. Gauß[1] hat dafür den Begriff **Normalverteilung** *(normal distribution)* geprägt. Er hat eine Formel entwickelt, mit der die mathematische Berechnung der Normalverteilung möglich ist. Damit ist die Normalverteilung auch grafisch darstellbar. Dieser Graf verläuft – vereinfacht dargestellt und damit vom gaußschen Grafen etwas abweichend – durch die obere Begrenzung der Balken. Der Graf wird nach seinem Entdecker auch als **Gaußkurve** *(Gaussian curve)* bezeichnet. Für das vorliegende Beispiel ist in Bild 2 die Gaußkurve dargestellt.

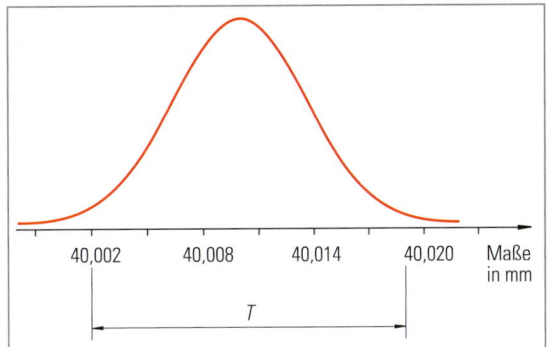

2 Gaußkurve für die Messwerte von Tabelle Seite 81 Bild 1

Besonderheiten der Gaußkurve
a) Bei der Gaußkurve sind nicht nur die „Treppenstufen" eingeebnet, auch die Unterschiede zwischen der linken und der rechten Hälfte, wie sie das Histogramm in Bild 1 zeigt, sind geglättet.

b) Die Gaußkurve ist somit nicht das genaue Abbild der im Versuch hergestellten fünfzig Teile.
Der Graf gibt für eine hohe Stückzahl eine Prognose, wie sich die Werkstücke im Toleranzfeld verteilen. Die Basis für diese Prognose sind die fünfzig Messwerte des Versuchs.

c) Mithilfe der Gaußkurve kann der zu erwartende Ausschussanteil ermittelt werden. Dafür gibt es geeignete Software und Tabellen. Für das vorliegende Beispiel beträgt der zu erwartende Ausschussanteil 3,4 % (vgl. Kap. 5.3). Allerdings ist dieser Wert wegen der kleinen Stückzahl (50 Teile) noch nicht sehr zuverlässig

d) Mithilfe der Gaußkurve ist es möglich, die „Fähigkeit" einer Maschine oder eines Prozesses zu ermitteln.
Deren Berechnungen basieren ebenfalls auf den Grundlagen der Gaußkurve.

Maßzahlen der Gaußkurve
Form und Lage der Gaußkurve sind durch zwei Maßzahlen festgelegt (Seite 84 Bild 1):
■ die **Standardabweichung** s
■ den **Mittelwert** $\bar{x}$

1) Johann Carl Friedrich Gauß (1777 – 1855) deutscher Mathematiker, Astronom, Geodät und Physiker

Standardabweichung s (standard deviation)

In Bild 1a) ist die Gaußkurve vergleichsweise schmal und hoch, d. h., viele der ermittelten Maße liegen im mittleren Bereich. Die Streuung der Maße ist deshalb klein.

In Bild 1b) ist der Graf dagegen flacher und breiter, d. h., die Maße sind weiter verteilt. Die Streuung der Maße ist deshalb größer.

Diese Unterschiede gibt die Standardabweichung s an: Bei einer **kleinen Streuung** ist s **klein**, bei einer **breiten Streuung** ist s **größer**.

Die Standardabweichung s ist ein Kennwert, der die Streuung der Messwerte angibt.

Die Standardabweichung lässt sich auch geometrisch beschreiben:

Die Gaußkurve hat auf jeder Seite eine Linkskrümmung und eine Rechtskrümmung. Im Abstand s vom Mittelwert liegt der Punkt der Kurve, bei dem die Linkskrümmung in eine Rechtskrümmung übergeht (Wendepunkt).

Die Standardabweichung s kann rechnerisch ermittelt werden (siehe Tabellenbuch). Meistens erfolgt die Berechnung mit speziellen Programmen für die Qualitätssicherung.

Mittelwert $\bar{x}$ (average value)

In den Bildern 1 und 2 ist jeweils der Mittelwert $\bar{x}$ für die dargestellten Gaußkurven eingezeichnet. Bei diesem Wert liegt jeweils der höchste Punkt der Gaußkurve. In Bild 1 liegt dieser Wert in beiden Fällen auf der Toleranzmitte, d. h., bei 10 µm. In Bild 2 liegt er bei 12 µm und damit ist er deutlich aus der Toleranzmitte verschoben. Das ist ungünstig, weil dadurch die Gefahr steigt, dass im oberen Bereich, d. h. rechts vom Mittelwert, Ausschussteile produziert werden. Die Gaußkurve reicht deutlich sichtbar über die obere Toleranzgrenze hinaus.

Der Mittelwert ist das arithmetische Mittel[1] der Messwerte. Er gibt an, wo das Kurvenmaximum liegt. Der Mittelwert sollte mit dem Wert der Toleranzmitte übereinstimmen.

Kurvenmaximum

Im mittleren Bereich der Gaußkurve wurde ein Balken mit einer Breite von 1 µm eingezeichnet. Je größer der Anteil der Werkstücke in diesem Bereich ist, desto schmaler und höher wird die Gaußkurve und desto höher wird auch der Balken. Im Beispiel von Bild 3 liegen in diesem Bereich 15 % aller Werkstücke.

Das Maximum der Gaußkurve entspricht der Prozentzahl der Werkstücke, die im Bereich von 1 µm um den Mittelwert der Gaußkurve liegen.

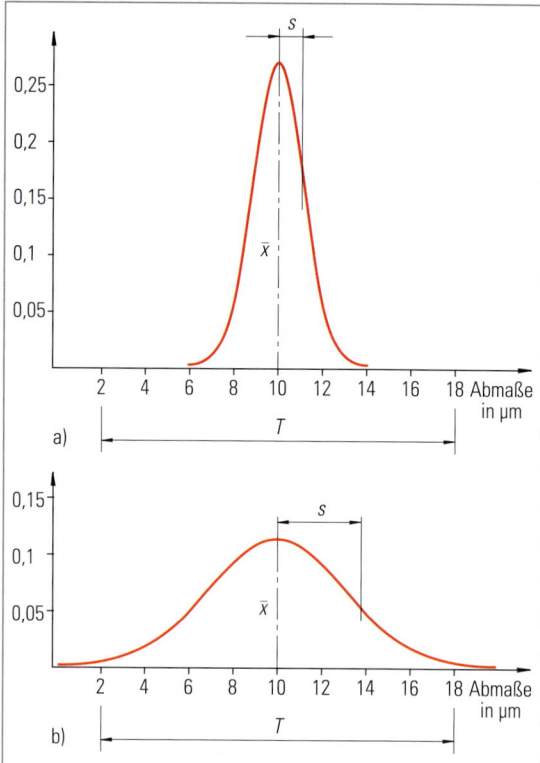

1 Gaußkurven mit unterschiedlichen Standardabweichungen
a) $s = 1{,}597$ µm   b) $s = 3{,}719$ µm

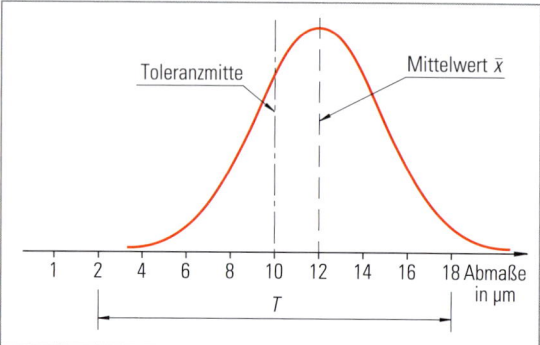

2 Mittelwert der Gaußkurve aus der Toleranzmitte verschoben

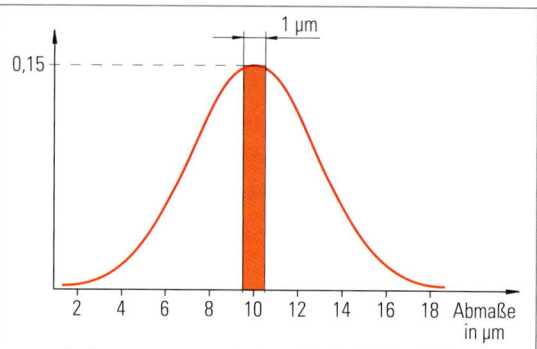

3 Mittlerer Bereich der Gaußkurve

---

[1] arithmetisches Mittel: Summe aller Messwerte geteilt durch die Anzahl der Messwerte

3.3 Vergleich zwischen Histogramm und Gaußkurve

Im **Histogramm** *(histogram)* sind die Maße der Werkstücke aus der Versuchsreihe abgebildet. Die Darstellung bezieht sich somit auf die **produzierten Teile** *(manufactured parts)*. In begrenztem Umfang lassen sich daraus auch Schlüsse für die weitere Produktion ziehen.

Die **Gaußkurve** *(Gaussian curve)* ist eine Projektion in die Zukunft. Sie nutzt das Naturgesetz der **Normalverteilung**, um eine **Prognose** *(forecast)* für die **bevorstehende Produktion** *(impending production)* zu stellen. Die Zuverlässigkeit der Prognose hängt sehr stark von der Probenanzahl ab. Je größer der Probenumfang ist, desto verbindlicher ist die Aussage.

Überprüfung auf Normalverteilung

Die Überprüfung der Maschinenfähigkeit nach dem Verfahren, das im nächsten Abschnitt behandelt wird, setzt die Normalverteilung der Messwerte voraus. Wenn Zweifel an der Normalverteilung bestehen, sind die Werte zu überprüfen.

4 Grundlagen der Maschinen- und Prozessfähigkeit

Abweichungen aus statistischer Sicht

Bei einem **idealen Fertigungsprozess** *(manufacturing process)* – den es leider nicht gibt – hätten alle Werkstücke

- das **gleiche Maß** *(identical measure)* und
- alle Maße würden genau in der **Toleranzmitte** *(tolerance centre)* liegen

Dieser Fall ist annähernd in Bild 1a) dargestellt.

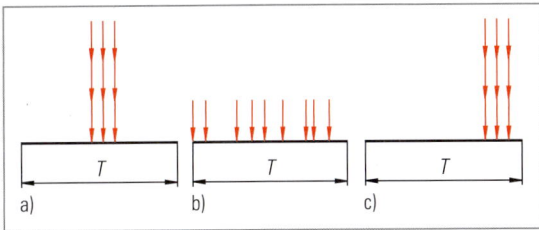

1 Wertestrahl

Die Ergebnisse eines wirklichen Fertigungsprozesses weichen von dem Ideal ab. Bei der **realen Fertigung** *(production)*

- **streuen** *(spread)* die Maße (Bild 1b)
- sind die Maße **aus der Mitte verschoben** *(scrolled)* (Bild 1c).

Je stärker diese Abweichungen ausgeprägt sind, desto größer ist die Gefahr, dass ein erhöhter Ausschussanteil produziert wird. Zumindest liegt ein Qualitätsverlust vor, weil viele Maße nicht im Bereich der Toleranzmitte liegen. Deshalb werden Grenzen festgelegt, die eine Maschine oder ein Prozess errei-

chen muss, um die Freigabe für die Produktion zu erhalten. Die Grenzen werden

a) durch Kennwerte angegeben oder
b) grafisch (s. o.) dargestellt.

Zur Ermittlung der Kennwerte sind Prüfungen vorgeschrieben. Die Bedingungen für diese Prüfungen sind teilweise festgelegt, teilweise durch werksinterne Vorschriften geregelt.

> Bei den Untersuchungen zur Maschinen- und Prozessfähigkeit wird meistens geprüft,
> a) wie groß die Streuung der Maße ist (Bild 1b) und
> b) wie weit die Maße aus der Mitte verschoben sind (Bild 1c).

Die Prozessfähigkeit wird in mehreren Stufen (vgl. Kap. 6.1) erreicht:

1. Maschinenfähigkeit
2. vorläufige Prozessfähigkeit
3. ständige Prozessfähigkeit

5 Maschinenfähigkeit

Die **M**aschinenfähigkeits**u**ntersuchung **(MFU)** *(machine capability study)* ist notwendig:

- wenn der Kunde dies verlangt
- bei jeder neuen Maschine
- nach wesentlichen Änderungen oder Reparaturen oder
- bei Produktionsumstellungen wie im vorliegenden Fall, wenn noch keine Erfahrungen vorliegen

Die MFU ist nicht erforderlich, wenn an der Maschine vorher schon gleichartige Werkstücke gefertigt wurden.

5.1 Bedingungen bei der Maschinenfähigkeitsuntersuchung

Da es ausschließlich um die Maschine geht, sind alle Faktoren, die die Fertigung beeinflussen können, zu optimieren und konstant zu halten.

Beispiel	Einflussgrößen
Erfahrung des Maschinenbedieners	**M**ensch
Funktionsfähigkeit der Maschine	**M**aschine
Betriebstemperatur	**M**aschine
Umweltbedingungen (z. B. Temperatur) nicht verändern	**M**ilieu (Umwelt)
Material einer Charge	**M**aterial
Optimale Werkzeuge	**M**ethode
Gleiche Fertigungsbedingungen	**M**ethode

Für die Untersuchung sind mindestens 50 Teile herzustellen. Die Beurteilung der Maschinenfähigkeit *(machine capability)* stützt sich hauptsächlich auf zwei Kennwerte: C_m und C_{mk} (vgl. Kap. 5.3).

5.2 Rechnerische Grundlagen für die Ermittlung der Kennwerte

Ausgang der Überlegung ist die Gaußkurve – genauer gesagt – die Fläche unter der Gaußkurve. In Bild 1a ist – vom Mittelwert ausgehend – die Standardabweichung s nach beiden Seiten abgetragen ($s = 2{,}667$ μm). Die dadurch abgegrenzte Fläche ist markiert. Ihr Anteil an der Gesamtfläche beträgt 68,26 %. Bei einer großen Serie liegen in diesem Bereich auch 68,26 % der Werkstücke.

Breite des markierten Bereichs	Flächenanteil des markierten Bereichs an der Gesamtfläche (nach Gauß)	Anteil der Werkstücke dieses Bereichs an der Gesamtzahl der Werkstücke
a) $2 \cdot s$ T $2 \cdot s = 5{,}334$ μm	68,26 %	68,26 %
b) $4 \cdot s$ T $4 \cdot s = 10{,}668$ μm	95,44 %	95,44 %
c) $6 \cdot s$ T $6 \cdot s = 16{,}002$ μm	99,73 %	99,73 %

1 Flächen unter der Gaußkurve

Der „Gut"-Anteil von 99,73 % im letzten Beispiel wird heute in vielen Fällen bei der Serienfertigung mindestens erwartet, oft gehen die Forderungen noch weiter.
In Bild 2 ist der Fall von Bild 1c) noch einmal dargestellt und zeigt den Zusammenhang zwischen der Toleranz T und dem Bereich $6 \cdot s$.

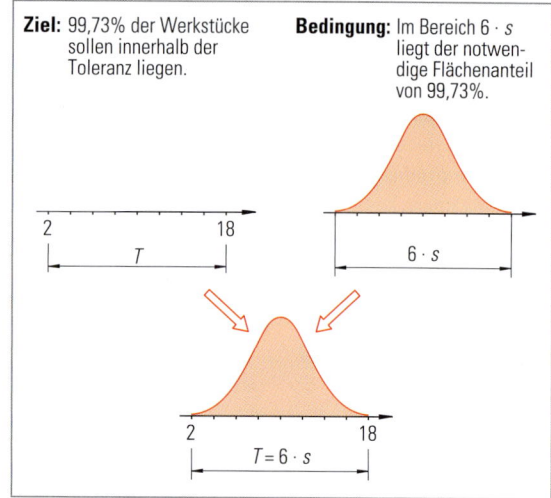

Ziel: 99,73 % der Werkstücke sollen innerhalb der Toleranz liegen.

Bedingung: Im Bereich $6 \cdot s$ liegt der notwendige Flächenanteil von 99,73 %.

2 Zusammenhang zwischen der Toleranz T und dem Bereich $6 \cdot s$

Mit der Bedingung $T = 6 \cdot s$ lässt sich das für diesen Fall erforderliche Maß s berechnen:

$$s = \frac{T}{6}; \quad s = \frac{16 \text{ μm}}{6}$$

$$\underline{\underline{s = 2{,}667 \text{ μm}}}$$

Es ist üblich, die Bedingung $T = 6 \cdot s$ als Quotient zu schreiben:

$$T = 6 \cdot s \Rightarrow \frac{T}{6 \cdot s} = 1 \Rightarrow \frac{16 \text{ μm}}{6 \cdot 2{,}667 \text{ μm}} = 1$$

Mit dem Ergebnis „1" ist eine weitreichende Aussage verbunden:

- Die Toleranz T ist so groß wie das Maß $6 \cdot s$
- Da 99,73 % der Gaußfläche im Bereich $6 \cdot s$ liegen, sind auch 99,73 % der produzierten Werkstücke „gut".

 **MERKE**

Wenn die Toleranz T und das Maß $6 \cdot s$ gleich groß sind, dann sind 99,73 % der Werkstücke „gut".

5.3 Berechnen der Maschinenfähigkeit

Meistens wird der Quotient $\dfrac{T}{6 \cdot s} \neq 1$ sein.

Aber auch die von 1 abweichenden Ergebnisse sind sehr informativ. Deshalb wird der Quotient als **Kennwert** C_m *(specific value)* für die Beurteilung der **Maschinenfähigkeit** *(machine capability)* verwendet:

$$C_\text{m} = \frac{T}{6 \cdot s}$$

Beispiel

$$s = 2\,\mu m; \quad T = 16\,\mu m$$

$$C_m = \frac{T}{6 \cdot s}$$

$$C_m = \frac{16\,\mu m}{6 \cdot 2\,\mu m}$$

$$\underline{C_m = 1{,}33}$$

M E R K E

Für die Fähigkeitsuntersuchungen wird der C_m-Wert vom Qualitätsmanagement oder Kunden vorgegeben.

Bei dem Lagersitz ist C_m mit 1,84 vorgegeben. Der berechnete Wert muss in diesem Fall gleich oder größer sein als 1,84.

a) Berechnung der Maschinenfähigkeit für die Drehmaschine

Beispiel

Für die Drehteile gilt:
$$s = 3{,}72\,\mu m; \quad T = 16\,\mu m$$
Bedingung: $C_m \geq 1{,}84$

$$C_m = \frac{T}{6 \cdot s}$$

$$C_m = \frac{16\,\mu m}{6 \cdot 3{,}72\,\mu m}$$

$$\underline{C_m = 0{,}71 < 1{,}84}$$

Die Bedingung für die Maschinenfähigkeit ist **nicht** erfüllt.

Das Ergebnis ist **sehr schlecht**. Der berechnete Wert $C_m = 0{,}71$ ist weit von der geforderten Grenze $C_m = 1{,}84$ entfernt. Es war nicht zu erwarten, dass die Drehmaschine diesen C_m-Wert erreichen würde, aber nach den Angaben des Herstellers hätte der C_m-Wert zwischen 0,9 und 1,0 liegen müssen. Wegen der starken Abweichung ist der Test noch einmal zu überprüfen. Wenn sich das Ergebnis bestätigt, ist die Drehmaschine zu überprüfen.

In der Tabelle Bild 1 sind verschiedene C_m-Wert aufgeführt. Dadurch kann das Ergebnis der Drehmaschine eingeordnet werden.

Die C_m-Werte in der ersten Spalte (z. B. $C_m = 1{,}33$) und die entsprechenden Zahlenwerte in der dritten Spalte (z. B. ⑧) werden in der Qualitätssicherung sehr häufig verwendet.

Mit beiden Aussagen ist der gleiche Sachverhalt gemeint: Die Ausschussquote beträgt 0,006 %, das entspricht 60 ppm[1].

Überlegen Sie!

1. Das Ergebnis der Drehmaschine ist „sehr schlecht". Begründen Sie diese Beurteilung anhand der Tabelle Bild 1.
2. Wie verändern sich s und ppm von der ersten Zeile der Tabelle mit $C_m = 1$ bis zur vierten $C_m = 1{,}84$?
3. Eine Firma möchte langfristig mit ihrer Produktion von $6 \cdot s$ zu $8 \cdot s$ kommen. Welche Konsequenzen hat das hinsichtlich der Ausschussquote? Welche Maßnahmen sind wahrscheinlich erforderlich?

Die Berechnung der Maschinenfähigkeit für die Schleifmaschine basiert auf den folgenden grafischen Darstellungen.

C_m Wert	s in μm $s = \dfrac{16\,\mu m}{6 \cdot C_m}$	$T = C_m \cdot 6 \cdot s$	Ausschussquote in %	parts per million ppm
Die C_m-Werte sind gesetzt. Sie werden in anderen Spalten weiter betrachtet	Die s-Werte sind erforderlich, um die C_m-Werte aus Spalte 1 zu errechnen.	$(C_m \cdot 6)$ wird zusammengefasst. Diese Zahlen sind in der Qualitätssicherung sehr geläufig.	Die Ausschussquote wird von einem PC-Programm berechnet	Ausschussteile bezogen auf 1 000 000 Werkstücke
$\dfrac{T}{6 \cdot s} = 1{,}0$	$s = 2{,}67\,\mu m$	$T = 1 \cdot 6 \cdot s$ $T = ⑥ \cdot s$	0,27 %	2 700
$\dfrac{T}{6 \cdot s} = 1{,}33$	$s = 2{,}00\,\mu m$	$T = 1{,}33 \cdot 6 \cdot s$ $T = ⑧ \cdot s$	0,006 %	60
$\dfrac{T}{6 \cdot s} = 1{,}66$	$s = 1{,}60\,\mu m$	$T = 1{,}66 \cdot 6 \cdot s$ $T = ⑩ \cdot s$	0,00016 %	2
$\dfrac{T}{6 \cdot s} = 1{,}84$	$s = 1{,}45\,\mu m$	$T = 1{,}84 \cdot 6 \cdot s$ $T = ⑪ \cdot s$	0,000 005 %	< 1
$\dfrac{T}{6 \cdot s} = 0{,}71$	$s = 3{,}70\,\mu m$	$T = 0{,}71 \cdot 6 \cdot s$ $T = 4{,}26 \cdot s$	3,384 %	33 384

1 C_m-Werte

1) ppm: engl. **p**arts **p**er **m**illion: Teile pro Million

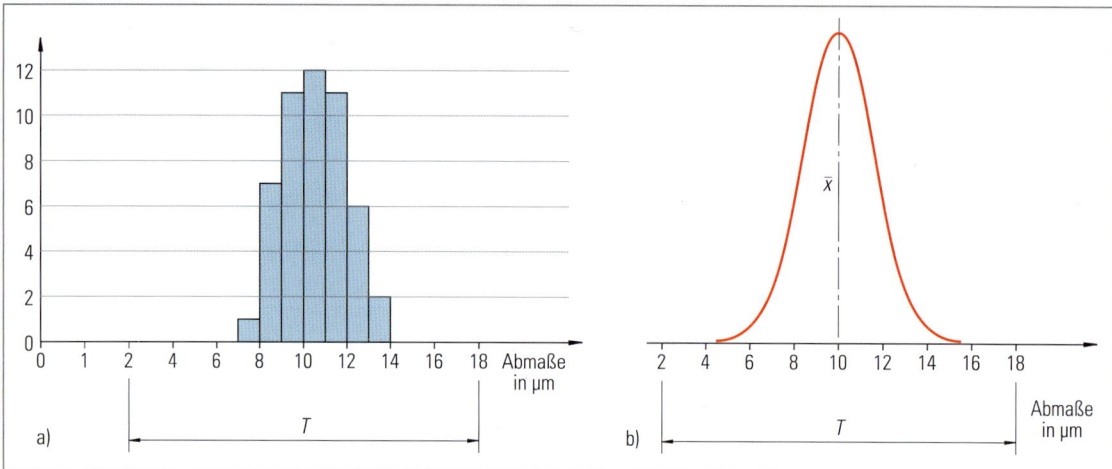

1 Histogramm und Gaußkurve der geschliffenen Werkstücke: $T = 16$ µm; $s = 1{,}436$ µm; $\bar{x} = 10{,}02$ µm

Zum Vergleich Histogramm und Gaußkurve beim Drehen (Bild 2).

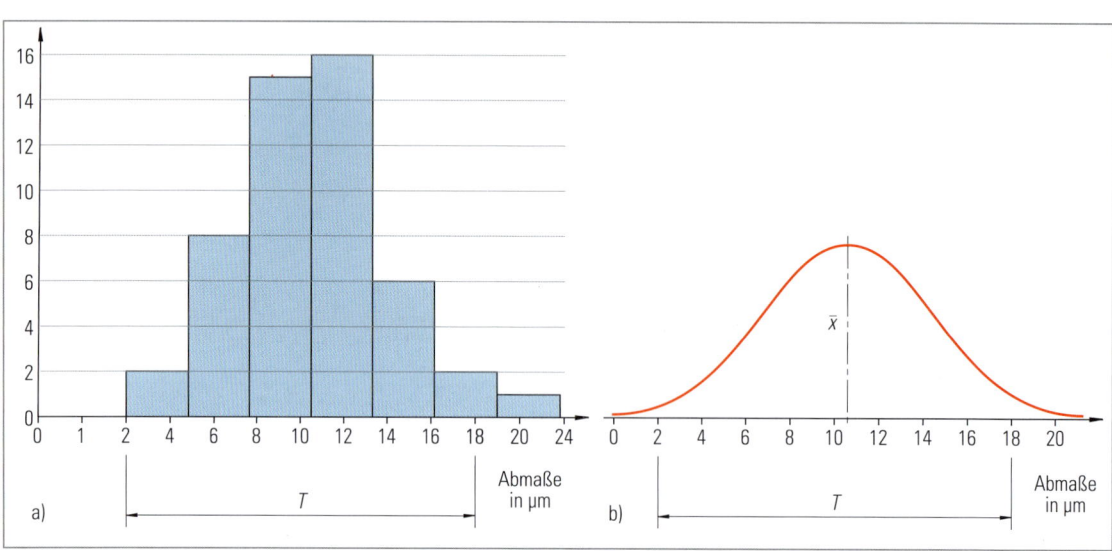

2 Histogramm und Gaußkurve der gedrehten Werkstücke: $T = 16$ µm; $s = 3{,}72$ µm; $\bar{x} = 10{,}62$ µm

b) Berechnung der Maschinenfähigkeit für die Schleifmaschine

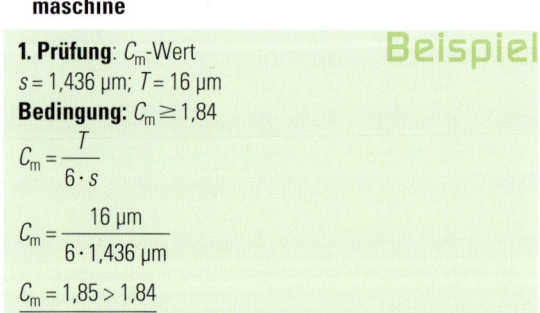

Beispiel

1. Prüfung: C_m-Wert
$s = 1{,}436$ µm; $T = 16$ µm
Bedingung: $C_m \geq 1{,}84$

$$C_m = \frac{T}{6 \cdot s}$$

$$C_m = \frac{16 \text{ µm}}{6 \cdot 1{,}436 \text{ µm}}$$

$$\underline{C_m = 1{,}85 > 1{,}84}$$

Die 1. Bedingung für die Maschinenfähigkeit ist erfüllt.

MERKE

Wenn die C_m-Bedingung erfüllt ist, spricht man von einer „fähigen Maschine" *(capable machine)*.
Fähig bedeutet, dass die Streuung der Messwerte sehr klein ist.

Neben der Streuung ist noch eine zweite Fehlerquelle zu untersuchen: Die Verschiebung des Mittelwertes aus der Toleranzmitte.
In Bild 1 auf Seite 89 ist dieses Problem dargestellt. Die Gefahr, die von der Verschiebung des Mittelwerts bei der Schleifmaschine ausgeht, ist mit einem weiteren Rechengang zu überprüfen. Dabei wird der Kennwert C_{mk} ermittelt.

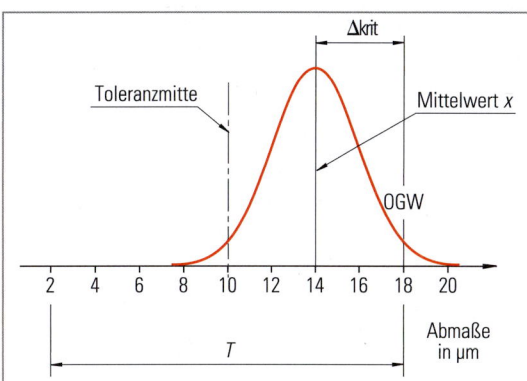

1 *Mittelwert $\bar{x}$ deutlich aus der Toleranzmitte verschoben*
Dieses Bild dient der Veranschaulichung von Δkrit und bezieht
sich nicht auf die hier dargestellte Maschinenfähigkeitsuntersu-
chung

Beispiel

2. Prüfung: C_{mk}-Wert
$s = 1{,}436$ μm; $T = 16$ μm; $\bar{x} = 10{,}02$ μm
Bedingung: $C_{mk} \geq 1{,}84$
$\Delta\text{krit} = es - \bar{x}$
$\Delta\text{krit} = 18$ μm $- 10{,}02$ μm
$\underline{\Delta\text{krit} = 7{,}98}$ μm

$$C_{mk} = \frac{\Delta\text{krit}}{3 \cdot s}$$

$$C_{mk} = \frac{7{,}98 \text{ μm}}{3 \cdot 1{,}436 \text{ μm}}$$

$\underline{C_{mk} = 1{,}85 > 1{,}84}$

Die 2. Bedingung für die Maschinenfähigkeit ist erfüllt.

Wenn die C_{mk}-Bedingung erfüllt ist, spricht man von einer „beherrschten Maschine" *(controlled machine)*.

Im vorliegenden Fall liegt $\bar{x}$ nahezu auf der Toleranzmitte. Dies bedeutet:

$$\Delta\text{krit} \approx \frac{T}{2}.$$

Die Schleifmaschine erfüllt beide Bedingungen und ist somit „fähig" und „beherrscht". Deshalb erfolgt die Freigabe zur nächsten Prüfung, zur vorläufigen Prozessfähigkeit.

6 Prozessfähigkeit

Auf der Grundlage der Maschinenfähigkeit wird die **vorläufige Prozessfähigkeit** *(provisional process capability)* in einer Testphase ermittelt. Anschließend folgt die Überprüfung der **ständigen Prozessfähigkeit** *(permanent process capability)* für die Serie (Tab. Bild 2). Die dort angegebenen Maschinen- und Prozessfähigkeitskennwerte sind nicht genormt. Sie werden firmenspezifisch festgelegt.

Die geforderten Fähigkeitswerte sind bei der MFU am größten (Tab. Bild 2), weil die Fertigungsbedingungen optimiert sind und nur ein Prüfmerkmal getestet wird. Die Werte sind gleichzeitig wegen der geringen Stückzahl noch relativ unsicher.

Bei der vorläufigen Prozessfähigkeitsuntersuchung sind die Kennwerte P_p und P_{pk} kleiner. In der Serie sind die geforderten Kennwerte am kleinsten. Oft wird nur noch ein $C_p > 1{,}33$ gefordert.

Im Vergleich zur MFU gibt es bei der vorläufigen Prozessfähigkeit folgende Unterschiede:

Maschinenfähigkeitsuntersuchung (MFU) **Vor dem Serienlauf**	Vorläufige Prozessfähigkeitsunter-suchung (PFU) **Serie in der Testphase**	Ständige Prozessfähigkeitsunter-suchung **Serie**
Die MFU ist eine Kurzzeituntersuchung, in der die Qualitätsfähigkeit der Maschine festgestellt wird (C_m; C_{mk})	Bei der PFU wird die Qualitätsfähigkeit des Prozesses und die Prozessbeherrschung untersucht (P_p; P_{pk}; C_p; C_{pk})	
		Nach ca. 20 Produktionstagen: Überprüfung des Prozesses mit den vorliegenden Daten. Evtl. Korrekturen erforderlich (s. u.)
z. B.: $C_m > 1{,}84 \Rightarrow$ Maschine ist fähig $C_{mk} > 1{,}84 \Rightarrow$ Maschine ist beherrscht	z. B.: $P_p > 1{,}66 \Rightarrow$ Prozess ist fähig[1] $P_{pk} > 1{,}66 \Rightarrow$ Prozess ist beherrscht[1]	z. B.: $C_p > 1{,}33 \Rightarrow$ Prozess ist fähig[1] $C_{pk} > 1{,}33 \Rightarrow$ Prozess ist beherrscht[1]
Mindestumfang: 50 Teile in Folge fertigen	Mindestumfang: 25 Stichproben, je Probe mindestens $n = 5$ Teile ($n \geq 3$ Teile)	Regelmäßige Überprüfung von Stichproben mithilfe von Qualitätsregelkarten
Die 5M-Einflussgrößen konstant halten.	Fertigung unter Produktionsbedingungen, d. h., die Störgrößen können wirken.	

[1] Die Prozessfähigkeit wird mit anderen Indizes angegeben:
P_p und P_{pk}: vorläufige Prozessfähigkeit bis zur endgültigen Übernahme
C_p und C_{pk}: Langzeitfähigkeit

2 *Vergleich von Maschinen- und Prozessfähigkeitsuntersuchung*

Prozessfähigkeit

■ Die Produktionsbedingungen sind nicht mehr optimiert, d.h., die Fertigung läuft unter Werkstattbedingungen, z.B. mit Temperaturschwankungen, mit Werkzeugwechsel, Schichtwechsel, u.a.

■ In regelmäßigen Abständen werden 25 Stichproben entnommen. An der Schleifmaschine sind beide Lagersitze als Prüfmerkmale festgelegt, deshalb werden beide Maße auch gemessen.

6.1 Stufen zur Prozessfähigkeit

Die Prozessfähigkeit wird in mehreren Stufen *(steps)* erreicht. Es sind folgende Tests durchzuführen:

a) **Nachweis der Maschinenfähigkeit** *(evidence of machine capability)* (vgl. Kap. 5)
Eine Maschine wird unter optimalen Bedingungen auf ihre Qualitätsfähigkeit geprüft. Dabei wird festgestellt, ob sich die Maschine für die vorgesehene Aufgabe eignet.

b) **Vorläufige Prozessfähigkeit** *(provisional process capability)*. Bei der vorläufigen Prozessfähigkeit wird die Maschine oder die Anlage unter Produktionsbedingungen getestet.

c) **Ständige Prozessüberwachung** *(permanent process control)*. Wenn die Fertigung freigegeben wurde, ist der Prozess zu überwachen – die Prozessfähigkeit ist also ständig nachzuweisen.

6.2 Ziele der Prüfung

Bei der vorläufigen Prozessfähigkeit wird mithilfe regelmäßiger **Stichproben** *(random tests)* geprüft,

■ wie die Maße streuen und
■ wie sich der Mittelwert verändert.

Wenn die beiden Grenzwerte für die Prozessfähigkeit eingehalten werden, ist der Prozess „fähig" und „beherrscht".

Sind die Grenzwerte nicht eingehalten, spricht man von einem „nicht fähigen" bzw. einem „nicht beherrschten" Prozess. Auf dieser und der nächsten Seite sind die verschiedenen Möglichkeiten gegenübergestellt, die sich mit diesen Begriffen bzw. Begriffspaaren ergeben.

In der Übersicht sind vier Möglichkeiten zusammengestellt, die sich durch die Begriffspaare ergeben. Dadurch soll noch einmal deutlich werden, welche Kombinationen möglich sind und mit welchen Fachbegriffen diese Varianten belegt sind.

Im Fall b) liegt z.B. die Kombination „beherrscht"/„nicht fähig" vor.

„Beherrscht" heißt: Bei allen Stichproben ist der Mittelwert $\bar{x}$ in der Toleranzmitte oder in der Nähe der Toleranzmitte.

„Nicht fähig" bedeutet: Die Fähigkeitswerte P_p und P_{pk} liegen deutlich unter 1,33, d.h., die Standardabweichung ist zu groß, es kommt zu einem erheblichen Ausschussanteil, der in den Abbildungen bei den Flächen außerhalb der Toleranz zu sehen ist.

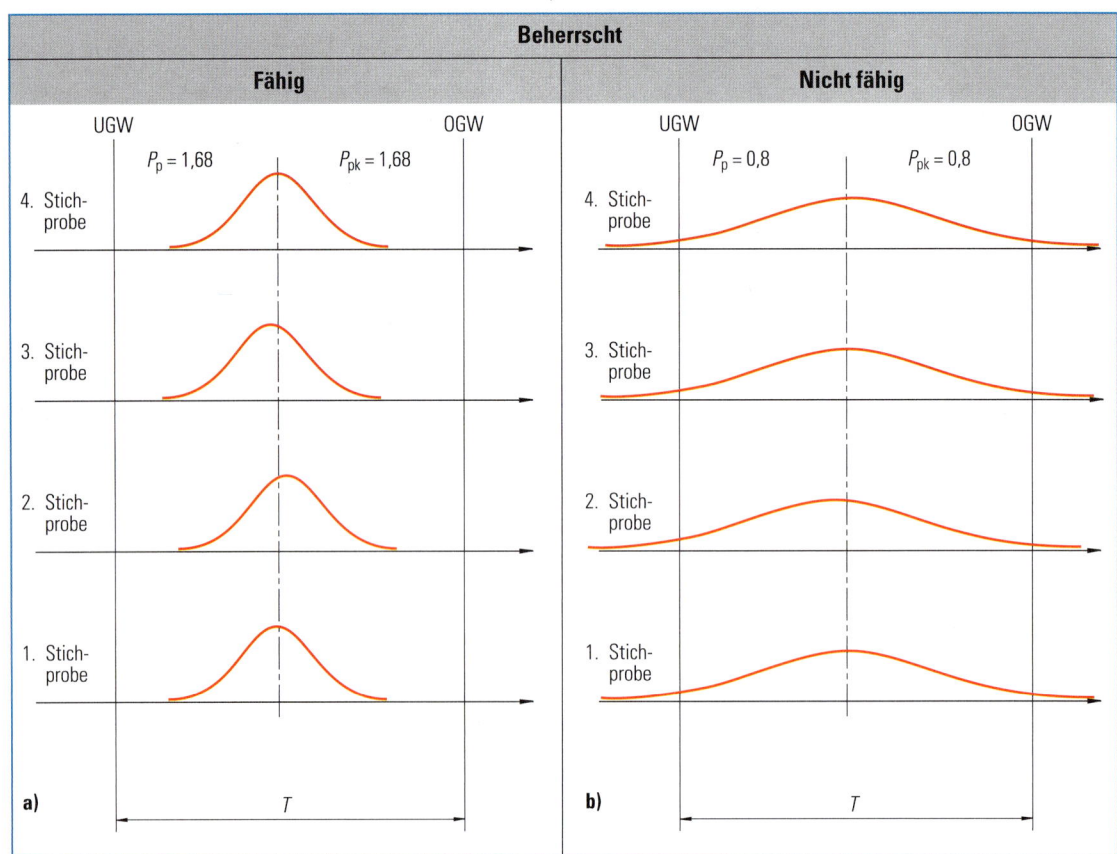

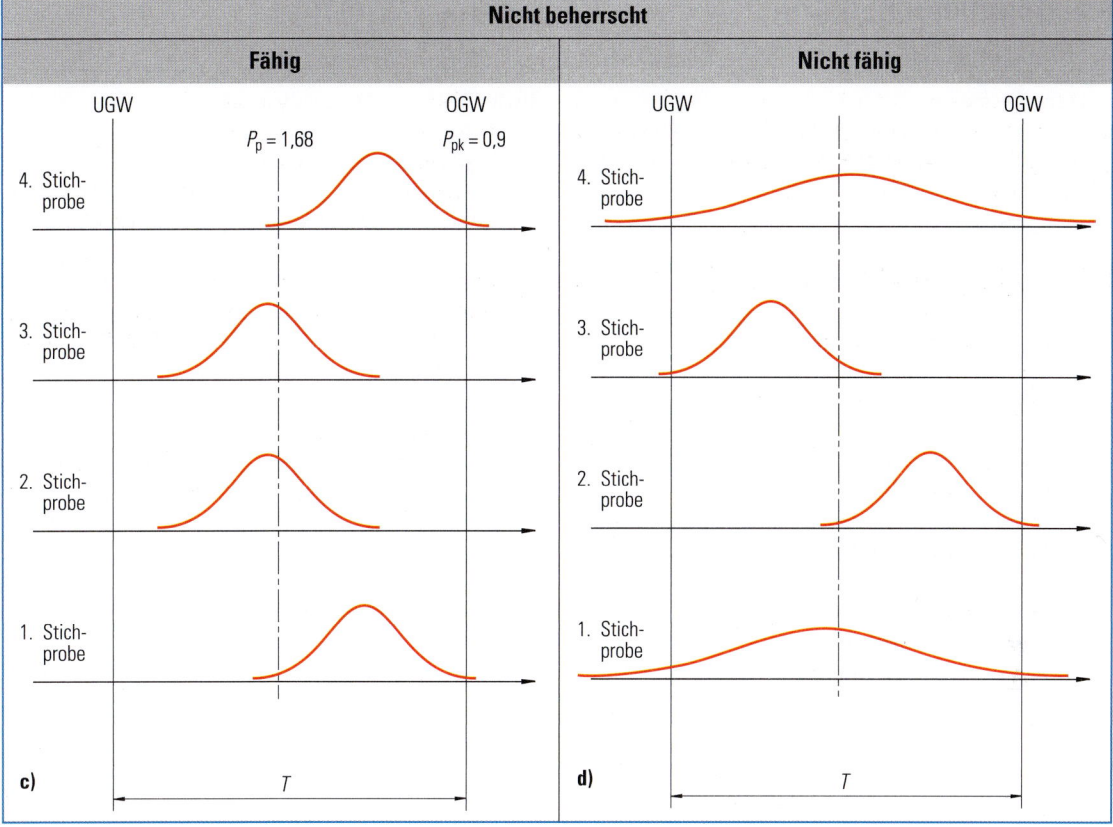

Nicht beherrscht

| Fähig | Nicht fähig |

c)

d)

1. Erläutern Sie nach dem gegebenen Beispiel von Seite 90 die drei anderen Felder.

2. Wie beurteilen Sie die kritischen Fälle hinsichtlich ihrer Eignung bzw. der Möglichkeit, durch Verbesserungen in Serie gehen zu können?

Es ist sinnvoll, den Prozess nicht nur mit den Fähigkeitskennwerten (P_p, P_{pk} bzw. C_p und C_{pk}) zu beurteilen, sondern auch grafische Darstellungen zu verwenden wie z. B. Histogramm, Gaußkurve, Urwertkarte, Qualitätsregelkarte und Wahrscheinlichkeitsnetz.

6.3 Urwertkarte

In die Urwertkarte *(original data chart)* (Bild 1) werden die Messwerte der Stichproben eingetragen. Die Karte zeigt Ausreißer, Trends und Ausschussteile.

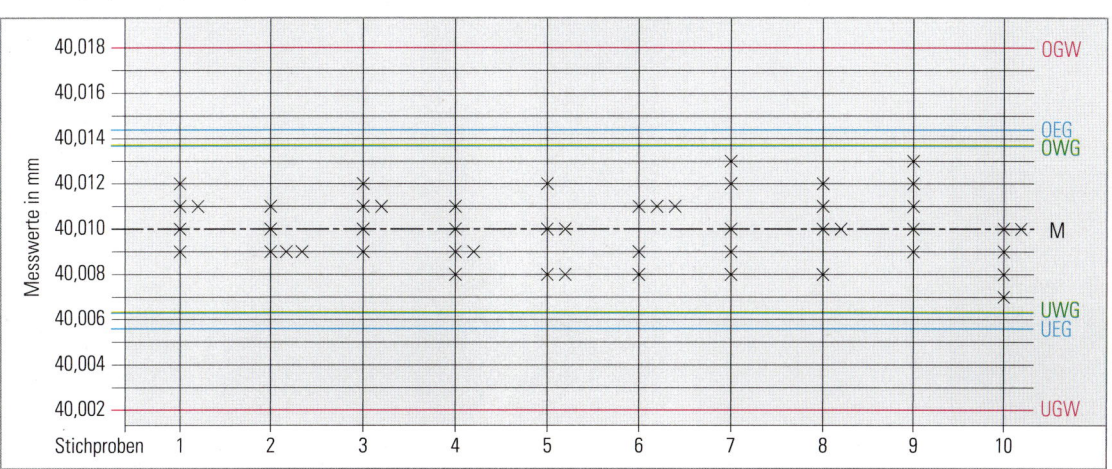

1 Urwertkarte

6.4 Qualitätsregelkarte

MERKE

Mit Qualitätsregelkarten (QRK) *(control charts)* ist es möglich, die Prozessentwicklung aufzuzeichnen und zu beurteilen.

Zum Aufzeichnen und Beurteilen der Prozessentwicklung sind die Streuung und die Lage der Messwerte zu dokumentieren. Deshalb enthält eine Karte zwei Bereiche, in denen diese Kennwerte getrennt angegeben werden.

Maßzahlen für die Lage sind z. B.:

- der Mittelwert $\bar{x}$
- der Median $\tilde{x}$

Der **Median** ist der mittlere Wert einer Zahlenreihe.

Maßzahlen für die Streuung sind z. B.:

- die Standardabweichung s
- die Spannweite R

Wenn bei kontinuierlichen Merkmalen eine Normalverteilung vorliegt, wird die $\bar{x}/s$-Karte verwendet. Für die Auswahl der richtigen Qualitätsregelkarte gibt es Empfehlungen oder es liegen entsprechende Erfahrungen vor.

In Bild 1 ist eine $\bar{x}/s$-QRK dargestellt. In die Karte sind die Messwerte einer vorläufigen Prozessfähigkeitsuntersuchung und die **Eingriffsgrenzen** (OEG und UEG) eingetragen.

Durch die grafische Darstellung der beiden Kennwerte kann der Prozess beurteilt werden. Es fällt z. B. auf, wenn die Werte allmählich in eine Richtung driften oder wenn die Werte sehr stark springen.

Prüfmerkmal: Durchmesser				Kontrollmaß: 40k6					
Stichprobenumfang: $n = 5$				Kontrollintervall: 60 min					
x_1 in mm	40,009	40,010	40,012	40,008	40,012	40,011	40,013	40,010	40,013	40,009
x_2 in mm	40,010	40,011	40,011	40,009	40,008	40,008	40,009	40,008	40,009	40,008
x_3 in mm	40,011	40,009	40,011	40,010	40,008	40,011	40,012	40,012	40,011	40,007
x_4 in mm	40,011	40,009	40,010	40,009	40,010	40,011	40,010	40,010	40,012	40,010
x_5 in mm	40,012	40,009	40,009	40,011	40,010	40,009	40,008	40,011	40,010	40,010
$\bar{x}$ in mm	40,0106	40,0096	40,0106	40,0094	40,0096	40,0100	40,0104	40,0102	40,0110	40,0088
s in µm	1,140	0,894	1,140	1,140	1,673	1,414	2,073	1,483	1,581	1,304

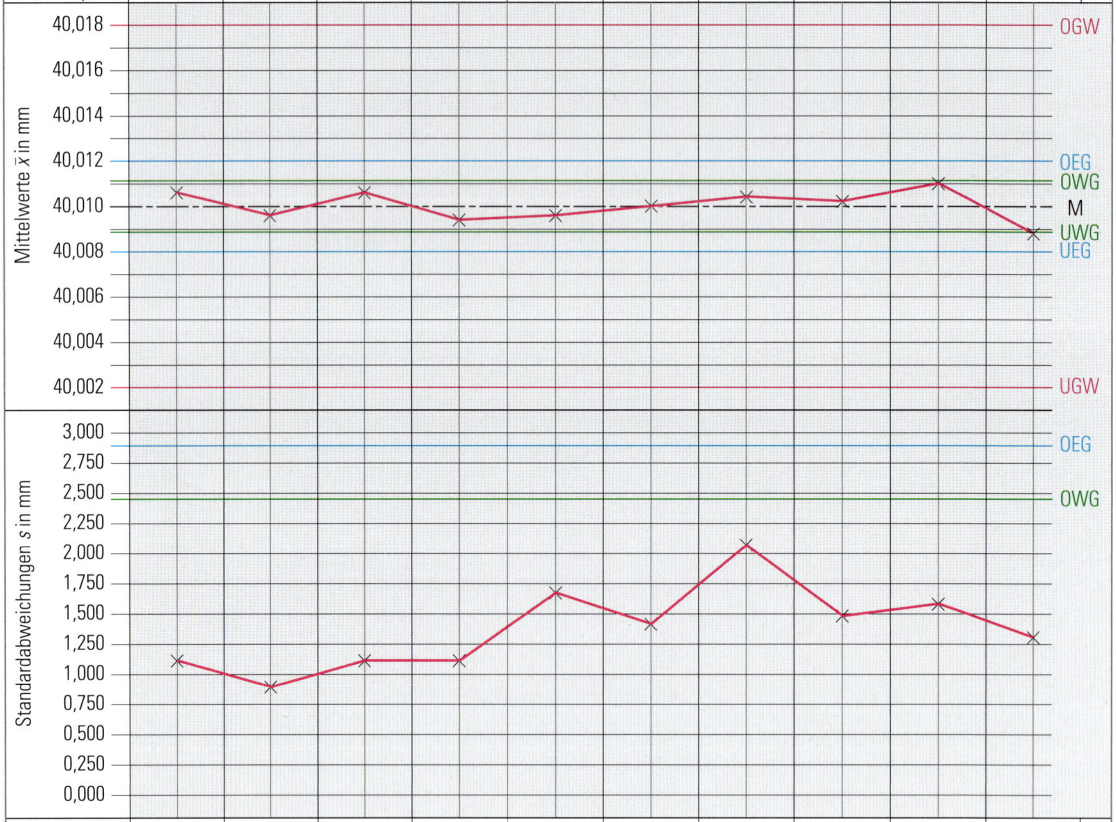

(Messwerte in mm — Diagramm Mittelwerte $\bar{x}$ in mm)

Markierungen: OGW (40,018), OEG (40,012), OWG, M, UWG, UEG (40,008), UGW (40,002)

(Diagramm Standardabweichungen s in mm)

Markierungen: OEG (3,000), OWG (2,500)

Probennr.	1	2	3	4	5	6	7	8	9	10
Uhrzeit	6:00	7:00	8:00	9:00	10:00	11:00	12:00	13:00	14:00	15:00

1 Qualitätsregelkarte

Bei Stichproben bis $n \leq 5$ wird die untere Eingriffsgrenze für Standardabweichungen nicht berechnet.

Die Eingriffsgrenzen sind mit den Messwerten nach festgelegten Formeln (vgl. Tabellenbuch) berechnet worden. Meistens übernehmen Computerprogramme diese Aufgabe.

Bedeutung der Eingriffsgrenzen

- **Für die Fachkraft:** Nach dem Überschreiten eines Grenzwertes ist korrigierender Eingriff in den Prozess erforderlich.
- **Für die Qualitätskontrolle:** Die Qualitätskennzahlen (P_p, P_pk, C_p und C_pk) sind nur gültig, wenn der Prozess innerhalb der Eingriffsgrenzen abläuft und nur in diesem Fall ist eine weitergehende Überprüfung des Prozesses mit den sogenannten Stabilitätskriterien sinnvoll.

Über die **Stabilitätsregeln** *(stability standards)* können systematische Einflussgrößen ermittelt werden. In vielen Fällen können diese Einflüsse beseitigt bzw. verkleinert und dadurch die Prozessergebnisse verbessert werden.

Im Einzelnen sind es folgende Regeln (Bild 1):

- **Run:** Sieben oder mehr aufeinander folgende Werte oberhalb bzw. unterhalb der Mittellinie. Der Prozess muss unterbrochen werden, da z. B. erheblicher Werkzeugverschleiß vorliegt, Kühlschmierstoff gewechselt wurde.
- **Trend steigend** oder **fallend:** Sieben oder mehr hintereinander folgende aufsteigende bzw. fallende Intervalle. Der Prozess muss unterbrochen werden. Die Ursachen müssen ermittelt werden.
- **Middle Third:** Bei ≥ 15 Stichproben müssen im mittleren Drittel mindestens 40 % und nicht mehr als 90 % der Werte liegen. Ursachen könnten sein: fehlerhafte Messgeräte, Material aus einer anderen Charge, Mischen von Teilen, die auf z. B. unterschiedlichen Drehmaschinen vorgefertigt worden sind.

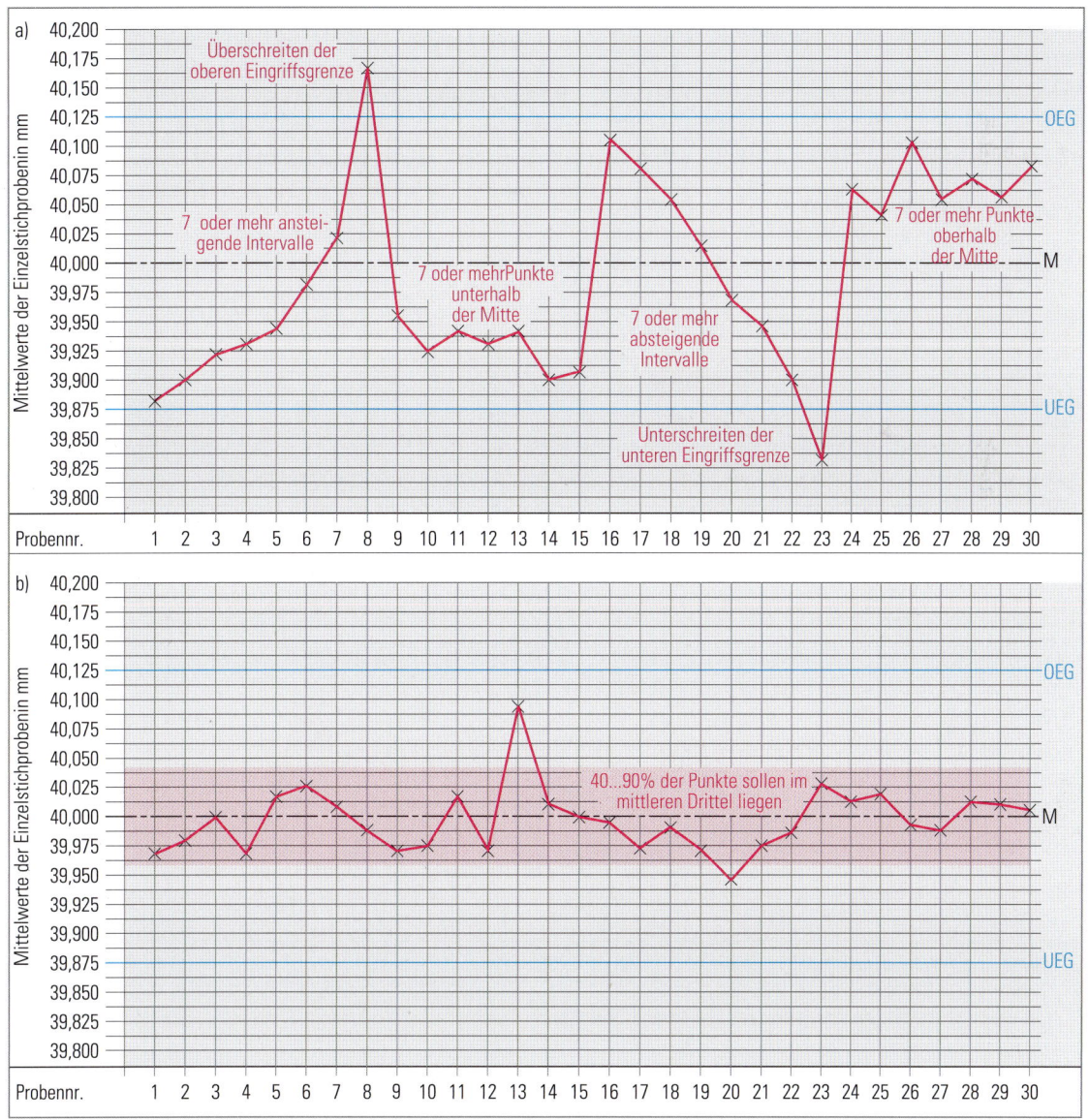

1 Shewhart-Karte[1]: a) Verletzung von Stabilitätsregeln; b) Middle Third

1) WALTER ANDREW SHEWHART, US-amerikanischer Physiker, Ingenieur und Statistiker, 1891 bis 1967

Prozessfähigkeit

Diese Stabilitätsbedingungen gelten bei der Anwendung der Qualitätsregelkarte (Shewhart-Karte) (Seite 93 Bild 1) für die Überwachung der Prozesslage $\bar{x}$ unabhängig von der Probenanzahl bei der Überwachung der Streuung erst ab $n > 24$.

Neben den Eingriffsgrenzen können auf der Karte noch die **Warngrenzen** eingetragen werden. Sie sind ebenfalls in einem Rechenverfahren zu ermitteln.

6.5 Fehlersammelkarte

Bei Baugruppen, Geräten, aber auch bei komplexen Einzelteilen sind oft mehrere voneinander unabhängige Merkmale zu überwachen. In vielen Fällen ist es vorteilhaft, die Daten zu sammeln. Dafür eignet sich eine Fehlersammelkarte *(inspection chart)* (Bild 2). Auch hier sind Stichproben zu entnehmen und zu prüfen. Die Ergebnisse sind in der Fehlersammelkarte festzuhalten.

Die Karte ist in einzelne Bereiche aufgeteilt:

Bereich A:

Links: Liste der Fehlerarten
        F1: z. B. Oberflächenfehler
        F2: z. B. Bohrung fehlt
        F3: z. B. Stutzen fehlt
        F4: z. B. Schrauben fehlen
        F5: z. B. Verbindungselement falsch angeschweißt
Mitte: Laufende Nummern der Stichproben mit Eintrag der Fehlerart und Anzahl.
Rechts: Anzahl der Fehler einer Fehlerart

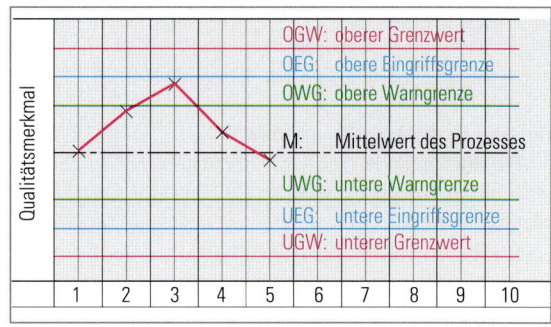

1 Qualitätsregelkarte mit Eingriffs- und Warngrenzen

Bereich B:
Bildliche Darstellung der Anzahl der Fehler je Stichprobe.

Bereich C:
Anzahl der Fehler, die in der Grafik aufgeführt sind. Die zeitlichen Abstände der Stichproben sowie der Stichprobenumfang werden von der Qualitätsplanung festgelegt.

Mit den gesammelten Daten kann für jede Fehlerart eine Qualitätsregelkarte *(control chart)* geführt werden. Für die Berechnung der Eingriffsgrenzen stehen Formeln zur Verfügung.

Die Fehlersammelkarte wird auch für Eingangskontrollen verwendet.

	lfd. Nr. der Stichproben.									
Fehlerart	**1**	**2**	**3**	**4**	**5**	**6**				Σx_i
F1	1	2	1	0	1	0				5
F2	2	1	0	0	2	2				7
F3	0	0	0	1	0	0				1
F4	2	3	3	2	3	1				14
F5	0	0	0	1	1	0				2

Fehler je Stichprobe (Bereich B):

≥ 10, 9, 8, 7, 6, 5, 4, 3, 2, 1, 0

							Σ
7							7
6							6
5							5
8							8
3							3

Fehler gesamt: 29

2 Schema einer Fehlersammelkarte

7 Statistische Qualitäts-regelung

Auf den Fertigungsprozess wirken ständig Störgrößen ein (Bild 1). Als Gegenmaßnahme wird der Prozess überwacht, d. h., in regelmäßigen Abständen werden Proben gemessen und die Messwerte statistisch ausgewertet. Das Ergebnis zeigt, ob ein korrigierender Eingriff erforderlich ist. Damit liegt ein **Regel-kreis** vor (vgl. Lernfeld 13), in dem der **Fertigungsprozess** die **Regelstrecke** ist und das zu fertigende **Maß** die **Regelgröße**. Der korrigierende Eingriff hat die Funktion des Reglers.

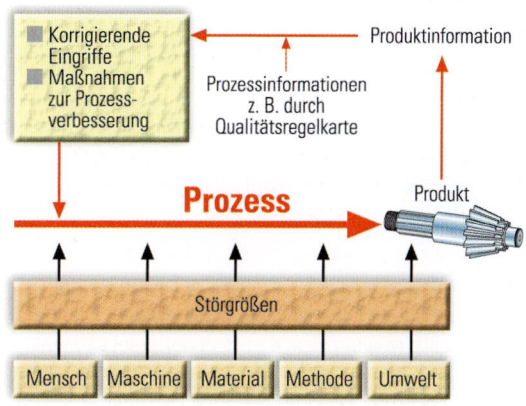

1 Regelkreismodell einer statistischen Qualitätsregelung

8 Prozessüberwachung

Die Prozessüberwachung *(process control)* erfolgt mit einer Qualitätsregelkarte und den damit festgelegten Warn- und Eingriffsgrenzen. Im Prüfplan ist für jedes Merkmal angegeben, wie oft es zu messen und zu dokumentieren ist. Die Werte können auch direkt in einen Rechner eingegeben werden und stehen dann für die Auswertung sofort zur Verfügung. Das kann zur Folge haben, dass die Warn- und Eingriffsgrenzen neu berechnet werden. Wenn mehrere Merkmale vorliegen, eignet sich dafür die Darstellung in Form von Box Plots.

Merkm.-Nr.	n	N	T	UGW	X_u	OGW	X_o
1	500	20	0,25	19,000	19,850	20,150	20,180
2	100	40	0,25	39,900	39,950	40,150	40,180
3	875	30	0,30	29,900	29,940	30,200	30,140
4	500	50	0,26	49,870	49,930	50,130	50,090
5	600	25	0,4	24,800	24,820	25,200	25,140

2 Statistische Kennwerte für den Box Plot

8.1 Box Plot

Bei der Kegelradwelle sind zehn Merkmale angegeben, die zu beobachten sind. Für eine vergleichende Betrachtung eignet sich die **Box Plot Methode** *(Box Plot method)*.

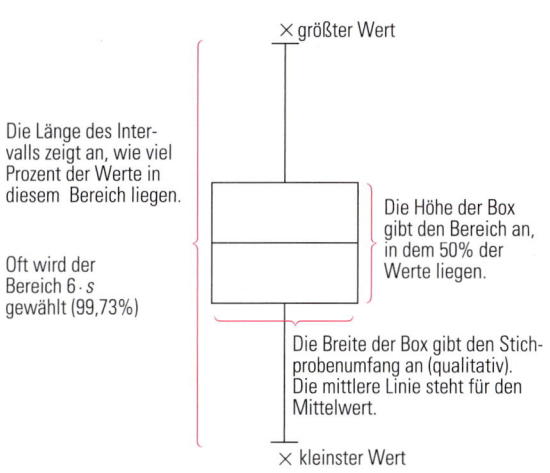

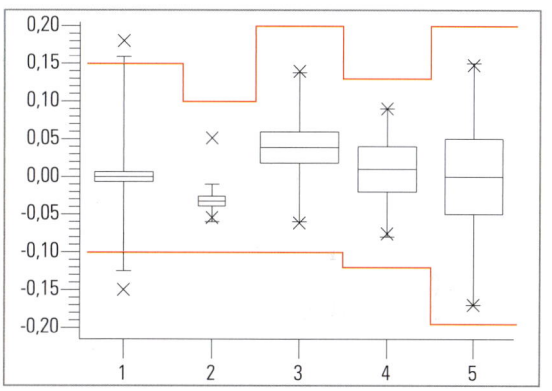

3 Box-Plot mit den Kennwerten aus Tab. Bild 2

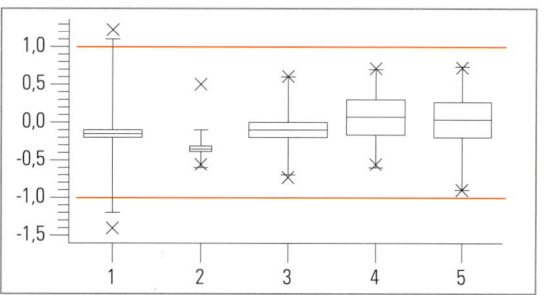

4 Box Plot mit einheitlichen Grenzlinien für das obere und das untere Abmaß

Bild 3 zeigt, dass bei Merkmal 1 Werte außerhalb der Toleranzgrenzen liegen. Der Stichprobenumfang bei Merkmal 2 ist wesentlich geringer als bei den anderen Werten. Die Toleranzfelder der einzelnen Merkmale unterschiedlich groß. Deshalb verlaufen die Linienzüge für das obere und das untere Abmaß nicht waagerecht, sondern sind den Toleranzen angepasst. Das erschwert den Vergleich der einzelnen Merkmale.

Dieses Problem ist bei der Darstellung in Bild 4 gelöst. Die Toleranzfelder sind einheitlich auf den Bereich zwischen –1 und +1 umgelegt. Dieser Bereich ist – in Prozenten ausgedrückt – immer 100 %. Dadurch kann sowohl oben als auch unten eine durchgehende Linie für die Toleranzgrenzen gezeichnet werden.

Prozessüberwachung

8.2 Veränderung der Eingriffs-
grenzen

Durch Verschleiß, Abnutzung, Prozessschwankungen usw. entstehen **trendbehaftete Prozesse**. Die Ursachen sind meist
systematische Einflüsse, die aus wirtschaftlichen Gründen hin-
genommen werden wie z. B. der Werkzeugverschleiß. Wenn die
Standardabweichung sehr klein ist (z. B. $T = 8 \cdot s$), d. h., wenn
der Prozess sehr zuverlässig ist, können die Eingriffsgrenzen *(ac-
tion limits)* etwas erweitert werden. Gleichzeitig ist ein Prozessablauf möglich, wie er z. B. in Bild 1b dargestellt ist.

8.3 100 %-Kontrolle

Die Firma Zweiloft liefert ihre Produkte an die Automobil-
industrie. Die Firma Zweiloft hat eine **Ausschussquote** *(reject
rate)* von 6 ppm (6 Ausschussteile bezogen auf 1 Million Werkstücke). Der Prozess ist stabil, d. h., es ist nicht zu erwarten, dass
der Fehleranteil (erheblich) größer wird. Die Firma Zweiloft ist
mit diesen Werten zufrieden, denn eine weitere Reduzierung
der Ausschussquote ist mit den bestehenden Anlagen nicht
möglich.

Ihre Kunden in der Autoindustrie haben keine Eingangskontrol-
le, d. h., alle angelieferten Teile werden auch eingebaut. Wenn
das Montageband wegen der Ausschussteile gestoppt werden
muss oder wenn Rückrufaktionen erforderlich sind (siehe Lernfeld 12) oder Unfälle verursacht werden, haftet der Verursacher,
also der Zulieferer. Die Ausschussteile können zu Schadener-
satzforderungen führen, die weit höher sind, als der Jahres-
gewinn. Das Problem lässt sich nur durch eine 100 %-Kontrolle
(check) lösen.

Heute wird bei allen **sicherheitsrelevanten Komponenten**
wie z. B. dem Bremssystem oder der Lenkung eine Kontrolle aller Teile durchgeführt. Schon wegen der Produkthaftung sind die
Messergebnisse zu dokumentieren und zu archivieren.

In der **Luftfahrtindustrie** sind eine **Kontrolle aller Teile** und
die **Dokumentationspflicht** *(documentation required)* gesetz-
lich vorgeschrieben.

Die 100 %-Kontrolle ist darüber hinaus sinnvoll bzw. notwendig,
wenn

- die Teile nach der Montage nur noch mit hohen Kosten
  auszutauschen sind wie z. B. das Pleuel oder die Kurbel-
  welle.
- die Prozessfähigkeit sehr niedrig ist, d. h., wenn z. B. der
  C_{pk}-Wert < 1,33 ist.

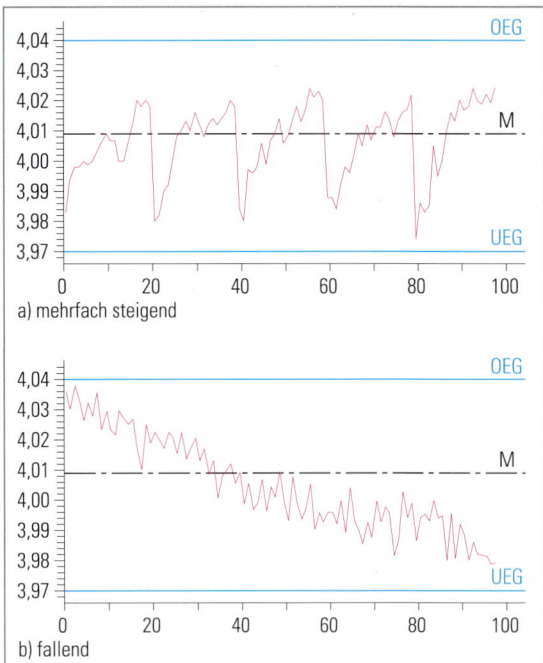

1 *Trendhafte Fertigungsprozesse*

ÜBUNGEN

1. Wie ist der Begriff „Qualität" in DIN EN ISO 9 000 festgelegt?

2. Welche Merkmale sind in der in Übung 1 angegebenen
   Norm für den Begriff „Qualität" wichtig?

3. Nennen Sie Aspekte, die dazu führen, dass eine Firma ein
   Qualitätsmanagementsystem aufbaut?

4. Das Qualitätsmanagement ist in vier Bereichen tätig:
   a) Qualitätsplanung
   b) Qualitätslenkung
   c) Qualitätssicherung
   d) Qualitätsverbesserung
   Beschreiben Sie das jeweilige Ziel des Qualitätsmanagements in diesen Bereichen und nennen Sie jeweils zwei
   Aufgaben.

5. a) Welche Forderungen müssen erfüllt sein, damit in der
      Serienfertigung von einer hohen Prozessqualität ge-
      sprochen werden kann?
   b) Welche Voraussetzungen sind dafür erforderlich?

6. a) Welche Angaben enthält ein Prüfplan?
   b) Wer stellt in der Serienfertigung die Prüfpläne zusam-
      men?

7. a) Welche Informationen können Sie dem Histogramm entnehmen?
   b) Welche Informationen liefert das Histogramm nicht?

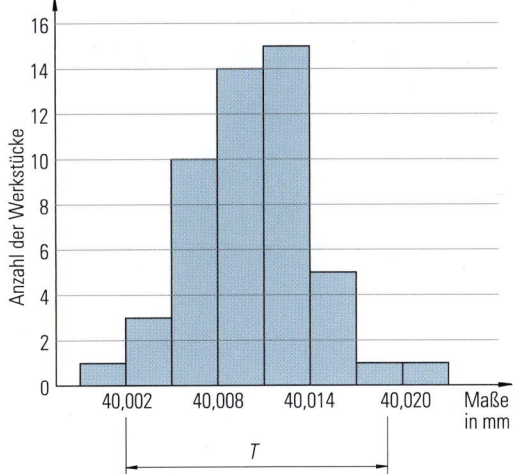

8. Beurteilen Sie die Histogramme unten auf dieser Seite.
   a) Zeichnen Sie dafür zunächst ein Histogramm aus einer Serienfertigung mit einer hohen Prozessqualität. Vergleichen Sie Ihr Histogramm mit Bild 1 von Seite 82.
   b) Vergleichen Sie Ihr unter a) gefundenes Histogramm mit den dargestellten Abbildungen. Interpretieren Sie die Abweichungen. Welche Ursachen können zu den Abweichungen geführt haben?

9. Welche Vor- und Nachteile hat das Histogramm?

10. a) Nennen Sie die Besonderheiten der Gaußkurve.
   b) Welche Kennzahlen legen die Form der Gaußkurve fest?

11. Auf Seite 88 sind in den Bildern 1 und 2 verschiedene Gaußkurven mit ihren Kennwerten dargestellt. Übernehmen Sie diese Abbildungen in Ihre Unterlage und skizzieren Sie in Anlehnung an diese Grafen folgende Gaußkurven:

a) $s = 2{,}5 \ \mu m$; $\bar{x} = 10 \ \mu m$
b) $s = 4{,}0 \ \mu m$; $\bar{x} = 10 \ \mu m$
c) $s = 3{,}0 \ \mu m$; $\bar{x} = 12 \ \mu m$

12. Welcher Zusammenhang besteht zwischen den beiden Begriffen „$6 \cdot s$" und „der Ausschussanteil beträgt 0,27 %"?

13. Vergleichen Sie das Histogramm mit der Gaußkurve.

14. Wann ist die Maschinenfähigkeit nachzuweisen?

15. Nennen Sie die Bedingungen, die bei der Überprüfung der Maschinenfähigkeit einzuhalten sind.

16. Überprüfen Sie, ob in folgenden Fällen die geforderte Bedingung für die Maschinenfähigkeit gegeben ist:
   a) $C_m = 1{,}333$; $T = 25 \ \mu m$; $s = 3{,}5 \ \mu m$
   b) $C_m = 1{,}666$; $T = 30 \ \mu m$; $s = 2{,}9 \ \mu m$
   c) $C_m = 1{,}666$; $T = 22 \ \mu m$; $s = 2{,}15 \ \mu m$

17. Welche Standardabweichung s darf unter folgenden Bedingungen nicht überschritten werden?
   a) $C_m = 1{,}333$; $T = 35 \ \mu m$
   b) $C_m = 1{,}666$; $T = 16 \ \mu m$
   c) $C_m = 1{,}8$; $T = 13 \ \mu m$

18. Erläutern Sie die Begriffe „fähige Maschine" und „beherrschte Maschine".

19. Nennen und beschreiben Sie die Stufen zur Prozessfähigkeit.

20. Auf den Seiten 90 und 91 sind vier Felder dargestellt, in denen folgende Kombinationen aufgeführt sind:
   - beherrscht/fähig
   - beherrscht/nicht fähig
   - nicht beherrscht/fähig und
   - nicht beherrscht/nicht fähig

Mit diesen Begriffskombinationen wird der Fertigungsprozess beurteilt. Beschreiben Sie unter Einbeziehung der Grafen, welche Situation in den einzelnen Feldern vorliegt. Verwenden Sie dabei die Begriffe

zu Übung 8.

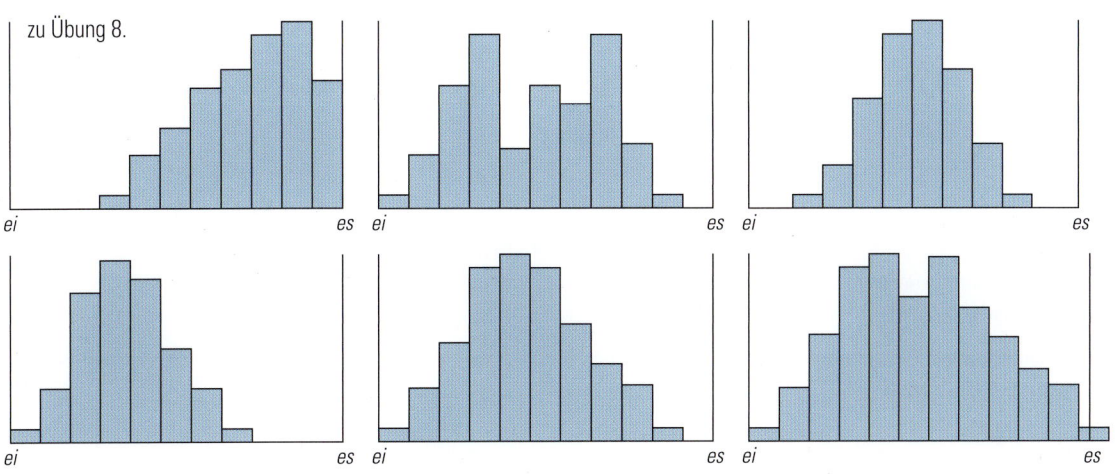

- „Der Prozess ist fähig" bzw. „Der Prozess ist nicht fähig" und „Der Prozess ist beherrscht" bzw. „Der Prozess ist nicht beherrscht".
- „Der angestrebte P_p-Wert liegt vor" bzw. „Der angestrebte P_p-Wert liegt nicht vor" und „Der angestrebte P_{pk}-Wert ist erreicht" bzw. „Der angestrebte P_{pk}-Wert ist nicht erreicht".

21. Welche Messwerte sind in die Urwertkarte einzutragen? Welche Aussagen sind der Urwertkarte zu entnehmen?

22. Mit der Qualitätsregelkarte wird die Prozessentwicklung aufgezeichnet. Dabei stehen zwei Bereiche im Mittelpunkt der Beobachtung.
Nennen Sie die Bereiche und geben Sie an,
- mit welchen Kennwerten diese Bereiche erfasst werden können und
- warum diese Bereiche für die Prozessqualität eine herausgehobene Bedeutung haben.

23. Welche Bedeutung haben die Eingriffsgrenzen
 a) für die Fachkraft?
 b) für die Qualitätskontrolle?

24. Mit den Stabilitätsregeln können systematische Einflussgrößen ermittelt werden. Dieser Begriff wird auch in der Messtechnik verwendet. Erläutern Sie ihn.

25. Überprüfen Sie die Werte in der Qualitätsregelkarte nach den Stabilitätskriterien.
Liegt ein Run, ein Trend oder ein Middle Third vor? Werden die Eingriffsgrenzen über- oder unterschritten?

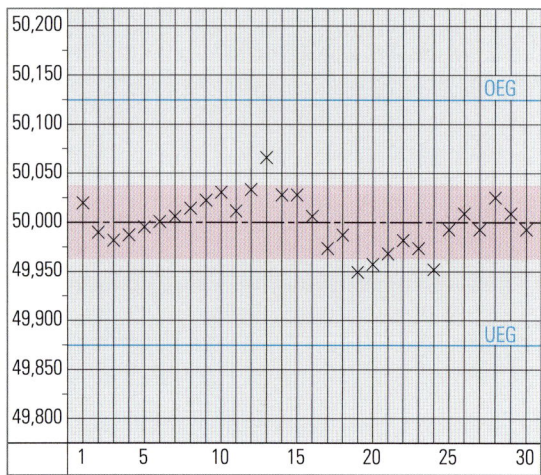

26. Wann ist es vorteilhaft, eine Fehlersammelkarte zu führen?

27. Erläutern Sie das Regelkreismodell der statistischen Qualitätsregelung.

28. Unter welchen Voraussetzungen wird die Darstellungsform „Box Plot" gewählt?

29. Geben Sie an, welche Informationen der Box Plot enthält. Die Zahlen kennzeichnen die Bereiche, in denen Sie eine Antwort geben müssen.

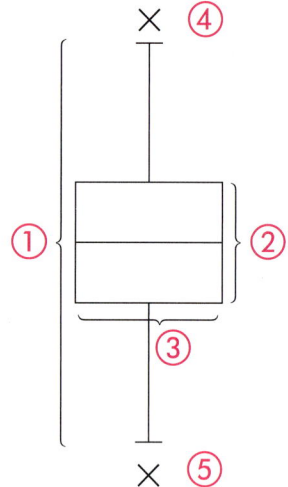

30. Wann kann mit erweiterten Eingriffsgrenzen gearbeitet werden?

31. Wann ist eine 100 %-Kontrolle sinnvoll bzw. notwendig?

Projektaufgabe:

Für den zweiten Lagersitz ⌀25k6 an der Kegelradwelle (vgl. Seite 79) sind in der Urwerttabelle 50 Messwerte angegeben.

x_1	7	8	9	7	10	10	6	8	6	8
x_2	9	10	10	9	7	8	10	7	8	6
x_3	10	8	9	10	10	7	7	9	9	7
x_4	11	8	9	8	9	9	8	10	10	8
x_5	11	7	8	10	9	8	7	9	8	9
$\bar{x}$										
s										

1. Bestimmen Sie den Mittelwert.

2. Zeichnen Sie das Histogramm.

3. Berechnen Sie die Standardabweichung z. B. mithilfe eines Tabellenkalkulationsprogramms. Auch die meisten Taschenrechner verfügen über eine Funktion, mit der s ermittelt werden kann, ohne dass Sie Formeln verwenden müssen. Informieren Sie sich in Ihrer Bedienungsanleitung oder, wenn diese fehlt, informieren Sie sich mithilfe einer Suchmaschine.

4. Überprüfen Sie die Maschinenfähigkeit für $C_m = 1{,}84$.

Aus der Fertigung liegen folgende Werte für 24 Stichproben vor:

Prüfmerkmal: Durchmesser							Kontrollmaß: 25k6																
Stichprobenumfang: n = 5							Kontrollintervall: 60 min																

Abmaße in µm:

x_1	10	9	9	7	9	8	6	8	9	9	8	11	8	7	8	6	7	9	10	9	9	8	11	12
x_2	9	8	8	8	7	9	8	7	8	11	9	9	5	8	6	7	9	10	10	10	7	10	7	10
x_3	10	9	11	10	8	6	8	8	7	10	10	9	9	7	7	10	6	8	8	8	9	7	9	9
x_4	8	8	9	9	7	7	9	7	8	9	8	10	8	9	8	8	7	10	9	10	8	11	10	7
x_5	10	10	9	8	9	8	8	9	9	9	9	7	10	7	6	9	9	8	8	8	10	10	8	8
$\bar{x}$																								
s																								

Mittelwerte $\bar{x}$ in µm (diagram, scale 0–15):
OGW (15), OEG (~10,2), OWG (~9,6), M (9), UWG (~7,4), UEG (~6,8), UGW (2)

Standardabweichungen s in mm (diagram, scale 0–3,0):
OEG (~2,5), OWG (~2,1)

Pr. Nr.	1	2	3	4	5	6	7	8	9	10	11	12	13	14	15	16	17	18	19	20	21	22	23	24
Uhrzeit	6:00	7:00	8:00	9:00	10:00	11:00	12:00	13:00	14:00	15:00	16:00	17:00	18:00	19:00	20:00	21:00	22:00	23:00	0:00	1:00	2:00	3:00	4:00	5:00

5. Ermitteln Sie die Kennwerte P_p und P_{pk} für die vorläufige Prozessfähigkeit. Die beiden Werte dürfen 1,66 nicht unterschreiten.

6. Ermitteln Sie für jede Stichprobe $\bar{x}$ und s.

7. Übernehmen Sie die Urwertkarte und die Qualitätsregelkarte in Ihre Unterlagen und tragen Sie die entsprechenden Werte ein.

8. Beurteilen Sie die Qualitätsregelkarte nach den Stabilitätskriterien.

9 Quality Management

9.1 Introduction

Quality management is a method of ensuring that all activities necessary to design, develop and implement a product or service are effective and efficient. It can be considered to have three main components: quality control, quality assurance and quality improvement. Quality management is focused not only on product quality, but also the means to achieve it.

Assignments:

1. Translate the text above by using your English-German vocabulary list.
2. Why is quality management important? Explain in your own words.
3. What are the main components of quality management?
4. What means have to be provided to achieve product quality? You also may look into the German texts on Lernfeld 11.
5. How is it possible to achieve more consistent quality?

9.2 Information given in a quality management centre

The elements below represent the aims and objectives of a quality management centre. These elements give some background information of the process of quality management in a large firm.

Element 1: Management Responsibility

Quality must be regarded as an overall management task, defined and utilized.

Element 2: Quality Management System

The procedures to be used must be described and kept up to date.
Defined procedures should be applied effectively, i.e.
- quality assurance manual
- quality plans
- procedures
- test plans and Procedures
- work procedures

Element 3: Financial Considerations of Quality Systems

Procedures for financial reporting and evaluation.

Element 4: Training

Define training requirements, carry out the training and document it.

Element 5: Product Safety

Determine safety aspects with the aim to increase product safety. The aim of the quality management system should be to prevent errors!
- product liability
- special recording of quality evidence
- product risks
- emergency plans

Element 6: Product Development

Ascertain quality of design in all phases of development.
- plan development
- check development results
- document development results
- document development experience

Element 7: Inspection and Testing

Verify the fulfilment and documentation of the inspection.

Element 8: Control of Inspection, Measuring and Test Equipment

Ascertain satisfactory capability of measuring equipment including inspection software.

Element 9: Handling, Storage, Packaging and Delivery

Prevent damage and short comings in quality.

Quality Management

Element 10: Maintenance

Quality in servicing, after sales and market feedback.
- operation and installation manuals
- product observation
- early warning systems in case of product failure
- service department

Element 11: Statistical Techniques

Use of correct statistical methods.

Assignments:

1. Have a look at the 11 titles written beside the terms 'Element' and match the English information with the German given below.
   - Produktentwicklung
   - Wartung
   - statistische Methoden
   - Schulung
   - Verantwortung der Leitung
   - Prüfmittelüberwachung
   - Handhabung, Lagerung, Verpackung und Versand
   - finanzielle Überlegungen zum QM System
   - Produktsicherheit
   - Qualitätsmanagement System
   - Prüfungen

2. Also, there are several sentences below the 11 titles. Match the German translations below with the sentences written in English.
   a) Qualität der Führungsaufgabe verstehen, festlegen und umsetzen.
   b) Beschädigungen und Beeinträchtigung der Qualität vermeiden.
   c) Nachweis der Erfüllung und Aufzeichnungen der Produktprüfung.
   d) Das Qualitätsmanagementsystem ist darauf auszurichten, Fehler zu vermeiden!
   e) Verfahren zur finanziellen Berichterstattung und Auswertung betreiben.
   f) Tauglichkeit aller Prüfmittel einschließlich Prüfsoftware sicherstellen.
   g) Anwendung statistischer Methoden.
   h) Sicherheitsaspekte ermitteln mit dem Ziel, die Produktsicherheit zu erhöhen.

   i) Anzuwendende Verfahren schriftlich festlegen und auf neuestem Stand halten.
   j) Entwurfsqualität in allen Entwicklungsphasen sicherstellen.
   k) Schulungsbedarf ermitteln, Schulungen durchführen und dokumentieren.
   l) Festgelegte Anweisungen wirksam ausführen wie z. B. Qualitätsmanagement-Handbuch.
   m) Wartungsqualität, Kundendienst, Bedarfsrückmeldung

3. Have a look at the Elements 2, 5, 6 and 10 and translate the terms given below the text by using your English-German vocabulary list.
4. Look at the red book on the left of element 2 and read the abbreviation. What does it stand for?
5. Personnel training must be carried out. Why?
6. Why is it important to prevent errors in production, assembly and maintenance?
7. Why are handling, storage, packaging and delivery essential in quality management?
8. Write down your opinions about the statement 'statistical techniques are important in quality management'.
9. Draw a mind-map and fill in all important information about quality management you can think of.

Work With Words

In future you may have to talk, listen or read technical English.
Very often it will happen that you either **do not understand** a
word or **do not know the translation**.

In this case here is some help for you !!!

Below you will find a few possibilities to describe or explain a
word you don't know or use opposites[1] or synonyms[2].
Write the results into your exercise book.

1. Add as many examples to the following terms as you can find for characteristics and graphical representations.

characteristics:	physical characteristics functional characteristics	*graphical representations:*	histogram original data chart

2. Explain the two terms in the box:
Use the words below to form correct sentences. Be careful the range is mixed!

quality:	of the same kind/and how good or bad it is/Quality is the standard of something/in relation to other things	*tolerance:*	a technical term in mathematics, statistics etc./is an acceptable degree/ A tolerance/of variation in a measurement, value, or calculation/

3. Find the opposites[1]:

variable characteristic:		*provisional process capability:*	

4. Find synonyms[2]:
You can find two synonyms to each term in the box below.

process: *measuring equipment:* measurement equipment, action, proceeding, measuring device		*test result:* *forecast:* outlook, measuring result, result of measurement, prediction	

5. In each group there is a word which is the **odd man**[3]. Which one is it?

a) control chart, inspection chart, reject rate, original data chart b) evidence of machine capability, provisional process capability, measure, permanent process control	c) machine capability, capable machine, controlled machine, product quality d) QM assurance manual, Gaussian curve, average value, standard deviation

6. Please translate the information below. Use your English-German Vocabulary List if necessary.

> *A suggestion for improvement is the act of mentioning something which you or other people might do in a better way.*

---

1) *opposite:* Gegenteil   2) *synonym:* Synonym, ähnliches Wort, Ergänzung   3) *odd man:* Außenseiter, überzähliges Wort, fünftes Rad am Wagen

Lernfeld 12:
Instandhalten von technischen Systemen

Prinzipiell ist jedes Bauteil bzw. jede Baugruppe für sich störungsanfällig. Es können auch Abhängigkeiten zwischen den einzelnen Komponenten bestehen, sodass die Anzahl der Schäden einer technischen Anlage steigen kann. Je komplexer technische Systeme sind, desto häufiger können Störungen auftreten.

Die Instandhaltungsabteilung eines jeden Betriebes hat daher neben der Wartung (vgl. Lernfeld 4), Inspektion und Instandsetzung (vgl. Lernfeld 9) auch das Ziel, die Wirtschaftlichkeit, die Sicherheit und die Verfügbarkeit

komplexer Anlagen durch geeignete Maßnahmen zu erhalten oder sogar zu erhöhen.

Eine wichtige Voraussetzung dafür ist es, aus den Fehlerursachen und der Fehlerhäufigkeit Schwachstellen des Systems zu erkennen.

Einige der Maßnahmen, die Ihnen dabei zur Verfügung stehen wie z. B. die Schadensanalyse, Werkstoffprüfverfahren oder Wärmebehandlungsverfahren haben Sie bereits kennengelernt. Ihre Kenntnisse dieser Verfahren erweitern und vertiefen Sie in diesem Lernfeld. Zusätzlich lernen Sie neue Verfahren

kennen, die teilweise auf der Anwendung statistischer Verfahren beruhen, wie sie z. B. in Lernfeld 11 behandelt werden.

Ob Maßnahmen geeignet sind, hängt oft von der dadurch erreichten Prozessqualität (vgl. Lernfeld 11) sowie von dem Zusammenhang zwischen den Instandhaltungskosten und dem Instandhaltungsaufwand ab.

Neben den wirtschaftlichen beachten Sie auch die rechtlichen Folgen Ihrer Instandhaltungsarbeiten und deren Einfluss auf die Qualitätsanforderungen an die Produktion und das Produkt.

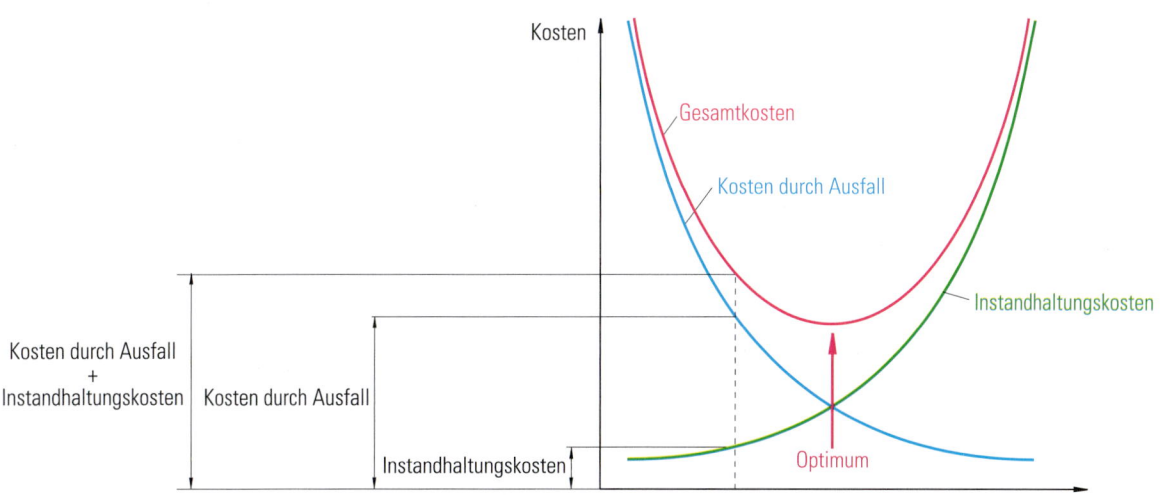

1 Instandhaltungsstrategien

Instandhaltungsstrategien *(maintenance strategies)* sind Regeln, die angeben, zu welchen Zeitpunkten welche Maßnahmen an welchen Anlagen bzw. Bauteilen durchgeführt werden sollen. Das Instandhaltungsmanagement *(maintenance management)* entscheidet über den Anwendungsfall der vier Instandhaltungsstrategien:

- **Störungsbedingte Instandhaltung** *(failure caused maintenance)* (Bild 1)
- **Intervallabhängige Instandhaltung** *(clearance dependant maintenance)* (Bild 2)
- **Zustandsüberwachende Instandhaltung** *(condition maintenance)* (Bild 3) und
- **Vorausschauende Instandhaltung** *(foresighted maintenance)*

1 Wiederaufbereitung großer und teurer Wälzlager zur Kostenreduzierung und Schonung von Ressourcen

2 In festgelegten Intervallen wird der Arbeitsraum der Maschine gereinigt

3 Permanente Überwachung von Maschinenschwingung, Wälzlagerzustand und Temperatur

Die ersten drei Instandhaltungsstrategien entsprechen den aus Lernfeld 9 bekannten Instandsetzungsstrategien *(overhauling strategies)*.

Bei der vorausschauenden Instandhaltung wird versucht, mögliche **zukünftig auftretende Fehler zu vermeiden**. Dies geschieht anhand von komplexen **Fehlerursachenanalysen**. Berücksichtigt werden dabei auch die vorhandenen Schadensanalysen (vgl. Kap. 4) ähnlicher technischer Systeme.

Maßnahmen der vorausschauenden Instandhaltung sind daher oft:

- Konstruktionsänderungen
- Einsatz anderer Werkstoffe
- Wechsel der Fertigungsverfahren
- Mitarbeiterschulungen

M E R K E

Ein optimales Instandhaltungskonzept *(maintenance concept)* ergibt sich häufig aus einer Kombination der verschiedenen Instandhaltungsstrategien.

Instandhaltungskonzepte sind individuell auf das jeweilige Unternehmen abgestimmt und orientieren sich an den jeweiligen **Kundenaufträgen** *(customer orders)*.

Im Instandhaltungsbereich können Arbeitsaufträge extern oder intern erfolgen.

Bei **externen Aufträgen** *(external orders)* übernimmt der beauftragte Betrieb für andere Unternehmen Instandhaltungsarbeiten. Dazu gehört gegebenenfalls auch die Entwicklung eines Instandhaltungskonzepts.

Interne Aufträge *(internal orders)* werden innerhalb eines Betriebs abgewickelt. Häufig sind dabei mehrere Abteilungen beteiligt.

Externe und interne Aufträge werden vergeben,

- wenn ein Störungsfall aufgetreten ist,
- wenn die Wirtschaftlichkeit erhöht werden soll,
- aufgrund von besonderen Kundenwünschen,
- um z. B. Kosten, die durch die Verbraucherrechte entstehen können, gering zu erhalten.

Ü B U N G E N

1. Beschreiben Sie die Vor- und Nachteile der genannten Instandhaltungsstrategien.

2. Erklären Sie die unterschiedlichen Anwendungsbereiche der Instandhaltungsstrategien.

3. Ordnen Sie den folgenden Fallbeispielen die entsprechende Instandhaltungsstrategie zu. Wälzlager werden ausgetauscht, wenn

a) die Funktion des Systems gestört wird.

b) eine Schwingungsüberwachung das mittlere Zeitsignal liefert.

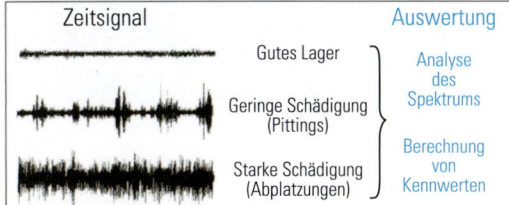

c) 2000 Betriebsstunden vorüber sind.

d) die gelagerte Welle neu konstruiert wird.

2 Kaufvertrag

Durch den Abschluss eines Kaufvertrags *(bill of sale)* ist nach § 433 BGB[1] der **Verkäufer** *(vendor)* einer Sache verpflichtet, diese dem Käufer frei von Sach- und Rechtsmängeln zu übergeben und das Eigentum daran zu verschaffen.

Der **Käufer** *(purchaser)* ist verpflichtet, dem Verkäufer den vereinbarten Kaufpreis zu zahlen und die gekaufte Sache abzunehmen.

Wird von einer Seite gegen diese Vertragspflichten verstoßen, so spricht man von einer **Leistungsstörung** (Bild 1).

1 Leistungsstörungen eines Kaufvertrags

Der Kaufvertrag ist in der Regel formfrei und kann sowohl **mündlich** als auch **schriftlich** abgeschlossen werden. Nur in bestimmten Fällen wie z. B. einer Grundstücksveräußerung schreibt der Gesetzgeber eine besondere Form vor.

Vom gesetzlichen Kaufrecht abweichende Vereinbarungen können nicht nur für den Einzelfall getroffen werden. Viel häufiger ist im Wirtschaftsleben, dass solche abweichenden Vereinbarungen in **Allgemeinen Geschäftsbedingungen (AGB)** enthalten sind. Sie werden von einer Vertragspartei gestellt und in den Vertrag mit einbezogen. Dabei besteht die Gefahr, dass Regelungen in AGB allzu einseitig die Interessen einer Partei – meist der wirtschaftlich stärkeren – bevorzugen.

3 Verbraucherrechte

In den vergangenen Jahren hat der **Verbraucherschutz** *(consumer protection)* aus wirtschaftlichen und politischen Gründen zunehmend an Bedeutung gewonnen. Da insbesondere die Rechte des Verbrauchers gestärkt werden sollen, ist es wichtig, die Unterschiede zwischen den einzelnen **Verbraucherrechten** *(consumer rights)* genau zu kennen. Diese sind z. B.:

■ die Mängelgewährleistung *(warranty of defects)*,

■ die Garantie *(guarantee)* und

■ die Produkthaftung *(product liability)*.

3.1 Mängelgewährleistung

Der Verkäufer ist verpflichtet, die Kaufsache **frei von Sach- und Rechtsmängeln** zu liefern. Darunter fallen auch sogenannte **versteckte Mängel** *(hidden lacks)* (§ 433 BGB), die bei der Übergabe bereits vorhanden waren, jedoch erst später entdeckt wurden.

Bei Vorliegen eines Mangels kann der Käufer **Gewährleistungsansprüche** *(warranty claims)* geltend machen und ggf. bei Gericht einklagen. Diese Ansprüche bestehen auch dann, wenn sie nicht ausdrücklich im Kaufvertrag vereinbart wurden und können auch nicht durch AGB ausgeschlossen werden.

Leistungsstörungen vonseiten des Verkäufers sind z. B.:

■ Lieferungsverzug

■ Mängel in der Kaufsache

Bei Mängeln in der Kaufsache wird nach § 434 BGB zwischen Sach- und Rechtsmängeln unterschieden.

Ein **Sachmangel** (Fehler) ist z. B.

■ Lieferung defekter, beschädigter oder verdorbener Ware.

■ Unsachgemäße Montage oder mangelhafte Montageanleitung, die zu fehlerhafter Montage geführt hat.

■ Lieferung einer anderen als der gekaufte Sache, Lieferung einer zu geringen Menge oder in mangelhafter Qualität.

Ein **Rechtsmangel** liegt vor, wenn an der gekauften Sache Rechte Dritter bestehen. Das ist z. B. bei verpfändeter oder gestohlener Ware der Fall oder bei einer Ware, die der Verkäufer durch Ratenzahlungskauf erworben hat, bei dem er das Eigentum an der Ware erst bei Zahlung der letzten Rate erhält.

Bei **Vorliegen eines Mangels** hat der **Käufer** die **Rechte** aus § 437 BGB:

1. Nacherfüllung, d. h., er kann wahlweise Beseitigung des Mangels oder Lieferung einer mangelfreien Sache verlangen. Das Wahlrecht des Käufers kann eingeschränkt werden, wenn das gewählte Recht (Reparatur oder Ersatzlieferung) für den Verkäufer mit unverhältnismäß hohen Kosten verbunden wäre.

2. Rücktritt oder **Minderung** (Preisnachlass) nach fruchtlosem Ablauf einer dem Verkäufer gesetzten angemessenen Nachbesserungsfrist oder nach mehrfach erfolglosen Nachbesserungsversuchen des Verkäufers. Unter bestimmten Voraussetzungen können Schadensersatz und Ersatz von Aufwendungen gefordert werden.

Verbraucherrechte

Die gesetzliche **Verjährungsfrist** *(limitation period)* beträgt nach § 438 BGB **zwei Jahre**. Sie verlängert sich auf **drei Jahre**, wenn der Verkäufer den Käufer hinsichtlich eines Mangels an der Kaufsache **arglistig getäuscht** hat.

Entscheidend für den **Beginn der Gewährleistungsfrist** ist beim **Sachmangel** nach § 434 Abs. 1 Satz 1 BGB grundsätzlich der Zeitpunkt der Übergabe an den Käufer oder beim Versendungsverkauf nach § 447 BGB z. B. an den Spediteur.

Verstößt der Käufer gegen den Kaufvertrag, z. B. durch Zahlungsverzug, so muss er mit Mahnungen, Mahngebühren bis hin zur Einschaltung des Gerichts durch den Verkäufer rechnen. Die daraus entstehenden Kosten muss der Käufer bezahlen.

1 Armaturen

3.2 Garantie

Der Garantiegeber verpflichtet sich **freiwillig** zu zusätzlichen Leistungen. Die Erklärung einer Garantie dient dazu, das Vertrauen des Kunden in das Produkt zu stärken.

M E R K E

Die Garantie ist eine freiwillige Selbstverpflichtung des Händlers oder Herstellers, die über die gesetzlichen Gewährleistungen des Kaufvertrags hinausgeht. Sie kann ausgeschlossen werden z. B. bei unsachgemäßer Nutzung, baulichen Veränderungen oder eigenen Reparaturen durch den Käufer.

Garantiearten

Es gibt die unterschiedlichsten Formen von Garantiehaftungen *(kinds of guarantees)*. Dazu gehören beispielsweise:

- **Preisgarantie** *(price guarantee)*: Rücknahme oder Preisangleichung, wenn die Konkurrenz billiger ist.
- **Zufriedenheitsgarantie** *(contentedness guarantee)*: Befristetes Rückgaberecht bei Unzufriedenheit mit dem Produkt.
- **Langzeitgarantie** *(long-term guarantee)*: Garantiertes Merkmal und die Garantiedauer werden konkret genannt wie z. B.: 12 Jahre Garantie gegen Durchrostung.
- **Reparaturgarantie** *(repair guarantee)*: Innerhalb einer bestimmten Frist wird eine kostenlose Reparatur garantiert.
- **Haltbarkeitsgarantie** *(durability guarantee)*: Der Verkäufer oder der Hersteller einer Sache garantiert, dass diese für eine bestimmte Dauer eine bestimmte Beschaffenheit behält.
- **Vor-Ort-Garantie** *(on site guarantee)*: Verkäufer oder Hersteller repariert die Anlage vor Ort beim Käufer.

Methode: Cu-01-F					18.07.2008 12:49:23		
Kommentar: Orientation			119436/05				
Mittelwert (n=0)				Elemente: Konzentrationen			

Untersuchungsb.:   Werkstoff: Rg 5
Chargen Nr.: 1E83   Proben Nr.:
Gussdatum: Prüfer:

	Cu %	Pb %	Sn %	Ni %	Zn %	Fe %	Al %	S %
⊥		4.00	4.00	0.0000	4.00	0.0000	0.0000	0.0000
x	84.3	4.64	5.18	0.95	4.70	0.045	<0.0010	0.018
⊤		6.00	6.00	2.00	6.00	0.300	0.010	0.100

	P %	Sb %	Si %	Cr %	Mn %	Cd %	Bi %	Ag %
⊥	0.0000	0.0000	0.0000					
x	0.0075	0.142	<0.0010	<0.0003	<0.0005	0.0026	<0.0010	0.022
⊤	0.100	0.250	0.010					

	Co %	Mg %	As %	Be %	Au %	B %	C %	Ti %
⊥								
x	<0.0015	<0.0005	0.015	<0.0001	0.0024	<0.0005	0.0019	0.0022
⊤								

	Zr %
⊥	
x	<0.0000
⊤	

2 Nachweis der chemischen Zusammensetzung mithilfe einer Spektralanalyse

Beispiel:

Um ihre Aufgaben erfüllen zu können, müssen Armaturen (Bild 1) bestimmte Eigenschaften erfüllen. Die Kunden der Herstellerfirma fordern einen **Qualitätsnachweis**. Der Hersteller **garantiert** die Einhaltung dieser Eigenschaften, indem er z. B. ein Zeugnis über die chemische Zusammensetzung der Einzelteile ausstellt.

Bei jedem Einzelteil der Armaturen sind die **prozentualen Anteile** der Legierungselemente wie Kupfer, Zink usw. zu dokumentieren.

Mithilfe der **Spektralanalyse** *(spectrum analysis)* kann dieser Nachweis erfolgen (Bild 2).

Überlegen Sie!

1. Erläutern Sie den Unterschied zwischen Garantie und Mängelgewährleistung.
2. Nennen Sie aus Ihrer beruflichen Praxis oder Ihrem privaten Umfeld Beispiele für die genannten Garantiearten.
3. Nennen Sie drei Garantiearten und erläutern Sie diese.
4. Ordnen Sie den Fällen den entsprechenden Mangel zu:
   a) Bei einer Lieferung von 20 Wälzlagern haben zwei nicht die bestellte Größe.
   b) Ein Käufer kommt in finanzielle Schwierigkeiten und bezahlt daher zunächst nicht.
   c) Ein Käufer verweigert die Annahme der bestellten Elektromotoren, weil er sie zwischenzeitlich bei einem Mitbewerber günstiger erwerben konnte.
   d) Die Firma CFS bestellte Linearführungen für Verpackungsanlagen, die sie auch 14 Tage nach dem vereinbarten Termin noch nicht erhalten hat.

3.3 Produkthaftung

Nach dem **Produkthaftungsgesetz** (ProdHaftG) *(product liability act)* haftet ein Hersteller, wenn von ihm in den Verkehr gebrachte Produkte Personen oder Sachen schädigen.

Als Hersteller gilt, wer das (End-) Produkt verantwortlich erzeugt hat. Infolgedessen wird auch ein Zulieferer als Hersteller seines (Teil-) Produkts angesehen, nicht aber derjenige, der die Teile nur zusammenfügt. Falls der Endprodukthersteller nicht ermittelt werden kann, haftet der Quasi-Hersteller, der das Produkt mit seiner Marke oder seiner Firma versehen hat. Kann ein Hersteller nicht festgestellt werden, haftet der Importeur, der das Produkt aus einem Land außerhalb der Europäischen Union wie z. B. Norwegen, USA, Russland oder China in das Gebiet der Europäischen Union eingeführt hat. Falls auch der Importeur nicht ermittelt werden kann, haftet jeder Lieferant.

Bei der Produkthaftung gilt **Beweislastumkehr**, d. h., nicht der Käufer bzw. Nutzer muss den Fehler des Produkts nachweisen. Vielmehr muss der Hersteller schlüssig darlegen, dass das Produkt im Zeitpunkt des Inverkehrbringens fehlerfrei war.

Es ist eine Haftungshöchstgrenze für Personenschäden vorgesehen, die bei 85 Mio. € liegt. Das ProdHaftG enthält eine Ausschlussfrist von zehn Jahren nach dem Inverkehrbringen des Produkts.

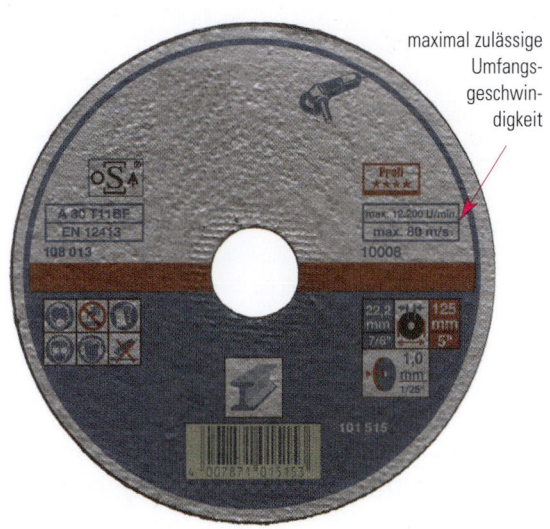

maximal zulässige Umfangsgeschwindigkeit

2 *Trennscheibe*
Die zulässige Umfangsgeschwindigkeit von 80 m/s ist auch an dem roten Farbbalken erkennbar (siehe Lernfeld 5)

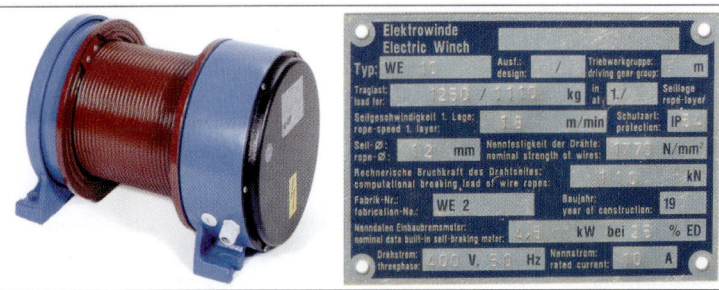

1 *Seilwinde mit Typenschild*

1. Beispiel:
Der Hersteller der **Seilwinde** (Bild 1) prüft z. B. die funktionsrelevanten Kennwerte, bevor er die Seilwinde ausliefert.
Dazu gehören z. B.
- Traglast
- Seilgeschwindigkeit
- Kenndaten des Motors

2. Beispiel:
Trennscheiben werden im metalltechnischen Gewerbe häufig in Winkelschleifern eingesetzt. Wenn die Trennscheiben nicht den Anforderungen entsprechen, besteht eine sehr hohe Verletzungsgefahr für die Fachkraft. Weiterhin können in der Nähe befindliche Personen verletzt und Anlagen beschädigt werden. Aus diesem Grund wird an Trennscheiben stichprobenartig im **Fliehkraftversuch** *(centrifugal test)* die Bruchsicherheit überprüft. Dabei wird die Umdrehungsfrequenz bis zum Bruch gesteigert und die zulässige Arbeitsgeschwindigkeit der jewei-

ligen Trennscheibe ermittelt. Diese Angaben müssen auf der Trennscheibe vermerkt sein (Bild 2).

3. Beispiel:
Hersteller starten eine **Rückrufaktion** *(product recall)*, wenn nach dem Verkauf festgestellt wird, dass Menschen und Gegenstände erheblich verletzt bzw. beschädigt werden können. Dabei werden Käufer aufgefordert, das erworbene Produkt nicht weiter zu benutzen und umgehend zurückzugeben.

> **MERKE**
> Das Produkthaftungsgesetz veranlasst Hersteller zu
> - hoher Produktsicherheit
> - schnellstmöglicher Behebung von Mängeln

ÜBUNGEN

1. Erläutern Sie das Verbraucherrecht „Produkthaftung".

2. Informieren Sie sich in Ihrem Betrieb, ob Prüfungen aufgrund des Produkthaftungsgesetzes durchgeführt werden.

3. Erläutern Sie den Begriff „Rückrufaktion".

4 Schadensanalyse

Wenn an Anlagen, Bauteilen oder Produkten ein Schaden auftritt, muss der Fehler analysiert werden (Bild 1). Das Instandhaltungswesen des Herstellers bzw. des Betreibers hat daher das Ziel, mögliche Fehlerursachen wie zum Beispiel

- Bauteilfehler
- Konstruktionsfehler
- Werkstofffehler
- Bedienerfehler
- Wartungsfehler

zu finden und zu beheben.

Dazu ist zunächst eine Schadensanalyse *(analysis of damage)* notwendig. Die folgenden Ausführungen beziehen sich auf eine Produktschadensanalyse.

1 Schäden an einem Zahnrad

4.1 Ziele der Schadensanalyse

Ziele einer jeden Schadensanalyse sind:

- Gleichartige Schäden zukünftig zu vermeiden.
- Fehler frühzeitig zu erkennen (Bild 2).
- Folgeschäden zu verhindern.
- Ursachen wie z. B. Bedienerfehler zu vermeiden.
- Verbesserungsmöglichkeiten zu finden.
- Erfahrungen und Kenntnisse weiterzugeben.

Unter der Annahme, dass Bedienerfehler nicht die Störungsursache sind, liegen Fehler oft im Bereich der **Werkstoffauswahl** *(choice of material)* oder **Werkstoffbearbeitung** *(material treatment)*. Dementsprechend liegt der Schwerpunkt einer Schadensanalyse häufig im Bereich der Werkstoffprüfung und der Beurteilung der durchgeführten Wärmebehandlungsverfahren.

Bevor eine Schadensanalyse durchgeführt wird, müssen jedoch die **Fehlerarten** *(types of mistakes)* und die **Fehlerhäufigkeiten** *(error rates)* ausgewertet werden.

Es wird zwischen **absoluter** und **relativer Häufigkeit** unterschieden.

Die relative Häufigkeit lässt sich nach folgender Formel berechnen:

$$\text{relative Häufigkeit} = \frac{\text{absolute Häufigkeit} \cdot 100\,\%}{\text{Gesamtanzahl}}$$

 **MERKE**

Die relative Häufigkeit eines Merkmals ist der prozentuale Anteil der entsprechenden absoluter Häufigkeit.

Die **Summenhäufigkeit** *(cumulative frequency)* ergibt sich aus der Addition der relativen Häufigkeiten.

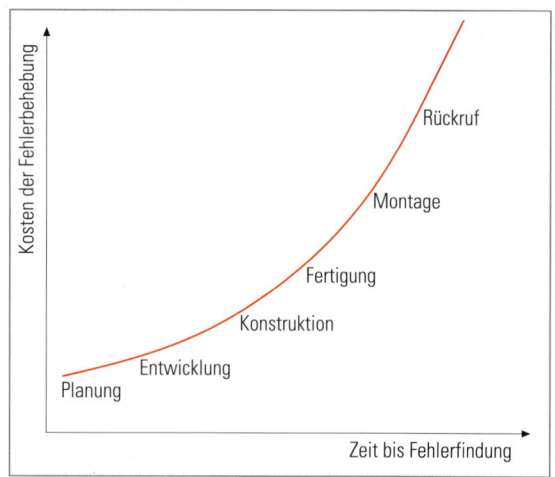

2 Zusammenhang zwischen Kosten und dem Zeitpunkt der Fehlererkennung

Beispiel:

Von 200 gefertigten Wellen wurden bei 5 Wellen fehlerhafte Längenmaße und bei 10 Wellen ungenügende Oberflächenqualitäten festgestellt.

Merkmal	Absolute Häufigkeit	Relative Häufigkeit	Summen-häufigkeit
Fehlerhafte Längenmaße	5	2,5 %	2,5 %
Ungenügende Oberflächen-qualität	10	5 %	7,5 % (2,5 % + 5 %)
Fehlerfreie Wellen	185	92,5 %	100 % (7,5 % + 92,5 %)
Summe	200	100 %	

3 Häufigkeit von Schadensmerkmalen

4.2 Pareto-Analyse

Eine Möglichkeit der Fehlerauswertung ist die Pareto[1]-Analyse *(pareto analysis)* – auch ABC-Analyse *(ABC analysis)* genannt.

MERKE

Eine Pareto-Analyse basiert auf der Erfahrung, dass 80 % der Fehler auf 20 % der möglichen Ursachen zurück zuführen sind.

Aus mehreren möglichen Ursachen werden diejenigen herausgefiltert, die den größten Einfluss auf eine Störung haben. So entsteht eine Entscheidungshilfe, in welcher Reihenfolge die Ursachen bekämpft werden sollten.

Eine Pareto-Analyse besteht aus mehreren Schritten:

1. Schritt: Feststellung der Fehlerursachen *(diagnosis of error causes)*

Bei einem Zahnradgetriebe können Fehler auftreten, die auf folgende mögliche Ursachen zurückzuführen sind:

- Eindringen von Schmutz
- Falsche Wälzlagerauswahl
- Leckage
- Zu wenig Schmierung des Getriebes
- Zu viel Schmierung des Getriebes
- Falsches Schmiermittel
- Falsche Werkstoffauswahl
- Fehlerhafte Wärmebehandlung
- Keine oder falsche Wärmebehandlung
- Montagefehler der Zahnräder
- Überlastung

2. Schritt: Bestimmung der Fehlerhäufigkeiten *(regulation of error rates)*

Bei 175 fehlerhaften Getrieben sind folgende Fehlerhäufigkeiten festgestellt und tabellarisch erfasst wurden:

Fehlerart	Absolute Häufigkeit
Eindringen von Schmutz	48
Leckage	52
falsche Lagerauswahl	4
zu wenig Schmierung	7
zu viel Schmierung	5
falsches Schmiermittel	3
falsche Werkstoffauswahl	1
fehlerhafte Wärmebehandlung	3
keine Wärmebehandlung	1
Montagefehler	45
Überlastung	4
Sonstiges	2
Summe	175

Überlegen Sie!

1. Übernehmen Sie die Tabelle, evt. mithilfe eines Tabellenkalkulationsprogramms, der Größe nach sortiert in Ihre Unterlagen und ergänzen Sie diese um zwei Spalten. Tragen Sie in die dritte Spalte die relativen Häufigkeiten ein.
2. Welchen Wert muss die Summe der relativen Häufigkeit ergeben?
3. Tragen Sie in die vierte Spalte die Summenhäufigkeit ein.

3. Schritt: Grafische Darstellung *(graphical representation)*

Die grafische Darstellung (Bild 1) kann mithilfe eines Tabellenkalkulationsprogramms erfolgen.

Dabei werden die relativen Fehlerhäufigkeiten der Größe nach geordnet und in einem Säulendiagramm dargestellt. Die Grafik wird um die Summenkurve ergänzt.

Die **Summenkurve** *(cumulative curve)* ist die grafische Darstellung der Summenhäufigkeit.

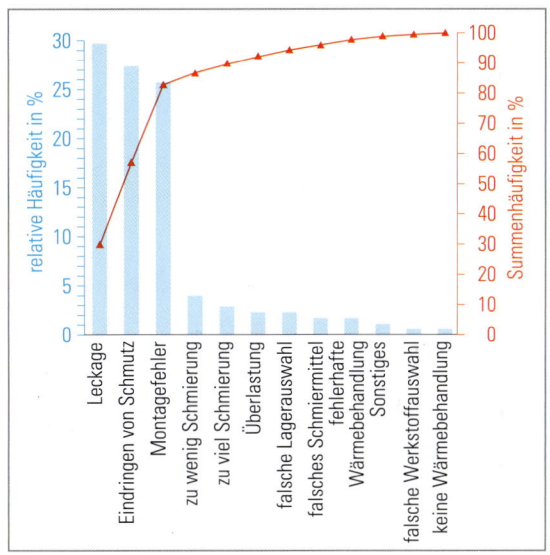

1 Grafische Darstellung

Überlegen Sie!

1. Erstellen Sie mithilfe eines Tabellenkalkulationsprogramms die Grafik Bild 1.
2. Begründen Sie mithilfe von Bild 1 die Bedeutung der Summenkurve.

4. Schritt: Auswertung *(evaluation)*

Aus der Grafik Bild 1 ist anschaulich zu erkennen, dass ca. 80 % der Fehler durch Leckage, Eindringen von Schmutz sowie Montagefehler entstehen. Aus diesem Grund sind zunächst Maßnahmen einzuleiten, die diese Fehlerursachen minimieren. Dazu gehören zum Beispiel:

- Überprüfen, ob die richtigen Dichtungen verwendet wurden.
- Schulung der Mitarbeiter, um die Montagefehler zu vermeiden.

---

1) benannt nach VILFREDO FEDERICO PARETO, italienischer Ingenieur, Ökonom und Soziologe (1848 bis 1923)

Werkstoffprüfverfahren

Überlegen Sie!

Führen Sie für das folgende Beispiel eine Pareto-Analyse durch: Ein Unternehmen hat eine Liste von Kundenreklamationen erstellt.

Reklamationsart	Häufigkeit
Unpünktliche Lieferung	30
Qualitätsmängel	17
Fehlende Begleitmaterialien	10
Mangelhafte Verpackung	7
Unvollständige Ware	5
Falsche Beratung	2

Aufgrund der Verbraucherrechte und unternehmerischen Ziele (Bild 1) sind Betriebe in der Regel daran interessiert, qualitativ hochwertige Produkte herzustellen. Um diese Ziele zu erreichen,

1 Beispiele für unternehmerische Ziele

5 Werkstoffprüfverfahren

Für das beschädigte Zahnrad (Seite 108 Bild 1) eines Getriebes stellen sich für die Instandhaltung unter der Annahme, dass keine Bedienerfehler vorliegen, folgende Fragen:

1. Hat der Werkstoff, die vom Hersteller genannten Eigenschaften *(properties)* (vgl. Kap. 3 Verbraucherrechte)?
2. Ist der richtige Werkstoff *(material)* ausgewählt worden? (vgl. Kap. 5.1 Werkstattprüfverfahren *(workshop methods of testing)* und Kap. 5.2 Technologische Prüfverfahren).
3. Liegen Werkstofffehler *(material malfunctions)* vor (vgl. Kap. 5.3 Metallografische Prüfverfahren) ?
4. Haben Betriebsbedingungen *(operating conditions)* Einfluss auf das Werkstoffverhalten (vgl. Kap. 5.4 Zerstörungsfreie Prüfverfahren)?
5. Sind die vorgeschriebenen Wärmebehandlungen *(heat treatments)* (vgl. Kap. 6 Wärmebehandlungsverfahren) fachgerecht durchgeführt worden?

werden oft **Werkstoffprüfungen** *(material tests)* durchgeführt. Diese haben drei Schwerpunkte:

- **Bestimmung technologischer Kennwerte** *(determination of technological characteristics)*: Werkstoffprüfverfahren erfassen die verschiedenen Eigenschaften und können oft Kennwerte liefern, die zur Beurteilung verschiedener Eigenschaften von Proben und Bauteilen dienen.
- **Überprüfung bereits eingesetzter Werkstücke** *(checking of used work pieces)*: Im Betrieb eingesetzte Werkstücke werden im Rahmen der vorbeugenden Instandhaltung auf Schäden wie z.B. Risse geprüft.
- **Ermittlung von Schadensursachen** *(inquiry of causes of damage)* (vgl. Kap. 4): Ursachen von Schäden können durch Werkstückprüfungen bestimmt werden.

Die **Einteilung** *(classification)* der verschiedenen Werkstoffprüfverfahren ist nicht genormt. Aus Sicht der Instandhaltung ist die im Folgenden beschriebene Einteilung (Bild 2) zweckmäßig.

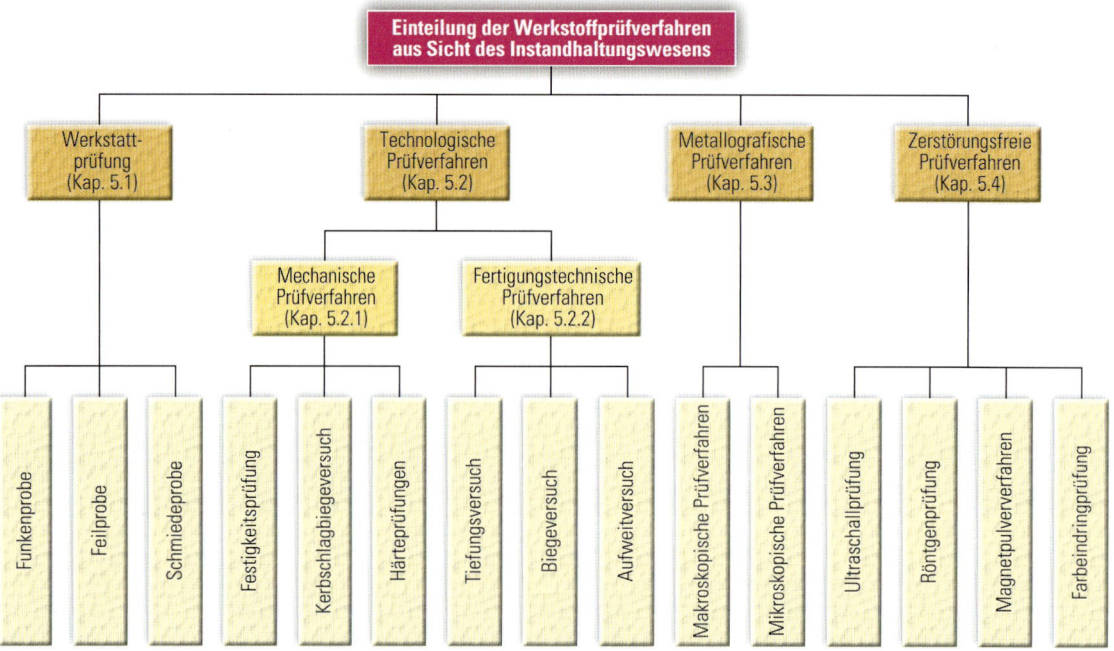

5.1 Werkstattprüfverfahren

Werkstattprüfungen *(workshop methods of testing)* sind einfache Werkstoffprüfungen, die in jeder Werkstatt ohne großen Aufwand durchgeführt werden können (Bild 1). Oft werden Werkstattprüfungen bei Instandsetzungsarbeiten in der Einzelfertigung *(single part production)* durchgeführt.

Überlegen Sie!

Nennen Sie einige Werkstattprüfverfahren, die Sie in Ihrer beruflichen Praxis kennen gelernt haben.

Bei den Werkstattprüfungen werden keine zahlenmäßigen Werte ermittelt.
Um für den jeweiligen Auftrag den geeigneten Werkstoff auswählen zu können, kombiniert die Fachkraft deshalb Fachwissen mit praktischen Erfahrungen.

MERKE

Werkstattprüfungen geben erste Hinweise auf die Anwendbarkeit eines Werkstoffs.

5.2 Technologische Prüfverfahren

Technologische Prüfverfahren *(technological methods of testing)* haben meist die Aufgabe festzustellen, ob ein Werkstoff für eine bestimmte Verwendung (vgl. mechanische Prüfverfahren Kap. 5.2.1) oder Bearbeitung (vgl. fertigungstechnische Prüfverfahren Kap. 5.2.3) geeignet ist.
Die sorgfältige Anwendung dieser Prüfverfahren reduziert in erheblichem Maße Bauteilfehler und damit die **Instandhaltungskosten** *(costs for maintenance)* und den **Instandhaltungsaufwand** *(repairs and maintenance expenses)*.
Entsprechend der Einteilung der Werkstoffeigenschaften (Bild 2) erfolgt die Einteilung der technologischen Werkstoffprüfverfahren.

MERKE

Die technologischen Eigenschaften sind Grundlage für eine fachgerechte Werkstoffauswahl und deren Anwendung.

5.2.1 Mechanische Prüfverfahren

Die **mechanische Beanspruchbarkeit** *(mechanical strain)* von Werkstoffen wird in speziellen Prüfverfahren ermittelt. Dabei wird geprüft, welche mechanischen Beanspruchungen Werkstoffe und Bauteile ohne bleibende Verformung oder Bruch aufnehmen können. Ergebnisse sind **Festigkeits-**, **Härte-** und **Zähigkeitskennwerte** *(toughness-, hardness- and viscosity data)*. Der Belastungsfall ändert sich in Abhängigkeit vom zeitlichen Verlauf der auftretenden Beanspruchung (Bild 3 und Seite 112 Bild 1, vgl. auch Lernfeld 7). Häufig muss bei den mechanischen Prüfverfahren *(mechanical methods of testing)* das

1 Funkenproben
Die Funkenprobe (auch Schleiffunken-Analyse) ist eine Werkstoffprüfung zur groben Bestimmung eines Stahls.
a) Unlegierter Werkzeugstahl: viele C-Explosionen, stark verästelt
b) Säurebeständiger Stahl: glatte Strahlen ohne C-Explosionen

mechanisch-technologisch	physikalisch	chemisch-technologisch	fertigungstechnisch
fest,	Schmelzpunkt,	giftig,	zerspanbar,
hart,	Siedepunkt,	korrosions-	gießbar,
dehnbar,	Dichte,	beständig,	formbar,
elastisch,	Leitfähigkeit,	brennbar,	schweißbar,
zäh u.a.	Ausdehnungs-	explosiv,	schmiedbar,
	koeffizient	biologisch ab-	lötbar u.a.
	u.a.	baubar u.a.	

2 Einteilung der Werkstoffeigenschaften

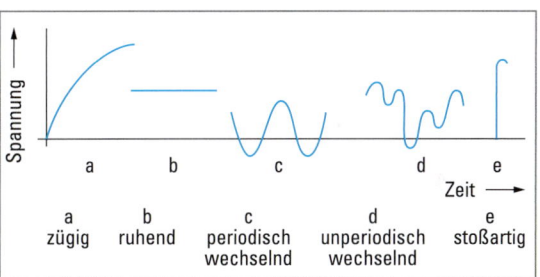

3 Belastungs-Zeitverläufe

Werkstück zerstört werden. Aus diesem Grund werden meist genormte Werkstoffproben für die Prüfung verwendet.

5.2.1.1 Festigkeitsprüfungen

Zu den zerstörenden Prüfverfahren gehören die Festigkeitsprüfungen *(strength tests)* wie Zug-, Druck-, Biege- und Kerbschlagbiegeversuch sowie der Dauerschwingversuch.

Zugversuch[1] **und Druckversuch**[2] *(tensile test and compression test)*

Bei den Chargen, aus denen die Armaturen (Seite 105 Bild 1) hergestellt werden, sind Zugversuche durchzuführen.
Der **Zugversuch** dient hauptsächlich zur Bestimmung der Festigkeitswerte

Belastungsart	Belastungsverlauf	Prüfverfahren	Zweck
Zug	zügig	Zugversuch	Ermittlung der Zugfestigkeit, Dehnung, Streckgrenze und Elastizitätsgrenze metallischer und nichtmetallischer Werkstoffe.
	ruhend	Standversuch	Feststellung des Werkstoff- oder Werkstückverhaltens bei ruhender Beanspruchung.
	schwingend	Dauerversuch (Durchschwing-versuch)	Feststellung des Werkstoff- oder Werkstückverhaltens bei wechselnder Beanspruchung, Zeit- oder Dauerfestigkeit.
Druck	zügig	Druckversuch	Ermittlung des Werkstoff- oder Werkstückverhaltens bei Druckbeanspruchung.
	zügig	Knickversuch	Prüfung der Knickfestigkeit von langen, schlanken Bauteilen.
Biegung	zügig	Biegeversuch	Ermittlung der Biegefestigkeit von Werkstoffen oder Bauteilen, hauptsächlich für Gusseisen.
	schwingend	Umlauf-/Wech-selbiegeversuch	Ermittlung der Biegewechselfestigkeit von Werkstoffen und Bauteilen.
	schlagartig	Kerbschlagbiege-versuch	Beurteilung der Zähigkeit von Werkstoffen.
Abscherung	zügig	Scherversuch	Feststellen der Scherfestigkeit metallischer Werkstoffe.
Druck	zügig	Härteprüfung	Feststellen der Härte (Eindringwiderstand) von Werkstoffen und Werkstücken.

1 *Festigkeitsprüfungen*

- **Streckgrenze** R_e *(yield point)*
- **Dehngrenze** R_p *(yield strength)*
- **Zugfestigkeit** R_m *(tensile strength)* (vgl. Lernfeld 5) und der
- **Bruchdehnung** A *(ultimate strain)*

Im **Zugversuch nach DIN EN ISO 6892-1:2009** wird bei Raumtemperatur eine genormte Werkstoffprobe (Seite 113 Bild 2) bei möglichst **konstanter Ziehgeschwindigkeit** mit der zunächst stetig anwachsenden Zugkraft F belastet.

Im Streckgrenzenbereich erfolgt eine deutliche plastische (bleibende) Verlängerung ohne Kraftzunahme: Die Zugprobe wird „gestreckt".

Die Zugkraft steigt weiter, bis sie die **Höchstkraft** F_m erreicht. Anschließend verringert sich die Zugkraft wieder, bis es schließlich zum **Bruch** kommt (Seite 113 Bild 3).

MERKE

Der Zugversuch dient zur Ermittlung des Werkstoffverhaltens bei Zugbeanspruchung.

Der Zugversuch wird auf rechnerunterstützten **Universalprüfmaschinen** (Bild 1) *(universal testing machines)* z. B. mithilfe von Sensoren (Extensometer) (Seite 113 Bild 1) durchgeführt, die kontinuierlich Längen- und Dehnungsänderungen aufzeichnen. Um werkstoffspezifische, bauteilunabhängige Kennwerte nutzen zu können, liefert das Prüfprotokoll ein **Spannungs-Dehnungs-Diagramm** (Seite 113 Bild 3). Aus diesem kann der Zu-

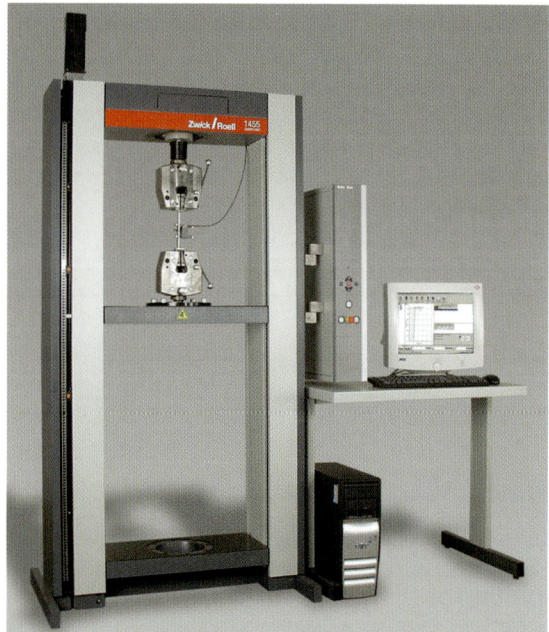

2 *Zugversuch an der rechnerunterstützten Universalprüfmaschine*

sammenhang zwischen vorhandener Spannung R bzw. σ und entsprechender Dehnung e bzw. ε abgelesen werden.

Bezogen auf den grundlegenden Verlauf der Spannungs-Dehnungs-Kurve werden zwei Werkstofftypen unterschieden:

1 Extensometer

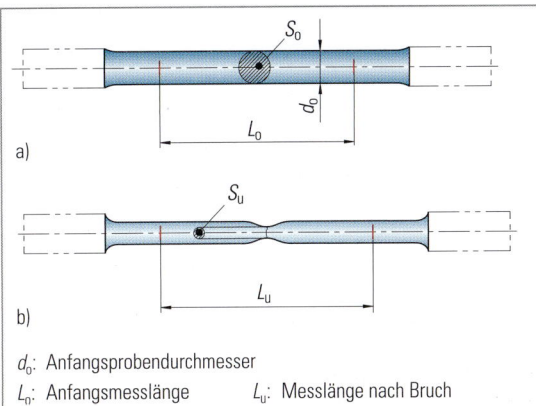

d_0: Anfangsprobendurchmesser
L_0: Anfangsmesslänge
S_0: Anfangsquerschnitt

L_u: Messlänge nach Bruch
S_u: Kleinster Querschnitt nach Bruch

2 Zugprobe nach DIN 50125
a) vor dem Bruch und b) nach dem Bruch

- Werkstoffe **mit ausgeprägter Streckgrenze** (unlegierte Baustähle) (Bild 3)
- Werkstoffe **ohne ausgeprägte Streckgrenze** (z. B. gehärteter Stahl, Aluminium- und Kupferlegierungen) (Bild 4)

Bei Werkstoffen **mit ausgeprägter Streckgrenze** werden die obere und untere Streckgrenze unterschieden.

Bei der **oberen Streckgrenze** R_{eH} tritt der erste deutliche Kraftabfall ein.

Die **untere Streckgrenze** R_{eL} ist der niedrigste Wert der Spannung (nach dem Einschwingverhalten) während des plastischen Fließens des Werkstoffs.

Die meisten Werkstoffe weisen ein Spannungs-Dehnungs-Diagramm **ohne ausgeprägte Streckgrenze** (Bild 4) auf. An die Stelle der Streckgrenze tritt die **Dehngrenze $R_{p0,2}$** *(yield strength)*.

Dies ist die Spannung, bei der die Zugprobe nach Entlastung eine plastische Dehnung von 0,2 % aufweist. Die Dehngrenze wird mithilfe einer Parallelen zur Anfangsgeraden, die durch $e_{p0,2}$ verläuft, ermittelt.

Nach dem Streckbereich steigt unter Zunahme der Zugkraft die Spannung bis zum Höchstwert, der **Zugfestigkeit R_m** *(tensile strength)*.

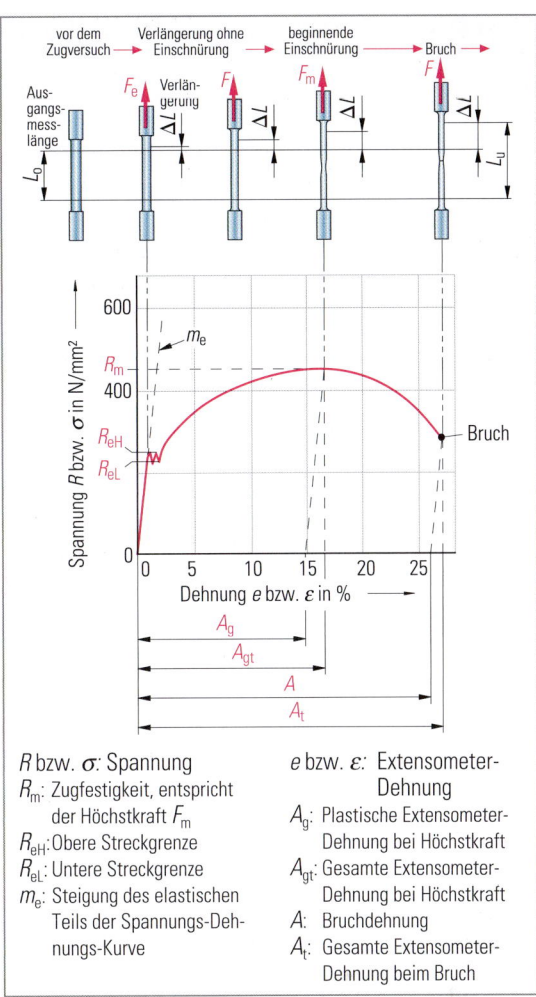

R bzw. σ: Spannung
R_m: Zugfestigkeit, entspricht der Höchstkraft F_m
R_{eH}: Obere Streckgrenze
R_{eL}: Untere Streckgrenze
m_e: Steigung des elastischen Teils der Spannungs-Dehnungs-Kurve

e bzw. ε: Extensometer-Dehnung
A_g: Plastische Extensometer-Dehnung bei Höchstkraft
A_{gt}: Gesamte Extensometer-Dehnung bei Höchstkraft
A: Bruchdehnung
A_t: Gesamte Extensometer-Dehnung beim Bruch

3 Spannungs-Dehnungs-Diagramm für einen Werkstoff mit ausgeprägter Streckgrenze

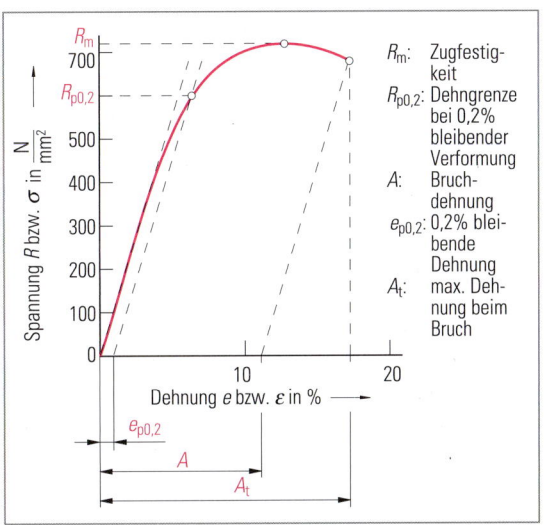

R_m: Zugfestigkeit
$R_{p0,2}$: Dehngrenze bei 0,2% bleibender Verformung
A: Bruchdehnung
$e_{p0,2}$: 0,2% bleibende Dehnung
A_t: max. Dehnung beim Bruch

4 Spannungs-Dehnungs-Diagramm mit nicht ausgeprägter Streckgrenze

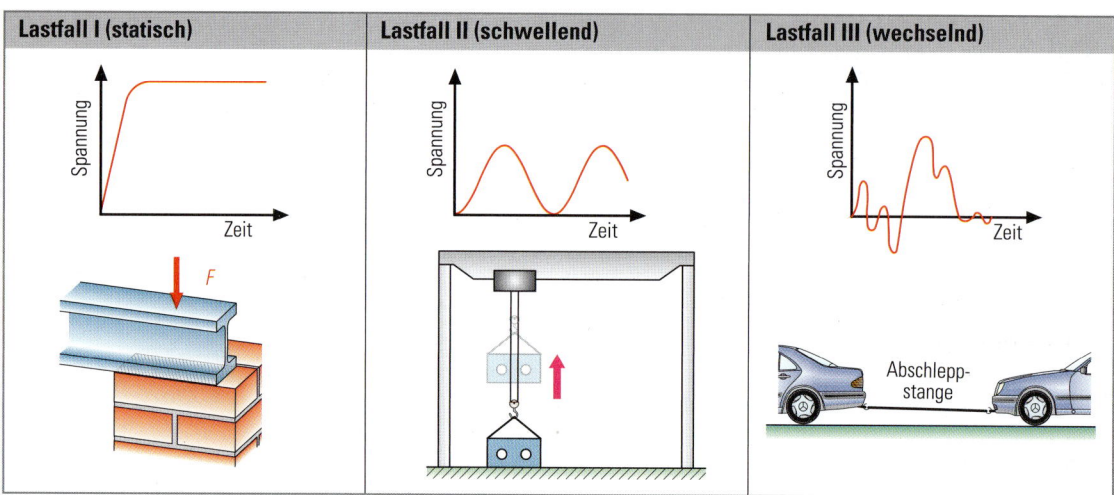

1 *Belastungsfälle verschiedener Bauteile*

Dauerschwingversuch[1] *(fatigue test)*

Die meisten technischen Bauteile unterliegen im Betrieb einer **dynamischen Belastung** *(dynamic loading)* (Bild 1).

Im Bild 2 ist der Beanspruchungs-Zeitverlauf dargestellt. Zur vollständigen Beschreibung einer Schwingung sind immer die Mittelspannung und die Spannungsamplitude oder die obere und untere Spannung anzugeben.

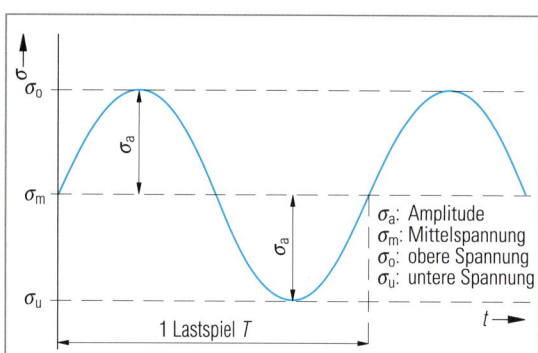

2 *Beanspruchungs-Zeitverlauf (Wechselfestigkeit)*

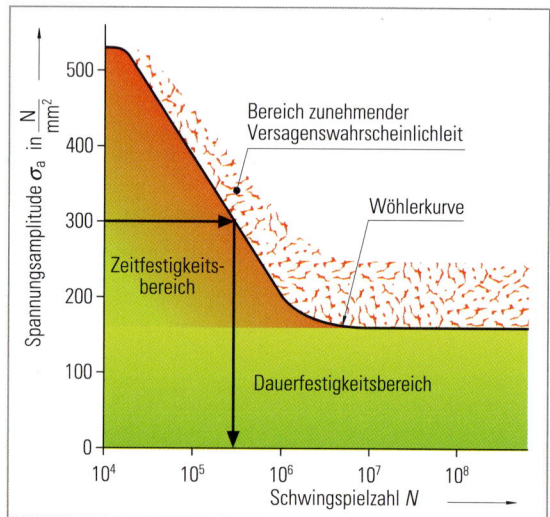

3 *Wöhlerkurve*

Im Dauerschwingversuch werden die Zeitfestigkeit und die Dauerschwingfestigkeit ermittelt. Dazu wird von der Prüfmaschine eine sinusförmige Spannung (Bild 2) erzeugt und die Lastspiele bis zum Bruch der Probe (**Bruchschwingspielzahl** N_B) werden gezählt. Der Zusammenhang zwischen gewählter Spannungsamplitude und erreichter Schwingungsspielzahl kann grafisch dargestellt werden (Bild 3). Werden für einen Werkstoff mehrere Versuche bei gleichbleibender Mittelspannung und verschiedenen Spannungsamplituden durchgeführt, entsteht die **Wöhlerkurve**[2].

Die **Dauerschwingfestigkeit**[3] *(fatigue strength)* bezeichnet die dauerhaft ertragbare Belastung (mechanische Spannung) eines Werkstoffs oder Bauteils bei schwingender Beanspruchung. Dauerhaft ertragbar ist eine Belastung, wenn sie keine bleiben-

den Schäden an einem Bauteil verursacht oder zu einem Versagen führt.

Zusätzlich ist die Mittelspannung zu beachten. Abhängig von der Mittelspannung wird von Wechselfestigkeit oder Schwellfestigkeit gesprochen:

- Die **Wechselfestigkeit** ist der Dauerfestigkeitswert, bei dem die Mittelspannung Null ist.
- Die **Schwellfestigkeit** ist der Dauerfestigkeitswert, bei dem die Mittelspannung gleich dem Spannungsausschlag ist.

Die Schwellfestigkeitswerte eines Werkstoffs sind höher als die Wechselfestigkeitswerte desselben Werkstoffes.

Unter **Zeitfestigkeit** *(endurance limit)* wird eine begrenzt ertragbare Belastung bei schwingender Beanspruchung verstan-

---

den. Die Schwingspielzahlen, die ohne Bruch ertragen werden können, liegen zwischen 10^4 und $2 \cdot 10^6$.

Im Bild 3 auf Seite 114 (oben) sind die Bereiche der Zeitfestigkeit und Dauerfestigkeit farblich hervorgehoben.

Der in Bild 3 auf Seite 114 untersuchte Stahl ist unterhalb einer Wechselspannung von 160 N/mm² dauerfest. Bei kleinen Amplituden kann die Lebensdauer so groß werden, dass der Versuch bei einer bestimmtem **Grenzschwingspielzahl** N_G beendet wird.

Grenzschwingspielzahl N_G für Stahl:	$2 \cdot 10^6 \dots 10^7$
N_G für Aluminiumlegierungen:	10^8

Oberhalb der Dauerschwingfestigkeit ist der Stahl zeitfest, d. h., er hat eine Bruchschwingspielzahl N_B, die kleiner als ca. 10^7 ist. Beispielsweise bricht der Werkstoff bei einer dynamischen Spannung von 300 N/mm² nach 300.000 Lastwechseln. Die Lebensdauer des Werkstoffs bei dieser Belastung ist eingeschränkt.

M E R K E

Je größer die Beanspruchung im Bereich der Zeitfestigkeit, desto kleiner die Bruchschwingspielzahl.

Wird ein dynamisch belastetes Bauteil über die zulässige Dauerfestigkeit beansprucht, kann mit zunehmender Lastspielzahl ein **Dauerbruch** *(fatigue fracture)* auftreten (Bild 1).

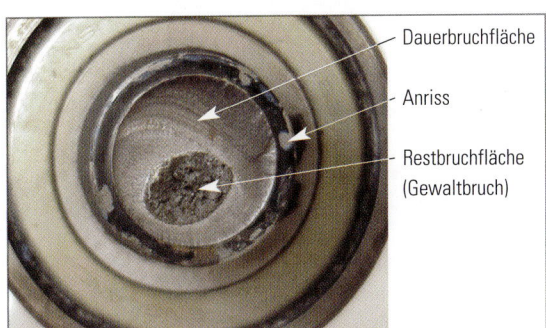

Dauerbruchfläche

Anriss

Restbruchfläche (Gewaltbruch)

1 Dauerbruch

Dauerbrüche können durch folgende Maßnahmen eingeschränkt werden:

■ Vermeiden von scharfkantigen Übergängen.
■ Vermeiden von Bearbeitungsriefen.
■ Fachgerechtes Inbetriebnehmen von Anlagen und Maschinen.

M E R K E

Die Spannungen, die ein Werkstoff bei dynamischer Belastung aushalten kann, sind wesentlich geringer als die im statischen Belastungsfall.

Einflussgrößen auf die Dauerfestigkeit

Die Mind-Map unten zeigt die Einflussgrößen auf die Dauerfestigkeitswerte. Aus diesen Faktoren ergeben sich verschiedene Anforderungen an die

■ Konstruktion,
■ Fertigung,
■ Montage und
■ Instandhaltung

Im Folgenden werden exemplarisch einige Aspekte genannt:

■ Das Kristallgitter hat Einfluss auf die Festigkeitskennwerte. Krz-Gitter haben eine Dauerfestigkeit, kfz-Gitter weisen auch bei hohen Schwingspielzahlen nur eine Zeitfestigkeit auf.

■ Beim Härten wird der Werkstoff spröde. Dadurch steigt die Kerbwirkungszahl. Um höhere Dauerfestigkeitswerte zu erreichen, wird deshalb z. B. vergütet.

■ Querschnittsänderungen wie z. B. Bohrungen oder Absätze führen zu Spannungsspitzen an den entsprechenden Stellen. Dadurch steigt die Kerbwirkungszahl und die Dauerfestigkeit wird vermindert.

■ Oberflächenrauigkeiten wirken wie kleine Kerben. Je größer der Rauigkeitswert, desto geringer die Dauerfestigkeit.

■ Die Dauerfestigkeit wird durch die Beanspruchungsarten Biegung, Zug, Druck und Torsion beeinflusst (vgl. Tabelle Seite 116 Bild 1)

■ Bei zunehmender Temperatur sinkt die Dauerfestigkeit.

■ Durch Korrosion steigt die Kerbwirkung, die Dauerfestigkeit wird gemindert.

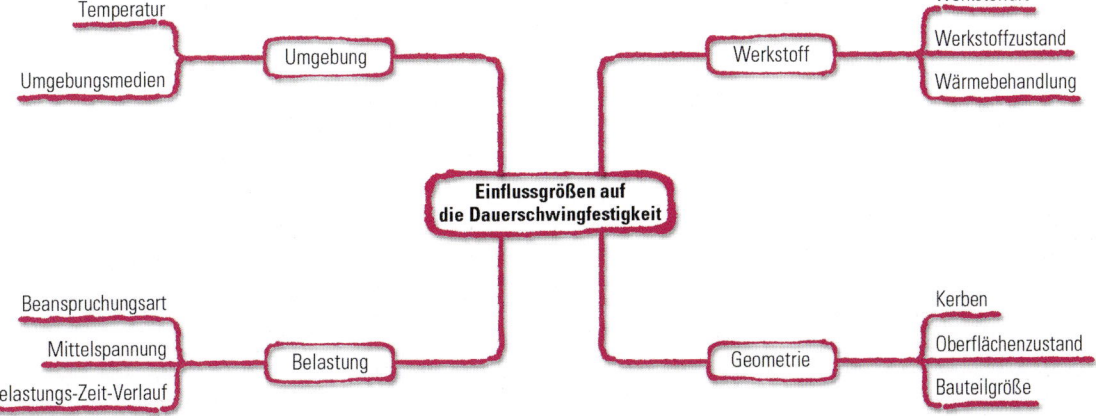

	Biege-wechsel-festigkeit	Zug-Druck-Wechsel-festigkeit	Torsions-wechsel-festigkeit
Baustahl	$0{,}5 \cdot R_m$	$0{,}45 \cdot R_m$	$0{,}35 \cdot R_m$
Vergütungsstahl	$0{,}44 \cdot R_m$	$0{,}41 \cdot R_m$	$0{,}3 \cdot R_m$
Aluminium	$0{,}4 \cdot R_m$	$0{,}3 \cdot R_m$	$0{,}25 \cdot R_m$

1 Faustformeln zur Ermittlung der Wechselfestigkeit aus der Zug-festigkeit

5.2.1.2 Kerbschlagbiegeversuch[1] (beam impact test)

Maschinenelemente wie Bolzen und Zahnräder werden häufig schlag- und stoßartig auf Biegung beansprucht.

Im Kerbschlagbiegeversuch kann die mechanische Belastbarkeit bei dieser Beanspruchung quantitativ beurteilt werden. Mit einem **Pendelschlagwerk** (Bild 2) wird die aufzuwendende Bracharbeit, die **Kerbschlagarbeit** (notch impact energy) (vgl. Lernfeld 5) ermittelt.

Die Größe der Kerbschlagarbeit gibt Auskunft über die **Zähigkeit** (toughness) bzw. **Sprödigkeit** (brittleness) metallischer Werkstoffe.

M E R K E

Um die Bruchneigung zu erhöhen, werden im Kerbschlag-biegeversuch gekerbte Proben verwendet.

Die Kerbschlagarbeit ist abhängig von der Prüftemperatur. Der Kerbschlagbiegeversuch wird daher bei verschiedenen Temperaturen durchgeführt. Die einzelnen Messpunkte werden durch eine Ausgleichskurve verbunden.

Der sich ergebende Kurvenverlauf (Bilder 3 und 4) und die Streuung der Versuchswerte sind abhängig vom Werkstoff und, wenn abweichende Prüfbedingungen vorliegen, auch von der Probenlänge und der Probenform.

Die entstehende Bruchart ist abhängig von der Werkstoffart und von der Prüftemperatur. Bei Stählen entstehen dabei Spröd-brüche in der Tieflage, Verformungsbrüche in der Hochlage und Mischbrüche in der Steillage (Bild 3).

Auch Werkstoffe, die gute statische Festigkeitskennwerte aufweisen, können im Betrieb bei schlag- bzw. stoßartiger Belas-

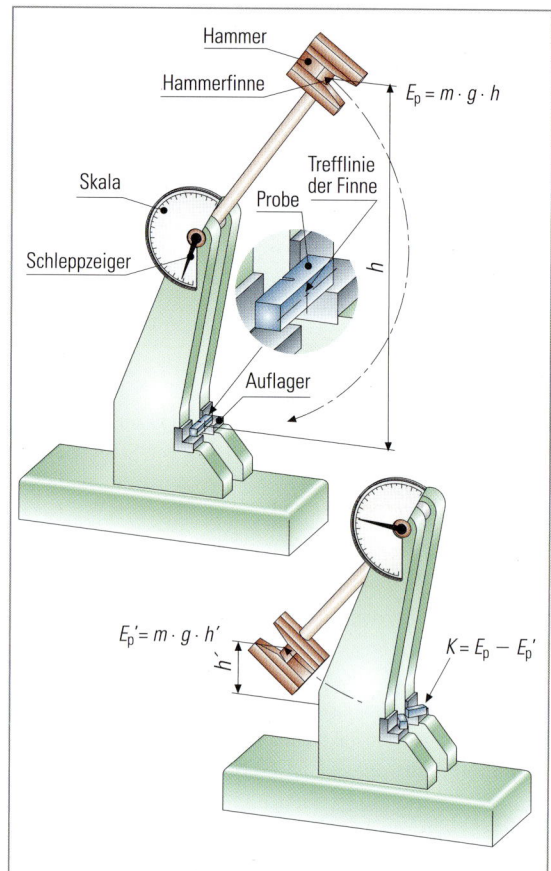

2 Pendelschlagwerk

tung zum **Trennbruch** (cleavage fracture) (Seite 117 Bild 1) nei-gen. Ein Trennbruch tritt plötzlich und ohne vorher sichtbare plastische Verformung auf. Der Werkstoff erscheint **spröde**.

Beim **Verformungsbruch** (ductile fracture) (Seite 117 Bild 2) erfolgt die Trennung durch Abscheren. Die aufzubringende Trennarbeit ist wesentlich größer als beim Trennbruch. Der Werkstoff ist **zäh**.

Beim **Mischbruch** (mixing fracture) (Seite 117 Bild 3) treten beide **Brucharten** (kinds of fracture) nebeneinander auf.

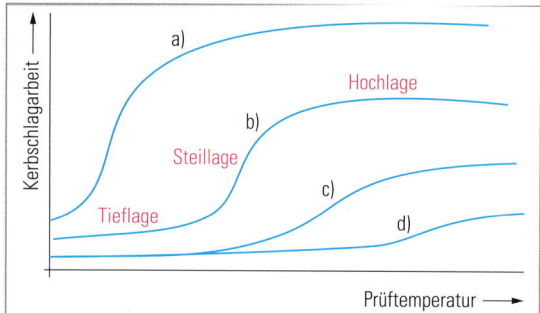

3 Kerbschlagarbeit-Temperaturkurven von Stahl
   a) vergütet, b) normalgeglüht, c) verformt, d) gehärtet

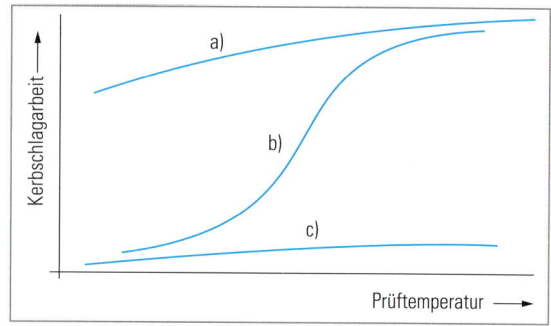

4 Kerbschlagarbeit-Temperaturkurven
   a) Al, Cu, Ni, austenitischer Stahl (kfz-Gitter) b) Stahl (krz-Gitter)
   c) Glas, Keramik, hochfeste Stähle

1 Trennbruch

2 Verformungsbruch

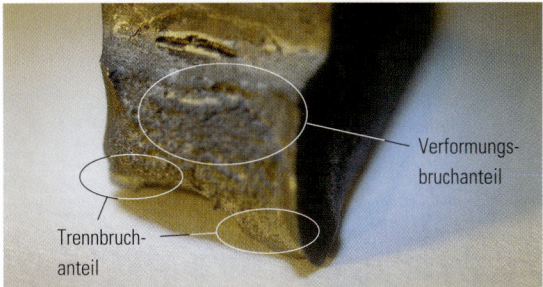

Verformungs-
bruchanteil

Trennbruch-
anteil

3 Mischbruch

Durch das Aussehen der Bruchfläche kann die Zähigkeit/
Sprödigkeit eines Werkstoffs beurteilt werden.

Das Aussehen der Bruchfläche wird im Instandhaltungswesen
genutzt, um z. B. die Trennbruchneigung
- von Stählen und Stahlgusssorten,
- nach einem Wärmebehandlungsverfahren oder
- von Schweißnähten beurteilen zu können.

5.2.1.3 Härteprüfungen *(hardness tests)*

Die Härte *(hardness)* ist der Widerstand eines Körpers gegen
das Eindringen eines anderen härteren Körpers.

Die Härte eines Werkstoffs ist demnach nur vergleichbar mit der
Härte eines anderen Werkstoffs.
Härteprüfungen sind relativ einfach durchführbar und bedingt
zerstörungsfrei, d. h., geprüfte Werkstücke sind meistens auch
nach der Prüfung brauchbar (Bild 4).

4 Härteprüfung an den beschichteten Zahnflanken eines Gewinde-
bohrers

Für viele metallische Bauteile sind die statischen **Härteprüf-
verfahren** *(statistical methods of testing for hardness)* nach
Brinell[1] (Bild 5), **Vickers**[2] (Seite 118 Bild 1) und **Rockwell**[3]
(Seite 118 Bild 2) (vgl. Lernfeld 5 und Tabellenbuch) üblich.

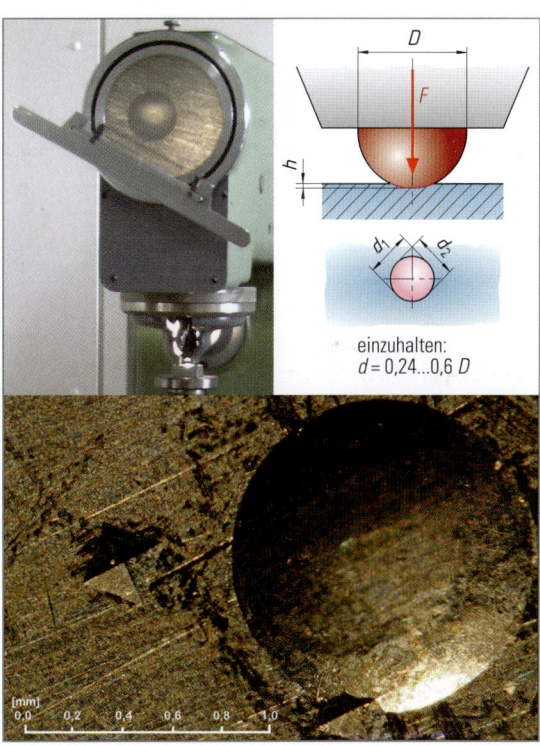

einzuhalten:
$d = 0{,}24 ... 0{,}6\ D$

5 Härteprüfung nach Brinell

Überlegen Sie!
*Nennen Sie die Anwendungsgebiete der drei statischen
Härteprüfverfahren (vgl. Lernfeld 5).*

Zwischen der Härte und der Zugfestigkeit bestehen Abhängigkeiten. Daher kann in gewissen Grenzen von der Härte auf die
Zugfestigkeit geschlossen werden.

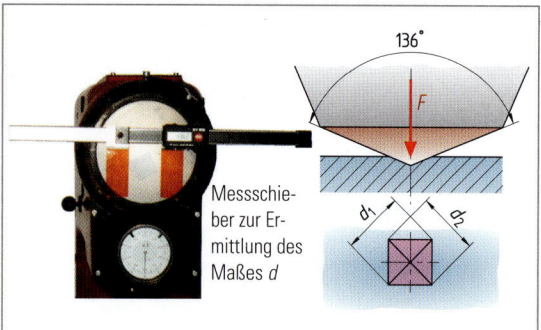

1 Härteprüfung nach Vickers

Messschieber zur Ermittlung des Maßes d

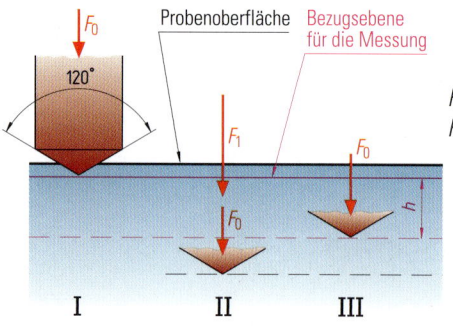

Probenoberfläche

Bezugsebene für die Messung

F_0: Prüfvorkraft
F_1: Prüfzusatzkraft

2 Härteprüfung nach Rockwell

MERKE

Für Stähle gilt:
$R_m \approx 0,35 \cdot HB$ (bis $R_m = 1400$ N/mm²)
$R_m \approx 0,38 \cdot HV$
(bei Härtewerten zwischen 80 HV und 650 HV)

Die Härte dynamisch beanspruchter Bauteile wie z. B. von Turbinenwellen wird mithilfe **dynamischer Härteprüfverfahren** *(dynamic methods of testing for hardness)* ermittelt.
Bei diesen Härteprüfverfahren (Shorehärte oder Schlaghärteprüfung) wird der Eindringkörper mit einer bestimmten kinetischen Energie aus einem festgelegten Abstand in das Bauteil gestoßen. Dabei wird die Rücksprunghöhe als Maß für die Härte benutzt.
Technische Weiterentwicklungen ermöglichen **automatisierte** *(automated)* (Bild 3) und **mobile** *(mobile)* (Bild 4) Härteprüfungen.

Überlegen Sie!

1. Welchen Vorteil haben automatisierte Härteprüfverfahren?
2. Welchen Vorteil haben mobile Härteprüfverfahren?

Die **Härteprüfung von Kunststoffen**[1] *(hardness tests of plastics)* wird auch als **Kugeleindruckversuch** *(ball-thrust test)* bezeichnet.

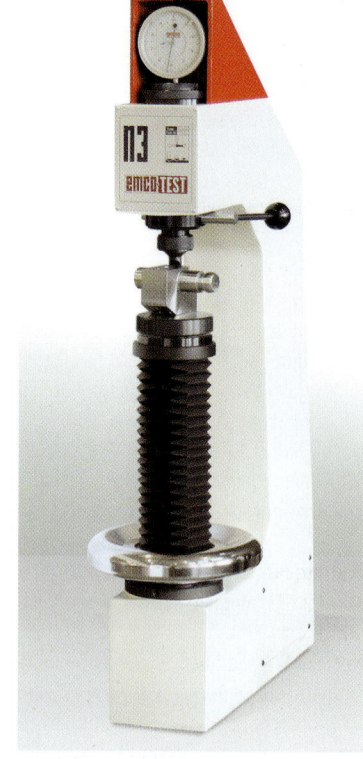

Universalhärteprüfgerät

3 Automatische Härteprüfung

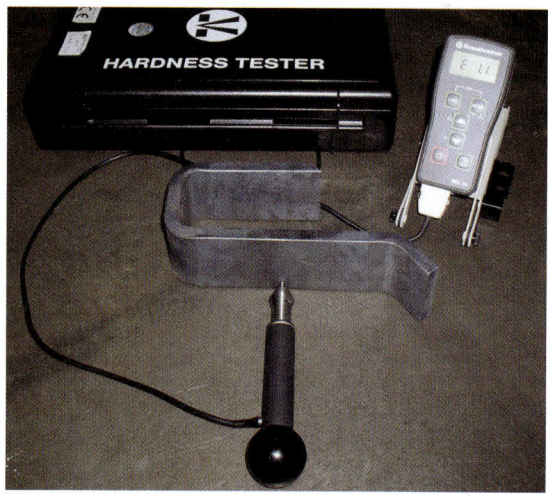

HARDNESS TESTER

4 Mobile Härteprüfung

Mit einer gehärteten Stahlkugel wird die **Kugeleindruckhär-te HB** *(hardness of ball intentation)* von Kunststoffen ermittelt. Nach dem Aufbringen der Vorkraft F_0 wird die Prüfkraft F_m für 2 bis 3 s aufgebracht und nach 30 s wird die Eindringtiefe h gemessen (Bild 1). Die Prüfkraft F_m ist so zuwählen, dass die Eindringtiefe h zwischen 0,15 mm und 0,35 mm liegt.

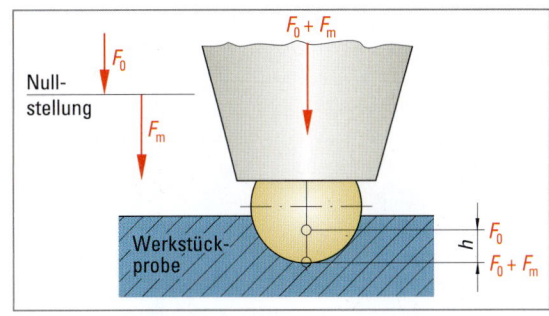

1 Härteprüfung von Kunststoffen

5.2.2 Fertigungstechnische Prüfverfahren

Mit fertigungstechnischen Prüfverfahren *(production methods of testing)* kann überprüft werden, ob ein Werkstoff für bestimmte Fertigungsverfahren geeignet ist. Neben den genormten Verfahren gibt es zahlreiche nicht genormter Prüfverfahren, um die Eignung der Werkstoffe für spezielle Fertigungsverfahren beurteilen zu können. Die Ergebnisse sind entweder zahlenmäßig erfassbar oder einfache Ja-Nein-Aussagen.

Die folgend genannten Prüfverfahren dienen zur Ermittlung der Umformeigenschaften.

Tiefungsversuch[1] *(cupping test)*

Mit dem Tiefungsversuch nach Erichsen[2] kann die **Tiefziehfähigkeit** *(deep drawability)* von Blechen und Bändern beurteilt werden. Genauso wie bei einem Tiefziehwerkzeug besteht das Prüfgerät aus einer Matrize, einem Blechhalter und einem Stempel (Bilder 2 und 3). Das zu prüfende Blech bzw. Band wird zwischen Matrize und Blechhalter gespannt. Dann wird der kugelförmige Kopf des Stempels mit dem Prüfstück in Berührung gebracht und anschließend soweit eingedrückt, bis ein Riss entsteht. Gemessen wird die Eindringtiefe in mm im Augenblick des Einreißens. Diese wird als **Erichsen-Tiefung IE** bezeichnet (Bild 4).

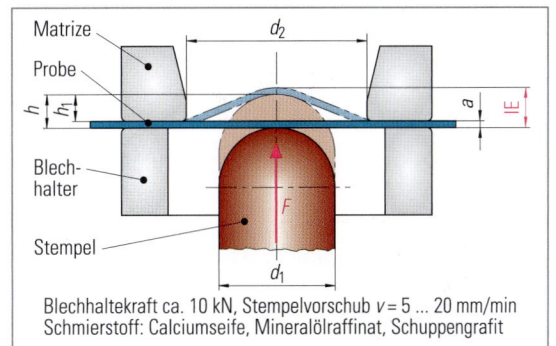

Blechhaltekraft ca. 10 kN, Stempelvorschub v = 5 … 20 mm/min
Schmierstoff: Calciumseife, Mineralölraffinat, Schuppengrafit

2 Prinzipanordnung des Tiefungsversuchs

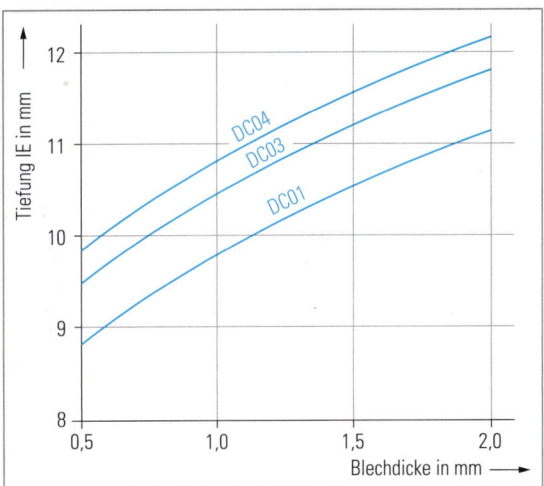

4 Erichsen-Tiefung von kaltgewalzten Flacherzeugnissen

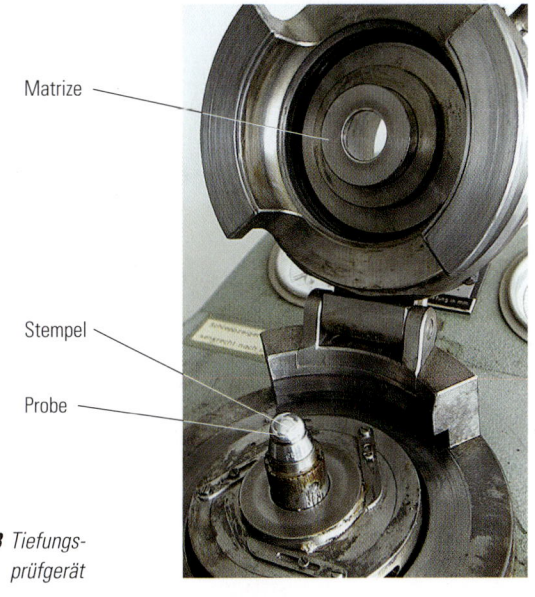

3 Tiefungs-prüfgerät

Biegeversuch (Faltversuch)[3] *(bending test/folding test)*

Der Biegeversuch (Bild 5) dient zur Bestimmung der plastischen Verformbarkeit unter Biegebeanspruchung.

Ermittelt wird der Biegewinkel α, bei dem die Probe auf der Dehnungsseite reißt. Oft ist auch ein Biegewinkel vorgeschrieben, ohne dass ein Anriss vorhanden sein darf.

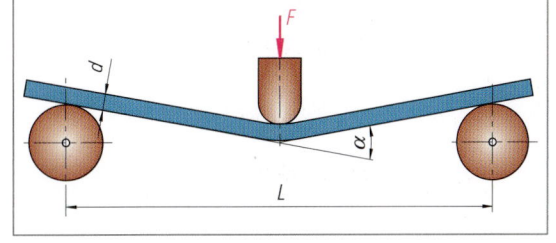

5 Dreipunkt-Biegeversuch (schematisch)

1) DIN EN ISO 20482   2) Benannt nach dem in Norwegen geborenen und später in Berlin lebenden Ingenieur A. M. ERICHSEN.
3) DIN EN ISO 7438

Werkstoffprüfverfahren

Mit fertigungstechnischen Prüfverfahren *(production methods of testing)* kann überprüft werden, ob ein Werkstoff für bestimmte Fertigungsverfahren geeignet ist. Neben den genormten Verfahren gibt es zahlreiche nicht genormter Prüfverfahren, um die Eignung der Werkstoffe für spezielle Fertigungsverfahren beurteilen zu können. Die Ergebnisse sind entweder zahlenmäßig erfassbar oder einfache Ja-Nein-Aussagen.

Aufweitversuch[1] *(drift expanding test)*
An Präzisionsrohren wird die Aufweitfähigkeit geprüft (Bild 1). Dazu wird ein konischer Dorn mit einem festgelegten Winkel β in das Rohr gedrückt, bis der geforderte Außendurchmesser C erreicht ist. Nach der Durchführung erfolgt eine Sichtprüfung. Risse dürfen dabei nicht erkennbar sein.

1 *Aufweitversuch*

5.3 Metallografische Prüfverfahren

Mit metallografischen Prüfverfahren *(metallographic methods of testing)* kann das Gefüge eines Werkstoffs sichtbar gemacht werden.
Bei **makroskopischen Untersuchungen** *(macroscopic investigations)* wird die wärmebehandelte, umgeformte oder geschweißte Werkstoffprobe geschliffen. Nach Auftragen eines geeigneten Ätzmittels wird der Faserverlauf sichtbar (Bild 2).

M E R K E

Makroskopische Untersuchungen machen den Faserverlauf an gefährdeten Stellen sichtbar.

Bei **mikroskopischen Untersuchungen** *(microscopic investigations)* wird mithilfe eines Mikroskops das Gefüge einer geschliffenen und polierten Werkstückprobe sichtbar (Bild 3 bis 5).

2 *Faserverlauf eines Schmiedewerkstücks*

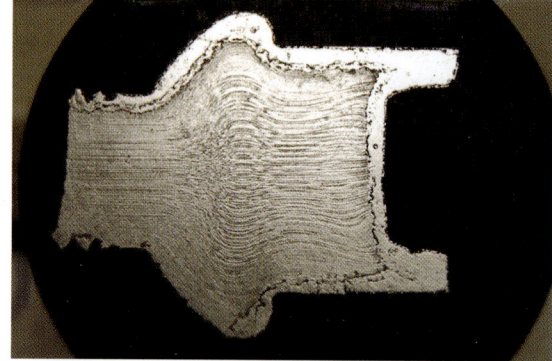

3 *Ungleiche Konzentration der Legierungselemente (Seigerung)*

4 *Gefüge eines weichen Werkstoffs*

5 *Gefüge eines harten Werkstoffs*

Ü B U N G E N

1. Welche Möglichkeit bieten metallografische Prüfverfahren?

2. Nennen Sie die zwei Hauptgruppen der metallografischen Prüfverfahren.

3. Nennen Sie Anwendungsbereiche für diese beiden Hauptgruppen.

4. Informieren Sie sich in Ihrem Betrieb, ob metallografische Prüfverfahren durchgeführt werden. Benennen Sie gegebenenfalls Bauteile, Ergebnisse und eventuell eingeleitete Maßnahmen.

5. Welche Maßnahmen könnten eingeleitet werden, um die in Bild 3 dargestellte Seigerung auszugleichen?

1) DIN EN 10234

5.4 Zerstörungsfreie Prüfverfahren

Zerstörungsfreie Prüfverfahren *(non-destructive methods of testing)* haben den Vorteil, dass sie Bauteile nicht beschädigen bzw. in ihrer Funktion einschränken.

Zerstörungsfreie Prüfverfahren werden meistens verwendet, um Fehler wie z. B. Risse im Bauteil sichtbar zu machen. Sie liefern keine Aussagen über die mechanische Belastbarkeit der verwendeten Bauteile.

M E R K E

Zerstörungsfreie Prüfverfahren werden sehr häufig in der vorbeugenden Instandhaltung eingesetzt, da sie Bauteile nicht beschädigen.

Ultraschallprüfung[1]

Mit der Ultraschallprüfung *(ultrasonic inspection)* können z. B. Fehler im Innern eines Bauteils frühzeitig erkannt werden. Dabei wird ein Schallkopf auf das zu prüfende Bauteil gesetzt. Dieser sendet Schallwellen an das Werkstück. Die Schallwellen werden an der Vorder- und Rückwand sowie an Fehlern zurückgeworfen. Auf einem mobilen Bildschirm werden die reflektierten Schallwellen als Ausschlag dargestellt (Bild 1). Größe, Form und Lage der Fehler können annähernd beurteilt werden. Schallwellen werden bei Werkstückdicken bis zu 10 m angewendet.

In Bild 2 sind einige Anwendungsbeispiele aufgeführt.

Röntgenprüfung *(x-ray inspection)*

Mithilfe von Röntgenstrahlen können berührungsfrei *(contactless)* Fehler wie Gasblasen oder Lunker in Werkstücken sichtbar gemacht werden (Bild 3).

Röntgenstrahlen sind gesundheitsschädigend. Die Röntgenprüfung darf deshalb nur von besonders geschultem Fachpersonal durchgeführt werden.

M E R K E

Die Röntgenprüfung liefert ein deutliches Fehlerbild (Bild 3).

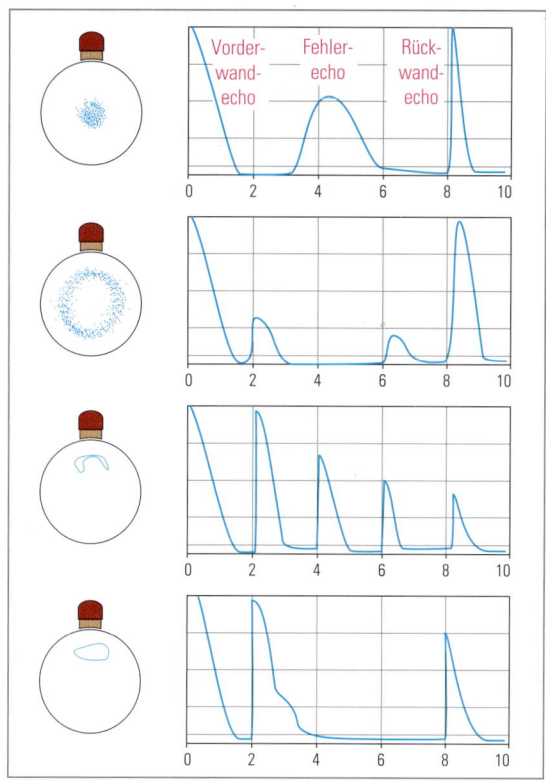

1 Prinzip der Ultraschallprüfung

2 Ultraschallprüfungen
  a) Schweißnahtprüfung
  b) Dickenmessung

Magnetpulververfahren[2]

Mit dem Magnetpulverfahren *(magnetic particle testing)* können Oberflächenrisse oder oberflächennahe Risse sowie nicht-

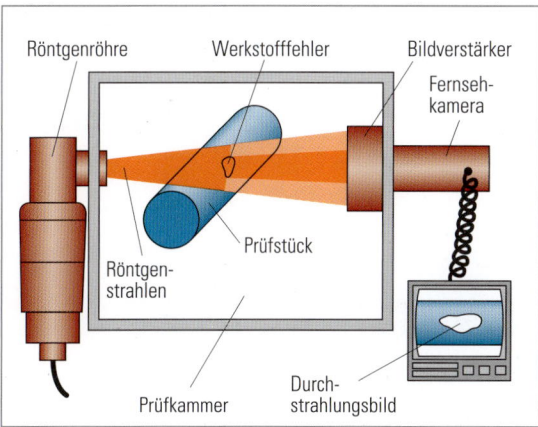

3 Prinzip der Röntgenprüfung

Röntgenröhre
Werkstofffehler
Bildverstärker
Fernsehkamera
Prüfstück
Röntgenstrahlen
Prüfkammer
Durchstrahlungsbild

Risse

4 Magnetpulverprüfung

1) DIN EN 10228
2) DIN EN 10228

metallische Einschlüsse oder Lunker bei magnetisierbaren *(magnetizable)* Werkstoffen sichtbar gemacht werden.

Bei dieser Prüfung werden ferromagnetische Pulverpartikel auf die Oberfläche gesprüht. Unter UV-Licht sind Veränderungen der Oberfläche sofort zu erkennen (Seite 121 Bild 4).

Durch diese Methode kann die Lage und Länge eines Fehlers beurteilt werden. Jedoch gibt es keine Aussage über die Fehlertiefe.

Farbeindringprüfung[1]

Mit der Farbeindringprüfung *(dye penetration testing)* können Risse an der Oberfläche sichtbar gemacht werden (Bild 1). Auf die gründlich gereinigte Bauteiloberfläche wird flüssige Farbe aufgetragen. Kleinere Bauteile können auch in ein Bad gelegt werden. Durch die **Kapillarwirkung**[2] wird die Farbe in die Risse gesogen. Nach einer Einwirkdauer zwischen 5 und 60 min, wird das Bauteil sorgfältig abgespült und getrocknet.

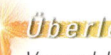

> **Überlegen Sie!**
> *Von welchen Faktoren kann die Einwirkdauer abhängen?*

Nun wird auf die Bauteiloberfläche ein Entwickler – meist Kreide – aufgebracht. Dieser Entwickler wirkt ebenfalls kapillar. Dadurch bildet sich über dem Riss nach einer gewissen Einwirkdauer eine breite Farbspur.

5.5 Ermitteln von Schadensursachen durch Werkstoffprüfungen

Verschleiß

Verschleiß *(abrasion)* (vgl. Lernfelder 4 und 9) ist besonders an mechanisch beanspruchten Bauteilen eine übliche **Abnutzungserscheinung** *(wearing aspect)*.

- Als Verschleiß werden die Abnutzungserscheinungen bezeichnet, die entstehen, wenn zwei oder mehr Werkstückoberflächen sich gegeneinander bewegen.
- Verschleiß wird somit hauptsächlich durch **Reibung** *(friction)* verursacht.
- Verschleißerscheinungen können durch Betriebsbedingungen wie steigende Temperatur, wechselnde Belastung, größere Beanspruchung „unerwartet" auftreten.
- Verschleiß kann durch **fachgerechte Schmierung** *(lubrication)* gemindert werden.

Besonders in komplexen Systemen werden daher möglichst verschleißarme Bauteile eingesetzt. Dies sind oft elektronische Bauteile (vgl. Lernfeld 13), aber auch innovative Fertigungsmethoden können die Reibung vermindern. Dazu gehören z. B. spezielle Beschichtungsverfahren (Bild 2).

Diese Beschichtungsverfahren basieren auf der **Nanotechnologie** *(nanotechnology)*. Dabei werden die Oberflächenstrukturen im Nanometerbereich verändert.

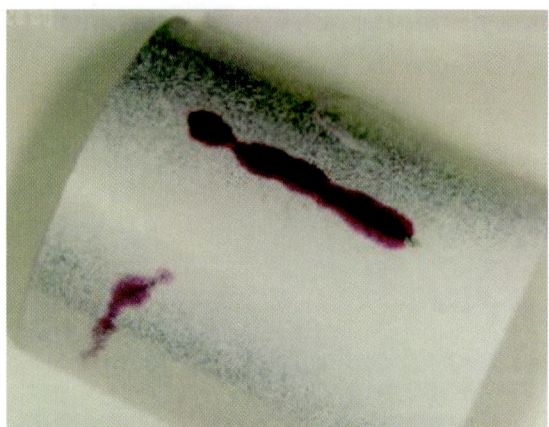

1 Farbeindringprüfung

2 Zahnrad bei gleicher Verschleißdauer
a) ohne Beschichtung
b) mit Beschichtung

---

1) DIN EN 10228
2) Kapillare: langgestreckte Hohlräume; Kapillarwirkung nennt man die Eigenschaft von Flüssigkeiten, sich in engen Spalten gut ausbreiten zu können.

Die an dem verschlissenen Zahnrad (Seite 108 Bild 1) durchgeführte Schadensanalyse sowie die durchgeführten Werkstoffprüfungen lassen keine Rückschlüsse auf falsche Werkstoffauswahl noch Werkstofffehler zu. Allerdings wurde die erforderliche Härte nicht erreicht.

Zu diesem Ergebnis kam die Fachkraft nach folgenden Schritten:

- Bestimmung möglicher Werkstoffkennwerte, die den Schaden verursacht haben können (Pareto-Analyse).
- Feststellen dieser Kennwerte bei einem einwandfreien Werkstoff (mithilfe von Herstellerangaben, Zeichnungen, Normen usw.)
- Auswahl und Durchführung eines oder mehrer Prüfverfahren an dem geschädigten Bauteil.
- Erstellen eines Prüfberichts, gegebenenfalls mit einem Vorschlag zur weiteren Vorgehensweise.

Überlegen Sie!

1. Nennen Sie Werkstoffkennwerte, die für die Funktionsfähigkeit eines Zahnrads wichtig sind.
2. Begründen Sie, welche Werkstoffprüfverfahren an dem geschädigten Bauteil sinnvoll durchzuführen sind.

Die **Abnutzungsursache** *(wearing reason)* kann demzufolge nur an einer fehlenden oder falschen Wärmebehandlung liegen.

ÜBUNGEN

1. Erläutern Sie den Unterschied zwischen dynamischer und statischer Belastung.

2. Wozu dient der Dauerschwingversuch?

3. Beschreiben Sie den Wöhlerversuch.

4. Erläutern Sie den Unterschied zwischen Dauer- und Zeitfestigkeit.

5. Erläutern Sie den Unterschied zwischen Schwell- und Wechselfestigkeit.

6. Skizzieren und beschreiben Sie einen Dauerbruch.

7. Nennen Sie drei Maßnahmen, die das Auftreten von Dauerbrüchen reduzieren.

8. Bestimmen Sie mithilfe Ihres Tabellenbuchs jeweils die Schwellfestigkeit sowie die Wechselfestigkeit für
   a) S235JR
   b) C10E
   c) 30CrNiMo8

9. Je größer die Kerbschlagarbeit, desto … (zäher/spröder) ist der Werkstoff. Begründen Sie Ihre Antwort.

10. Informieren Sie sich in Ihrem Betrieb und im Internet über technologische Prüfverfahren, die
    - die Gießbarkeit von Werkstoffen überprüfen können.
    - die Schweißeignung von Werkstoffen überprüfen können.
    - die Korrosionsbeständigkeit überprüfen können.

6 Wärmebehandlungsverfahren

Durch gezieltes Erwärmen und Abkühlen können die Eigenschaften von Metallen verändert werden.

Die Mind-Map (Bild 1) gibt einen Überblick über die wichtigsten Wärmebehandlungsverfahren *(heat treatment processes)*.

Im Lernfeld 5 (Fertigen von Einzelteilen mit Werkzeugmaschinen) haben Sie die entsprechenden Wärmebehandlungsverfahren grundlegend kennen gelernt.

Überlegen Sie!

1. Nennen Sie die durchzuführenden Arbeitsschritte beim Glühen.
2. Nennen Sie die durchzuführenden Arbeitsschritte beim Härten.
3. Welche Stähle sind härtbar?
4. Welche Abschreckmittel können verwendet werden?
5. Erläutern Sie das Wärmebehandlungsverfahren Anlassen.
6. Beschreiben Sie die erforderlichen Arbeitsschritte beim Vergüten.
7. Nennen und beschreiben Sie drei Randschichthärteverfahren.
8. Erläutern Sie den Unterschied zwischen Durchhärten und Randschichthärten.
9. Benennen Sie für jedes der genannten Wärmebehandlungsverfahren aus der Mind-Map (Bild 1) ein konkretes Anwendungsbeispiel.

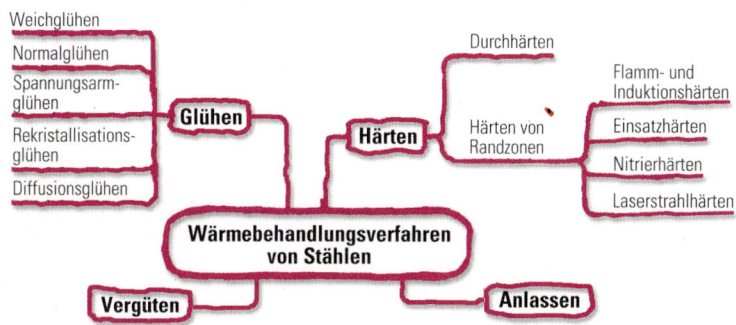

1 Überblick über Wärmebehandlungsverfahren von Stählen

6.1 Wärmebehandlungsplan

Bild 1 zeigt eine Wellenlagerung mit Dichtung. Nach Hersteller-angaben muss die Lauffläche des Radialwellendichtrings einen Härtekennwert von mehr als 45 HRC aufweisen.
Um Wärmebehandlungsverfahren planen und nachvollziehen zu können, erstellt bzw. erhält die Fachkraft einen Wärmebehand-lungsplan *(heat treatment instruction)* (Bild 2).

Überlegen Sie!

1. Wählen Sie für das Zahnrad (Seite 108 Bild 1) einen ge-eigneten Werkstoff aus. Begründen Sie Ihre Antwort.
2. Welches Wärmebehandlungsverfahren würden Sie für das Zahnrad empfehlen? Begründen Sie Ihre Antwort.
3. Beschreiben Sie die durchzuführenden Arbeitsschritte.

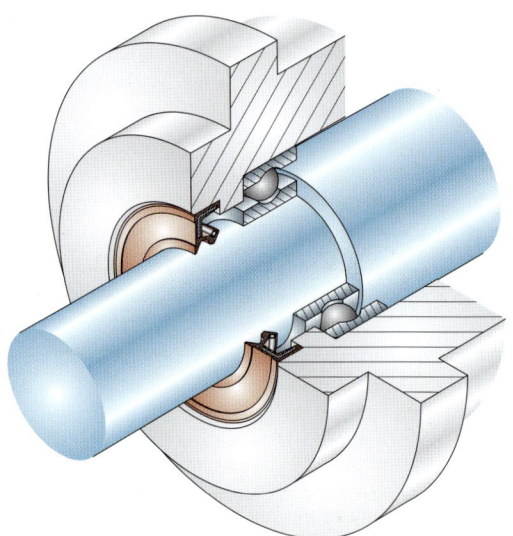

1 Wellenlagerung mit Radialwellendichtring

Werkstoff: 16MnCr5	Zeichnungsnummer: 873/3015
Härteprüfung nach Rockwell (cone)	zu erreichender Härtekennwert HRC > 45
Wärmebehandlungsverfahren:	Einsatzhärten Einhärtetiefe: 1,2+0,1 mm

Arbeitsschritte:

Aufkohlen:	950 °C;	6h im Gasaufkohlungsofen
Härten:	Härtetemperatur Haltezeit Abschreckmittel	870 °C 3 min Wasser, Welle längs eintauchen und kreisende Bewegung
Anlassen:	Anlasstemperatur Anlasszeit Abkühlen	300 °C 5 min an der Luft

Härteprüfung an einer Universalhärteprüfmaschine:

Prüfverfahren:	Rockwell cone 120°
Prüfvorkraft:	$F_0 = 98$ N
Prüfzusatzkraft:	$F_1 = 1373$ N
Prüfzeit:	4 s
bleibende Eindringtiefe: (Minimum)	$h = 0,11$ mm

2 Wärmebehandlungsplan

Während einer Wärmebehandlung werden verschiedene Gefü-gearten erzeugt und verändert. Voraussetzung für die Erstellung eines Wärmebehandlungsplans sind somit Kenntnisse über die-se Veränderungen.
Im **Eisen-Kohlenstoff-Diagramm** *(iron-carbon phase diagram)* (vgl. Lernfeld 5) werden die entstehenden Gefügearten beim langsamen Abkühlen bzw. langsamen Erwärmen dargestellt. In der Praxis sind oft andere Abkühlungsgeschwindigkeiten üblich.

In **Zeit-Temperatur-Umwandlungsschaubildern** (ZTU-Schaubildern) *(time-temperature transformation diagramms)* werden die Gefügeveränderungen bei schnellerer Abkühlung grafisch dargestellt. Außer Ferrit, Perlit, Austenit und Marten-sit wird in ZTU-Schaubildern auch das Zwischengefüge **Bainit** (Seite 130 Bild oben) angegeben.

Bainit ist von nadeliger Struktur und relativ fest und zäh.

6.2 ZTU-Schaubilder

Es wird zwischen zwei Arten von Umwandlungsschaubildern unterschieden:
- ZTU-Schaubild für kontinuierliche Umwandlung
- ZTU-Schaubild für isothermische Umwandlung

6.2.1 ZTU-Schaubild für kontinuierliche Umwandlung

Ein ZTU Schaubild gilt jeweils nur für eine Stahlsorte. Bild 1 zeigt das ZTU-Schaubild *(TTT-diagram)* für eine kontinuierliche (stetige) Abkühlung am Beispiel eines unlegierten Stahls mit 0,45 % Kohlenstoff.

Auf der waagerechten Achse ist die Zeit logarithmisch aufgetragen, auf der senkrechten Achse die Temperatur.

Die Kurve, die die langsame Abkühlung zeigt, soll den Zusammenhang zwischen einem Eisen-Kohlenstoff-Diagramm und einem ZTU-Schaubild widerspiegeln.

- Wird nach einer durchgeführten Austenitisierung von 800 °C mit einer mittleren Geschwindigkeit von 0,6 °C/s abgekühlt, so entsteht ab 720 °C (100 s nach Beginn der Abschreckzeit) zunächst Ferrit. Nach Unterschreitung von 670 °C beginnt die Perlitbildung. Bei 650 °C ist die Umwandlung abgeschlossen.
- Bei einer Abkühlung mit einer mittleren Geschwindigkeit von 60 °C/s beginnt die Ferritbildung bei ca. 635 °C, bei 580 °C beginnt die Perlitbildung, bei 510 °C die Bainitbildung (vgl. Seite 130 Bild oben) und unterhalb von 320 °C (10 s nach Beginn der Abschreckzeit) bildet sich aus dem verbleibenden Austenit noch Martensit.
- Bei einer sehr raschen Abkühlung von 600 °C/s entsteht bei 345 °C das Martensitgefüge.

In Tabelle Bild 2 sind die prozentualen Gefügeanteile und die jeweils erreichbare Vickershärte bei verschiedenen Abkühlungsgeschwindigkeiten gegenübergestellt.

In Bild 3 ist der Einfluss unterschiedlicher Abschreckmittel am Beispiel unlegierter Stähle skizziert.

6.2.2 ZTU-Schaubild für isotherme Umwandlung

Ein ZTU-Schaubild für isothermische Umwandlungen veranschaulicht die Gefügeveränderungen bei konstant gehaltenen Temperaturen. Es ist daher waagerecht (isothermische Linien) zu lesen.

Bild 1 auf Seite 126 zeigt das ZTU-Schaubild für eine isothermische Umwandlung am Beispiel eines unlegierten Stahls mit 0,45 % Kohlenstoff.

Aus dem Bereich des Austenitgefüges wird schnell auf eine bestimmte Temperatur abgekühlt und anschließend auf dieser Temperatur gehalten. Beispielsweise beginnt bei einer Temperatur von 670 °C nach 4 s die Ferritbildung. Nach einer Haltedauer von 12 s beginnt die Perlitbildung, die nach ca. 1000 s abgeschlossen ist.

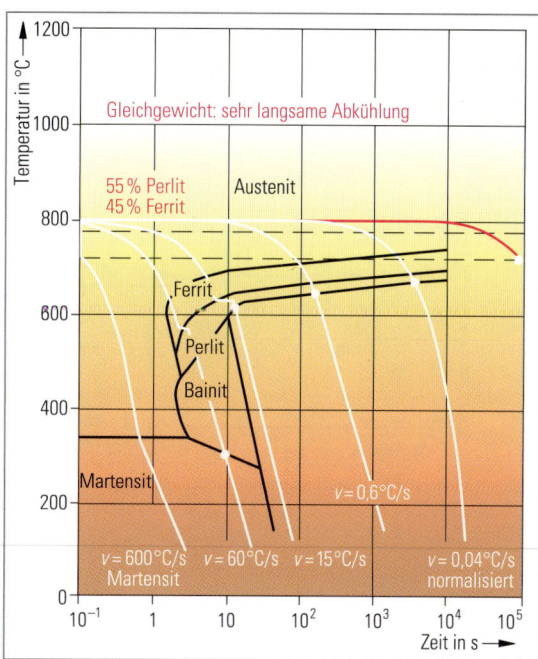

1 Kontinuierliches ZTU-Schaubild von C45

Abkühlungsge-schwindigkeit in °C/s	600	60	15	0,6	0,04
Ferritanteil in %	–	5	20	36	42
Perlitanteil in %	–	50	80	64	58
Bainitanteil in %	–	20	–	–	–
Martensitanteil in %	100	25	–	–	–
Erzielte Härte HV	780	390	280	200	190

2 Gefügeanteile und erreichbare Vickershärte bei verschiedenen Abkühlungsgeschwindigkeiten

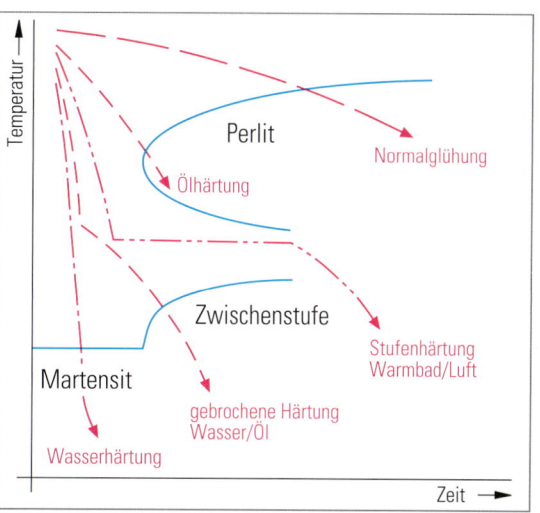

3 Einfluss verschiedener Abschreckmittel auf die Umwandlung

Wärmebehandlungsverfahren

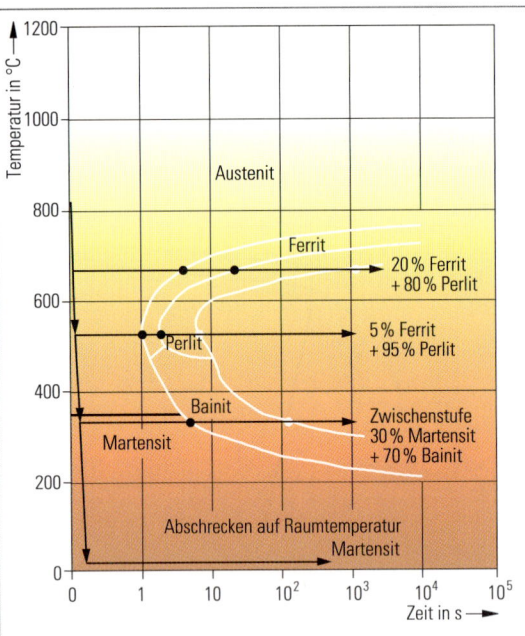

1 *Isothermisches ZTU-Schaubild von C45*

Die Isotherme (*T* = 20 °C) entspricht dem Abschrecken beim Härten.

MERKE

ZTU-Schaubilder erleichtern die Auswahl von Abschreck-mitteln, -geschwindigkeiten und -temperaturen, wenn vor-gegebende Härtewerte oder Gefügearten erreicht werden sollen.

6.3 Fehler bei einer Wärme-behandlung

Die Tabelle Bild 2 nennt häufige Fehler bei einer Wärmebe-handlung *(malfunctions of a heat treatment)*, stellt Auswirkun-gen auf das Werkstück bzw. den Werkstoff dar und nennt mög-liche Gegenmaßnahmen.

Nach Analyse des Wärmebehandlungsplanes des Zahnrades von Seite 108 Bild 1 wurde festgestellt, dass keine Zwischen-stufenhärtung erfolgte. Stattdessen wurde in Öl mit einer zu ge-ringen Abschreckgeschwindigkeit abgekühlt. Dadurch hat sich statt des gewünschten Bainit-Gefüges ein Gefüge mit einem zu hohen Ferrit und Perlit-Anteil gebildet.

Fehlerart	Auswirkung	Gegenmaßnahmen[1]
Ungleichmäßige Erwärmung auf Härte-temperatur	Spannungen und evtl. Risse	Weichglühen solange keine Risse vor-handen sind
Zu hohe Härtetemperatur oder zu lange Haltezeit	Abnahme der Festigkeit aufgrund Grob-kornbildung	Normalglühen
Zu niedrige Härtetemperatur	Keine Härtezunahme	Weichglühen
Zu mildes Abschreckmittel	Ungenügende und ungleichmäßige Härte-zunahme	Weichglühen
Zu schroffes Abschreckmittel	Sehr hartes, sprödes Gefüge, Spannungen und evtl. Rissbildung und Verzug	Weichglühen splange das Werkstück nicht verzogen oder gerissen ist
Falsches Eintauchen in das Abschreck-mittel	Ungenügende und ungleichmäßige Härte-zunahme	Weichglühen
Randentkohlung	Kohlenstoff wird der Randzone entzogen. Dadurch Minderung der Härtbarkeit	Einsatzhärten
Verzunderung	Verschlechterung der Oberflächenqualität	Mechanische Bearbeitung der Ober-fläche oder Beizbäder

[1] Anschließend muss die Wärmebehandlung fachgerecht erneut durchgeführt werden. Bei Rissen und Verzug ist das Werkstück Ausschuss.

2 *Häufige Fehler beim Härten*

Ü BUNGEN

Die Übungen **1 bis 6** beziehen sich auf das ZTU-Schaubild Bild 1 auf Seite 127.

1. Überlegen Sie mithilfe des Eisen-Kohlenstoff-Diagramms, welchen Kohlenstoffgehalt der dargestellte Stahl hat.

2. Wie können unterschiedliche Abkühlungsgeschwindigkei-ten erreicht werden?

3. Beschreiben Sie den Umwandlungsprozess, wenn eine Härte von 266 HV erreicht werden soll.

4. Erstellen Sie in Abhängigkeit von den zu erreichenden Här-tewerten eine Tabelle, aus der der prozentuale Anteil der Gefügeanteile hervorgeht.

5. Bestimmen Sie die mittlere Abschreckgeschwindigkeit bei dem zu erreichenden Härtewert von 320 HV.

6. Welches Abschreckmittel setzen Sie ein, um einen Härte-wert von 266HV zu erhalten?

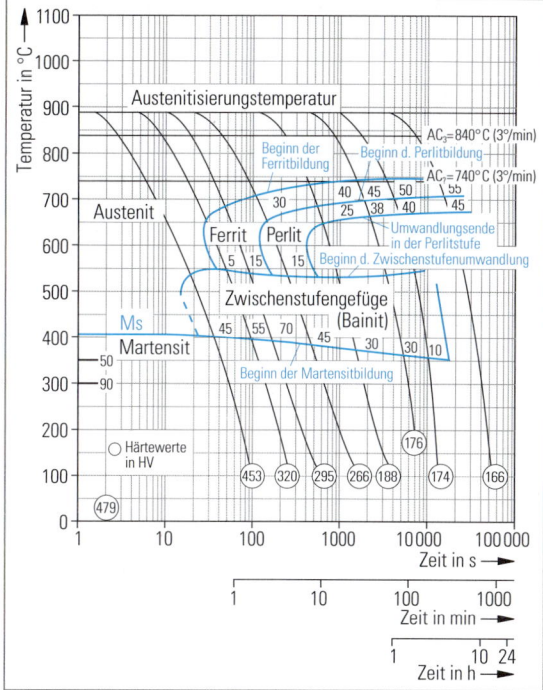

1 ZTU-Schaubild für kontinuierliche Umwandlung

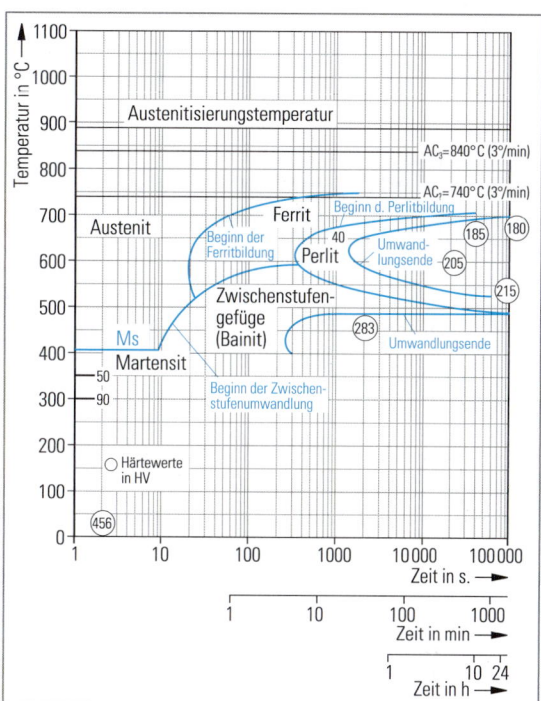

2 ZTU-Schaubild für isotherme Umwandlung

Die Übungen **7 bis 10** beziehen sich auf das ZTU-Schaubild Bild 2.

7. Überlegen Sie mithilfe des Eisen-Kohlenstoff-Diagramms, welchen Kohlenstoffgehalt der dargestellte Stahl hat.

8. Erläutern Sie die Umwandlung bei der Isotherme $T = 600\,°C$.

9. Welcher Härtewert kann bei der Isotherme $T = 600\,°C$ erreicht werden?

10. Nach welcher Zeit beginnt bei der Isothermen $T = 450\,°C$ die Bainitbildung?

11. Mit welchem Wärmebehandlungsverfahren erhält man ein ähnliches Gefüge wie mit dem Zwischenstufenhärten?

12. Recherchieren Sie in geeigneten Medien nach den Vorteilen und Nachteilen der Zwischenstufenhärtung.

13. Informieren Sie sich über das Wärmebehandlungsverfahren Patentieren.

7 Instandhaltungskosten

Instandhaltungskosten *(costs for maintenance)* setzen sich aus den entstandenen Kosten der einzelnen Instandhaltungsmaßnahmen zusammen (Bild 3).

Diese Kosten hängen von verschiedenen Faktoren ab. Die Instandhaltungskosten der in Bild 4 dargestellten Transport- und Verpackungsanlage betragen jährlich mehrere Tausend Euro.

	Instandsetzungskosten	$K_{Instand}$
+	Wartungskosten	$K_{Wartung}$
+	Inspektionskosten	$K_{Inspektion}$
+	Kosten bei Verbesserungen	$K_{Verbesserung}$
=	Instandhaltungskosten	K_I

3 Instandhaltungskosten

4 Transport- und Verpackungsanlage

Überlegen Sie!

In welche weiteren Kostenarten werden Instandsetzungskosten gegliedert (vgl. LF9)?

Überlegen Sie!

Von welchen Faktoren kann die Höhe der Instandhaltungskosten bei einem Ausfall abhängen (vgl. Lernfeld 9)?

Arbeits- und Unfallschutz

In Abhängigkeit von geplanten **Ausfallzeiten** und **-kosten** *(maintenance downtime and breakdown costs)* (vgl. Lernfeld 9) werden besonders bei externen Aufträgen **Kostenvoranschläge** *(cost estimates)* erstellt.

MERKE

Kostenvoranschläge im Instandhaltungswesen sind vermutete Kosten, die bei einer Instandhaltungsmaßnahme anfallen werden.

Überlegen Sie!

Nennen Sie die Vorteile eines Kostenvoranschlages
a) für den Kunden
b) für den Anbieter

8　Arbeits- und Unfallschutz

Bei sämtlichen Tätigkeiten während der beruflichen Praxis sind die Arbeits- und Umweltschutzmaßnahmen *(occupational safety measures and antipollution measures)* einzuhalten.

Im **Arbeitsschutzgesetz** (ArbSchG) *(labour protection law)* werden Maßnahmen vorgeschrieben, die der Sicherheit und dem Gesundheitsschutz der Beschäftigten dienen (Bild 1).

Das Säulendiagramm *(bar graph)* in Bild 1 auf Seite 129 stellt die Anzahl der Arbeitsunfälle von 1990 bis 2006 dar. Dabei wird zwischen Wegeunfällen und betrieblichen Unfällen unterschieden.

In der Praxis zeigt sich, dass besonders Auszubildende die Einhaltung der **Sicherheitsvorschriften** *(safety regulations)* oftmals als unnötig erachten.

§ 2 Begriffsbestimmungen

(1) Maßnahmen des Arbeitsschutzes im Sinne dieses Gesetzes sind Maßnahmen zur Verhütung von Unfällen bei der Arbeit und arbeitsbedingten Gesundheitsgefahren einschließlich Maßnahmen der menschengerechten Gestaltung der Arbeit.

§ 3 Grundpflichten des Arbeitgebers

(1) Der Arbeitgeber ist verpflichtet, die erforderlichen Maßnahmen des Arbeitsschutzes unter Berücksichtigung der Umstände zu treffen, die Sicherheit und Gesundheit der Beschäftigten bei der Arbeit beeinflussen. Er hat die Maßnahmen auf ihre Wirksamkeit zu überprüfen und erforderlichenfalls sich ändernden Gegebenheiten anzupassen. Dabei hat er eine Verbesserung von Sicherheit und Gesundheitsschutz der Beschäftigten anzustreben.

§ 4 Allgemeine Grundsätze

Der Arbeitgeber hat bei Maßnahmen des Arbeitsschutzes von folgenden allgemeinen Grundsätzen auszugehen:

1. Die Arbeit ist so zu gestalten, dass eine Gefährdung für Leben und Gesundheit möglichst vermieden und die verbleibende Gefährdung möglichst gering gehalten wird;
2. Gefahren sind an ihrer Quelle zu bekämpfen;
3. bei den Maßnahmen sind der Stand von Technik, Arbeitsmedizin und Hygiene sowie sonstige gesicherte arbeitswissenschaftliche Erkenntnisse zu berücksichtigen;
4. Maßnahmen sind mit dem Ziel zu planen, Technik, Arbeitsorganisation, sonstige Arbeitsbedingungen, soziale Beziehungen und Einfluss der Umwelt auf den Arbeitsplatz sachgerecht zu verknüpfen;
5. individuelle Schutzmaßnahmen sind nachrangig zu anderen Maßnahmen;
6. spezielle Gefahren für besonders schutzbedürftige Beschäftigtengruppen sind zu berücksichtigen;
7. den Beschäftigten sind geeignete Anweisungen zu erteilen;
8. mittelbar oder unmittelbar geschlechtsspezifisch wirkende Regelungen sind nur zulässig, wenn dies aus biologischen Gründen zwingend geboten ist.

§ 15 Pflichten der Beschäftigten

(1) Die Beschäftigten sind verpflichtet, nach ihren Möglichkeiten sowie gemäß der Unterweisung und Weisung des Arbeitgebers für ihre Sicherheit und Gesundheit bei der Arbeit Sorge zu tragen. Entsprechend Satz 1 haben die Beschäftigten auch für die Sicherheit und Gesundheit der Personen zu sorgen, die von ihren Handlungen oder Unterlassungen bei der Arbeit betroffen sind.

(2) Im Rahmen des Absatzes 1 haben die Beschäftigten insbesondere Maschinen, Geräte, Werkzeuge, Arbeitsstoffe, Transportmittel und sonstige Arbeitsmittel sowie Schutzvorrichtungen und die ihnen zur Verfügung gestellte persönliche Schutzausrüstung bestimmungsgemäß zu verwenden.

1 Auszüge aus dem Arbeitsschutzgesetz (ArbSchG)

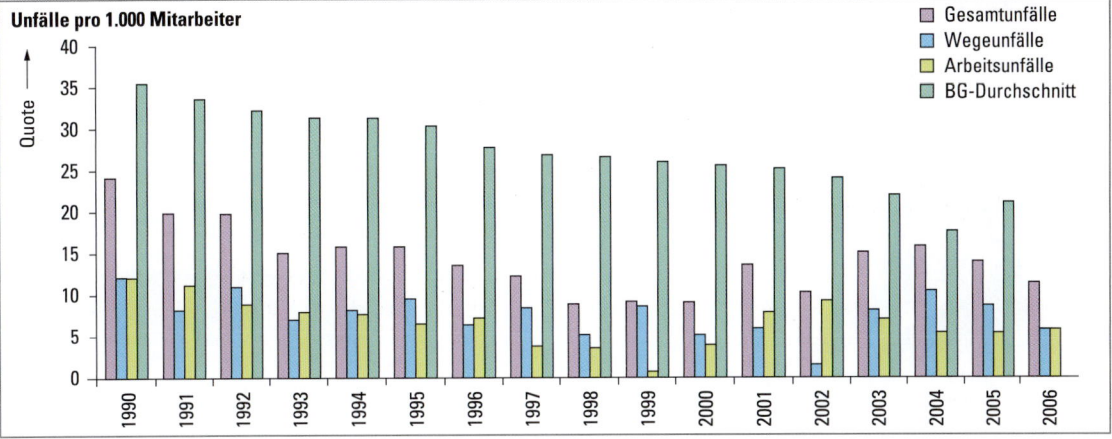

Unfälle pro 1.000 Mitarbeiter

- ☐ Gesamtunfälle
- ☐ Wegeunfälle
- ☐ Arbeitsunfälle
- ☐ BG-Durchschnitt

1 Arbeitsunfälle

Neben dem Personenschutz hat der Umweltschutz für das gesellschaftliche Leben eine hohe Bedeutung.

Die Fachkraft im metalltechnischen Gewerbe muss daher z. B. Späne und Hilfsmittel sachgerecht sammeln und zur Entsorgung weiterleiten (Bild 2).

Abfall	Entsorgung
schmierstoffverunreinigte Papierfilter	Sonderabfall, Abgabe an Spezialbetrieb
schmierstoffverunreinigte Putzlappen, Pinsel	Sonderabfall, Abgabe an Spezialbetrieb
Ölbindemittel	Sonderabfall, Abgabe an Spezialbetrieb
Metalldosen z. B. von Farben, Reinigern, Klebern, Rostentfernern	entleerte Dosen beim Schrotthändler abgeben
Kunststoffdosen mit Ölresten	Sonderabfall, Abgabe an Spezialbetrieb
Getriebeöle, Hydrauliköle, Kompressoröle von Verdichtern, z. B. Verbrennungsmotoren	Rückgabe an den Lieferanten. Nicht mit anderen Stoffen mischen.
Öle aus Heizungs- und Hydraulikanlagen	Sonderabfall, Abgabe an Spezialbetrieb
Überalterte Kühlschmierstoffe aus **mineralischen** Ölen	Rückgabe an den Lieferanten zur Verwertung. Nicht mit Wasser, Emulsionen, Reinigern usw. mischen, weil sonst keine Verwertung möglich ist.
Überalterte Kühlschmierstoffe aus **synthetischen** Ölen	Sonderabfall, Abgabe an Spezialbetrieb
Kondensate aus Kompressoren	Sonderabfall, Abgabe an Spezialbetrieb
Metallschleifschlamm, kühlschmierstoffbehaftete Späne	Sonderabfall, Abgabe an Spezialbetrieb

2 Auswahl besonders überwachungsbedürtiger Abfälle

Ü BUNGEN

1. Welche Sicherheitsvorschriften sollten unbedingt eingehalten werden?

2. Nennen Sie drei typische Arbeitstätigkeiten aus Ihrer beruflichen Praxis sowie die dabei einzuhaltenden Sicherheitsvorschriften.

3. Beschreiben Sie mithilfe Ihres Tabellenbuches drei Sicherheitskennzeichen.

4. An welchen Orten sind in Ihrem Betrieb Sicherheitskennzeichen aufgestellt? Begründen Sie die Notwendigkeit dieser Hinweise!

Projektaufgabe „Welle"

Die Welle aus 42CrMo4 hat eine Länge von 185 mm. Der größte Durchmesser beträgt 160 mm. Die Oberfläche hat einen maximalen Mittenrauwert von Ra 0,4.

1. Erstellen Sie für die Welle eine Teilzeichnung mit sinnvoller Bemaßung. Begründen Sie Ihre Bemaßung.

2. Erläutern Sie die Werkstoffkurzbezeichnung 42CrMo4.

3. Bestimmen Sie mithilfe Ihres Tabellenbuchs
   a) die Werkstoffnummer
   b) die Stahlsorte
   c) den Molybdän- und Mangangehalt.

4. Welchen Einfluss haben Chrom und Molybdän auf den Stahl?

5. Nennen Sie mögliche Einsatzgebiete für diesen Werkstoff.

6. Mit welchem Prüfverfahren können die chemischen Bestandteile garantiert werden?

7. Erstellen Sie ein Spannungs-Dehnungs-Diagramm für diesen Werkstoff.

8. Erläutern Sie das Spannungs-Dehnungs-Diagramm.

9. Führen Sie mit 6 Proben aus 42CrMo4 einen Dauerschwingversuch durch.
   a) Skizzieren Sie die Wöhlerkurve.
   b) Welche Dauerfestigkeit hat der Werkstoff?
   c) Welche Bedeutung hat die ermittelte Dauerfestigkeit auf die Belastbarkeit der Welle?

10. Bestimmen Sie experimentell die Kerbschlagarbeit für den Werkstoff 42CrMo4 bei Raumtemperatur
    a) im weichgeglühten Zustand
    b) im gehärteten Zustand und
    c) im vergüteten Zustand.

Welche Aussage können Sie treffen? Beurteilen Sie dazu auch die Bruchbilder.

11. Im Folgenden sind unterschiedliche Gefügearten des Werkstoffs 42CrMo4 dargestellt. Erstellen Sie jeweils einen Wärmebehandlungsplan. Benutzen Sie dazu die ZTU-Schaubilder auf der folgenden Seite.

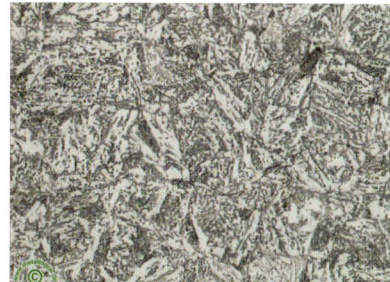

Bainit

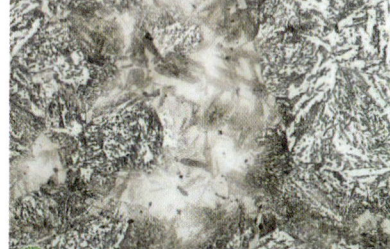

Martensit und Bainit

Angelassenes Martensit

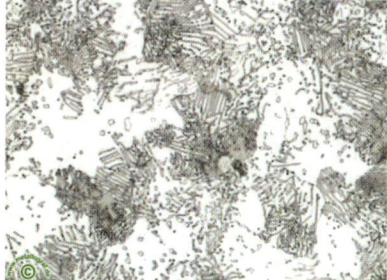

Ferrit-Perlit

12. Begründen Sie über den Haupteinsatzbereich die im Betrieb gewünschte Gefügeart.

13. Welche Gefügeart wäre bei der Fertigung der Welle wünschenswert? Begründen Sie ihre Aussage.

14. Wie kann dieses „Fertigungsgefüge" erreicht werden, wenn der Werkstoff 42CrMo4+Q vorliegt?

15. Erläutern Sie Möglichkeiten zur Überprüfung der tatsächlichen Härte.

16. Welche vorbeugenden Instandhaltungsmaßnahmen würden Sie treffen, um Störungen während des Betriebs möglichst zu vermeiden?

17. Erläutern Sie ausführlich die beiden ZTU-Schaubilder.

18. Nennen Sie die bei der Fertigung einzuhaltenden Arbeits- und Umweltschutzmaßnahmen.

19. Nennen Sie die bei der Entsorgung einzuhaltenden Arbeits- und Umweltschutzmaßnahmen.

20. Welche Kostenarten können entstehen, bei
a) einer Wartung
b) einer Inspektion
c) einer Instandsetzung
d) einer Verbesserung?

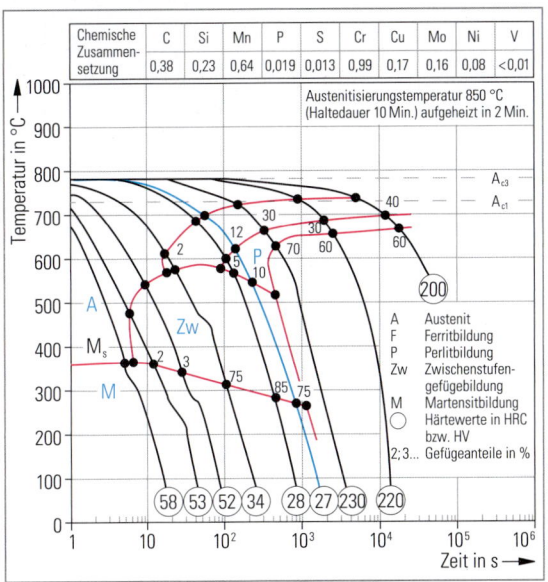

Kontinuierliches Zeit-Temperatur-Umwandlungsschaubild für 42CrMo4

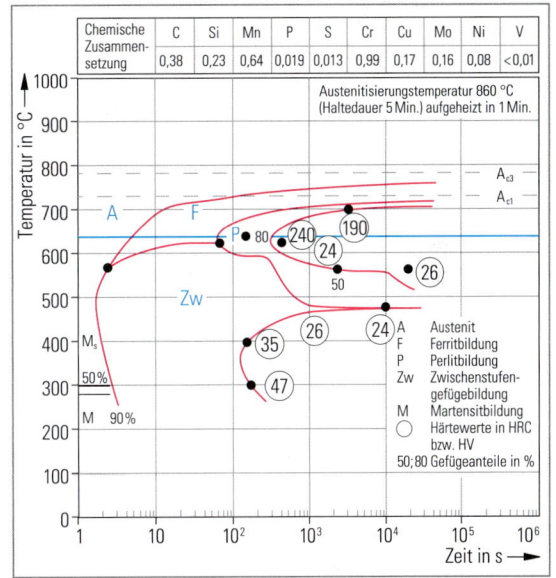

Isothermisches Zeit-Temperatur-Umwandlungsschaubild für 42CrMo4

9   Handbook – Charpy Impact Test

Handbooks are used world wide and if a fitter, or, technician works abroad he or she should be able to read and understand handbooks written in English, especially if a technician is concerned with materials testing.

Materials testing usually consists of finding its mechanical strength properties and determining the effects of external influences upon them.

Charpy Impact Tests are carried out to evaluate the toughness and deformability of steel and cast steel, to find evidence of ageing and to control heat treatment processes. Tough materials have higher notch-impact strengths than brittle ones.

This page describes the Charpy Impact Test.

Read the information and answer the questions on this area of materials testing.

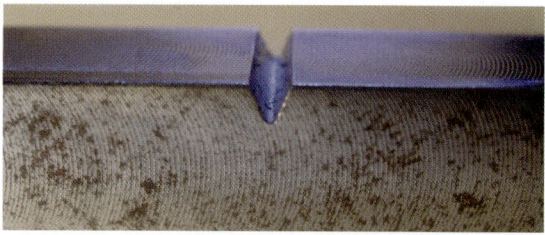

1 V-notch

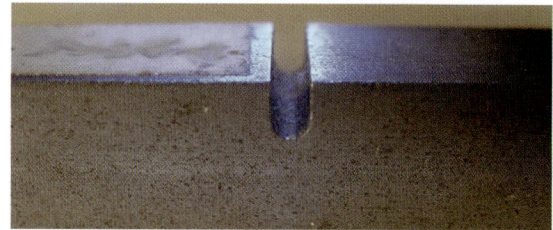

2 U-notch

Material Testing

Charpy Impact Test on Metallic Materials – Test Method (V- and U-notches)   **BS EN 10045-1 : 1990-10-31**

Each notch in a component, for example in the case of threads, shrink holes, stress cracks etc. can cause stress peaks as a result of mechanical strain. Therefore, it is important to know the toughness of a material.

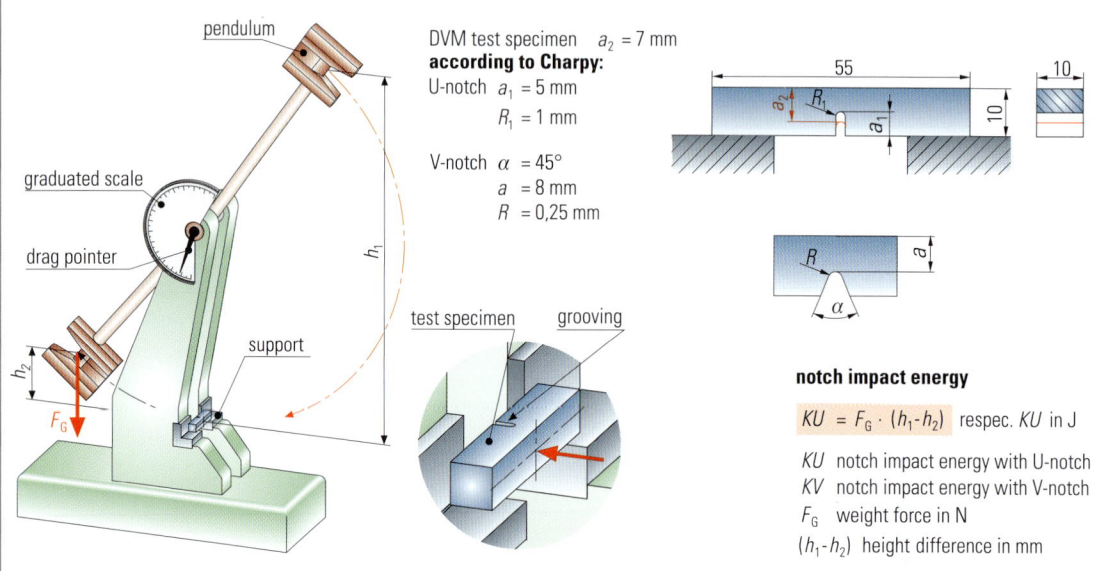

DVM test specimen $a_2 = 7$ mm
according to Charpy:
U-notch $a_1 = 5$ mm
         $R_1 = 1$ mm

V-notch $\alpha = 45°$
         $a = 8$ mm
         $R = 0{,}25$ mm

notch impact energy

$$KU = F_G \cdot (h_1 - h_2) \quad \text{respec. } KU \text{ in J}$$

KU notch impact energy with U-notch
KV notch impact energy with V-notch
F_G weight force in N
$(h_1 - h_2)$ height difference in mm

Assignments:

Questions on the text:
1. Translate the text given above by using your English-German vocabulary list.
2. What are the usual objectives of materials testing? Give examples and write them down in your own words.
3. Which property of materials can be determined by using the Charpy Impact Test?
4. What notch-impact strength does a tough material have when compared with a brittle material?

Questions on the information and figures given in the handbook.
5. What are the numbers given in the top right hand corner? Find out what the abbreviations mean by using your handbook. Describe the differences.
6. Translate the text given below the title by using your English-German vocabulary list.

7. Why is it important to determine the toughness of materials?
8. Find out what the abbreviation DVM means.
9. Look at the figure on the left and translate the terms given.
10. Now have a look at all the figures and describe what happens when a test specimen of a material is subjected to the Charpy Impact Test.
11. Which different types of notch are usually tested?
12. Did you ever practice or see a Charpy Impact Test in your company?
   If yes, describe the circumstances in a couple of sentences e.g. when, where, which part, why etc. and present this result to your class mates.
13. The square contains 15 different terms you can find in the British Standard for Material Testing on p. 132. One word has already been marked. Find the other fourteen and write them into your exercise book.

M	Q	W	E	F	R	T	Z	U	G	B	M	N	B	G	V	C	E	X	Y
F	G	H	K	L	Ö	Ä	F	D	S	A	C	C	O	R	D	I	N	G	A
W	Q	E	R	T	Z	U	U	I	O	P	Ü	A	S	O	D	F	E	H	J
K	L	Ö	Ä	Y	X	C	V	B	N	M	Q	W	E	O	T	Z	R	U	I
A	S	D	F	P	G	H	J	K	L	Ö	H	Ä	L	V	Ö	Ä	G	Y	X
C	T	H	R	E	A	D	S	V	B	N	M	Q	W	I	E	R	Y	T	Z
U	I	O	O	N	P	Ü	U	A	S	D	F	G	H	N	J	K	L	Ö	Ä
Q	W	L	E	D	R	T	P	O	I	N	T	E	R	G	Z	U	I	O	P
A	S	E	F	U	H	J	P	K	L	Ö	Ä	Y	Y	X	C	V	B	N	M
M	N	S	V	L	X	C	O	M	P	O	N	E	N	T	X	Y	Q	W	E
E	R	T	T	U	Z	U	R	I	O	O	P	Ü	Q	W	E	R	T	Z	U
Z	U	I	O	M	O	I	T	O	U	G	H	N	E	S	S	W	E	R	T
M	B	X	Y	N	K	A	S	D	F	G	H	J	K	K	C	I	Z	T	Z
P	I	U	T	O	R	E	W	Q	L	J	H	G	D	S	A	S	A	N	V
M	B	M	A	T	E	R	I	A	L	C	X	Y	L	J	L	G	F	D	S
P	P	I	U	C	T	R	E	W	E	R	T	Z	U	W	E	I	G	H	T
H	G	F	S	H	E	I	G	H	T	L	J	H	G	F	D	S	A	A	S
M	N	B	V	C	X	Y	A	S	D	F	G	H	J	K	L	Ö	O	I	U
I	U	Z	Z	T	R	E	W	W	A	S	Q	S	E	D	R	R	F	G	G
G	V	D	E	J	H	G	D	S	E	E	F	V	H	Z	I	L	Ö	Ä	Ä

Work With Words

Work With Words

In future you will come into the situation to talk, listen or read technical English.
Very often it will happen that you either **do not understand** a word
or **do not know the translation**.

In this case here is some help for you!!!

Below you will find a few possibilities to describe or explain a
word you don't know or use opposites[1] or synonyms[2].
Write the results into your exercise book.

1. **Add as many examples** to the following terms as you can find for types of guarantees and tests.

types of guarantees:	price guarantee repair guarantee	*tests:*	strength test tensile test

2 **Explain the two terms in the box:**
Use the words below to form correct sentences. Be careful the range is mixed!

friction:	for an object/ that makes it difficult/ to slide over something/Friction is the force	*malfunction:*	or a computer malfunctions,/it fails to work/If a machine/properly

3. **Find the opposites[1]:**

compression test:		*malfunction:*	
external order:		*planned maintenance:*	

4. **Find synonyms[2]:**
You can find two synonyms to each term in the box below.

determination:		*classification:*	
property:		*inquiry:*	
characteristic, ascertainment, feature, discover		exploration, arrangement, cataloguing, investigation	

5. In each group there is a word which is the **odd man[3]**. Which one is it?

a) diagnosis of error causes, regulation of error rates, graphical representation, evaluation, guarantee
b) resistance data, error rate, hardness data, viscosity data

c) yield point, yield strength, bill of sale, tensile strength, ultimate strain
d) abrasion, cleavage fracture, ductile fracture, mixed fracture,

6. Please translate the information below. Use your English-German Vocabulary List if necessary.

If you overhaul a machine or other equipment, you repair it, clean it, and check it thoroughly.

---

1) *opposite:* Gegenteil　　2) *synonym:* Synonym, ähnliches Wort, Ergänzung　　3) *odd man:* Außenseiter, überzähliges Wort, fünftes Rad am Wagen

Lernfeld 13:
Sicherstellen der Betriebsfähigkeit automatisierter Systeme

Dieses Lernfeld schließt an Lernfeld 6 „Installieren und Inbetriebnehmen steuerungstechnischer Systeme" an.
Ein **Automat** [1] ist ein System (Maschine oder Vorrichtung), bei dem nach einer Schaltbetätigung ein vorprogrammierter Prozess selbsttätig abläuft. Ursprünglich funktionierten Automaten wie z. B. Spieluhren oder Automatendrehmaschinen meist durch ausgeklügelte mechanische Konstruktionen, bei denen das Programm z. B. durch die Anordnung von Nocken auf einer rotierenden Walze oder durch die Form rotierender Kurvenscheiben vorgegeben war.
Ziel der **Automatisierungstechnik** ist es, Maschinen oder Anlagen mit einem Höchstmaß an Wirtschaftlichkeit, Sicherheit und Zuverlässigkeit zu betreiben. Je besser dieses Ziel erreicht wird, desto höher ist der Automatisierungsgrad.
Ein wichtiger Schritt zum Erreichen dieses Ziels waren die Fortschritte auf dem Gebiet der **Steuerungs-** und **Regelungstechnik**.
Mit der Entwicklung der **Informations-** und **Kommunikationstechniken** auf der Basis der **Mikro-**

elektronik wurden die Voraussetzungen dafür geschaffen, dass sich die Automatisierungstechnik auf nahezu alle Bereiche menschlicher Arbeit ausgedehnt hat.
Durch die Automatisierungstechnik wird menschliche Arbeit eingespart und auf Konstruktions-, Installierungs-, Programmierungs-, Überwachungs- und Instandsetzungsaufgaben beschränkt. Unter wirtschaftlichem Gesichtspunkt ist die Automatisierungstechnik ein Teilbereich der **Rationalisierung** [2].
Ihre Aufgabe als Industriemechanikerin oder Industriemechaniker besteht darin, die Betriebsfähigkeit automatisierter Systeme zu sichern.

Hierzu analysieren Sie diese Systeme unter Verwendung technischer Dokumentationen.
Für einzelne Teilsysteme entwickeln Sie unter Berücksichtigung des vorgegebenen Prozessablaufs und der Herstellerunterlagen Lösungen zur Prozessoptimierung.
Zur Behebung von Betriebsstörungen entwickeln Sie Strategien zur Fehlereingrenzung. Hierbei beachten Sie stets die erforderlichen Maßnahmen zum Arbeitsschutz sowie wirtschaftliche Erfordernisse und vermeiden unnötige Stillstandszeiten.
Zur Erledigung dieser Aufgaben benötigen Sie entsprechende Kenntnisse. So beschäftigen Sie sich in diesem Lernfeld schwerpunktmäßig mit dem Aufbau und der Programmierung speicherprogrammierbarer Steuerungen. Ferner befassen Sie sich mit Regelungen, Handhabungssystemen, Schnittstellen zwischen einzelnen Anlagenteilen sowie Mensch-Maschine-Schnittstellen und den entsprechenden Instandhaltungsvorschriften und Sicherheitseinrichtungen.

1) grch. *autómatos*: sich selbst bewegend
2) Zweckmäßige und wirtschaftliche Gestaltung

1   Automatisierte Systeme

1.1   Kennzeichen automatisierter Systeme

Automatisierte Systeme *(automated systems)* sind Maschinen oder Anlagen, bei denen Prozesse **selbstständig** ablaufen. Ein Prozess kann die Herstellung von Treibstoffen in einer verfahrenstechnischen Anlage einer Raffinerie oder die Fertigung eines Produkts wie z. B. eines Kraftfahrzeugs sein. **Fachkräfte** haben die Aufgabe, diese Anlagen in **Betrieb zu nehmen**. Außerdem **unterstützten** sie später den Prozess, indem sie

- die Anlage mit Rohteilen versorgen
- die Fertigteile abtransportieren
- den Ablauf überwachen
- Störungen diagnostizieren und beseitigen
- den Ablauf optimieren
- die Anlage warten

MERKE

Durch automatisierte Systeme können qualitativ hochwertige Produkte wirtschaftlich hergestellt werden.

Beispiel:

In einer **Fertigungsstraße** *(assembly line)* werden Gasflaschen aus unterschiedlichen Umformteilen (Bild 1a) bis hin zur fertig lackierten Flasche (Bild 1b) hergestellt. Die komplette Fertigungsstraße besteht aus mehreren **Teilsystemen** *(subsystems)*, die jeweils für sich automatisiert sind. Eines dieser Teilsystem dient dazu, Griffe an die Flasche zu schweißen (Bild 2). Dieses Teilsystem besteht wiederum aus untergeordneten **Einrichtungen** *(appliances)* mit unterschiedlichen Aufgaben.

a)   b)

1 Gasflasche

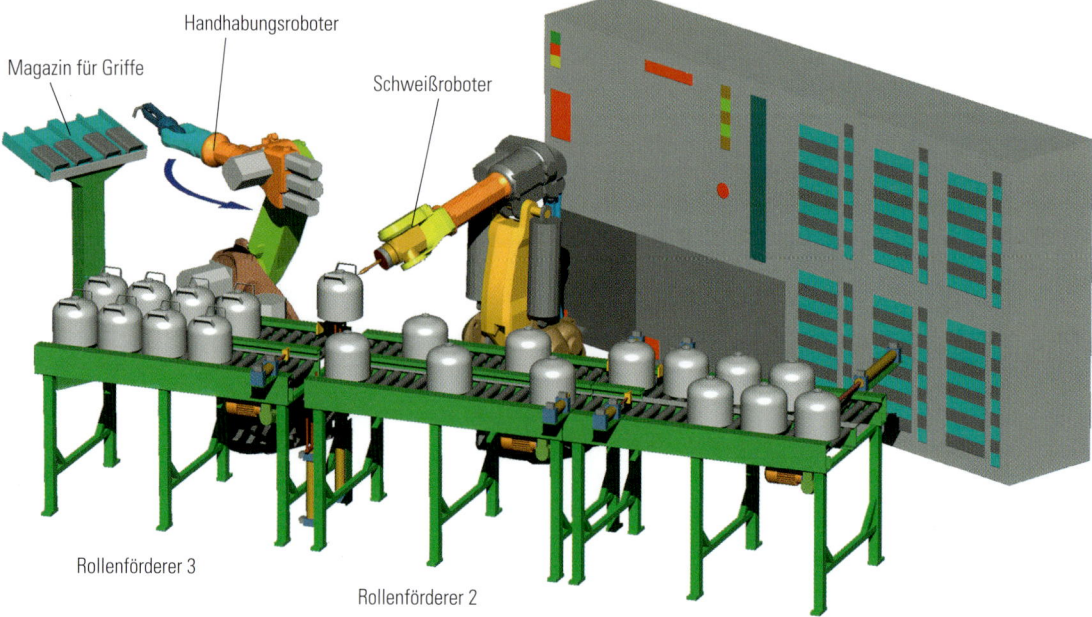

Magazin für Griffe   Handhabungsroboter   Schweißroboter

Rollenförderer 3

Rollenförderer 2

Rollenförderer 1

2 Teilsystem zum automatisierten Anschweißen von Griffen an die Gasflasche

1 *Ein Rollenförderer befördert die Blechkörper in die Station*

2 *Der Handhabungsroboter entnimmt einen Griff aus dem Magazin und setzt ihn auf den Blechkörper auf*

- Über einen **Rollenförderer** *(powered roller conveyor)* (Bild 1) werden die Blechkörper in die Station befördert. Die ankommenden Rohteile können hier gezählt und auch gepuffert werden. Anschließend erfolgt eine Vereinzelung.
- Ein **Magazin** *(magazine)* stellt die Griffe in aureichender Menge und richtiger Position bereit.
- Nach dem Anheben des Blechkörpers entnimmt ein **Handhabungsroboter** *(handling robot)* (Bild 2) einen Griff aus dem Magazin und setzt diesen auf den Blechkörper auf.
- Ein **Schweißroboter** *(welding robot)* (Bild 3) verschweißt den Griff auf dem Blechkörper.
- Ein **übergeordnetes Automatisierungsgerät** koordiniert das Zusammenwirken der einzelnen Teilsysteme und stellt eine **Schnittstelle** *(interface)* zum Bediener *(operator)* her.

Zum Betreiben der Anlage sind neben mechanischen Komponenten außerdem **pneumatische Komponenten** wie z.B. Wegeventile (Bild 4) und pneumatische Aktoren, **elektrische Komponenten** wie z.B. die elektrische Energieversorgung, Elektromotore, Sensoren und die Steuerungen der Roboter (Bild 2 Seite 126) notwendig.

- Die Pneumatikzylinder und Elektromotoren zum Antrieb der Rollenförderer werden von einer **speicherprogrammierbaren Steuerung (SPS)** *(stored program control)* (Bild 5) gesteuert und überwacht.

3 *Der Schweißroboter verschweißt den Griff auf dem Blechkörper*

5 *Speicherprogrammierbare Steuerung (SPS)*

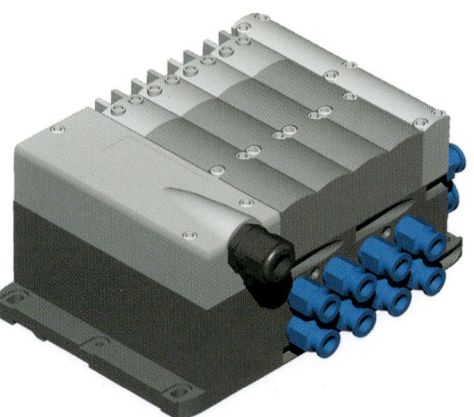

4 *Pneumatische Wegeventile (Ventilinsel)*

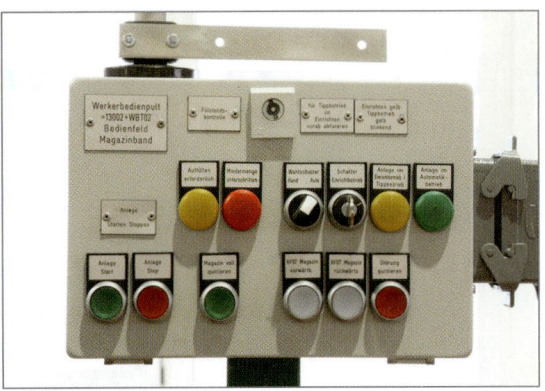

1 *Bedientafel als Schnittstelle zwischen Magazin und Bediener*

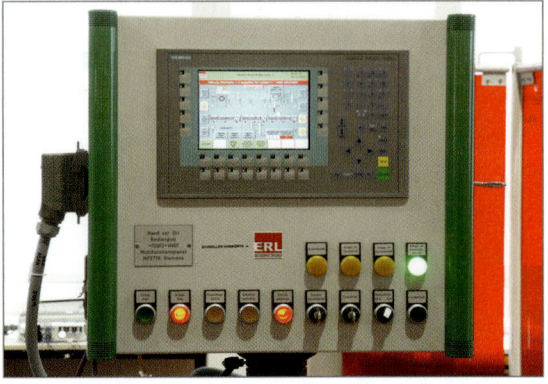

2 *Touchscreen als Schnittstelle zwischen Gesamtprozess und Bediener*

Da die Fertigungsstraße als Einheit arbeiten soll, sind zwischen den Teilsystemen **Schnittstellen** *(interfaces)* (vgl. Kap. 1.3) notwendig. Als Schnittstelle zwischen Anlage und Bediener dient eine **Bedientafel** *(user interface)* (Bild 1). Für das Wartungs- und Bedienpersonal wird der Prozess auf einem **Bildschirm** *(display)* (Bild 2) visualisiert, was die Fehlerdiagnose bei einer Störung erleichtert. Auch über Internetdienste kann der Prozessablauf dargestellt, überprüft und verändert werden.

1.2 Speicherprogrammierbare Steuerungen

1.2.1 Aufbau und Funktionsweise einer speicherprogrammierbaren Steuerung (SPS)

Speicherprogrammierbare Steuerungen *(stored program controls)* arbeiten nach dem Prinzip **E**ingabe – **V**erarbeitung – **A**usgabe. Dementsprechend gibt es bei jeder SPS (Bild 3) elektroni-

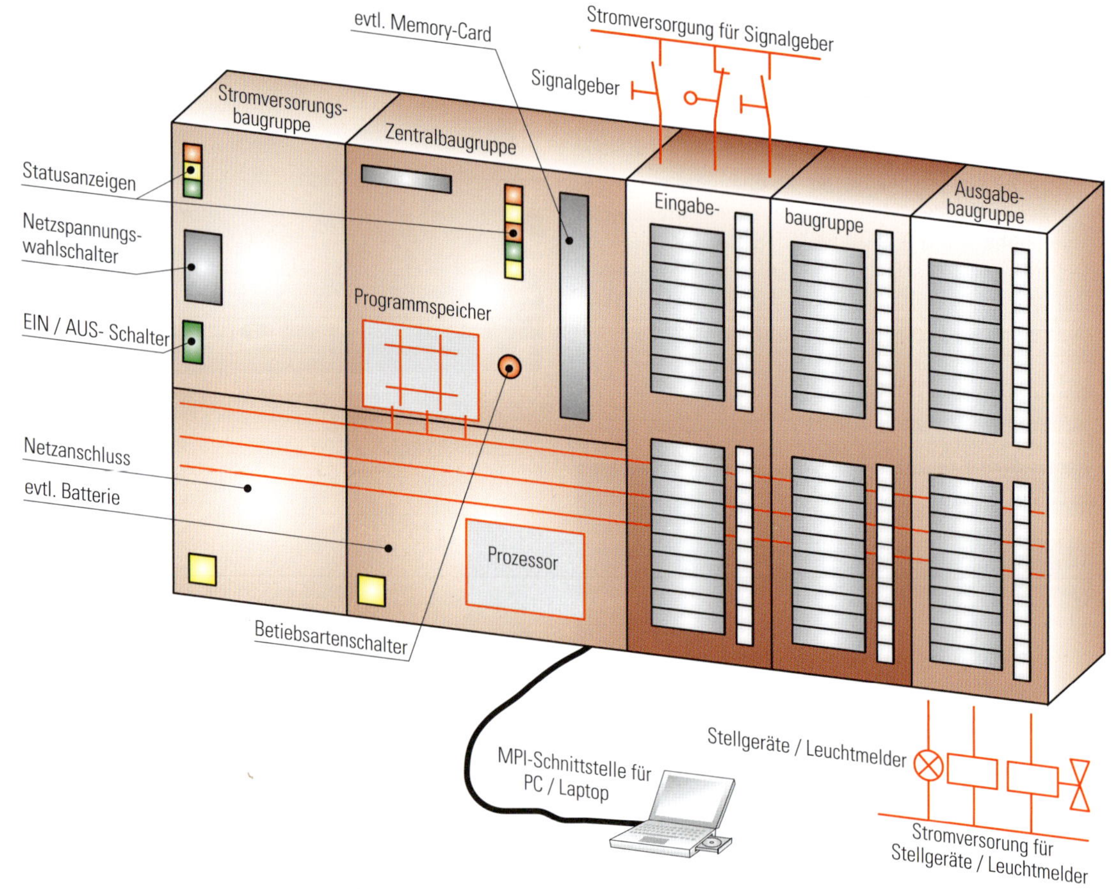

evtl. Memory-Card

Stromversorgung für Signalgeber

Signalgeber

Stromversorgungsbaugruppe

Zentralbaugruppe

Statusanzeigen

Netzspannungswahlschalter

EIN / AUS- Schalter

Programmspeicher

Eingabe-

baugruppe

Ausgabebaugruppe

Netzanschluss

evtl. Batterie

Prozessor

Betiebsartenschalter

MPI-Schnittstelle für PC / Laptop

Stellgeräte / Leuchtmelder

Stromversorung für Stellgeräte / Leuchtmelder

3 *Aufbau einer speicherprogrammierbaren Steuerung (SPS)*

sche Baugruppen zur Signaleingabe *(devices for signal input)*, zur Signalverarbeitung *(signal processing)* und zur Signalausgabe *(signal output)*.

Zur Programmierung ist ein **Programmiergerät** (PG) *(programmer)* nötig. Die Programmierung kann auch durch einen PC mit entsprechender Software erfolgen.

Ein Netzteil sorgt für die nötige Spannungsversorgung. Entsprechend den Anforderungen gibt es SPS-Kleinsteuerungen zur Lösung einfacherer Steuerungsaufgaben bis hin zu Geräten zur Automation kompletter Fertigungsstraßen.

Die **Eingabebaugruppen** *(input sub-assemblies)* einer SPS werden durch Sensoren einer Maschine oder Anlage mit Signalen versorgt. Es können sowohl **binäre Signale** wie z. B. von einem Reed-Kontakt[1] zur Abfrage von Endlagen, als auch **analoge Signale** wie z. B. Temperaturen von entsprechenden Sensoren verarbeitet werden.

Jeder Eingang hat eine Bezeichnung. So bedeutet z. B. E124.5: Eingabebaugruppe 124, Eingang 5.

Eine Eingabebaugruppe hat meist acht Eingänge. Der Zustand dieser Eingänge wird in einer Speicherzelle der SPS abgelegt. Diese wird auch als **Prozessabbild** der Eingänge bezeichnet.

Ein **Programm** verarbeitet die Eingangssignale und erzeugt so das Prozessabbild der Ausgänge.

Die **Ausgabebaugruppen** *(output sub-assemblies)* steuern dann die jeweiligen Aktoren wie z. B. ein Magnetventil an.

Die Bezeichnung A124.3 bedeutet: Ausgabebaugruppe 124, Ausgang 3.

Am Aufleuchten von Leuchtdioden kann die Fachkraft erkennen, ob an einem Ein- oder Ausgang ein Signal anliegt.

Die wichtigste Baugruppe einer SPS ist die **Zentraleinheit**[2]. Sie startet das System, liest die Eingänge, arbeitet das Anwenderprogramm ab, speichert Zwischenergebnisse und schreibt die Ausgänge.

Speicherprogrammierbare Steuerungen arbeiten zyklisch, d. h., das Einlesen, Verarbeiten und Schreiben der Signale erfolgt nicht erst dann, wenn sich ein Eingangssignal verändert, sondern permanent. Die Zykluszeit liegt bei etwa 1/100 Sekunde. Folglich kann es vorkommen, dass die SPS Signalveränderungen, die kürzer als die Zykluszeit sind, nicht verarbeiten kann.

 **MERKE**

Eine SPS arbeitet nach dem EVA-Prinzip. Signale werden gelesen, verarbeitet und ausgegeben.

1.2.2 Vorteile der SPS

Auch mit pneumatischen oder elektropneumatischen Steuerungen (Fachstufe I) können Signale abgefragt, verknüpft und dann ausgegeben werden. Als einfaches Beispiel soll hier die **ODER-Verknüpfung** zweier Signale dienen (Bild 1):

Ein Zylinder soll ausfahren, wenn der Taster S1 ODER der Taster S2 oder wenn beide betätigt sind.

Man kann sagen, dass die Steuerung nach einem bestimmten Programm abläuft. Da dieses Programm von der Verschlauchung, von den verwendeten Verknüpfungsgliedern oder in der

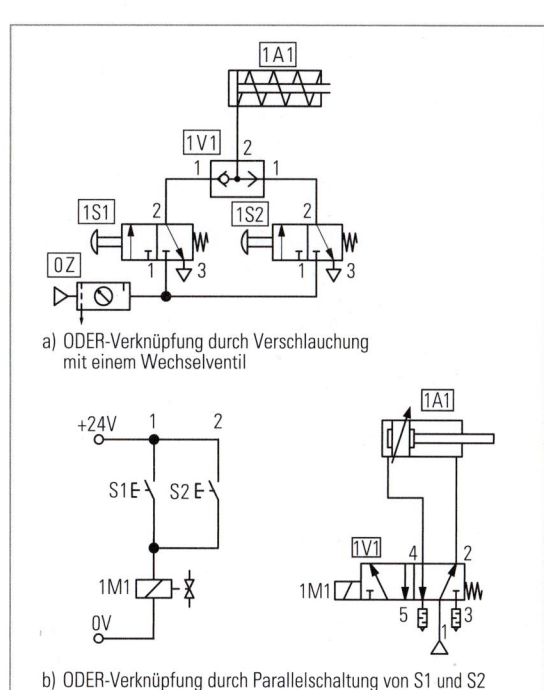

a) ODER-Verknüpfung durch Verschlauchung mit einem Wechselventil

b) ODER-Verknüpfung durch Parallelschaltung von S1 und S2

1 *ODER-Verknüpfung zweier Signale durch a) Verschlauchung und b) Verdrahtung*

Elektro-Pneumatik von der Verdrahtung abhängt, spricht man hier auch von **verknüpfungsprogrammierten Steuerungen (VPS)** *(hard wired programmed logic controls)*. Ändert sich jedoch die Steuerungsaufgabe, der Zylinder soll ausfahren, wenn beide Taster S1 **und** S2 betätigt sind, dann muss bei pneumatischen Steuerungen das Wechsel- durch ein Zweidruckventil ersetzt und bei elektropneumatischen Steuerungen die Verdrahtung verändert werden.

Anders ist dies bei speicherprogrammierbaren Steuerungen. Ändert sich die Steuerungsaufgabe, aus einer ODER- soll eine UND-Verknüpfung werden, so ist nur das Programm zu verändern, die Verdrahtung bleibt gleich. Neben der Flexibilität hat die SPS aber weitere Vorteile:

■ hohe Betriebssicherheit
■ kostengünstiger, wenn die Anzahl der Aus- und Eingänge genügend groß ist
■ Vernetzbarkeit
■ gute Fehlerdiagnose möglich
■ kann über das Internet gewartet, manipuliert werden
■ geringerer Verschleiß, da anders als bei Schützsteuerungen weniger Kontakte vorhanden sind
■ eine SPS kann auch Regelvorgänge übernehmen

Bei sehr spezialisierten und bewährten Systemen wie z. B. bei Textilmaschinen, bei denen sich am Arbeitsablauf nichts mehr ändern wird oder bei Anlagen mit einfachen Abläufen ist der Einsatz einer SPS **nicht sinnvoll**. Auch in explosionsgefährdeten Bereichen kommen nach wie vor pneumatische Steuerungen zum Einsatz.

1) siehe Lernfeld 6
2) **c**entral **p**rozessing **u**nit

Automatisierte Systeme

MERKE

Steuerungen werden in verbindungsprogrammierte und speicherprogrammierbare Steuerungen unterteilt. Bei der VPS hängt der Ablauf der Steuerung von der Verdrahtung, Verschlauchung ab. Die SPS ist frei programmierbar.

1.2.3 Programmierung der SPS-Grundverknüpfungen

Ein doppelt wirkender Zylinder soll über ein 5/2-Wegeventil angesteuert werden. Wenn die Taster S1 **und** S2 betätigt werden, fährt der Zylinder aus (Bild 1). Vor der Programmierung ist eine **Zuordnungsliste** *(reference list)* (Bild 2) zu erstellen, in der jedem Eingabebauteil ein **Eingang** *(input)* und jedem Ausgabebauteil ein **Ausgang** *(output)* der SPS zugeordnet wird. Bei den einzelnen Ein- und Ausgängen einer SPS spricht man allgemein von **Operanden** *(operands)*.

Ein- /Ausgabebauteil	Operand	Kommentar
S1	E0.0	Schließer, Taster S1
S2	E0.1	Schließer, Taster S2
1M1	A0.0	Magnetventil 1M1

2 Zuordnungsliste

MERKE

Vor der Programmierung einer Anlage ist immer zuerst eine Zuordnungsliste zu erstellen.

Für die Programmerstellung stehen drei Möglichkeiten zur Verfügung:

1.2.3.1 Anweisungsliste – AWL

Bei der Anweisungsliste *(instruction set)* handelt es sich um eine Textsprache. Ein Programm besteht aus aufgelisteten Steueranweisungen. Jede Steueranweisung besteht dabei aus einem **Operationsteil** *(operation part)* und einem **Operandenteil** *(operand part)*. Eine UND-Verknüpfung sieht folgendermaßen aus:

	Operationsteil	Operandenteil
Steuer-anweisun-gen	U	E0.0
	U	E0.1
	=	A0.0

Der Operationsteil gibt die von der SPS auszuführende Tätigkeit an. Der Operandenteil gibt an, worauf sich diese Tätigkeit bezieht. Hierbei kann es sich beispielsweise um Ausgänge, Eingänge oder auch Zwischenspeicher handeln.
Die Tabelle Bild 3 zeigt einen Auszug aus den möglichen Operationen und Operanden.

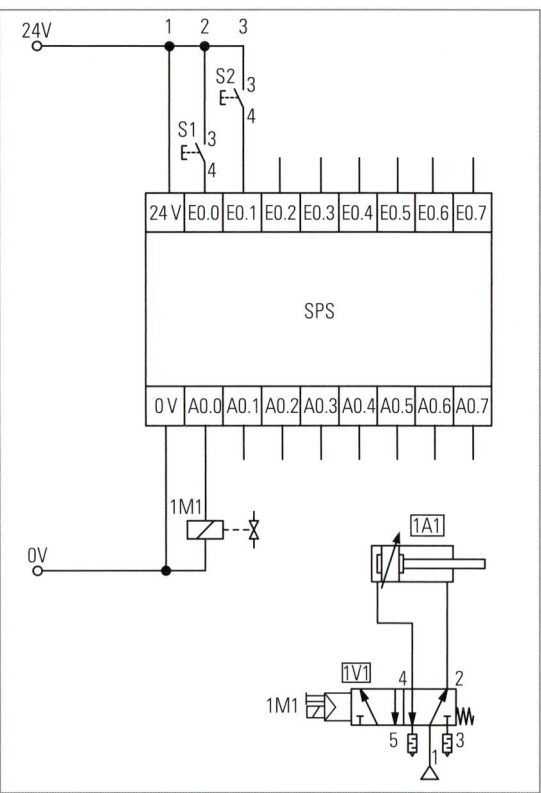

1 Anschlussplan für die Ein- und Ausgänge der SPS

Operationen		Operanden	
UND	U	Eingang	E
ODER	O	Ausgang	A
NICHT	N	Merker	M
Laden	LD	Zähler	Z
Zähle vorwärts	ZV	Konstante	K
Setzen	S	Zeitglied (Timer)	T
Rücksetzen	R		
Zuweisung an (Operanden)	=		

3 Auswahl von Operationen und Operanden

Überlegen Sie!

Erstellen Sie ein Programm in AWL:

1. Der Zylinder 1A1 soll ausfahren, wenn entweder S1, S2 oder beide betätigt werden.
2. Der Zylinder soll ausfahren, wenn S1 betätigt ist und S2 nicht betätigt ist.
3. Der Zylinder soll nach einer kurzen Betätigung von S1 ausfahren und in der vorderen Endlage bleiben. Durch S2 fährt der Zylinder wieder ein.

1.2.3.2 Kontaktplan – KOP

Der Kontaktplan *(ladder diagram)* ist eine graphische Programmiersprache. Sie wurde aus dem Stromlaufplan entwickelt. So besteht dieser aus zwei Stromschienen, die über unterschiedliche Kontakte oder auch über Blöcke wie z. B. Zeitglieder, Zähler miteinander verbunden sind.

Es werden vor allem die folgenden vier Kontakte verwendet:

E0.1 —| |—	E0.1 —|/|—	A0.1 —( )—	A0.1 —(/)—
Kontakt Schließer. Abfrage eines Operanden auf logisch 1. Bei 1 wird das Signal von der linken zur rechten Stromschiene weitergeleitet.	Kontakt Öffner. Abfrage eines Operanden auf logisch 0. Bei 0 wird das Signal von der linken zur rechten Stromschiene weitergeleitet.	Zuweisung an einen Ausgang oder Merker.	Zuweisung an einen Ausgang oder Merker mit Logikumkehr. Aus 1 wird 0, aus 0 wird 1.

Für die Aufgabenstellung ergibt sich folgender KOP:

E0.0   E0.1   A0.0
—| |——————|/|——————————————————————————————————————( )—

Überlegen Sie!

Erstellen Sie einen KOP:
1. Der Zylinder 1A1 soll ausfahren, wenn entweder S1, S2 oder beide betätigt werden.
2. Der Zylinder soll ausfahren, wenn S1 betätigt ist und S2 nicht betätigt ist.

1.2.3.3 Funktionsbausteinsprache – FBS (Funktionsplan – FUP)

Die Funktionsbausteinsprache ist ebenfalls eine graphische Programmiersprache. Die Symbole haben allgemeine Aussagekraft (vgl. Grundstufe). Nachfolgende Abbildung zeigt das Programm zum Ansteuern des doppelt wirkenden Zylinders.

Die Tabelle Bild 1 zeigt weitere Bausteine:

Zähler

Zählfunktionen werden z. B. benötigt, um bei der Herstellung der Gasflaschen die Stückzahl zu ermitteln, die während einer Schicht gefertigt wurde. Für diesen Zweck gibt es Vorwärts-, Rückwärts- und Vorwärts-/Rückwärtszähler.

Die Tabelle Bild 1 auf Seite 142 zeigt mögliche Zählfunktionen.

Zeiten

Die Tabelle Bild 2 auf Seite 142 zeigt gängige Zeitoperationen.

ODER-Befehl	**Exklusiv-ODER-Befehl**	**UND-Befehl mit negiertem Eingang**
Am Ausgang liegt ein Signal an, wenn mindestens an einem Eingang ein Signal anliegt.	Am Ausgang liegt nur dann ein Signal an, wenn nur an einem der beiden Eingänge ein Signal anliegt.	In der AWL vergleichbar mit UN, d. h., am Ausgang liegt nur dann ein Signal an, wenn an E0.0 ein Signal und an E0.1 kein Signal anliegt.
E0.0 — [≥1] A0.0 [=] E0.1 —	E0.0 — [=1] A0.0 [=] E0.1 —	E0.0 — [&] A0.0 [=] E0.1 —o
ODER-Befehl mit negiertem Ausgang	**Äquivalenz-Befehl**	**Signalspeicherung**
Es findet eine Logikumkehr statt. Aus logisch 1 wird 0, aus 0 wird 1.	Am Ausgang liegt nur dann ein Signal an, wenn an allen Eingängen gleiche Signalzustände anliegen.	Der Ausgang wird mit dem Eingang E0.0 gesetzt und mit E0.1 rückgesetzt. Es gibt die Auswahlmöglichkeiten dominierend EIN und dominierend AUS (vgl. Lernfeld 6).
E0.0 — [≥1] A0.0 [=] E0.1 —o	E0.0 — [=] A0.0 [=] E0.1 —	E0.0 —S [SR] A0.0 [=] E0.1 —R Q—

1 Logische Grundverknüpfungen[1]

1) Die Symbole der Logikfunktionen und deren Bedeutung sind in DIN EN 60617-12 genormt.

Automatisierte Systeme

Einfache Vorwärts- (ZV)/ Rückwärtszähler (ZR)

Der Zähler Z1 wird durch E0.1 um den Wert „1" erhöht oder verringert. Der Wert von Z1 kann im Programm weiterverarbeitet werden.

Der Anfangswert muss durch die Operation „Zähleranfangswert setzen" vorher festgelegt werden.

```
        Z1
      ┌──────┐
E0.1──┤ ZV   │
      └──────┘

        Z2
      ┌──────┐
E0.1──┤ ZR   │
      └──────┘
```

Vorwärtszähler (Z_VORW)

Durch E0.2 am Eingang S wird z. B. die Konstante 5 (C#5), die am Eingang ZW vorgegeben ist, im Zähler Z3 gesetzt. Ein Signal an E0.1 bewirkt eine Erhöhung des Zählers um den Wert „1". Ein Signal an E0.3 setzt den Zähler auf den Wert „0" zurück.

An den Ausgängen DUAL und DEZ kann eine Ausgabe des aktuellen Zählwertes als Dual- oder BCD-Zahl (**b**inär **c**odierte **D**ezimalzahl) erfolgen.

Q wird auf logisch 1 gesetzt, wenn der Zählwert größer als 0 ist.

```
            Z3
         ┌─────────┐
         │ Z_VORW  │
E0.1 ────┤ ZV      │
E0.2 ────┤ S  DUAL ├─ ...
C#5  ────┤ ZW  DEZ ├─ ...
E0.3 ────┤ R    Q  │
         └─────────┘
```

Kombinierter Vorwärts-/ Rückwärtszähler

Ein Signal am Eingang E0.1 bewirkt Vorwärtszählen und ein Signal an E0.2 bewirkt Rückwärtszählen.

```
            Z4
         ┌─────────┐
         │ ZAEHLER │
E0.1 ────┤ ZV      │
E0.2 ────┤ ZR      │
  ... ───┤ S  DUAL ├─ ...
  ... ───┤ ZW  DEZ ├─ ...
  ... ───┤ R    Q  │
         └─────────┘
```

1 Zähler

Einschaltverzögerung S_SEVERZ

Bei der Einschaltverzögerung S_SEVERZ wird durch ein Signal E0.0 ein Timer T1, hier 10 s, gestartet. Die Zeit läuft weiter, auch wenn an E0.0 kein Signal mehr anliegt. Nach Ablauf dieser Zeit wird der Ausgang A0.1 auf logisch 1 **gesetzt**. Mit E0.1 kann die ablaufende Zeit auf 0 zurückgesetzt werden. An den Ausgängen DUAL und DEZ kann die momentane Zeit in unterschiedlichen Formaten ausgegeben werden.

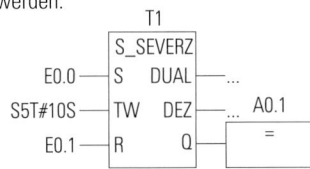

Bei Verzögerung durch den Baustein **S_EVERZ** läuft die Zeit nur solange, wie an E0.0 ein Signal anliegt. Die Zeiten am Eingang TW werden im herstellerspezifischen Datentyp S5Time angegeben.

```
            T2
         ┌─────────┐
         │ S_EVERZ │
E0.0  ───┤ S  DUAL ├─ ...
S5T#10S ─┤ TW  DEZ ├─ ...   A0.1
E0.1  ───┤ R    Q  ├──┐   ┌─────┐
         └─────────┘  └───┤  =  │
                          └─────┘
```

Ausschaltverzögerung

Wechselt das Signal von E0.0 von 1 auf 0, so wird der Ausgang A0.1 nicht sofort sondern z. B. erst nach 10 s ausgeschaltet.

Mit E0.1 kann die ablaufende Zeit zurückgesetzt werden und der Ausgang wird sofort ausgeschaltet.

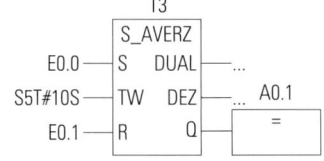

Impuls

Mit dem Baustein **Impuls** bekommt der Ausgang A0.1 an Q durch den Eingang E0.0 nur für eine bestimmte Zeit, hier für 10 s, ein logisches 1. Danach wechselt der Ausgang A0.1 wieder auf logisch 0.

Mit E0.1 kann die ablaufende Zeit gestoppt und somit der Ausgang A0.1 sofort rückgesetzt werden.

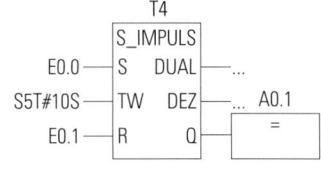

2 Zeiten

MERKE

Zum Programmieren stehen drei Arten zur Verfügung:
- Anweisungsliste,
- Kontaktplan und
- Funktionsbausteinsprache.

Die Anweisungsliste wird als Text geschrieben. Der Kontaktplan und die Funktionsbausteinsprache sind grafische Programmiersprachen. Komplexe Steuerungsaufgaben lassen sich mit der Funktionsbausteinsprache übersichtlich strukturieren und lösen. Grafischen Programmiersprachen sind übersichtlich und leicht zu verstehen.

1.2.4 Vorgehensweise beim Erstellen des Programms für den Rollenförderer

1.2.4.1 Aufgabenanalyse
Lageplan

Der Lageplan (Bild 1) zeigt schematisch die Anordnung der Antriebselemente und der Signalglieder im Gesamtsystem.

Funktionsbeschreibung

Die Anlage lässt sich erst dann starten, wenn
- die Anlage über den **HAUPTSCHALTER** eingeschaltet wurde und
- sich die Anlage in **Grundstellung** befindet. Dies ist der Fall, wenn die beiden Vereinzelungszylinder 1A1 und 2A1 ausgefahren, die Zylinder 3A1 und 4A1 eingefahren sind und der Sensor B14 keine Gasflasche meldet.

Ist dies der Fall, meldet eine **grün blinkende Kontrolllampe P1** die **Betriebsbereitschaft**.

Das **Bedienfeld** *(control panel)* hat folgende Funktionen:
- Der Wahlschalter **AUTO** lässt die Anlage automatisch und kontinuierlich ablaufen, nachdem der START-Taster gedrückt wurde. Das Dauerlicht der grünen Meldeleuchte P1 signalisiert den Automatikbetrieb mit Dauerzyklus.
- Befindet sich die Anlage im **Hand- und Einrichte-Betrieb**, wird ein einziger Arbeitszyklus durch das Drücken des START-Tasters durchlaufen, bei dem die Flaschen ohne Schweißen durchfahren können. Dies ist nötig, um nach einer Umstellung auf eine andere Flaschengröße einen **Probelauf** *(test run)* durchführen zu können. Zwei Meldeleuchten signalisieren diese Betriebsart(en), wobei die Lampe P2 den Handbetrieb durch ein gelbes Dauerlicht und die Lampe P3 den Einrichte-Betrieb im Einzelzyklus durch ein Blinken anzeigt.
- Mit dem Taster STOPP, einem Öffner, wird die Anlage im Automatikbetrieb nach dem Ende eines Zyklus angehalten und eine rote Lampe P4 leuchtet auf. Mit START lässt sie sich wieder starten.
- Befindet sich **kein Rohteil** auf dem ersten Rollenförderer, d. h. der Sensor B12 spricht nicht an, leuchtet eine **gelbe Kontrolllampe P5**.

Ein Arbeitszyklus besteht aus den nachfolgend dargestellten Schritten, wobei das Ein- und Ausschalten der Bandmotore nicht berücksichtigt wird. Ferner wird auch nur eine Seite des Transportbandes betrachtet. Die Anlage befindet sich in Grundstellung. Der Starttaster wurde im Automatikbetrieb betätigt.

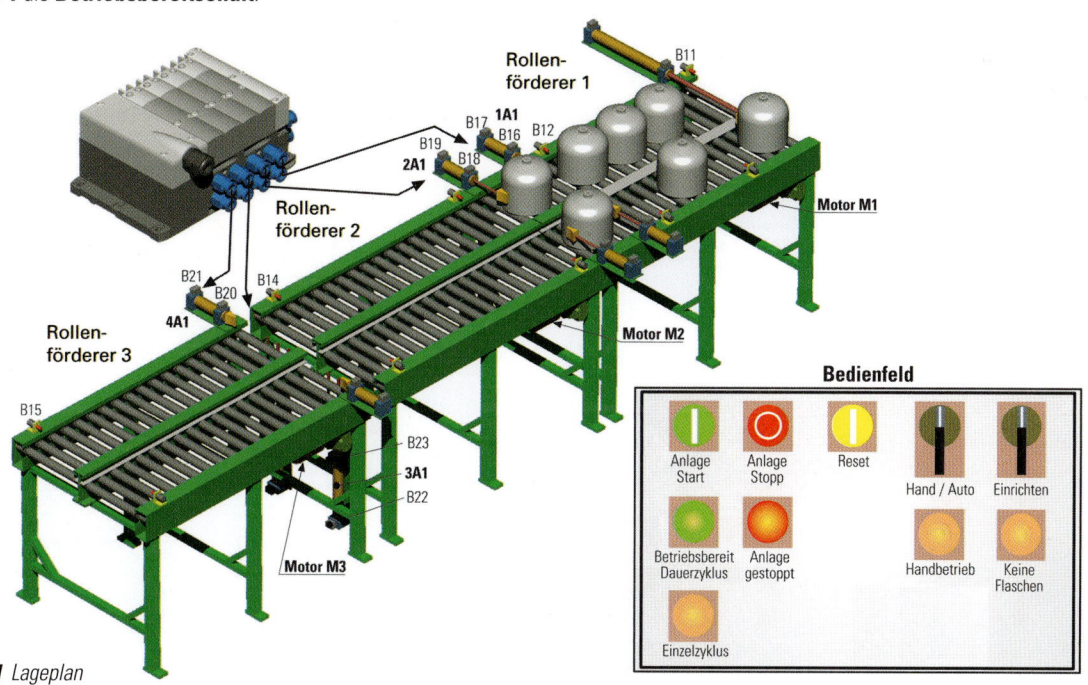

1 *Lageplan*

1. Der Zylinder 1A4 fährt aus, um die Flaschen zu stoppen, wenn B12 betätigt ist (A).

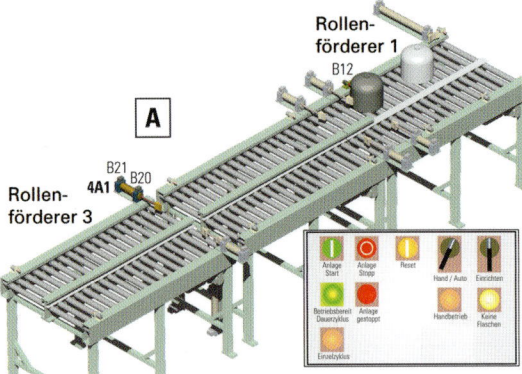

Hinweis: In dieser und den folgenden Abbildungen sind **aktive** Zylinder und Flaschen dunkler dargestellt als die anderen.

2. Die Umformteile werden durch die Zylinder 1A1 und 2A1 vereinzelt. Es fährt zunächst der Zylinder 1A1 ein und gibt eine Flasche frei (B).

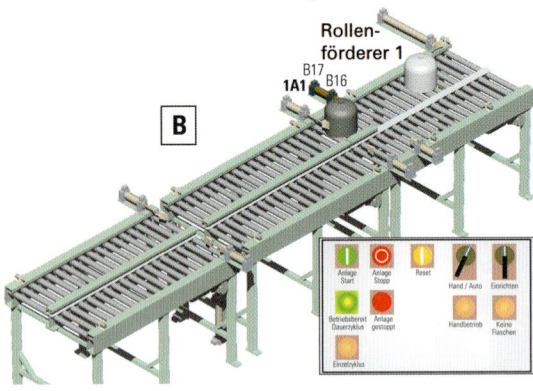

3. 1A1 fährt **verzögert** wieder aus. Die Verzögerung ist nötig, damit die Flasche genügend Zeit hat, den Zylinder zu passieren, bevor dieser wieder ausfährt (C).

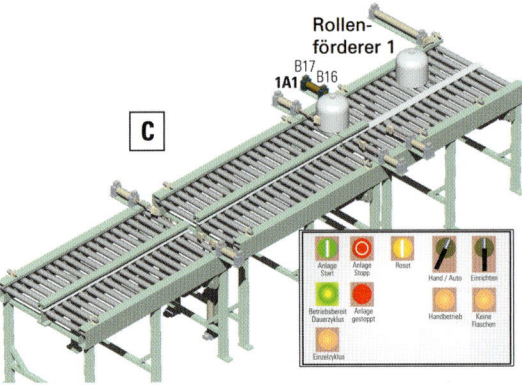

4. 2A1 fährt ein und das Umformteil gelangt auf den Rollenförderer 2 (D).

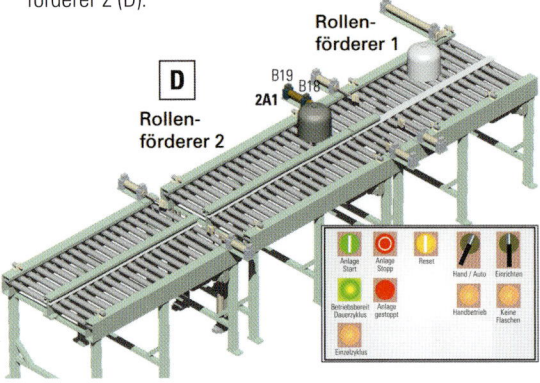

5. Der Zylinder 2A1 fährt verzögert wieder aus (E).

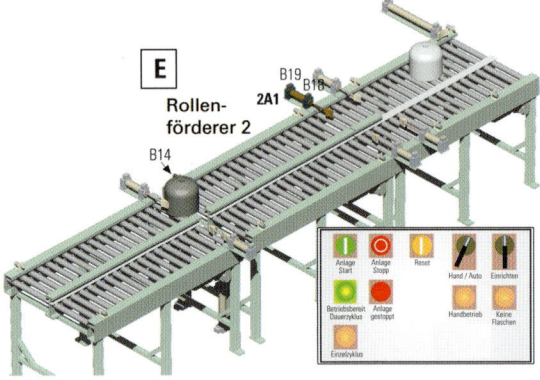

6. Um sicherzustellen, dass ein Umformteil vorhanden ist, fährt der Zylinder 3A1 erst dann aus, wenn der Sensor B14 betätigt wurde. Auch hier ist eine Verzögerung nötig, da erst die Kolbenstange des Stoppers 4A1 erreicht werden muss (F).

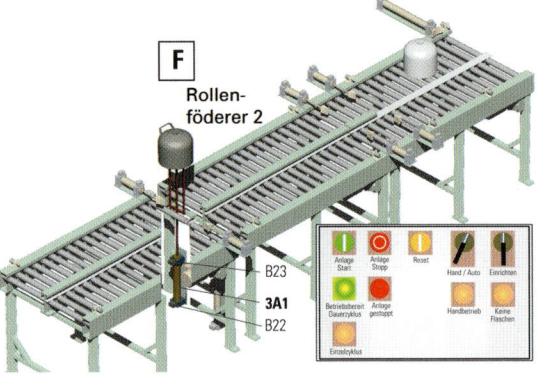

7. Das Werkstück wird angehoben und die Griffe werden angeschweißt.

8. Zylinder 3A1 fährt wieder ein, nachdem die Griffe angeschweißt sind (G).

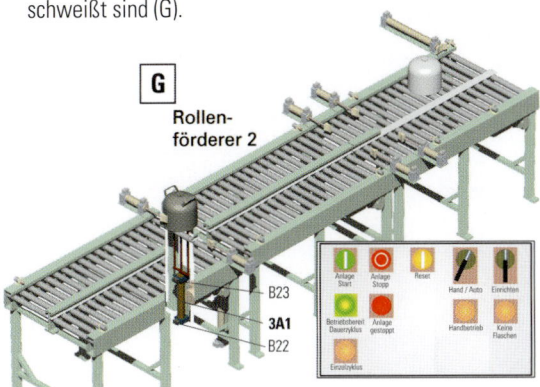

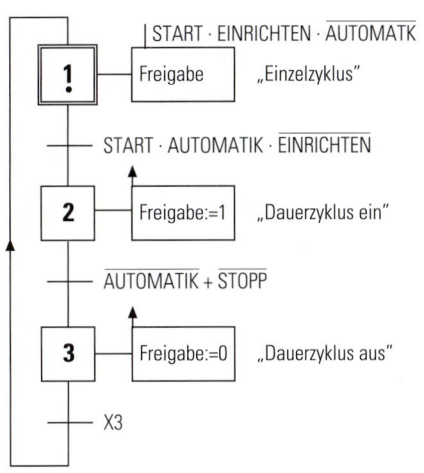

1 *Teil-Grafcet G1*

9. Anschließend fährt Zylinder 4A1 ein und gibt die geschweißte Flasche zum Abtransport über den Rollenförderer 3 frei. Ein Sensor B15 erfasst die Stückzahl (H).

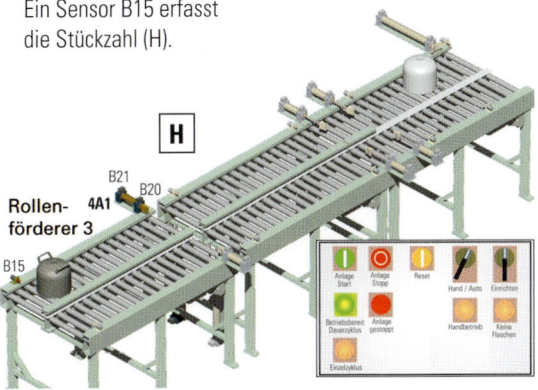

Spricht der Sensor B12 auf dem Rollenförderer 1 erneut an, kann der Zyklus von vorne beginnen.

Da die Beschreibung eines Arbeitszyklus mit Worten sehr unübersichtlich ist und auch mit Weg-Schritt- und Zustandsdiagrammen komplexe Steuerungen nicht mehr genau genug beschrieben werden können, ist es hier sinnvoll, den Zyklus mithilfe eines **Grafcet** (vgl. Fachstufe I) darzustellen.

Darstellung der Ablaufkette durch den Grafcet-Plan

Bei nachfolgend dargestelltem Grafcet-Plan soll zwischen den beiden Betriebsarten Automatik und Einrichten gewählt werden können.

Teil-Grafcets

Da es sich bei der beschriebenen Anlage um ein relativ komplexes System handelt, ist es sinnvoll, die Steuerung durch Teil-Grafcet-Pläne zu strukturieren. So wird die Wahl der Betriebsarten und die eigentliche Ablaufkette in den **Teil-GRAFCETS G1** und **G2** beschrieben.

Schritte

Bild 1 zeigt den Betriebsarten-Grafcet G1. Dieser besteht aus dem **Anfangsschritt 1**, erkennbar an der doppelten Umrahmung und den Schritten 2 und 3. Ein Schritt in der Ablaufkette

kann aktiv oder inaktiv sein. Der **schwarzer Punkt** kennzeichnet die **Aktivität** des Schrittes 1. Jedem Schritt wird eine **Schrittvariable X*** zugeordnet, wobei der Stern für die Schrittnummer steht. Eine Schrittvariable kann die Werte 0 (false) oder 1 (true) annehmen, d.h., die Schrittvariable X1 hat im Augenblick den logischen Wert 1, die Anlage könnte im Einzelzyklus betrieben werden, die Schrittvariable X2 hat den Wert 0, d.h., Schritt 2 ist momentan inaktiv. Es ist möglich, die Schrittvariablen beispielsweise als Übergangsbedingung zu verwenden, wie es vom Schritt 3 zum Schritt 1 durch die Variable X3 dargestellt ist. Genauso kann die Schrittvariable eines Teil-Grafcets in anderen Grafcets genutzt werden. So werden im Grafcet 2 die Schrittvariablen G1.X1 und G1.X2 aus dem Grafcet 1 verwendet, wobei das G1 für Grafcet 1 und X2 für Schritt 2 steht.

Wirkverbindungen und Transitionen

Die Wirkverbindungen zwischen den Schritten verlaufen von oben nach unten. Ist dies nicht der Fall, so muss dies durch einen Pfeil gekennzeichnet sein (Bild 1).

Der Übergang vom Schritt 1 zum Schritt 2 kann erfolgen, wenn Schritt 1 aktiv ist und die **Transitionsbedingung**[1] „Start UND Automatik UND NICHT Einrichten" wahr ist. Die Schrittvariable X1 bekommt dann den Wert 0, die Schrittvariable X2 den Wert 1 und die Anlage wird Dauerzyklus betrieben.

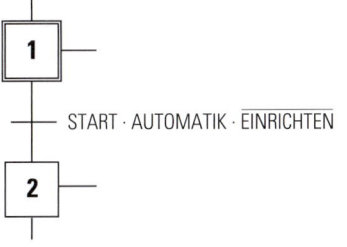

Durch die Schrittvariable X3 erfolgt der Übergang von Schritt 3 zu 1, nachdem durch Schritt 3 der Dauerzyklus beendet wurde. Für den Übergang zwischen den Schritten können Eingangsvari-

1) Übergangsbedingung
Hinweis: START · AUTOMATIK bedeutet START UND AUTOMATIK; AUTOMATIK + STOPP bedeutet AUTOMATIK ODER STOPP;
$\overline{\text{AUTOMATIK}}$ bedeutet NICHT AUTOMATIK

Automatisierte Systeme

ablen wie z.B. Sensoren, Ausgangs-variablen wie z.B. der Elektromagnet 1M1 oder, wie bereits erwähnt, Schritt-variablen verwendet werden.

Die Transition von einem Schritt zum nächsten kann auch zeitabhängig sein. So wird im Teil-Grafcet 2 (Bild 1) Schritt 4 erst eine Sekunde nachdem der Sensor B17 betätigt wurde aktiv. Der Ausdruck in Klammern ist der Name der Transitions-bedingung.

> **MERKE**
>
> Ein Grafcet-Plan besteht aus Schrit-ten, die durch Wirkverbindungen und Transitionsbedingungen miteinander verbunden sind. Diese können auch zeitabhängig sein. Eine Transitions-bedingung muss immer vorhanden sein.

Ablaufketten

Bild 1 zeigt die eigentliche **Schritt-** bzw. **Ablaufkette** *(sequence chain)* des Steuerungsablaufs. Da der letzte Schritt eine Rückführung zum Startschritt hat, spricht man hier von einer **geschlosse-nen Ablaufkette**. Diese besteht aus neun Einzelschritten, die nacheinander durchlaufen werden müssen, nachdem die jeweilige Transitionsbedingung er-füllt wurde. Es kann demnach immer nur ein Schritt aktiv sein.

Aktionen

Einzelne Schritte können mit beliebig vie-len Aktionen verbunden sein. Diese wer-den rechts neben den Schritten in einem rechteckigen Rahmen dargestellt. Bei mehreren Aktionen werden diese neben-einander oder untereinander angeordnet. Man unterscheidet **zwei Arten von Ak-tionen** (siehe Übersicht auf der nach-folgenden Seite).

> **MERKE**
>
> Jeder Schritt kann einen oder mehre-re Aktionen auslösen. Bei diesen kann es sich um eine Zuweisung handeln, die nur solange ausgeführt werden, solange der zugehörige Schritt aktiv ist. Bei einer Zuordnung bleibt die Aktion solange aktiv, bis sie durch eine andere Aktion wieder zurückge-setzt wird.

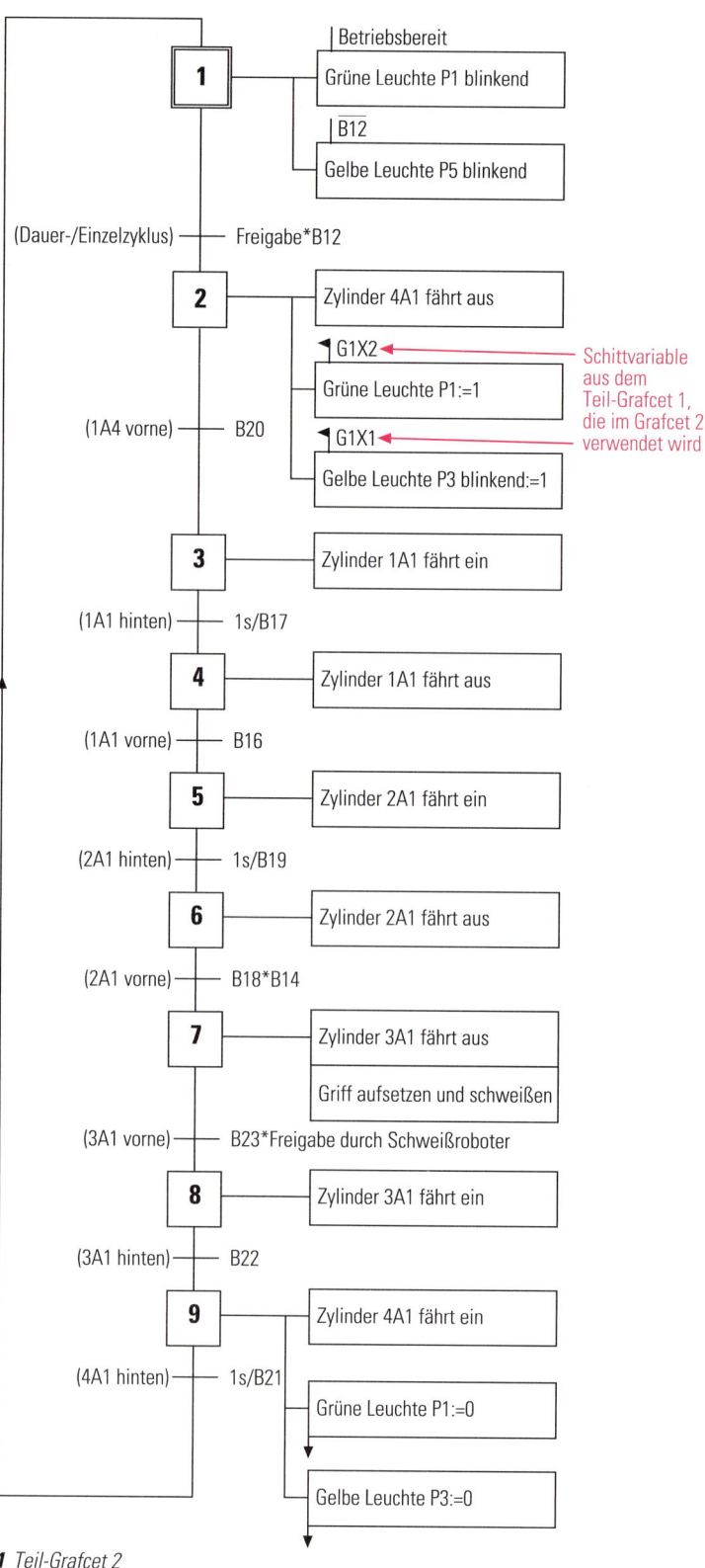

1 *Teil-Grafcet 2*

Kontinuierlich wirkend (Zuweisungen)	Gespeichert wirkend (Zuordnung)
Die zugehörige Variable, z. B. der Elektromagnet 1M1 eines Ventils, auf den Wert „true" (1) gesetzt, solange der zugehörige Schritt 3 aktiv ist. Ist Schritt 3 nicht mehr aktiv, wechselt auch die Variable 1M1 auf den Wert 0.	Der einer Variablen zugeordnete Wert bleibt solange unverändert, bis er von einer weiteren Aktion verändert wird. So nimmt die Variable bei der **Aktivierung** des Schritts 3 den Wert 1 an.
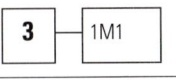	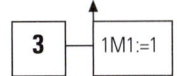
… **mit** Bedingung S1.	**Zuordnung bei Deaktivierung** des Schrittes 5. 1M1 wird der Wert 0 zugeordnet, sobald Schritt 5 deaktiviert wird.
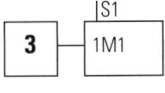	5 ─ 1M1:=0
Auch zeitabhängige Zuweisungen sind möglich wie z. B. 2 s nachdem S1 betätigt wurde.	**Zuordnung bei Ereignis.** Bei Schritt 3 wird 1M1 nur dann der Wert 1 zugeordnet, wenn die Eingangsvariable S1 den Wert 1 hat.
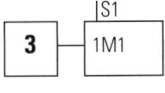 3 ─ 1M1 (|3s/S1)	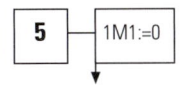

Überlegen Sie!

1. Erläutern Sie die Aktionen des Teil-Grafcet 1. Inwiefern hat der Grafcet 1 Einfluss auf den Grafcet 2?
2. Der Start-Taster wird in der Betriebsart Einrichten/ Einzelzyklus dauerhaft gedrückt und Schritt 1 ist aktiv. Welche Auswirkung hat das?

Beschreibung der Schritte 1 bis 3 des Teil-Grafcets 2:

Ist der Startschritt 1 aktiv, werden zwei Aktionen ausgelöst.

1. Ist die Anlage betriebsbereit, erfolgt eine Zuordnung an die Variable „grüne Leuchte P1", die zu blinken beginnt.
2. Meldet der Sensor B12 keine Flaschen, beginnt die gelbe Leuchte P5 zu blinken.

Die Transitionsbedingung **zu Schritt 2** ist dann erfüllt, wenn der **Teil-Grafcet 1** ein **Freigabe**signal **und** der **Sensor B12** eine Flasche meldet.

Schritt 2 löst drei Aktionen aus, wobei zwei davon bedingt sind.

1. Der Zylinder 4A1 fährt aus.

2. Der Meldeleuchte P1 wird der Wert 1 **zugeordnet** und sie erzeugt ein Dauerlicht, wenn durch die Schrittvariable G1.X2 des Teil-Grafcet 1 die Anlage im Automatikbetrieb/ Dauerzyklus gestartet wurde.
3. Der Meldeleuchte P3 wird der Wert 1 **zugeordnet** und sie beginnt zu blinken, wenn durch die Schrittvariable G1.X1 die Anlage im Einzelzyklus gestartet wurde.

Der Zylinder 4A1 betätigt in seiner vorderen Endlage den Sensor B20 und ermöglicht eine Transition zu Schritt 3.

Sobald **Schritt 3** aktiv ist, fährt Zylinder 1A1 ein.

Überlegen Sie!

Erläutern Sie die Schritte 4 bis 9 des Teil-Grafcets 2 (Seite 146 Bild 1).

1.2.4.2 Programmierung *(programming)*

Die Steuerung der Anlage erfolgt durch das **Automatisierungsgerät S7-300**. Als Programmierwerkzeug dient die **Programmiersoftware Step 7** der Fa. Siemens. Dazu muss zunächst ein **S7-Projektordner** (Seite 148 Bild 1) angelegt und ein Projektname wie z. B. „Handwerk_Technik" vergeben werden. In diesem Projektordner befinden sich **Unterordner**, in denen unter anderem die Hardwarekonfiguration und die S7-Programme abgelegt sind.

Alternativ kann das gegebene Beispiel auch mit einer **Logo** (Bild 1) oder **Easy** programmiert werden.

1 Logo

Hardwarekonfiguration *(hardware configuration)*

Da eine Simatic S7-300 Station **modular** aufgebaut ist, muss der Anwender zunächst festlegen, welche **Stromversorgung**, welche **CPU** und welche **Eingangs- und Ausgabebaugruppen** verwendet werden (Seite 148 Bild 2). Bei den E/A-Baugruppen können digitale oder analoge Module zum Einsatz kommen. Diese spricht dann das S7-Programm über die **Ein-**

Automatisierte Systeme

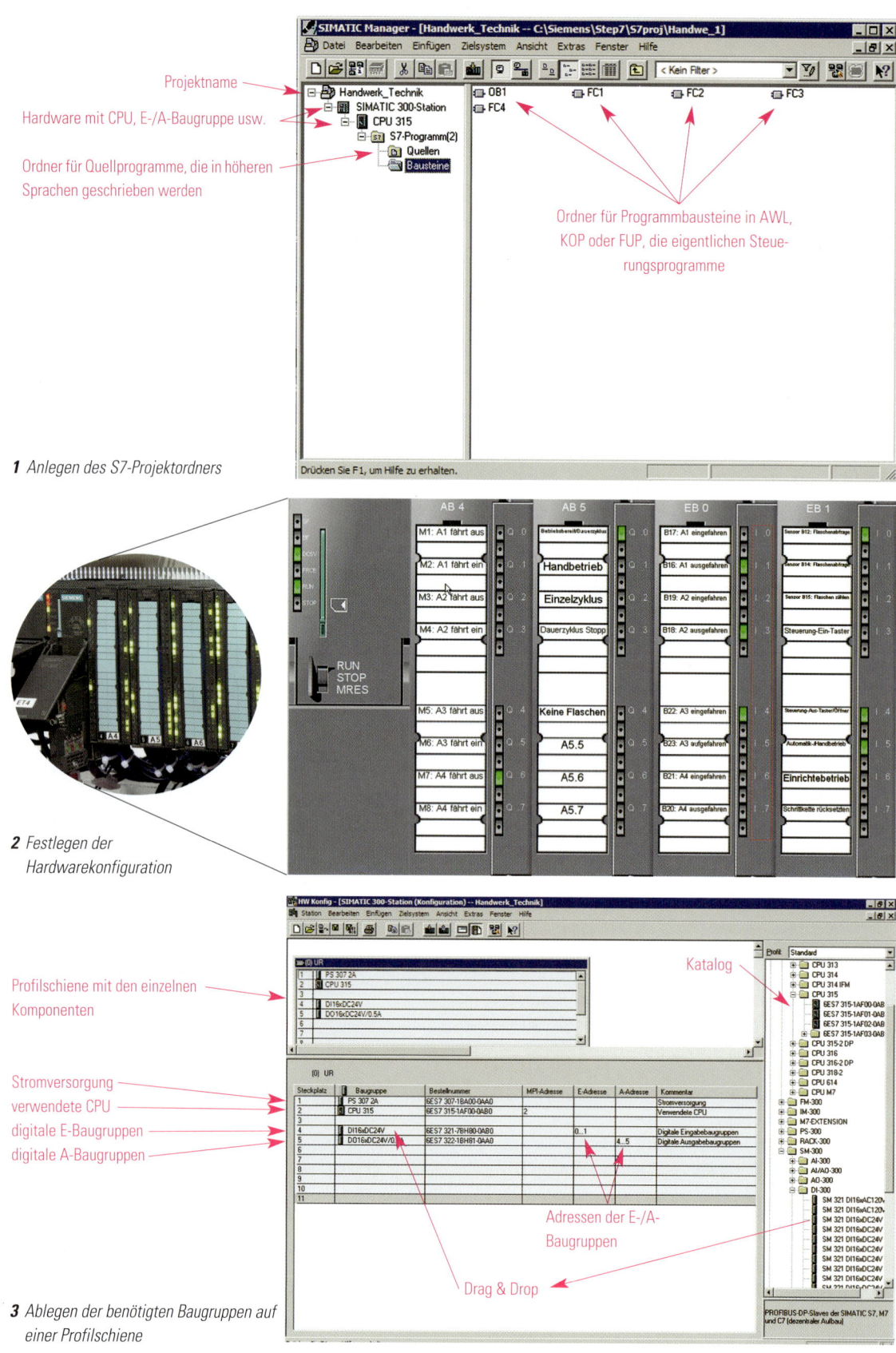

1 Anlegen des S7-Projektordners

2 Festlegen der Hardwarekonfiguration

3 Ablegen der benötigten Baugruppen auf einer Profilschiene

Projektname

Hardware mit CPU, E-/A-Baugruppe usw.

Ordner für Quellprogramme, die in höheren Sprachen geschrieben werden

Ordner für Programmbausteine in AWL, KOP oder FUP, die eigentlichen Steuerungsprogramme

Profilschiene mit den einzelnen Komponenten

Katalog

Stromversorgung
verwendete CPU
digitale E-Baugruppen
digitale A-Baugruppen

Adressen der E-/A-Baugruppen

Drag & Drop

gangs- **(E)** und **Ausgangsadressen (A)** an. Mit Drag & Drop (Seite 148 Bild 3) werden aus einem Katalog die benötigten Baugruppen auf einer Profilschiene an den dafür vorgesehenen Steckplätzen abgelegt.

Strukturierung von Steuerungs-programmen

Standardmäßig wird in jedem Projekt ein **Organisationsbaustein OB1** angelegt, der als **Schnittstelle** zum Betriebssystem dient. Er wird automatisch aufgerufen und zyklisch bearbeitet.

Bei der **linearen Programmierung** (Bild 1) werden alle Anweisungen in diesen einen Organisationsbaustein geschrieben und nacheinander bis zum Programmende abgearbeitet, bevor die Programmbearbeitung wieder von vorne beginnt. Die Zeit für einen Durchlauf wird als **Zykluszeit** bezeichnet. Diese Art der Programmierung ist geeignet für einfache Steuerungsaufgaben, da **komplexere Abläufe** schnell **unübersichtlich** werden.

Bei der **strukturierten Programmierung** (Bild 2) wird das gesamte Programm in nach Teilproblemen geordnete Programme zerlegt. Diese Teilprogramme können **FUNKTIONEN** oder **FUNKTIONSBAUSTEINE** sein, die dann nacheinander vom Organisationsbaustein aus aufgerufen und abgearbeitet werden. **Funktionen** und **Funktionsbausteine** sind vergleichbar mit Bausteinen aus der Funktionsbausteinsprache wie z.B. einer UND-Verknüpfung. Der Unterschied besteht darin, dass diese Bausteine **vom Programmierer erstellt werden**. Bild 3 zeigt den Aufruf einer Funktion FC2 im Organisationsbaustein OB1. Mit ihm kann zwischen den Betriebsarten Einzel- und Dauerzyklus ausgewählt werden. Mit dem Taster Stopp wird der Dauerzyklus beendet. Bild 3 zeigt einen Ausschnitt aus dem Programm, das hinter der Funktion FC2 abgearbeitet wird. Es legt fest, welche Eingänge belegt sein müssen, damit für den Dauerbetrieb ein permanentes „Freigabe"-Signal an die Maschine erfolgt und der Steuerungsablauf beginnen kann.

Funktionen und Funktionsbausteine unterscheiden sich dadurch, dass die **Daten einer Funktion (FC) nach ihrer Bearbeitung verloren sind**.

Funktionsbausteine (FB) verfügen über **DATENBAUSTEINE** (DB), auf die sie zugreifen können.

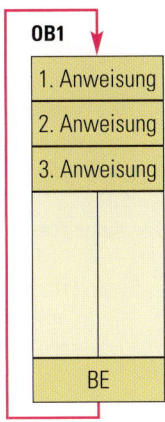

1 Lineare Programmierung

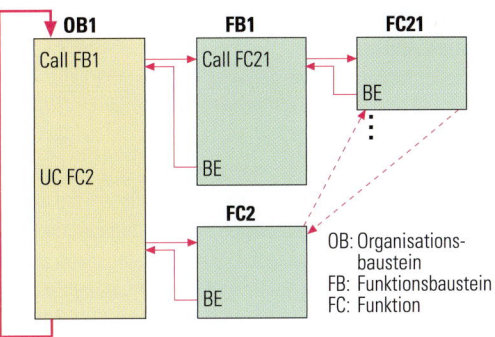

2 Strukturierte Programmierung

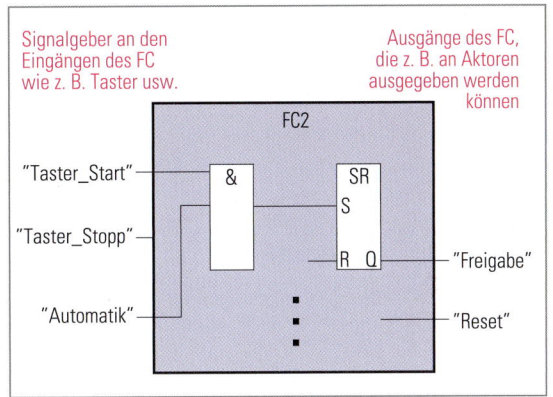

3 Aufruf der Funktion FC2 im Organisationsbaustein OB1 mit ausschnittsweiser Darstellung der internen Verknüpfungslogik für das Freigabesignal

MERKE

Funktionen werden im Organisationsbaustein aufgerufen und dort auch mit den entsprechenden Ein- und Ausgängen belegt. Das eigentliche Programm befindet sich in einem gesonderten Baustein mit der Bezeichnung FC*.

Die **strukturierte Programmierung** bietet folgende **Vorteile**:
- Teilprobleme sind einfacher zu lösen
- Teamwork ist möglich, indem Aufgaben auf verschiedene Mitarbeiter verteilt werden
- Es können Bausteine entworfen werden, die mit anderen Parametern immer wieder verwendet werden können, z.B. ein Baustein für Bedienfelder
- Jeder einzelne Baustein kann auf seine Funktionsfähigkeit getestet werden
- Funktionieren die einzelnen Bausteine, können sie zu einem Gesamtprogramm zusammengefügt werden
- Das Gesamtprogramm wird übersichtlicher
- Die Fehlersuche wird erleichtert

MERKE

Man unterscheidet die lineare und die strukturierte Programmierung.
Wegen ihrer Vorteile ist die strukturierte Programmierung bei komplexeren Anlagen zu bevorzugen.

Überlegen Sie!

1. Ergänzen Sie das Programm so, dass der Dauerbetrieb mit dem „Stopp-Taster" beendet werden kann und gleichzeitig ein Rücksetzsignal „Reset" erzeugt wird.
2. Programmieren Sie den Einzelbetrieb. Der Einzelbetrieb wird durch ein kurzzeitiges Freigabesignal gestartet.

Entwicklung des Steuerungsprogramms der Anlage
Programmstruktur:
Für den Rollenförderer bietet sich eine Programmstruktur nach Bild 1 an.

Zuordnungsliste:
Für die Programmierung der Betriebsarten müssen die erforderlichen Signalgeber den Eingängen der SPS zugeordnet werden. Da durch diesen Baustein noch keine Signalausgabe an die Aktoren der Anlage erfolgt, werden **Merker** verwendet. Für diese gibt es einen festen Speicherbereich in der CPU. Merker sind als **Zwischenspeicher** zu betrachten, in denen **Verknüpfungsergebnisse** innerhalb der SPS abgespeichert werden. Sie werden **wie Ausgänge** programmiert wie z. B. bei einer Zuweisung durch den Befehl **= M10.1**. Es gibt **remanente** und **nicht remanente Merker**. Die remanenten Merker behalten ihren logischen Zustand auch nach einem Spannungsausfall, da dieser durch eine **Pufferbatterie** überbrückt wird. So kann eine Anlage an der Stelle weiterarbeiten, an der ein Spannungsausfall den Arbeitszyklus unterbrochen hat.

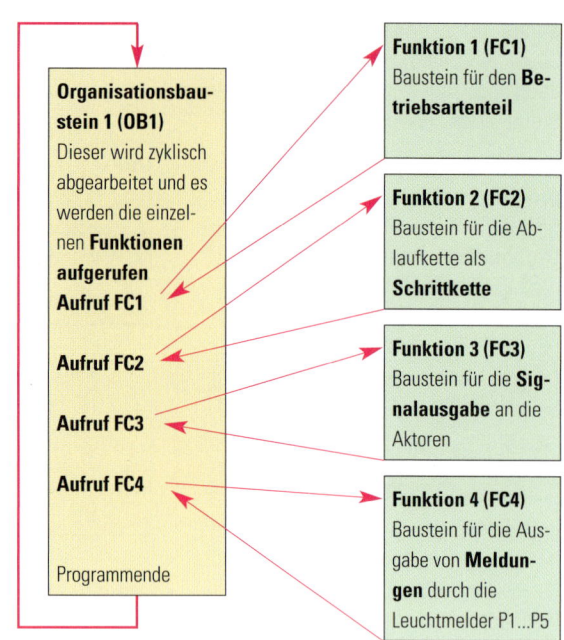

1 Programmstruktur

Zuordnungsliste Betriebsarten:

Ein-/Ausgabe-bauteil	Operand	Kommentar
S1	E1.3	Schließer, Start-Taster
S2	E1.4	Öffner, Stopp-Taster
S3	E1.5	Drehschalter Auto/Hand
S4	E1.6	Drehschalter Einrichten EIN/AUS
S5	E1.7	Schließer, Taster zum Rücksetzen (Reset)
	M2.2	Merker: Freigabe der Anlage
	M2.3	Merker: Anlage läuft im Dauerzyklus
	M2.4	Merker: Anlage soll stoppen
	M2.5	Merker: Rücksetz(Reset)signal, Anlage wird rückgesetzt
	M2.6	Anlage ist betriebsbereit, wenn Zylinder in Grundstellung und wenn sich keine Flasche in der Anlage befindet

Die Zuordnungsliste dokumentiert die Zuweisung der Ein- und Ausgänge zur SPS.

Eine weitere Erleichterung bei der Programmierung ist die Verwendung von **Symbolen** anstatt der Operanden. Nachfolgend ist die **Symboltabelle** dargestellt.

Symboltabelle

Symbol	Operand	Kommentar
Taster_Start	E1.3	Anlage starten im Einzelzyklus/Dauerbetrieb
Taster_Stopp	E1.4	Dauerzyklus wird nach dem letzten Schritt beendet
Automatik	E1.5	Drehschalter Auto/Hand
Einrichten	E1.6	Drehschalter Einrichten EIN/AUS
Taster_Reset	E1.7	Anlage zurücksetzen
Merker_Freigabe	M2.2	Merker Freigabe der Anlage
Merker_Dauerzyklus	M2.3	Merker Anlage im Dauerzyklus
Merker_Reset	M2.4	Merker Rücksetzen der Anlage
Signal_Stopp	M2.5	Merker Anlage soll stoppen
Merker_Betriebs-bereit	M2.6	Zylinder in Grundstellung, keine Flasche in der Anlage

Programm Betriebsartenteil:
Der Aufruf der Funktion FC1 (Seite 151 Bild 1) spiegelt das **Bedienfeld** wider. Auf der linken Seite befinden sich die Eingänge der einzelnen Taster und Drehschalter, auf der rechten Seite die Ausgänge. Da es sich bei diesen nur um interne Verknüpfungen der SPS handelt, werden sie in die Merker M2.2 bis M2.5 geschrieben. Im **Inneren** muss man sich wieder die **Verknüpfungslogik** für die Ein- und Ausgänge vorstellen.

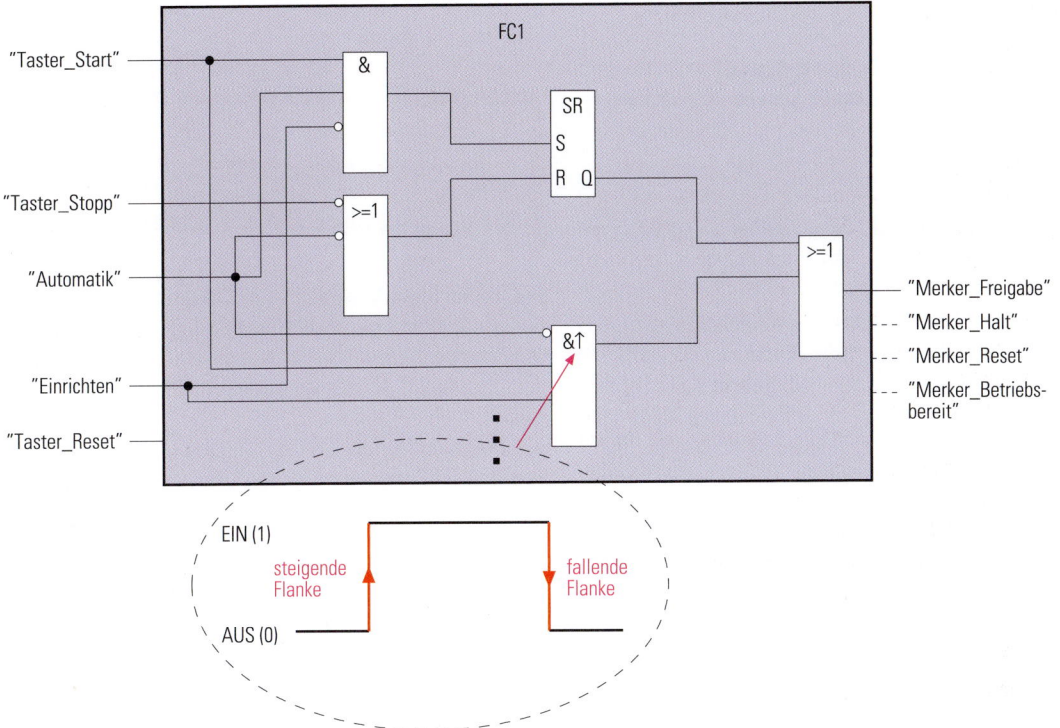

1 Aufruf der Funktion FC1 im Organisationsbaustein OB1 mit Darstellung der Verknüpfungslogik für den „Merker_Freigabe"

Beispiel:

Der **„Merker_Freigabe"** liefert dann ein Signal, wenn am Bedienfeld der Drehschalter auf **„NICHT-Automatik"** steht und der **„Einrichte"-Betrieb** gewählt UND der **„Taster_Start"** betätigt wurde. Da ein **Dauersignal des Start-Tasters** zu einem **Dauerzyklus** führen würde, ist eine Flankenauswertung (Bild 1) notwendig. Beim Wechsel des Verknüpfungsergebnisses der UND-Verknüpfung von AUS (0) auf EIN (1) wird die ansteigende Flanke erfasst und steht dann nur einen Zyklus lang zur Verfügung. Dadurch ist gewährleistet, dass der Steuerungsablauf nur einmal durchlaufen wird. Für einen Neustart ist ein erneutes Betätigen des Start-Tasters notwendig. In der Simulation kann man am Ausgang **Merker_Freigabe** nur einen kurzen Impuls wahrnehmen. Neben der steigenden Flanke ist auch die Auswertung fallender Flanken, d.h., der Wechsel von 1 auf 0 möglich.

Überlegen Sie!

1. Erläutern Sie die Wirkung der restlichen Logik.
2. Erstellen Sie die Steuerungslogik für
   - den „Merker_Halt". Dieser soll ein Signal liefern, wenn der „Taster_Stopp" gedrückt wird.
   - den „Merker_Reset". Dieser liefert ein Signal, wenn der „Taster_Reset" betätigt wird.
   - den „Merker_Betriebsbereit". Dieser meldet dann Betriebsbereitschaft, wenn sich die Zylinder in der Grundstellung befinden und der Sensor B14 keine Flasche meldet.

Programm Schrittkette *(sequencer)*:

Bereits im Grafcet-Plan (Seite 146 Bild 1) wurden die einzelnen Schritte der Schrittkette und die zugehörigen Aktionen beschrieben. Es handelt sich um eine geschlossene Ablaufkette mit neun Schritten.

Die Programmierung eines einzelnen Schrittes erfolgt stets nach demselben Muster (Bild 2):

- Jeder einzelne **Schritt n** wird über einen **dominierend rücksetzenden SR-Baustein gespeichert**. Jedem Schritt ist ein **Schrittmerker** zugeordnet. Die **Signalausgabe an die Ausgänge** der SPS erfolgt in einem gesonderten Baustein.
- **Ein Schritt n** kann nur gesetzt werden, wenn der vorherige **Schritt n − 1 gesetzt** wurde und wenn die entsprechenden **Transitionsbedingungen** erfüllt sind.

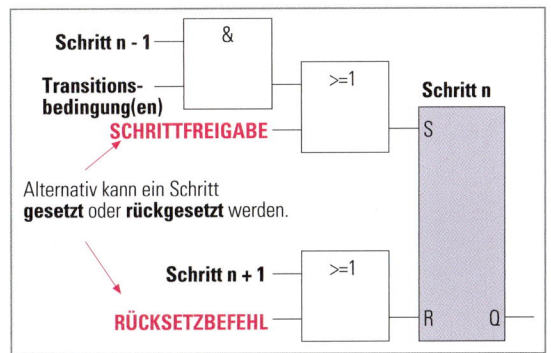

2 Programmierung eines Schritts

Automatisierte Systeme

- Ein Schritt wird durch den nachfolgenden **Schritt n + 1** zurückgesetzt.
- Mit einem **Stopp-** oder **Rücksetz-Signal** können bei Bedarf einzelne Schritte **alternativ gesetzt** oder **rückgesetzt** werden. Welche Schritte das sind, hängt von der Aufgabenstellung ab.

Ⓜ︎Ⓔ︎Ⓡ︎Ⓚ︎Ⓔ︎

Ablaufsteuerungen werden in Schrittketten programmiert.

Beispiele:

Damit **Schritt 1** – der **Startschritt** – gesetzt werden kann, darf **kein Signal vom „Merker_Halt"** vorhanden sein UND die Anlage muss **betriebsbereit** sein UND **Schritt 9** muss gesetzt sein. Schritt 9 befindet sich in der geschlossenen Ablaufkette vor Schritt 1. Die Signale vom „Merker_Halt" und das Signal „Merker_Betriebsbereit" liefert der Baustein FC1. Durch Schritt 2, das ist der nächste Schritt der Ablaufkette, wird Schritt 1 wieder zurückgesetzt. Alternativ kann beim Einschalten der Anlage der **Startschritt** mit dem **Rücksetzsignal** gesetzt werden.

Mit **Schritt 2** soll der **Zylinder 4A1 ausfahren**. Zum **Setzen** des Schritts ist wieder der **vorausgehende Schritt**, ein Signal **vom „Merker_Freigabe"** der Funktion FC1 UND eine zusätzliche Transitionsbedingung **S1_S2** notwendig. Welche Transitionsbedingung das ist, wird im Organisitionsbaustein OB1 festgelegt. **Zurückgesetzt** wird der Schritt wieder mit dem nächsten Schritt oder beim Rücksetzen der Schrittkette durch den **„Merker_Reset"**.

✦ Überlegen Sie!

1. *Welcher Signalgeber wurde für die Transitionsbedingung S1_S2 gewählt? Vergleichen Sie mit dem Grafcet-Plan.*
2. *Entwickeln Sie die Schrittkette mithilfe von Bild 1 zu Ende.*

Programm Signalausgabe an die Aktoren:

Durch den Aufruf der **Funktion FC3** (Seite 153 Bild 1) im Organisationsbaustein OB1 erfolgt die Verknüpfung zwischen den einzelnen Schrittmerkern und den entsprechenden Ausgängen.

Als **Eingangssignale** werden die **Ausgangssignale der Funktion FC2** verwendet. In der Abbildung ist zu erkennen, dass gerade der Schrittmerker des Schritts 4 gesetzt ist. Dies bewirkt, dass der **Ausgang 1A1_aus** und somit auch der **Ausgang A 0.3** ein Signal liefert. Der Elektromagnet, der über diesen Ausgang angesteuert wird, schaltet das Ventil um und der **Zylinder 1A1** fährt aus.

Den Programmteil des Bausteins FC3, der für das Setzten des **Ausgangs 1A1_aus** verantwortlich ist, zeigt Bild 1 Seite 153. Der Ausgang wird mit einer Verzögerung von 1 Sekunde gesetzt, da die Flaschen den Zylinder 1A1 zunächst passieren müssen,

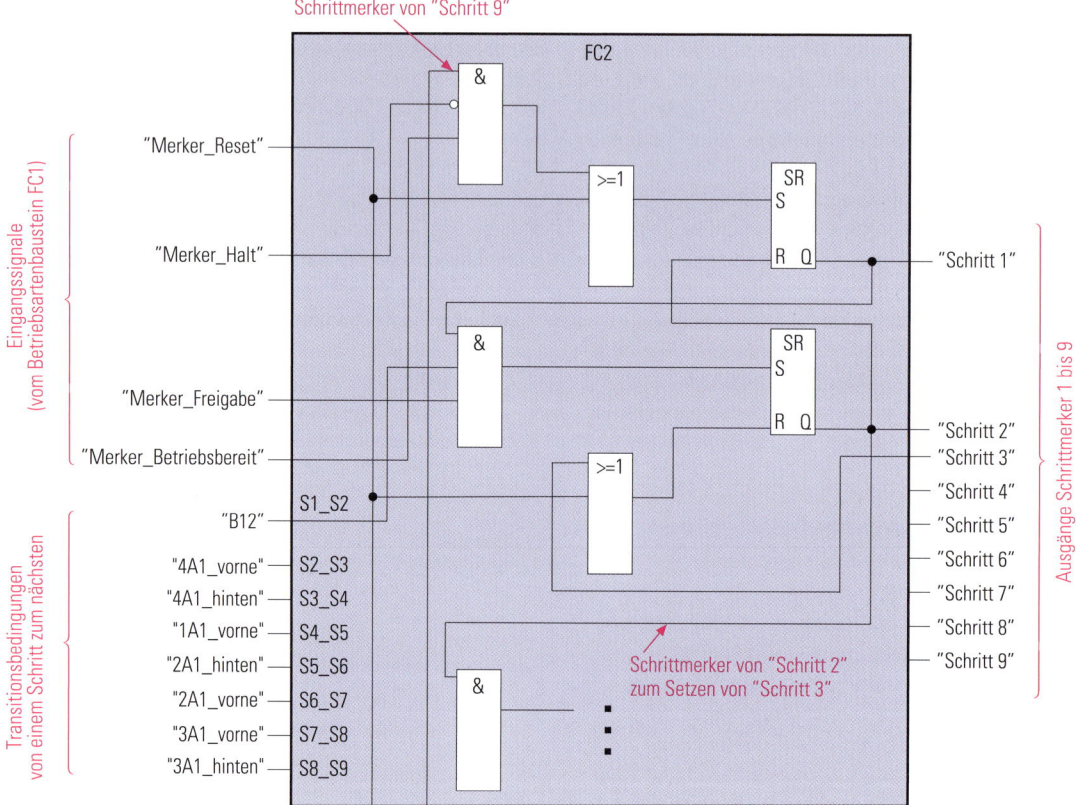

Schrittmerker von "Schritt 9"

FC2

Eingangssignale (vom Betriebsartenbaustein FC1)

"Merker_Reset"

"Merker_Halt"

"Merker_Freigabe"

"Merker_Betriebsbereit"

Transitionsbedingungen von einem Schritt zum nächsten

"B12" — S1_S2

"4A1_vorne" — S2_S3

"4A1_hinten" — S3_S4

"1A1_vorne" — S4_S5

"2A1_hinten" — S5_S6

"2A1_vorne" — S6_S7

"3A1_vorne" — S7_S8

"3A1_hinten" — S8_S9

"Schritt 1"

"Schritt 2"
"Schritt 3"
"Schritt 4"
"Schritt 5"
"Schritt 6"
"Schritt 7"
"Schritt 8"
"Schritt 9"

Ausgänge Schrittmerker 1 bis 9

Schrittmerker von "Schritt 2" zum Setzen von "Schritt 3"

1 *Schrittkette*

bevor er wieder ausfährt. Dasselbe gilt auch beim Ausfahren der Zylinder 2A1 und 4A1.

Überlegen Sie!

Erstellen Sie das vollständige Programm der Funktion FC3. Orientieren Sie sich dabei an Bild 1.

Programm Meldungen:

Das Ansteuern der Leuchtmelder „P1" bis „P5" erfolgt nach demselben Schema wie die Signalausgabe an die Stellglieder der Aktoren.

Bild 2 zeigt den zugehörigen Funktionsaufruf im OB1 und einen Ausschnitt aus dem Programm. Durch den **„Merker_Dauer-zyklus"** erhält der **Ausgang „P1"** ein Signal, vorausgesetzt einer der Schritte zwei bis neun ist gerade aktiv. Der Ausgang **A 2.0** der SPS bringt wiederum die **Meldelampe P1** zum Leuchten.

Befindet sich die Anlage **nicht im Dauerzyklus**, ist aber **be-triebsbereit**, dann soll die Meldeleuchte P1 blinken. Das Blink-klicht verursacht ein **Taktmerker**. Der Taktmerker muss in der CPU, d. h. bei der Konfiguration der Hardware, definiert werden. So erzeugt z. B. der Taktmerker M100.5 einen Takt von **einem Herz**.

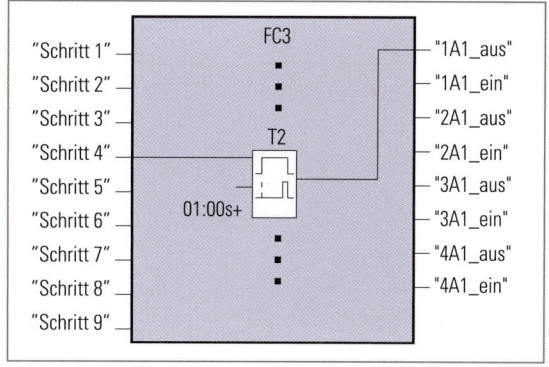

1 Signalausgabe an die Aktoren

Überlegen Sie!

1. *Erstellen Sie die restliche Verknüpfungslogik. Orien-tieren Sie sich dabei an der Anlagenbeschreibung auf Seite 143.*
2. *Programmieren Sie einen Zähler, mit dem die Stückzahl der hergestellten Flaschen erfasst wird. Verwenden Sie hierzu den Sensor B15.*

Zusammenfassend zeigt Bild 1 auf Seite 154 das Zusammen-spiel der Funktionen FC1, FC2 und FC3.

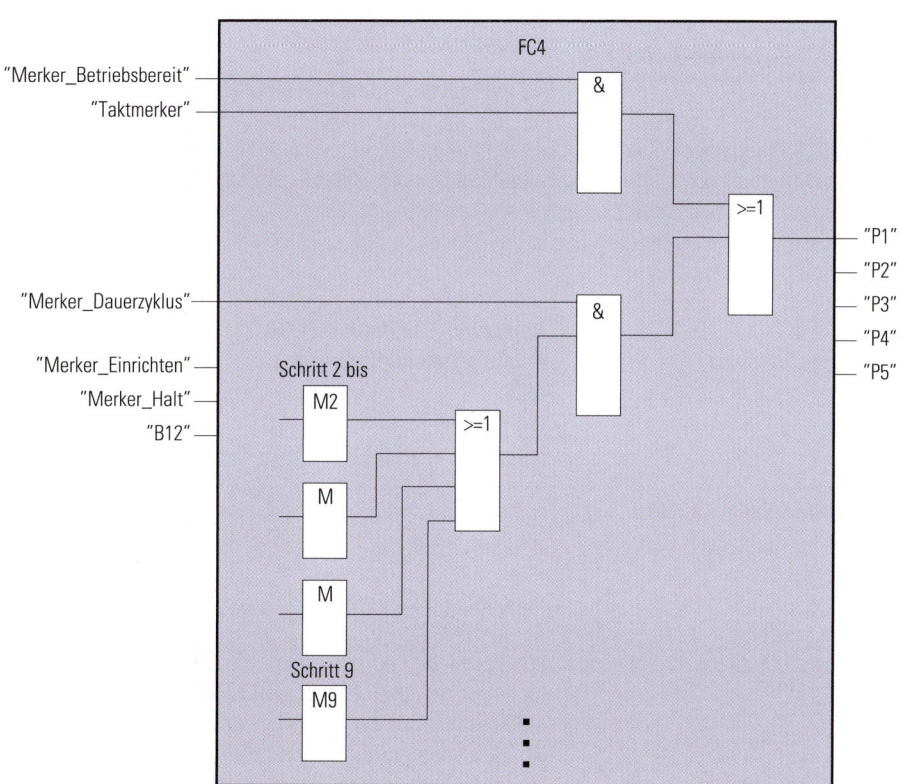

2 Ein Blinken der Lampe P1 meldet Betriebsbereitschaft. Dauerlicht signalisiert, dass sich die Anlage im Dauerzyklus befindert.

Automatisierte Systeme

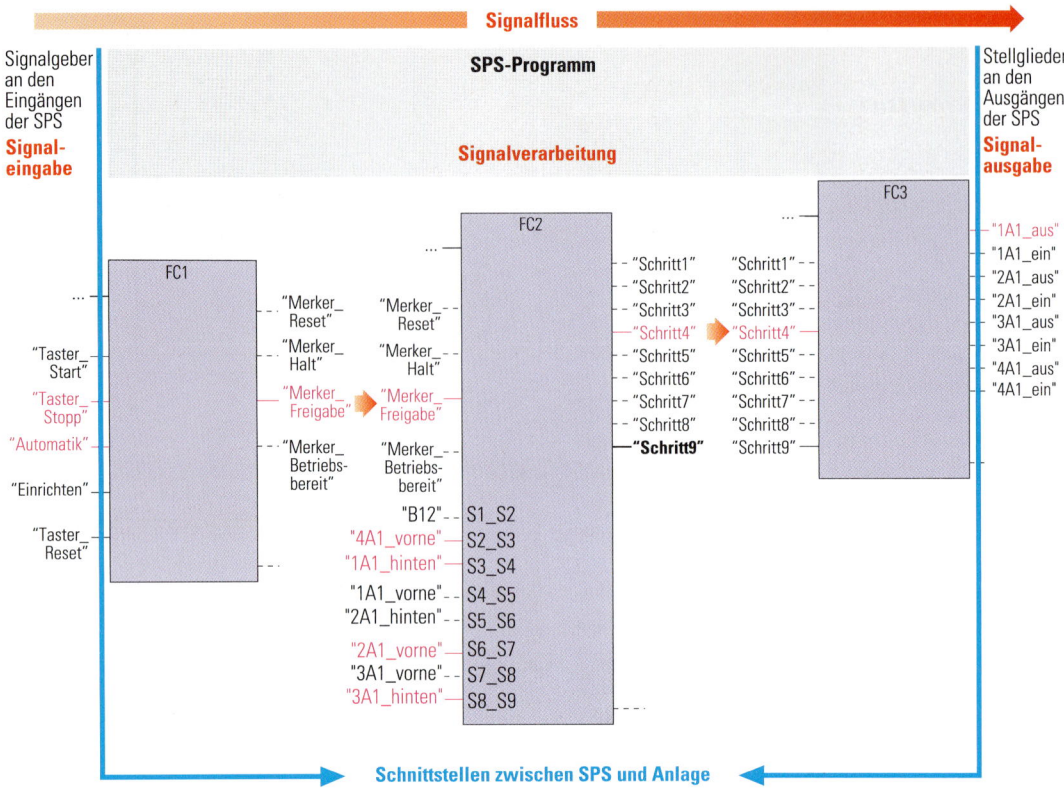

1 Zusammenwirken der Funktionen FC1, FC2 und FC3

1.2.5 Inbetriebnahme einer SPS-gesteuerten Anlage – Prozessoptimierung

Bei der Inbetriebnahme *(starting)* einer Anlage sollte zunächst die **Hardware überprüft** werden. Grundlage dieser Kontrolle ist die **Zuordnungsliste**. Mit ihr wird geprüft, ob jeder Sensor und jeder Aktor am richtigen Ein-/Ausgang der SPS angeschlossen ist. Anschließend wird das Programm in die Zentraleinheit der SPS geladen. Beim **Testen des Programms** sollten nur einzelne Programmteile oder einzelne Funktionen wie z.B. Handbetrieb, Einrichten usw. auf ihre Fehlerfreiheit überprüft werden. Es empfiehlt sich, spezielle Funktionen wie den Einzelschrittbetrieb zu nutzen. Da das Programm Schritt für Schritt abgearbeitet wird, kann die Fachkraft schnell die Ursachen für auftretende Fehler finden. Nach dem ersten Test werden der eigentliche **Fertigungsprozess** wie z.B. die Güte der Schweißnähte an den Griffen sowie das **Programm optimiert** *(optimized)*. Dadurch wird der gesamte Prozess optimiert. Bei der Flaschenschweißanlage ist das Hauptziel der Prozessoptimierung die Steigerung der **Maschinenproduktivität** *(efficiency)*. Diese gibt das Verhältnis von Produktionsmenge und Maschinenstunden an. Weitere Ziele der Prozessoptimierung könnten sein:
- kurze Durchlaufzeiten
- geringe Prozesskosten oder
- geringe Fehlerquoten

Nach der Test- und Optimierungsphase kann die Abnahme der Anlage durch den Kunden erfolgen.

1.2.6 SPS und Sicherheit

Die **europäische Maschinenrichtlinie** beschreibt grundsätzlich, wie Maschinen zu konstruieren und zu bauen sind, damit der Betrieb, das Einrichten und die Wartung unter den vorgesehenen Bedingungen erfolgen kann, ohne dass Mensch, Maschine und Umwelt einer Gefährdung ausgesetzt sind. Mögliche Fehlbedienungen sind zu berücksichtigen. Die Inhalte dieser Richtlinie wurde in den einzelnen Mitgliedsstaaten in geltendes Recht umgesetzt. Dies geschah in Deutschland z.B. durch das **Gerätesicherheitsgesetz GSG**. Mit der **CE-Kennzeichnung (Konformitätserklärung)** dokumentiert der Hersteller einer Maschine die Einhaltung aller zutreffenden Richtlinien und Vorschriften. Da die europäischen Richtlinien weltweit anerkannt sind, hilft deren Anwendung auch beim Export in andere Länder. Für spezielle Maschinen regeln oft Fachnormen den sicherheitstechnischen Aspekt wie z.B. beim Bau von Druck- oder Werkzeugmaschinen usw. Ist dies nicht der Fall, muss der Hersteller einer Maschine dafür sorgen, dass zunächst eine **Gefährdungsanalyse** (risk analysis) durchgeführt wird und mögliche Gefährdungen identifiziert werden. Dazu gehören z.B. mögliche Fehlfunktionen und die damit verbundenen Arten von Verletzungen, die auftreten könnten. Die nachfolgende **Risikoeinschätzung** *(security rating)* beurteilt z.B. die Schwere der Verletzungen und die Wahrscheinlichkeit ihres Eintretens. Daraus ergeben sich dann die erforderlichen **Maßnahmen zur Risikominimierung**, beispielsweise die Verwendung von

Schutzeinrichtungen, das Beseitigen von Gefährdungen, das Versperren des Zugangs.

Für SPS-Steuerungen schreibt die Maschinenrichtlinie vor, dass Steuerungen so zu konzipieren und zu bauen sind, dass es zu keinen Gefährdungssituationen kommt. Sie müssen so ausgelegt und beschaffen sein, dass

- sie den zu erwartenden Betriebsbeanspruchungen und Fremdeinflüssen standhält
- ein Defekt der Hardware oder der Software der Steuerung nicht zu Gefährdungssituationen führt
- Fehler in der Logik des Steuerkreises nicht zu Gefährdungssituationen führen
- vorhersehbare Bedienungsfehler nicht zu Gefährdungssituationen führen

Jede Maschine muss eine NOT-AUS-Einrichtung haben. Bei deren Betätigung muss ein Stopp der Kategorie 0 (sofortiges Abschalten) oder ein Stopp der Kategorie 1 (gesteuertes Stillsetzen) erfolgen. Der NOT-AUS muss einrasten. Das Rücksetzen darf keinen Wiederanlauf zur Folge haben. Ein Wiederanlauf darf erst erfolgen, nachdem die Anlage freigegeben wurde. Für Funktionen, die ein **Ausschalten** der Anlage auslösen, ist immer ein **Öffner** *(contact breaker)* vorzusehen. Dieser Grundsatz gilt aber nicht nur für NOT-AUS-Taster, sondern auch für Schalter an Sicherheitstüren und für Positionsschalter. Bei einem Schließer könnten Störungen wie ein Drahtbruch oder Kontaktprobleme dessen Betätigung wirkungslos machen. Umgekehrt gilt, dass für einen **Starttaster** immer ein **Schließer** *(contacter)* zu verwenden ist.

Die europäische Maschinenrichtlinie schreibt vor, wie Maschinen gebaut werden müssen, damit für Mensch, Maschine und Umwelt keine Gefahren ausgehen können. Der Hersteller dokumentiert die Erfüllung der geltenden Gesetze mit der **Konformitätserklärung**. Diese Richtlinie gilt auch für die Gestaltung von SPS-gesteuerten Anlagen. Diese müssen immer einen NOT-AUS haben. Der NOT-AUS ist immer als Öffner auszuführen.

Welche Folgen hätte es, wenn zum Starten ein Öffner verwendet würde?

Sicherheitsschaltgeräte (Bild 1) überwachen NOT-AUS-Befehlsgeräte, Positionsschalter, aber auch berührungslos wirkende Sensoren wie z. B. Lichtvorhänge. Bei einer Betätigung übernehmen sie die Sicherheitsfunktion. So wird z. B. die Steuerspannung an den Ausgängen der SPS zum Ansteuern von Wegeventilen abgeschaltet. Alle Ausgänge haben dann „0"-Signal. Damit die Aktoren ebenfalls in eine sichere Lage gelangen, kommen Wegeventile mit Sperr-Mittel-Stellung und Elektromotore mit Bremsen zum Einsatz. Sicherheitsschaltgeräte **überwachen sich selbst**. Bei einem Fehler wie z. B. bei Kurzschluss schalten sie ebenfalls ab. Ein weiterer Kontakt des Sicherheitsschaltgerätes meldet der SPS den Zustand der

1 *Sicherheitsschaltgerät*

2 *Sicherheits-SPS*

Sicherheitskreise. Das Steuerprogramm kann dann entsprechend reagieren. Es kann z. B. vorsehen, dass nach einem NOT-AUS der Anlage für einen Neustart zunächst ein Quittiertaster gedrückt werden muss.

Ein NOT-AUS-Signal darf nicht ausschließlich durch eine herkömmliche SPS verarbeitet werden, denn mit einer beschädigten SPS könnte es unmöglich sein, den NOT-AUS zu schalten. Ein NOT-AUS erfolgt ausschließlich über die Hardware.

Anstelle der Sicherheitsschaltgeräte kommen zusätzlich zur herkömmlichen SPS sicherheitsgerichtete, **fehlersichere speicherprogrammierbare Steuerungen** (Bild 2) zum Einsatz, die die Sicherheitskreise überwachen und bei Gefahr reagieren. Ihr Vorteil liegt in der freien Programmierbarkeit.

1.3 Automatisierungssysteme

M E R K E

Informationstechnische Systeme, die Prozessgeräte miteinander verbinden, werden „Automatisierungssysteme" genannt.

Automatisierungssysteme *(automation systems)* fassen alle Funktionen von Steuerungen und Regelungen zusammen. Es wird dann eine abgestufte und gegliederte **Leitstruktur** angestrebt, wie sie in Bild 1 dargestellt wird. Folgende Elemente sind Bestandteil eines Automatisierungssystems:

- Sensoren
- Aktoren
- Regler
- SPS-Geräte
- Bussysteme
- Leitrechner
- Prozessvisualisierungssoftware

Überlegen Sie!

Erklären Sie den Unterschied zwischen automatisierten Systemen und Automatisierungssystemen. Beachten Sie dabei die Ausführungen auf Seite 136.

Im Anwendungsbeispiel der Fertigungseinheit für das Anschweißen von Griffen an eine Gasflasche (Bild 2 auf Seite 136) sind dabei folgende Systeme über Bussysteme miteinander verbunden:

- die Rollenförderer,
- die Roboter und
- die SPS.

Dies Fertigungseinheit steht wieder im Verbund mit weiteren Fertigungseinheiten wie z.B. weiteren Schweißeinheiten und der Lackiereinheit. Über entsprechende **Kommunikationsverbindungen** werden alle Einheiten über einen zentralen Prozessrechner geführt und überwacht.

Aus den Anforderungen folgt, dass sowohl alle Regler und SPS-Geräte in der Lage sein müssen, neben der Erfüllung ihrer Aufgaben Informationen untereinander auszutauschen. Für diese Kommunikation werden spezielle Datenübertragungssysteme genutzt.

Folgende Anforderungen werden an Automatisierungsbussysteme gestellt:

- Hersteller unabhängig: Es können Geräte unterschiedlicher Hersteller kombiniert werden.
- Plattform übergreifend: Es können unterschiedliche Technologien miteinander kombiniert werden.
- Störsicher: Die Anlage ist robust gegenüber Störungseinflüssen wie z.B. elektromagnetischen Feldern.
- Hohe Ausfallsicherheit: Die Systeme sind so konzipiert, dass sie geringe Ausfall- und Wartungszeiten haben.
- Offene Kommunikationsstandards: Es werden Kommunikationsstandards verwendet, die allen Herstellern zugänglich sind.

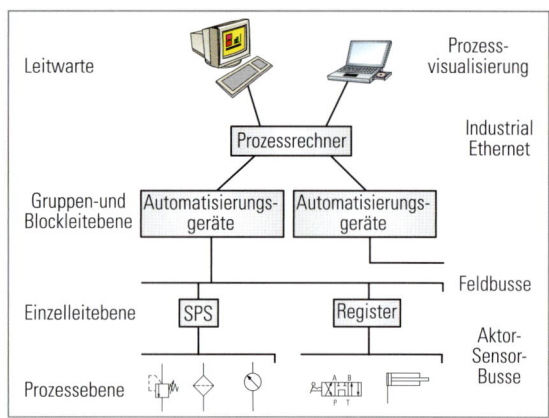

1 *Prozessleitebenen*

Häufig sind auch noch Anforderungen des **Explosionsschutzes** zu erfüllen.

M E R K E

Ein Automatisierungsbussystem stellt flexible Kommunikationsverbindungen zwischen Geräten her.

Dazu wird folgendes festgelegt:

- Maximale Anzahl der Kommunikationsteilnehmer
- Adressierung der Teilnehmer
- Format der Nachrichten

Je nach Einsatz innerhalb der Automatisierungsebenen gibt es unterschiedliche Systeme:

- Sensor-/Aktorbusse
- Feldbusse
- Leitnetze

1.3.1 Sensor-/Aktorbus

Sensor-/Aktorbusse verbinden Sensoren und Aktoren, die über spezielle integrierte **Kommunikationscontroller** verfügen. Diese können z.B. als Schaltgeräte (Bild 2) in der Steuerung der Fertigungsstraße eingesetzt werden. Die Installation der Komponenten erfolgt durch Aufklemmen auf spezielle Leitungen mittels Schneidklemmen. Gängige Produkte sind der ASI-Bus und der Inter-Loop.

2 *Schalteinheit mit AS-Interface*

1.3.2 Feldbus

Der Austausch der Daten zwischen den einzelnen Teilsystemen der als Beispiel angeführten Schweißanlage erfolgt über ein Feldbussystem. Feldbusse *(field buses)* verbinden Steuer-,

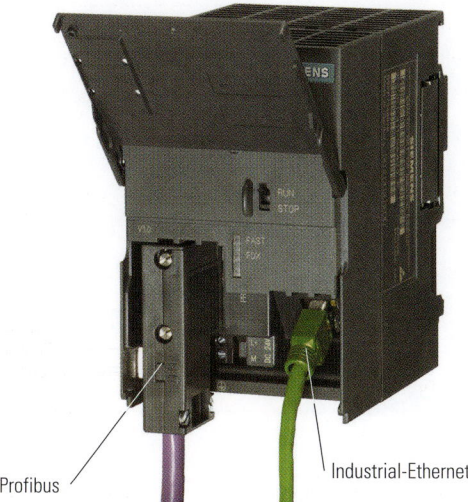

Profibus

Industrial-Ethernet

1 Automatisierungsgerät mit Schnittstellen für Profibus und Industrial-Ethernet

Regelgeräte und Prozessrechner. Ausserdem stellen sie über spezielle Komponenten die Verbindung zwischen Sensor-/Aktorbussen und Leitbussen her (Bild 1).

Über Feldbusse können eine hohe Anzahl von Teilnehmern über eine gemeinsame Leitung miteinander kommunizieren. Diese Teilnehmer können Daten sowohl senden als auch empfangen. Organisiert wird die Kommunikation über Vereinbarungen (Protokolle), welche beispielsweise Folgendes festlegen:

- die Adressierung von Teilnehmern,
- den Aufbau von Datenpaketen,
- die Organisation des Zugriffes auf die Leitung,
- die Erkennung von Fehlern.

In einigen Feldbussystemen wird in den Kommunikationsleitungen auch die Spannungsversorgung für die Teilnehmer mitgeführt. Feldbusse müssen insbesondere sicherstellen, dass eine Information zeit- und bedarfsgerecht übertragen wird. Typische Feldbus-Vertreter sind der Profibus, der Interbus, CAN und LON.

1.3.3 Leitnetze

Leitnetze *(pilot networks)* integrieren die unterschiedlichen Gruppenleitsysteme und stellen eine übergeordnete Kommunikationsstruktur zu großen Leitrechnern zur Verfügung. Zunehmend wird für diese Anwendung eine Variante des aus der Computervernetzung bekannten **Ethernets** (Industrial-Ethernet) eingesetzt. Prinzipiell ähneln die Funktionen der Leitnetze denen der Feldbusse. Sie sind jedoch hinsichtlich der Sammlung und Verteilung von Daten optimiert.

1.3.4 Prozessvisualisierung

Die Einrichtung und Bedienung der Fertigung der Gasflaschen wird über das Bedientableau vorgenommen (Bild 2, vgl. auch Seite 138). Dieses steht über einen Feldbus (z. B. Profibus) mit

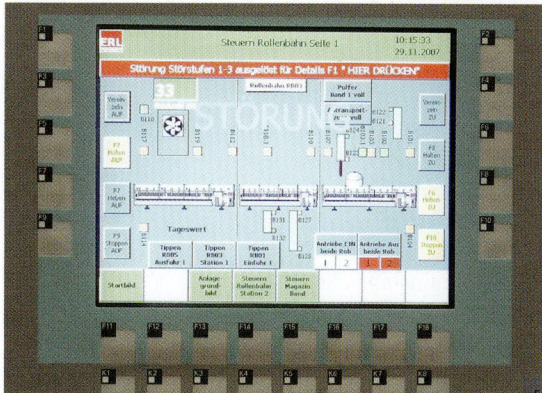

2 Bedienpanel

den anderen am Prozess beteiligten Teilsystemen in Verbindung. Über eine spezifische Software kann auf alle Funktionen des Prozesse zugegriffen werden. In Form einer einfachen und übersichtlichen grafischen Darstellung ist der Aufbau und Wirkzusammenhang des Prozesses abgebildet *(process visualisation)*. Dazu gehören auch Einblendungen der aktuellen Betriebswerte und Prozessparameter. Über entsprechende Schaltflächen ist ein Eingriff in den Ablauf möglich.

Die Software dient folgenden Zwecken:

- Darstellung des Prozessabbildes
- Darstellung aktueller Betriebswerte
- Vorgabe von Werten (Parametrierung)
- Eingriff in den Prozess.

1.3.5 Schnittstellen

Schnittstellen werden eingesetzt, um die Verbindung zwischen Automatisierungsgeräten, Sensoren, Aktoren, Handhabungsgeräten, Robotern, Bedienfeldern und Programmiergeräten herzustellen. Die Programmierung eines Automatisierungsgeräts erfolgt z. B. über das Laden eines Programms von einem Datenträger oder Computer (Bild 3).

MERKE

Schnittstellen stellen die Verbindung zwischen mechanischen, elektrischen oder logischen Funktionseinheiten wie z. B. Geräten, Baugruppen und Programmen her.

3 Programmierung eines Automatisierungsgeräts

Schnittstellen *(interfaces)* sind bezüglich folgender Kriterien genormt:

- Form der Steckverbindung (Steckgesicht)
- Belegung der Anschlüsse
- Form und Pegel der elektrischen Signale
- Art und Anzahl der Steuersignale
- Art der Codierung der Information
- Datenübertragungsgeschwindigkeit

1.3.5.1 Schnittstellen SPS – Anlage
Schnittstelle SPS – Aktoren

Schnittstelle *(interface)* zwischen der SPS und den Aktoren sind die **elektromagnetisch betätigten Ventile** *(electromagnetic valves)*. In automatisierten Systemen mit Pneumatikkomponenten findet man eine hohe Anzahl von pneumatischen Antrieben, die durch Magnetventile angesteuert werden. Jedes dieser Ventile benötigt eine Zuluftleitung und eine Entlüftung. Jeder Elektromagnet wird über eine Leitung elektrisch angesteuert und jedes Ventil muss einzeln montiert werden. Dieser Umstand hat einen enormen Installations- und Zeitaufwand bei der Fehlersuche zur Folge. Abhilfe schafft hier die Verwendung von **Ventilinseln** *(valve clusters)* (Bild 1), bei der mehrere Ventile zu einer **Batterie** *(battery)* montiert werden. Somit ist nur noch **eine Verschlauchung für die Zuluft** notwendig. Kanäle im Inneren versorgen jedes Ventil mit Druckluft. Ebenso benutzen die einzelnen Ventile denselben Entlüftungsanschluss. Arbeitsanschlüsse sorgen dann für die Druckluftversorgung der einzelnen Zylinder.

Ein **pneumatischer Multipol** *(pneumatic multipole)*, der den kompletten Ventilblock von der pneumatischen Anschlussebene trennbar macht, ermöglicht mit wenigen Handgriffen den Austausch der Ventilinsel bei bestehender Verschlauchung.

Ähnlich verhält es sich mit den Magnetspulen der Ventile. Diese werden intern zu einem Sammelanschluss zusammengefasst. Eine mehradrige Leitung verbindet die Ventilinsel mit der SPS.

MERKE

Die Ventilinsel, die pneumatische und die elektrische Verteilung sind
- installationsfreundlich   ■ wartungsfreundlich
- materialsparend

Schnittstelle SPS – Signalglieder

Auch hier bietet sich die Verwendung einer Sammelleitung an. Die Signale der einzelnen Sensoren (Bild 2) werden zentral gesammelt und dann über eine Sammelleitung mit der SPS verbunden.

1.3.5.2 MPI Schnittstelle

Die MPI Schnittstelle (MPI: **M**ulti **P**oint **I**nterface) ist eine herstellerspezifische Kommunikationsschnittstelle von Automatisierungsgeräten der Fa. Siemens. An diese Schnittstelle können Programmiergeräte, Computer, Bediengeräte (Touchpanels) oder weitere Automatisierungsgeräte angeschlossen werden (Bild 3). Über Adapter kann die MPI Schnittstelle mit seriellen Schnittstellen des Computers verbunden werden.

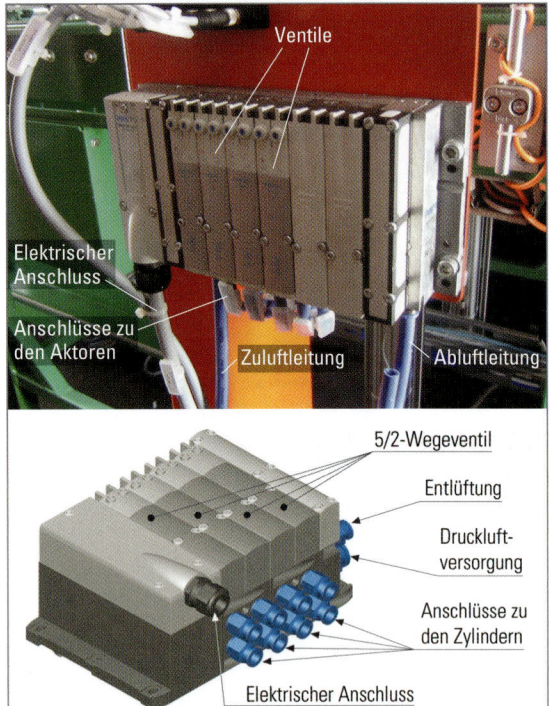

Ventile
Elektrischer Anschluss
Anschlüsse zu den Aktoren
Zuluftleitung
Abluftleitung

5/2-Wegeventil
Entlüftung
Druckluftversorgung
Anschlüsse zu den Zylindern
Elektrischer Anschluss

1 *Ventilinsel*

Sammelleitung zur SPS
Leitungen von den Sensoren

2 *Verbindung der Sensoren mit der SPS über Multipol*

3 *Bediengerät mit MPI-Schnittstelle*

1.3.5.3 Serielle Schnittstelle

Die serielle Schnittstelle (Bild 1) ist auch als **COM-Schnittstelle**[1] bekannt. Es werden die Daten nacheinander (seriell) über eine Leitung übertragen. Dazu werden die parallelen Datenworte nacheinander in Form von elektrischen Spannungspegeln über ein Aderpaar übertragen. Weitere Adern dienen der Steuerung der Kommunikation. Es besteht immer nur eine Punkt-zu-Punkt-Verbindung.

1 *Serielle Schnittstelle*

Stecker (Standard A)

Stecker (Standard B)

Ministecker (Standard A)

Ministecker (Standard B)

2 *USB-Schnittstellen*

1.3.5.4 USB-Schnittstelle

Aktuelle Computersysteme, Mobiltelefone und Peripheriegeräte werden überwiegend mit USB[2]-Schnittstellen ausgeliefert. Sie können unterschiedliche Steckverbindungen aufweisen (Bild 2). Bei der USB-Schnittstelle werden die Daten seriell in Form von Paketen übertragen. Dabei ist ein gleichzeitiger paralleler Anschluss von bis zu 127 Geräten möglich.

> *Überlegen Sie!*
>
> *Ermitteln Sie an einem PC, welche Schnittstellen zur Verfügung gestellt werden.*
> *Für welche Zwecke können sie jeweils verwendet werden?*

ÜBUNGEN

1. Was versteht man unter automatisierten Systemen?

2. Welche Aufgaben übernimmt die Fachkraft in automatisierten Systemen?

3. Nennen Sie die wesentlichen Baugruppen einer SPS. Nach welchen Prinzip arbeitet diese?

4. Eine SPS kann binäre und analoge Signale verarbeiten. Wo ist der Unterschied? Nennen Sie Beispiele.

5. Welche Bedeutung haben die Bezeichnungen E0.3 bzw. A1.5?

6. Nennen Sie die Hauptaufgaben der Zentraleinheit einer SPS.

7. Eine SPS arbeitet zyklisch. Welchen Nachteil kann dies haben?

8. Welche Vorteile hat die SPS gegenüber der verbindungsprogrammierten Steuerung (VPS)?

9. Wann ist der Einsatz einer SPS nicht sinnvoll?

10. Welche Arten der Programmierung für eine SPS gibt es? Welchen Vorteil hat die grafische Programmierung?

11. Ersetzten Sie nachfolgende Verknüpfungslogik durch einen alternativen Baustein aus der Funktionsbausteinsprache (FBS).

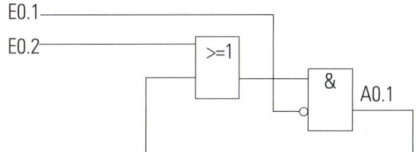

12. Welche Aufgabe hat die Zuordnungsliste?

13. Beschreiben Sie den Aufbau eines Grafcet-Plans. Welche Arten von Aktionen werden unterschieden?

14. Welchen Vorteil hat die Verwendung von Teil-Grafcets?

15. Erläutern Sie den Unterschied, die Vor- und Nachteile bei der linearen und der strukturierten Programmierung einer SPS.

16. Wie könnte die Programmstruktur einer Ablaufsteuerung aussehen?

17. Welche Aufgaben erfüllen Funktionsbausteine in der SPS-Programmierung?

18. Welche Aufgabe haben Merker? Welche Arten von Merkern werden unterschieden?

19. Was ist eine Flankenauswertung und wann ist diese sinnvoll?

20. Skizzieren Sie alle Ein- und Ausgabebedingungen für einen Schritt einer Schrittkette.

21. Nennen Sie die einzelnen Schritte bei der Inbetriebnahme einer SPS-gesteuerten Anlage.

22. Was sind die Ziele einer Prozessoptimierung?

23. Was beschreibt die europäische Maschinenrichtlinie grundsätzlich?

24. Was dokumentiert der Hersteller einer Maschine mit der CE-Kennzeichnung?

25. Wie ist die Vorgehensweise, um mögliche Gefährdungen, die von einer Maschine ausgehen könnten, auszuschließen?

26. Was schreibt die Maschinenrichtlinie für SPS-gesteuerte Anlagen vor?

27. Warum ist eine NOT-AUS-Einrichtung grundsätzlich als Öffner auszuführen?

28. Was sind Sicherheitsschaltgeräte und was tun sie, wenn z. B. ein NOT-AUS-Signal ausgelöst wird.

29. Warum darf ein NOT-AUS-Signal durch keine herkömmliche SPS verarbeitet werden.

30. Welche Kennzeichnungen geben einen Hinweis auf die Einhaltung von Sicherheitsrichtlinien an einer Maschine?

31. Welche besonderen Eigenschaften muss ein Sensor oder Aktor besitzen, der in ein umfassendes Automatisierungssystem eingebunden werden soll?

32. Welche Unterschiede besitzen Automatisierungsgeräte gegenüber einer SPS?

33. Welche Möglichkeiten haben Sie, um eine SPS oder ein Automatisierungsgerät zu programmieren?

34. Nennen Sie Vorteile der seriellen Datenübertragung.

35. Nennen Sie Beispiele für die Verwendung von Schnittstellen.

36. Welche Vorteile ergeben sich, wenn für die Kommunikation in Leitsystemen eine einheitliche Kommunikationsstruktur verwendet wird?

37. Welche Grundfunktionen sollte eine Prozessvisualisierungssoftware besitzen?

38. Wie ist eine Ventilinsel aufgebaut und welchen Vorteil hat ihre Verwendung?

39. Was ist ein pneumatischer Multipol?

Projektaufgabe: Vorrichtung zum Vereinzeln von Rotoren

Bei der Fertigung von Rotoren für Umwälzpumpen werden deren Wellen in einem Magazin zwischengelagert. Über eine Verschiebeeinrichtung gelangen sie auf eine Rutsche. Dort werden sie vereinzelt und einer Schwenkeinheit zugeführt. Diese dreht die Welle und führt sie einem Greifer zu. Der Greifer setzt die Rotoren auf einem Montageautomat ab, wo dann die Lager, Dichtungsringe und das Schaufelrad aufgesetzt werden. Die Anlage soll durch eine SPS gesteuert werden. Folgende Randbedingungen sind zu beachten:

■ Die Anlage soll sich im Einzelbetrieb und Dauerzyklus betreiben lassen, wobei ein Arbeitszyklus nur starten kann, wenn die Schwenkeinheit das Signalglied 1S3 und die beiden Zylinder in der Ausgangsstellung die beiden Reed-Schalter 1B2 und 2B2 betätigen. Mit einem Drehschalter wird zwischen dem Einzelbetrieb und dem Dauerzyklus umgeschaltet. Ein Start-Taster startet den Arbeitszyklus.

■ Beim Betätigen eines Stopp-Tasters wird der Zyklus beendet.

■ Durch ein Rücksetzsignal wird die Schrittkette für die Anlage rückgesetzt.

■ Eine grüne Lampe signalisiert Betriebsbereitschaft durch ein Dauerlicht. Im Dauerbetrieb soll diese blinken.

■ Im Einzelzyklus leuchtet eine gelbe Kontrolllampe. Sie soll blinken, wenn der Taster 1S3 nicht betätigt ist.

a) Stellen Sie den Ablauf in einem Grafcet-Plan dar

b) Erstellen Sie eine Zuordnungsliste mit allen benötigten Bauteilen.

c) Erstellen Sie ein strukturiertes Programm mit den Programmteilen für die Bedienung, für die Schrittkette, für die Signalausgabe und die Meldungen.

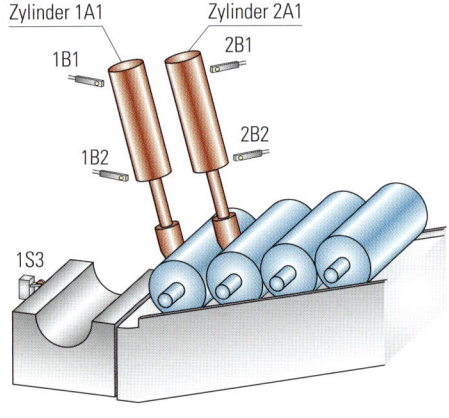

2 Handhabungstechnik

In allen Fertigungs-, Montage- und Transportabläufen sind immer wiederkehrende Handhabungsvorgänge *(handling processes)* notwendig. So müssen z.B. Paletten bestückt werden, Werkzeugmaschinen sind zu beschicken, Werkzeuge sind zu wechseln, aus Druckguss- oder Spritzgussmaschinen sind die Teile zu entnehmen oder im Karosseriebau sind die Bleche zu schweißen.

MERKE

Handhabungsgeräte rationalisieren und präzisieren Fertigungs-, Montage- und Transportabläufe.

Darüber hinaus werden die Arbeitsplätze durch die Handhabungsgeräte *(handling devices)* humanisiert, da körperbelastende oder gefährliche Arbeiten von diesen übernommen werden.

2.1 Einteilung der Handhabungsgeräte

handgesteuert Manipulatoren	Einlegegeräte	maschinengesteuert Handhabungsautomaten	Industrieroboter
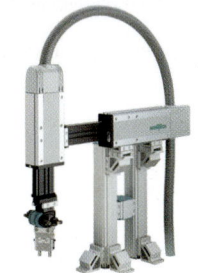		(Bild)	
Manipulatoren *(manipulators)* sind **manuell gesteuert** *(manually driven)* und werden vorwiegend zum Bewegen schwerer Lasten und in Gefahrenbereichen eingesetzt (vgl. Lernfeld 10 Kap. 6).	Einlegegeräte *(pick-and-place robots)* sind **fest programmiert**, d.h., der Bewegungsablauf ist fest vorgegeben. Aufgrund ihrer Konstruktion sind sie in ihrer **Bewegungsmöglichkeit** stark begrenzt und nur für eine ganz bestimmte Aufgabe konzipiert. Der Antrieb erfolgt meist durch hydraulische oder pneumatische Linear- oder Drehantriebe. Sie führen nur eine Punkt-zu-Punkt-Bewegung durch und werden z.B. zum Bestücken von Werkzeugmaschinen mit Rohteilen oder für einfache Montagevorgänge eingesetzt. Oft werden sie auch als **Pick-and-Place-Geräte** (Aufnehmen und Ablegen) bezeichnet.	Handhabungsautomaten *(handling robots)* arbeiten selbsttätig im **Verbund mit programmierbaren Maschinen**; so wird z.B. der Werkzeugwechsler in einer CNC-Maschine durch eine SPS gesteuert und entnimmt nach einer Anweisung des CNC-Programms der Arbeitsspindel ein Werkzeug und setzt aus dem Magazin ein anderes Werkzeug ein.	Industrieroboter *(industrial robots)* sind **frei programmierbar**. Sie sind **universell einsetzbar**, ■ da der Bewegungsablauf vom Programm abhängt und je nach Aufgabenstellung geändert werden kann und ■ da er je nach Aufgabe mit auswechselbaren Greifern oder Werkzeugen ausgestattet werden kann.

MERKE

Es gibt handgesteuerte *(manually driven)* und maschinengesteuerte *(automatically driven)* Handhabungsgeräte. Der Industrieroboter ist frei programmierbar und daher universell einsetzbar.

2.2 Industrieroboter

Der Industrieroboter (slawisch robota = schwer arbeitend) wurde zum ersten Mal 1965 in den USA und 1970 in Deutschland eingesetzt. Seitdem hat seine Nutzung und auch seine Bedeutung in der automatisierten industriellen Fertigung stark zugenommen (Bild 1). Im Beispiel der Gasflaschenfertigung (Kap. 1.1) unterstützen ein Bestückungsroboter und ein Schweißroboter den Fertigungsprozess *(production process)*, wobei der erste die Griffe auf die Flasche aufsetzt und der zweite diese dann verschweißt.

Genau wie bei CNC-Maschinen sind die Bewegungen der Achsen in ihrer Lage und in ihrer Geschwindigkeit geregelt. Da die einzelnen Achsen unabhängig voneinander wirken, ist jede von ihnen mit einem eigenen Antrieb und dem entsprechenden Wegmesssystem ausgestattet (vgl. Lernfeld 8). Wahlweise kann der Industrieroboter seinen Zielpunkt entweder **punkt-**[1] *(point-to point controlled)* oder **bahngesteuert**[2] *(continuous-path controlled)* anfahren (Bild 2). Im **PTP-Betrieb** erreicht der Roboter innerhalb der kürzesten Zeit seinen Zielpunkt. Der genaue Verlauf des Weges ist nicht vorhersehbar. Bei Transportvorgängen wie z. B. der Griffe für die Gasflaschen ist deshalb ein punktgesteuertes Anfahren des Zielpunkts ausreichend, vorausgesetzt, es befindet sich **kein Hindernis** zwischen Anfangs- und Endpunkt.

Im **CP-Betrieb** kann das Ziel entweder auf einer **Geraden (Linearinterpolation)** oder auf einer **Kreisbahn (Zirkularinterpolation)** angefahren werden, wobei die einzelnen Achsbewegungen genau aufeinander abgestimmt sein müssen. Beim Schweißen der Griffe ist eine Bahnsteuerung notwendig.

Darüber hinaus gibt es noch die Möglichkeit, durch eine **Spline**[3]**-Interpolation** (Bild 3) mithilfe von programmierten Bahnstützpunkten, entsprechend der Biegelinie eines Drahtes, eine Bewegung auf einer durchgängigen Bahn zu definieren.

Ähnlich wird beim **Überschleifen** (Bild 4) bei einer Aneinanderreihung von Linear-, Circular- oder Spline-Interpolationen eine weiche kontinuierliche Bewegung erreicht. Dabei werden die programmierten Eckpunkte der zusammengesetzten Bewegungen abgerundet.

M E R K E

Der Industrieroboter ist, wie die CNC-Maschine, eine geregelte Maschine. Die Zielpunkte können punkt- oder bahngesteuert angefahren werden.

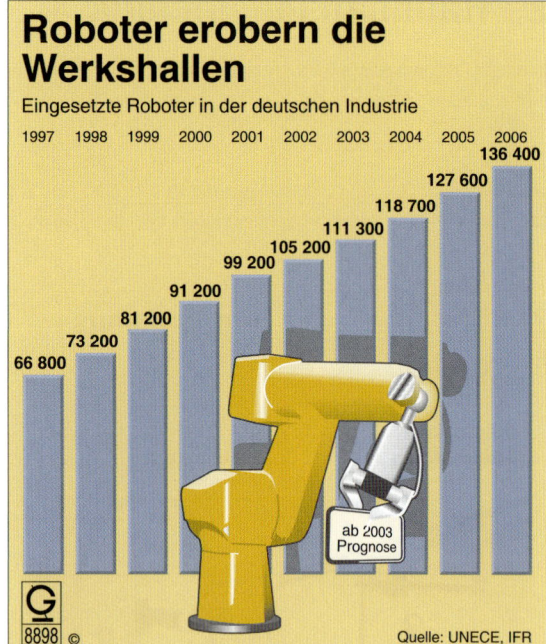

1 Einsatz von Robotern in der deutschen Industrie

Punkt-zu-Punkt-(PTP)-Inter-polation	Bahninterpolation	
	Linear-interpolation	Kreis-interpolation

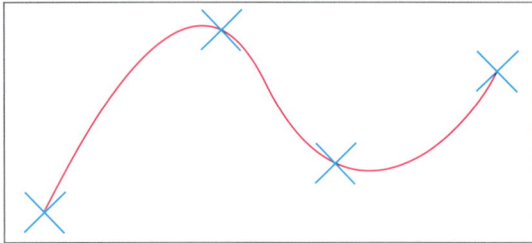

2 Interpolationsarten

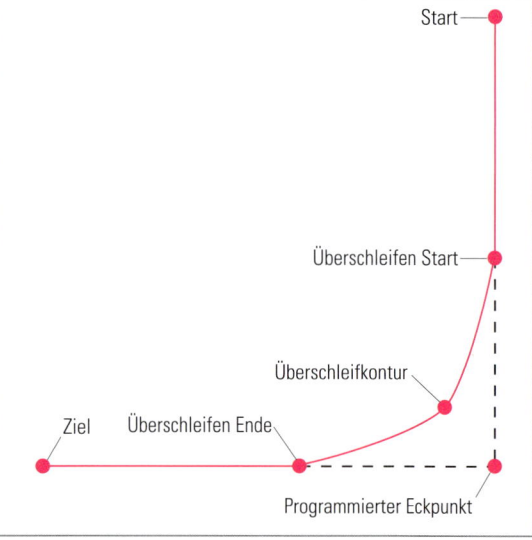

3 Beispiel für einen 2D-Spline
   Die blauen Kreuze sind die Stützpunkte

4 Überschleifen

2.2.1 Grundachsen[1])-Typen von Industrierobotern

Grundsätzlich gibt es zwei mögliche Achsbewegungen *(motions of axes)* bei Robotern. Das sind:

- **drehende** (rotatorische) Bewegungen *(rotary motions)*
- **lineare** (translatorische) Bewegungen *(translational motions)*

In Abhängigkeit von der Konstruktion gibt es zwei Grundtypen mit **nur translatorischen** oder **nur rotatorischen** Achsen. Es gibt aber auch Typen, bei denen sowohl translatorische als auch rotatorische Achsen zu finden sind.

Typ	Mögliche Achsbewegungen	Arbeitsraum	Eigenschaften/ Anwendungen
Portalroboter	3 Linearachsen TTT T: translatorisch		Einfache Konstruktion, einfach räumlich zu programmieren Einlegen von Werkzeugen und Werkstücken, Palettieren, Montage
Schwenkarmroboter Scara[2])-Roboter	1 Linearachse 2 Drehachsen RRT[3]) R: rotatorisch		Stabile senkrechte, lineare Achse, deshalb ist diese auch die Hauptarbeitsrichtung wie z. B. zum Fügen. In den horizontalen, rotatorischen Achsen ist der Schwenkarmroboter nachgiebig. In der Fertigung zum Bohren, in der Montage, zum Prüfen.
Drehgelenkroboter	3 Drehachsen RRR		Wird auch als Knickarmroboter *(articulated robot)* bezeichnet. Sehr beweglich und deshalb vielseitig einsetzbar. Schweißen, Schneiden, Transportieren, Montieren, Lackieren, Bestücken von Platinen usw.

1 Typen von Industrierobotern

2.2.2 Kenngrößen von Industrierobotern

Das **Datenblatt** *(technical data sheet)* eines Industrieroboters (siehe Seite 164) gibt Auskunft über wichtige Kenngrößen *(characteristics)* und somit auch über seine Einsatzmöglichkeiten. In der Richtlinienreihe VDI 2861 werden technische Begriffe und Kenngrößen für Industrieroboter definiert. Man unterscheidet hier:

Belastungskenngrößen *(load characteristics)*

- Die **Nennlast** *(nominal load)* gibt an, welche Masse der Roboter unter Einhaltung einer bestimmten Geschwindigkeit und Genauigkeit bewegen kann. Sie setzt sich aus der **Werkzeug-** und **Nutzlast** *(tool- and payload)* zusammen. Die Nutzlast ist die Masse des zu bewegenden Objektes.

Typ / Type / Type:	RV30-16	RV30-26
Maximallast max. payload / charge maximale	16 kg	26 kg
Zusatzlast A3 additional load A3 / charge supplémentaire A3	20 kg	20 kg
Achsdaten / axis data / données axes	Geschwindigkeit / speed / vitesse	
Achse / axis / axe 1 (A1)	165 °/s	165 °/s
Achse / axis / axe 2 (A2)	165 °/s	165 °/s
Achse / axis / axe 3 (A3)	150 °/s	150 °/s
Achse / axis / axe 4 (A4)	450 °/s	300 °/s
Achse / axis / axe 5 (A5)	450 °/s	300 °/s
Achse / axis / axe 6 (A6)	500 °/s	400 °/s
Wiederholgenauigkeit / repeatability / répétabilité:	± 0,08 mm	± 0,08 mm
Gewicht Grundgerät (ohne Steuerung) weight of standard unit (without control cabinet) poids de l'unité de base (sans armoire)	360 kg	400 kg
Mittlere Leistungsaufnahme medium power consumption / puissance moyenne	1,7 kVA	2,3 kVA
Elektr. Anschlusswert connected load / puissance installée	2,7 kVA	3,7 kVA
Netzseitige Absicherung mains fusing / fusibles au réseau	max. 3x 25A Sicherung träge / fuse slow-blowing / fusible à action retardée	
Schutzart (EN 60529) A1 – A6 protective system (EN 60529) A1 – A6 type de protection (EN 60529) A1 – A6	IP65	IP65
Befestigungsart fastening / position	stehend / upright / debout hängend / suspended / suspendu	

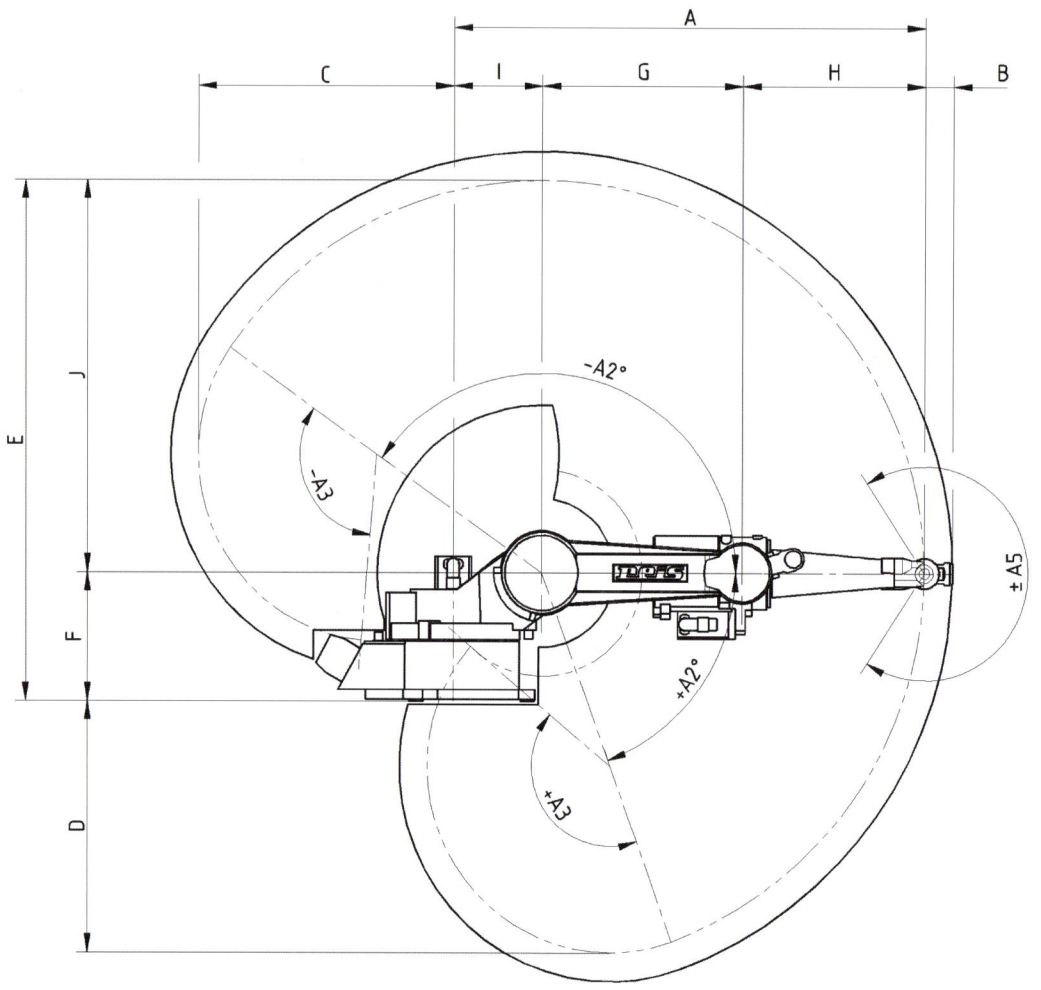

1 Auszug aus dem Datenblatt eines Industrieroboters (1. Seite)

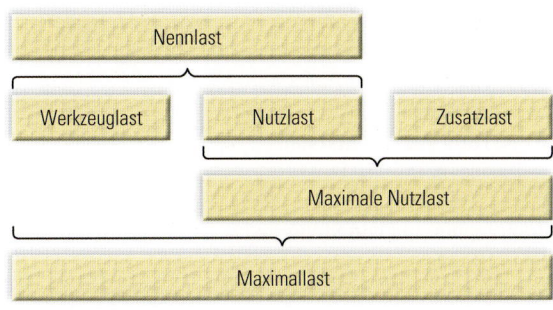

- Bei der Angabe der **maximalen Nutzlast** (Nutzlast + Zusatzlast) bzw. der **Maximallast** (Nennlast + Zusatzlast) gibt es einschränkende Bedingungen z. B. bei den Geschwindigkeiten oder der Genauigkeit.
- Das **Nenndrehmoment** *(nominal torque)* ist das Produkt aus der **Nennlast** und dem **Nennabstand**. Den Nennabstand gibt der Hersteller vor.

Geometrische Kenngrößen *(geometrical characteristics)*
- Der **Arbeitsraum** *(working space)* (siehe Seite 164) ist der Raum, den ein Roboter mit seinem Handgelenkflansch erreichen kann. Dieser hängt ab von der **Lage** und der **Anzahl der Achsen**.
- Zu beachten ist, dass sich am Handgelenkflansch oft Werkzeuge befinden, für die ein **Werkzeugarbeitspunkt** (**TCP**: **T**ool **C**enter **P**oint) festgelegt ist. Der erreichbare Raum wird dadurch vergrößert; er wird als **Werkzeugarbeitsraum** bezeichnet. Der TCP liegt beispielsweise bei einem Schweißbrenner an dessen Spitze.

Kinematische Kenngrößen *(kinematic characteristics)*
- Bei den **Geschwindigkeiten** *(speeds)* werden die Maximalwerte bei Belastung mit der Nennlast angegeben. Für Translationsachsen *(translation axes)* wird die Geschwindigkeit in m/s und für Rotationsachsen *(rotation axes)* in Grad/s angegeben.
- Die **Beschleunigung** *(acceleration)* gibt die Geschwindigkeitsänderung je Zeiteinheit an. Sie wird mit m/s^2 oder $Grad/s^2$ angegeben.

Genauigkeitskenngrößen *(accuracy characteristics)*
- Die **Posioniergenauigkeit** *(positioning accuracy)* ist die Genauigkeit, mit der ein im Programm beschriebener Punkt angefahren werden kann.
- Die Genauigkeit, mit der der Industrieroboter einen Punkt wiederholt exakt anfahren kann, wird als **Wiederholgenauigkeit** *(repeat accuracy)* bezeichnet.
- Die **Bahnwiederholgenauigkeit** *(path repeat accuracy)* beschreibt, mit welcher maximal zulässigen Abweichung eine bestimmte Bahn wiederholt abgefahren wird.

Der Grundachsentyp und die mechanischen Kenngrößen bestimmen das Einsatzgebiet eines Industrieroboters.

2.2.3 Aufbau von Industrierobotern

Ein Industrieroboter besteht aus folgenden Teilsystemen:

Kinematik *(kinematics)* (Bild 1)
Die Kinematik beschreibt die Bewegungsmöglichkeiten des Roboters. Dazu gehört u. a.:

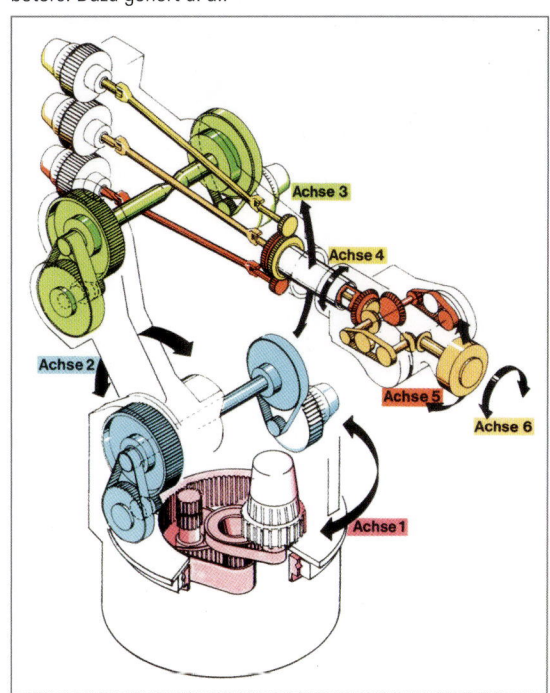

1 Bewegungsmöglichkeiten eines 6-Achsen-Knickarmroboters

- die **Anzahl der Achsen**
  Der Knickarmroboter (Bild 1) besitzt insgesamt sechs Achsen. Drei **Hauptachsen** (Körperachsen) *(principal axes)* 1... 3, die die **Positionierung** übernehmen und drei **Nebenachsen** (Handachsen) *(wrists)* 4 ... 6, die für die **exakte Ausrichtung**, die **Orientierung** des Roboterwerkzeugs zuständig sind. Roboterwerkzeuge werden auch oft als **Effektoren** bezeichnet.
- Der **Freiheitsgrad** *(degree of freedom)* des Industrieroboters (Seite 166 Bild 1) gibt an, wie viele **voneinander unabhängige** drehende und verschiebende Bewegungen in einem Bezugssystem *(frame of reference)* möglich sind. Am Beispiel eines Schweißbrenners in einem rechtwinkligen Bezugskoordinatensystem wird deutlich, dass bei einer beliebigen Positionierung und Orientierung der Brennerspitze sechs Angaben nötig sind (Seite 166 Bild 1). So sind zum einen die drei **Verschiebungen** *(displacements)* in X,Y,Z und drei **Drehungen** *(rotations)* A,B,C anzugeben. Der Effektor hätte dann sechs Freiheitsgrade $f = 6$. Um dies zu realisieren, ist ein Knickarmroboter (Seite 166 Bild 1) mit sechs Achsen notwendig. Das heißt aber nicht, dass der Freiheitsgrad identisch mit der Anzahl der Achsen ist. Wenn z. B. ein Scara-Roboter mit einer zusätzlichen vierten

Handhabungstechnik

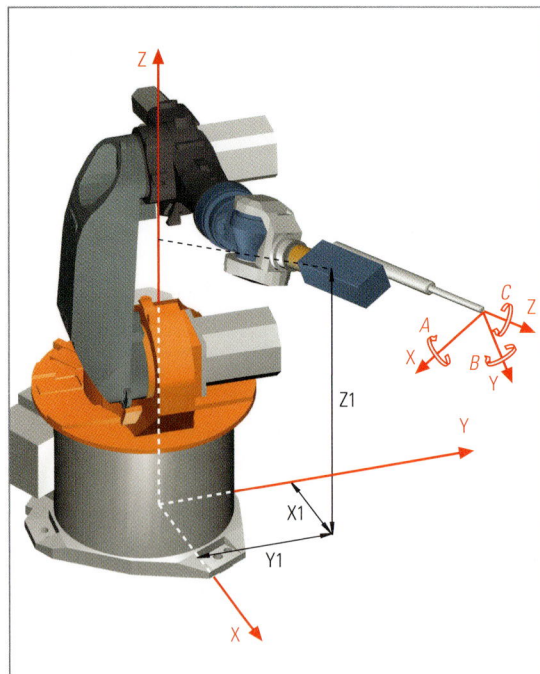

1 *Freiheitsgrade eines 6-Achsen-Knickarmroboters*

Translationsachse ausgestattet ist, die eine Bewegung in dieselbe Richtung wie die erste ermöglicht, dann heißt das nicht, dass sich dadurch der Freiheitsgrad erhöht.

Überlegen Sie!

Wie viele Freiheitsgrade ergeben sich für die dargestellten Industrieroboter?

a)

b)

- die **Art der Achsbewegungen** *(kind of axis movements)* (translatorisch, rotatorisch)
- die **Anordnung der Achsen** *(positioning of axes)* (vertikal, horizontal)
- die **Form des Arbeitsraums** *(working space)* (Kubus, Zylinder, Kugel usw.).

Programmierung und Steuerung *(programming and control)*
(Seite 167 Bild 1)
Zum Bedienen und Programmieren stehen **Programmierhandgeräte** *(teach pendants)* oder **Offline-Programmiersysteme** zur Verfügung (Kap. 2.2.4). Darüber hinaus stehen Hilfsmittel zum Ein- und Auslesen, zum Archivieren und Dokumentieren von Programmen sowie zur Visualisierung zur Verfügung. Für den Anwender ist das Programmiersystem *(automatic programming system)* die Schnittstelle zum Roboter (HMI: **H**uman **M**achine **I**nterface).
Die Steuerung (Seite 167 Bild 1) entnimmt dem Programm die Bewegungsvorgaben und berechnet daraus die notwendigen Achsbewegungen, die Soll-Werte für die Position und die Geschwindigkeit. Die Bewegungssteuerung muss dazu zwischen Start- und Zielpunkt Zwischenwerte, sog. **Interpolationswerte**, berechnen. Ebenso muss sie die in einem kartesischen Koordinatensystem beschriebene Punkte in entsprechende Achsbewegungen des Roboters umrechnen. Die **Achsregelung** (Bild 2) hat die Aufgabe, die Soll-Werte mit den Ist-Werten der einzelnen Achsen zu vergleichen und die Servomotore so anzusteuern, dass sich die gewünschte Bahn bzw. Bahngeschwindigkeit hinreichend genau einregelt. Eine weitere Aufgabe der Steuerung ist die **Kommunikation** mit der Peripherie z. B. über Sensoren oder mit einer übergeordneten SPS.

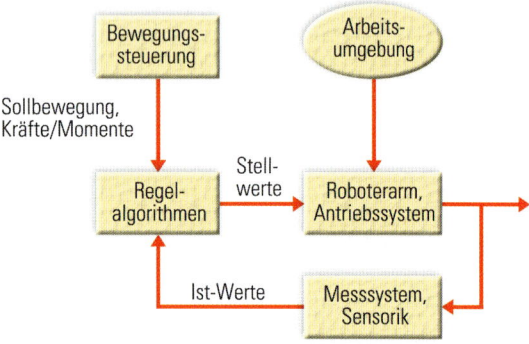

2 *Grobstruktur der Achsregelung*

Antriebe *(drives)*
Der Antrieb einer Achse besteht meist aus einem Elektromotor und einem Getriebe. Aber auch hydraulische oder pneumatische Antriebe kommen zum Einsatz. Für **translatorische Bewegungen** *(translational motions)* kommen **Antriebe mit Zahnstange** *(gear rack)* und **Stirnrad** *(spur gear)* oder **Kugelgewindetriebe** *(ball screw)* in Frage. **Rotatorische Bewegungen** *(rotary motions)* kommen meist durch Motor-Getriebe-Einheiten *(motor-gear units)* direkt an den Gelenken (Seite 165 Bild 1) zustande. Können diese nicht direkt am Gelenkt montiert

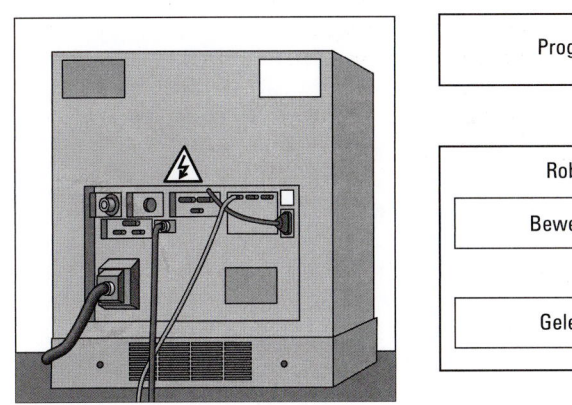

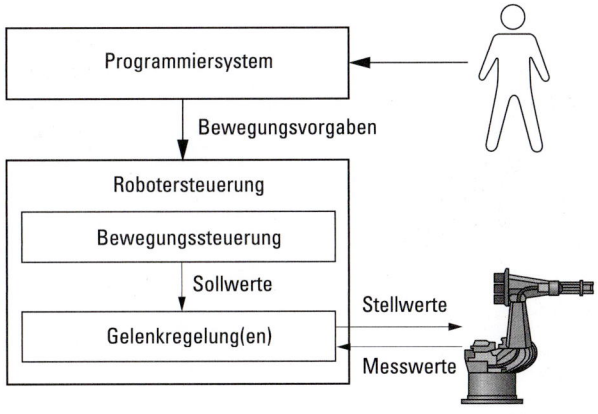

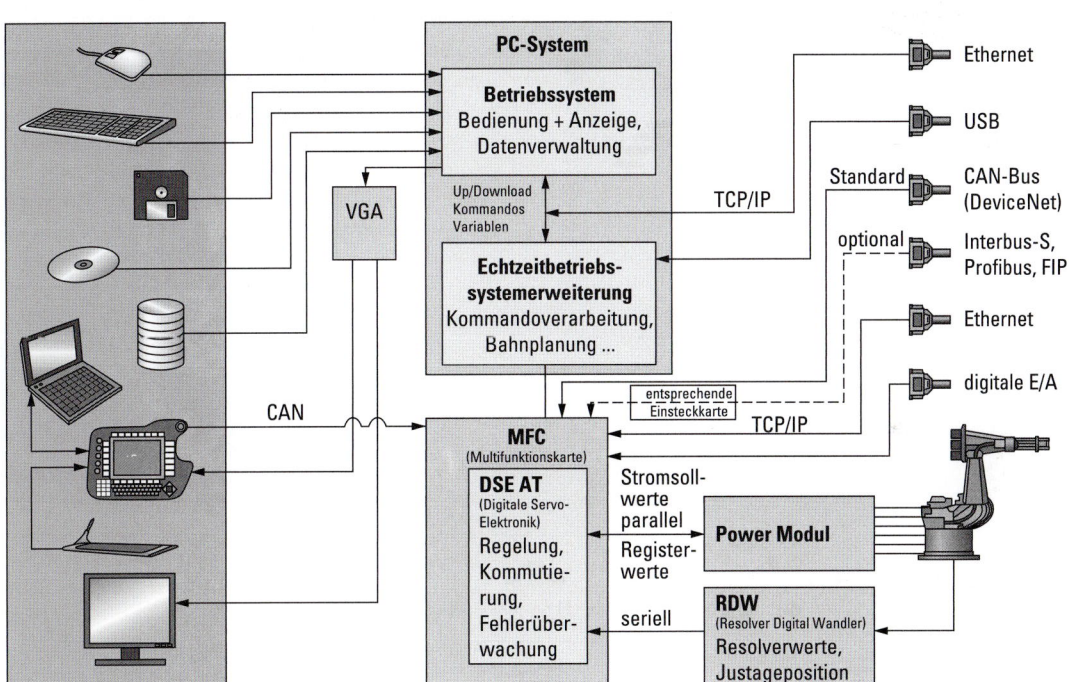

1 Hauptkomponenten von Programmierung und Steuerung

werden, so werden zwischen Getriebe und Gelenk Riemenstufen zwischengeschaltet (Seite 165 Bild 1). Sehr große Achsen werden über Zahnkränze angetrieben. Zur Drehmomentwandlung werden Getriebe wie z. B. Planetengetriebe und Kegelradgetriebe verwendet (vgl. Lernfeld 10), an die hinsichtlich Spielfreiheit, Steifigkeit, Schwingungsfreiheit usw. hohe Anforderungen gestellt werden.

Sensorik *(sensor system)*

Hier handelt es sich vor allem um **Messsysteme** *(measuring systems)*, um der Achsregelung Informationen über die aktuelle Position und Geschwindigkeit zu liefern. Diese Werte werden dann dazu verwendet, um einen Abgleich zwischen Soll- und Ist-Wert zu schaffen. Es werden dieselben digitalen Längen- und Winkelmesssysteme wie bei den CNC-Maschinen (vgl. Lernfeld 8) eingesetzt. Darüber hinaus liefern weitere Sensoren *(sensors)* Informationen, ob Bauteile zur Handhabung bereitstehen, sie identifizieren Werkstücke, verfolgen die Kontur der Teile bei der Bearbeitung oder sie prüfen die Fertigteile auf ihre Qualität. Bild 1 auf Seite 168 zeigt einen Industrieroboter, der durch ein Bildverarbeitungssystem die Lage beliebig angeordneter Werkstücke erkennt, diese aufnimmt und dann sortiert. Typische Anwendungen sind die Montage *(assembling)* oder die Verpackung *(packaging)*.

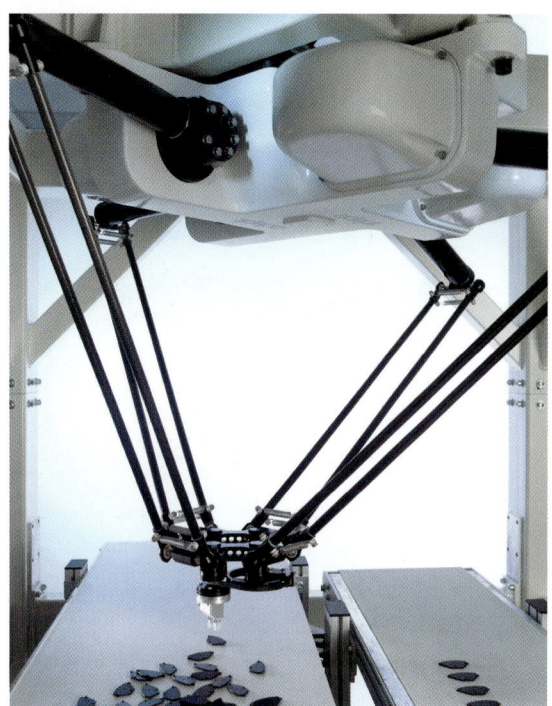

1 Lageerkennung beliebiger Werkstücke durch Bildverarbeitungssystem

Greifer *(grippers)* können unterteilt werden nach
- der Anzahl der Greifobjekte (einzel, zweifach, mehrfach …) (Bild 3)
- dem Greifmechanismus (Seite 169 Bild 1) (Saug-, Magnet-, Finger-, Zangen-, Haftgreifer)
- der Art des Greifens (innen, außen)

Fertigungswerkzeuge *(manufacturing tools)* können sein:
- Werkzeuge zum Materialabtrag wie z. B. zum Entgraten, Schleifen (Seite 169 Bild 2)
- Werkzeuge zum Materialauftrag wie z. B. zum Lackieren, Klebstoffauftrag
- Werkzeuge zum Schweißen (Seite 169 Bild 3) und Schneiden wie z. B. zum Schutzgasschweißen oder Laserstrahlschneiden.

M E R K E

Ein Industrieroboter besteht im Wesentlichen aus der Robotermechanik, der Robotersteuerung und dem Programmiersystem. Es wird meist von einem Hersteller geliefert.

Roboterwerkzeuge *(robot toolings)*

Roboterwerkzeuge können sowohl **Greifwerkzeuge** *(gripper tools)* als auch Werkzeuge zur **Fertigung** *(tools for manufacturing)* sein. Sie sind das Bindeglied zwischen Roboter und Werkstück. Die Roboterwerkzeuge werden an den standardisierten Handgelenkflanschen (Bild 2) angebracht. Werden im Fertigungsprozess unterschiedliche Roboterwerkzeuge benötigt, können automatische Werkzeugwechsel durchgeführt werden.

3 Roboter mit zwei Greifwerkzeugen

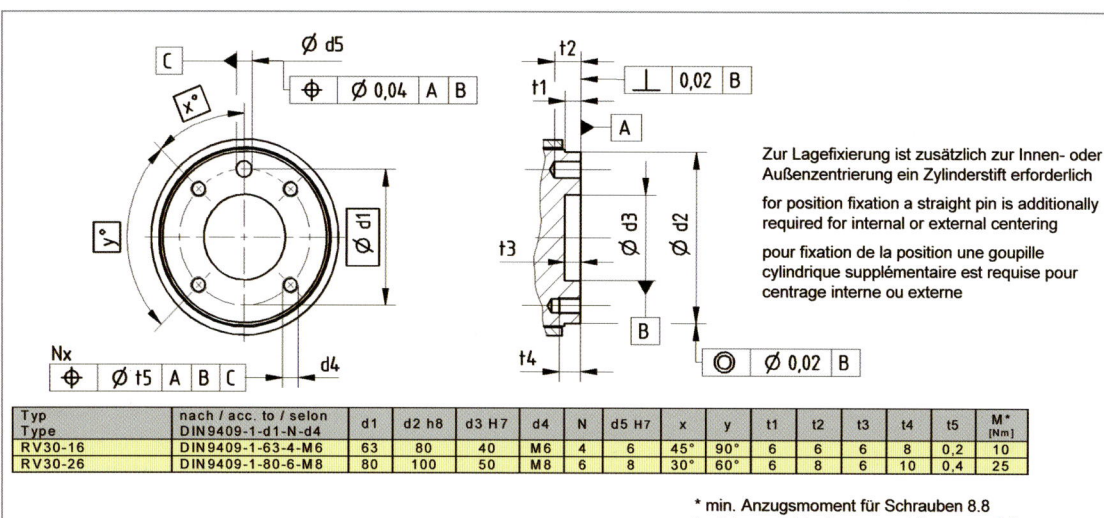

Zur Lagefixierung ist zusätzlich zur Innen- oder Außenzentrierung ein Zylinderstift erforderlich

for position fixation a straight pin is additionally required for internal or external centering

pour fixation de la position une goupille cylindrique supplémentaire est requise pour centrage interne ou externe

Typ Type	nach / acc. to / selon DIN 9409-1-d1-N-d4	d1	d2 h8	d3 H7	d4	N	d5 H7	x	y	t1	t2	t3	t4	t5	M* [Nm]
RV30-16	DIN 9409-1-63-4-M6	63	80	40	M6	4	6	45°	90°	6	6	6	8	0,2	10
RV30-26	DIN 9409-1-80-6-M8	80	100	50	M8	6	8	30°	60°	6	8	6	10	0,4	25

* min. Anzugsmoment für Schrauben 8.8
* minimum tightening moment for screws 8.8
* couple de serrage minimum pour vis 8.8

2 Handgelenkflansch

 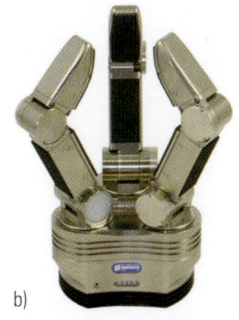  

a) b) c) d)

1 Greifer: a) Zwei-Finger-Greifer, b) Drei-Finger-Greifer, c) Backengreifer, d) Sauggreifer

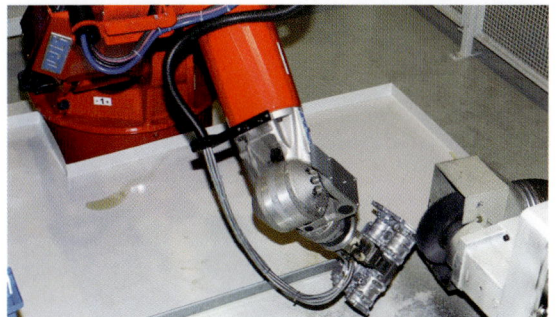

2 Schleifen von Sägeblättern

3 Schweißroboter

2.2.4 Programmierung von Industrierobotern

On-Line-Programmierung		Off-Line-Programmierung
Die Programmierung erfolgt **direkt** am Industrieroboter		Die Programmierung erfolgt **extern** an einem PC-Arbeitsplatz

Teach-In Programmierung

Mit dem **Programmierhandgerät** (Seite 170 Bild 1) oder mit einer 6D-Maus (Seite 170 Bilder 2 und 3) werden die einzelnen Punkte aus Sicherheitsgründen im Schleichgang angefahren und gespeichert. Der Programmierer legt hier auch die Orientierung des Greifers bzw. Werkzeugs fest. Das Programm kann zusätzlich durch Informationen wie z. B. Geschwindigkeit, Form der Bahn zum nächsten Punkt – z. B. auf einer Geraden – oder durch weitere Ausgabesignale wie das Einschalten der Schweißpistole ergänzt werden. Im Automatikbetrieb fährt der Roboter die festgelegten Punkte nacheinander ab.

Play-Back-Programmierung

Bei der Play-Back-Programmierung (engl. wiedergeben) (Seite 170 Bild 4) sind die Achsen des Roboters frei beweglich. Die Fachkraft führt den Roboter mit der Hand. In fest vorgegebenen Zeitintervallen werden die Bahnpunkte abgespeichert. Das Programm besteht aus vielen Raumpunkten, die dann im Automatikbetrieb beliebig oft durch den kraftbetätigten Industrieroboter abgefahren werden. Typische Anwendungen sind das Lackieren oder das Abfahren komplizierter Bahnen wie z. B. beim thermischen Trennen oder Schweißen.

Diese Art Programmierung wird meist grafisch durch Simulationsmodelle (Seite 171 Bild 1), durch Konstruktionszeichnungen und durch die Darstellung der Arbeitsumgebung des Roboters unterstützt. Das so erstellte Programm enthält Angaben über die Positionen, die mit einer bestimmten Geschwindigkeit auf einer festgelegten Bahn anzufahren sind. Die Off-Line-Programmierung bietet folgende Vorteile:

- Der Einsatz höherer Programmiersprachen und eine Einbindung von CAD-Systemen zur Simulation ist möglich.
- Programme können in der Simulation getestet werden, ohne größere Schäden anzurichten. Eine Kollisionskontrolle vor Ort ist aber trotzdem unumgänglich.
- Programmänderungen können einfach durchgeführt und dokumentiert werden.
- Da eine Programmierung ohne Roboter möglich ist, gibt es auch keine Ausfallzeiten. Dadurch ist diese Art der Programmierung wirtschaftlicher.

Die heute auf dem Markt erhältliche Software ermöglicht die Entwicklung kompletter automatisierter Systeme.

Handhabungstechnik

MERKE

Industrieroboter können direkt (On-Line) oder extern (Off- Line) programmiert werden.

■ Die Teach-In Programmierung wendet das Prinzip „Anfahren und Speichern" an.

■ Bei der Play-Back-Programmierung wird der Roboter von Hand geführt und die Bahnpunkte werden dabei abgespeichert.

■ Bei der Offline-Programmierung erfolgt die Programmierung am PC-Arbeitsplatz.

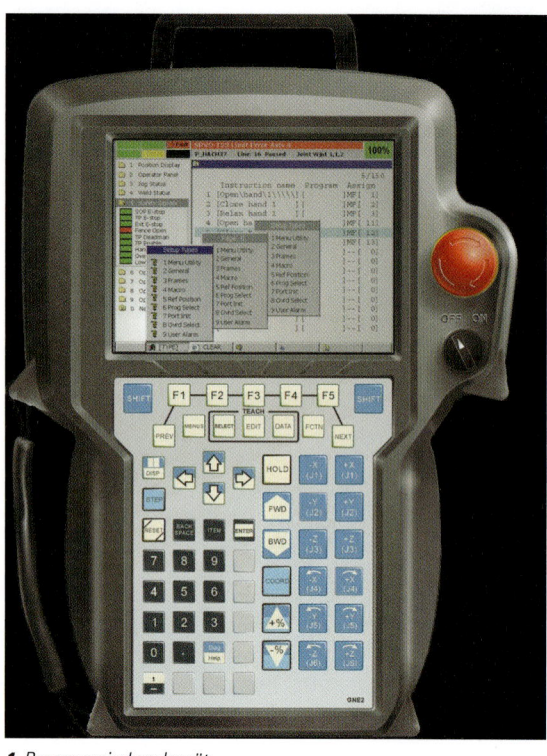

1 *Programmierhandgerät*

2 *Programmierhandgerät mit 6D-Maus*

3 *Roboterführung mit 6D-Maus*

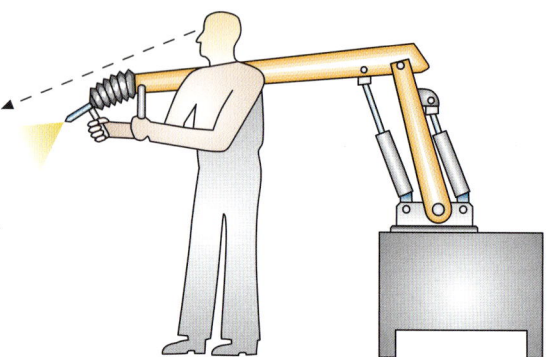

4 *Verfahren des Roboters*

Überlegen Sie!

1. Nennen Sie die Unterschiede zwischen On-Line- und Off-Line-Programmierung.

2. Wie erfolgt die Teach-In-Programmierung?

3. In welchen Fällen ist die Play-Back-Programmierung sinnvoll?

4. Nennen Sie die Vorteile der Off-Line-Programmierung.

5. Beurteilen Sie folgende Aussage:
   „Off-Line-Programme müssen durch die Teach-In-Programmierung oft noch optimiert werden."
   Nennen Sie Beispiele.

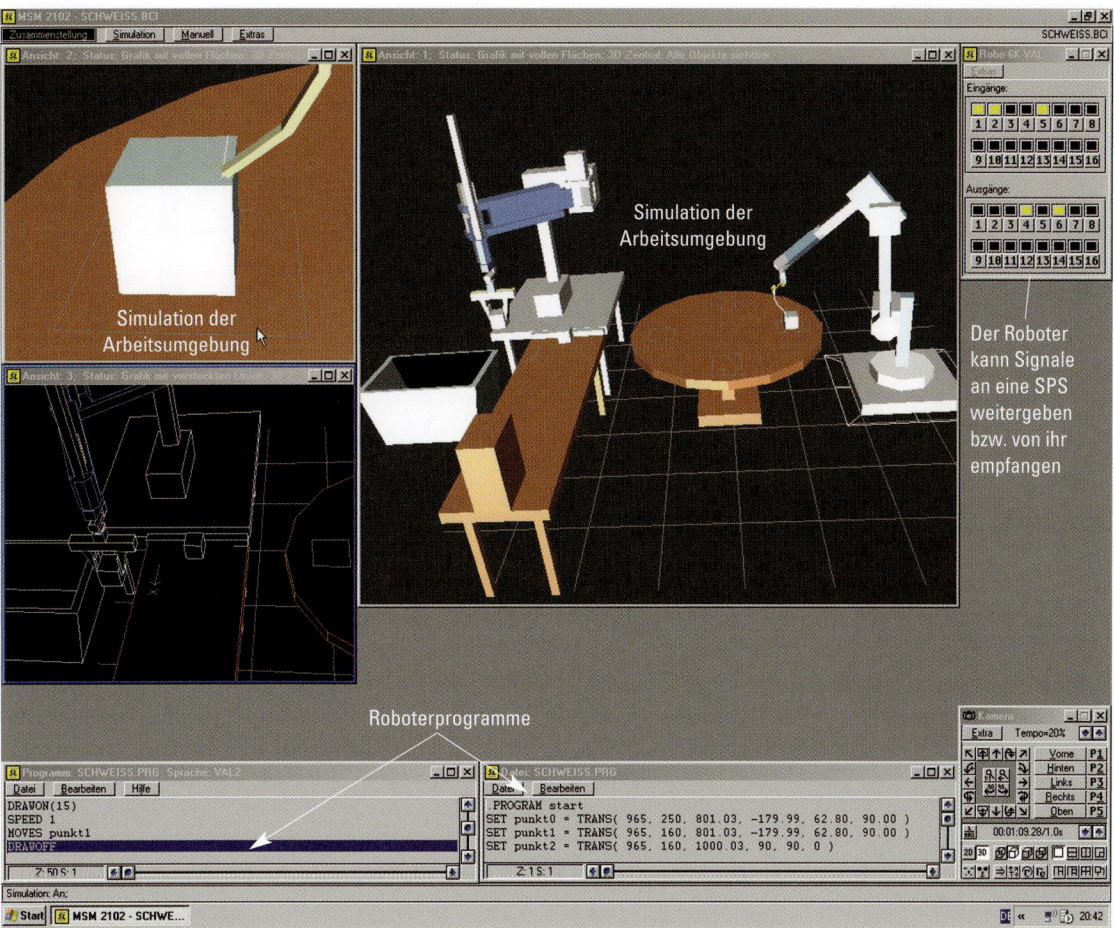

1 Off-Line Programmierung

2.2.5 Programmbeispiel

Auch in die Schweißstation (vgl. Seite 136) sind zwei Industrieroboter integriert. Sobald die SPS eine bereit stehende Flasche durch ein **Eingangssignal** *(input signal)* am ersten Roboter meldet, entnimmt dieser dem Magazin einen Griff und der zweite, an dessen Flansch sich eine Schutzgasschweißpistole befindet, verschweißt diese dann. Nachdem der Griff angeschweißt wurde, kann der Abtransport der Flasche über den Rollenförderer durch ein **Ausgangssignal** *(output signal)* des Schweißroboters *(welding robot)* veranlasst werden.

Anhand eines Programms zum Bahnschweißen sollen die Koordinatensysteme, Programmaufbau und die Programmierung erläutert werden. Zum Einsatz kommt ein 6-Achs-Roboter (Seite 172 Bild 1).

2.2.5.1 Koordinatensysteme

Wichtiger Bestandteil des Programms sind Angaben zu den Positionen. Diese werden in Koordinatensystemen *(coordinate systems)* beschrieben. Man unterscheidet das:

- **Welt-Koordinatensystem** *(world- coordinate system)* (Seite 172 Bild 1).

Dieses Koordinatensystem ist Bezugspunkt für alle Koordinatenangaben des Roboters. Die Koordinaten im Programm geben den Abstand des **Tool-Center-Point (TCP)** zum **Ursprung** des Welt-Koordinatensystems an, wobei das Werkzeug genau wie bei CNC-Maschinen vermessen werden muss und die Abstände vom Roboterflansch anzugeben sind. Bei dem 6-Achs-Roboter befindet sich der Ursprung des Welt-Koordinatensystems in der Mitte der Standfläche.

- **Tool-Koordinatensystem** *(tool-coordinate system)* (Seite 172 Bild 1)

Dieses hat seinen Ursprung im TCP und ändert seine Lage ständig mit der Greiferorientierung. Da der Effektor meist in positive Z-Richtung zeigt, ist es mithilfe dieses Koordinatensystems relativ einfach, z.B. in diesem Koordinatensystem Fügearbeiten durchzuführen, die nicht parallel zu den Achsen des Welt-Koordinatensystems auszuführen sind. Wird also der Roboter im Tool-Koordinatensystem in die Z-Richtung bewegt, so verfährt das Werkzeug genau entlang der Z-Achse des Tool-Koordinatensystems.

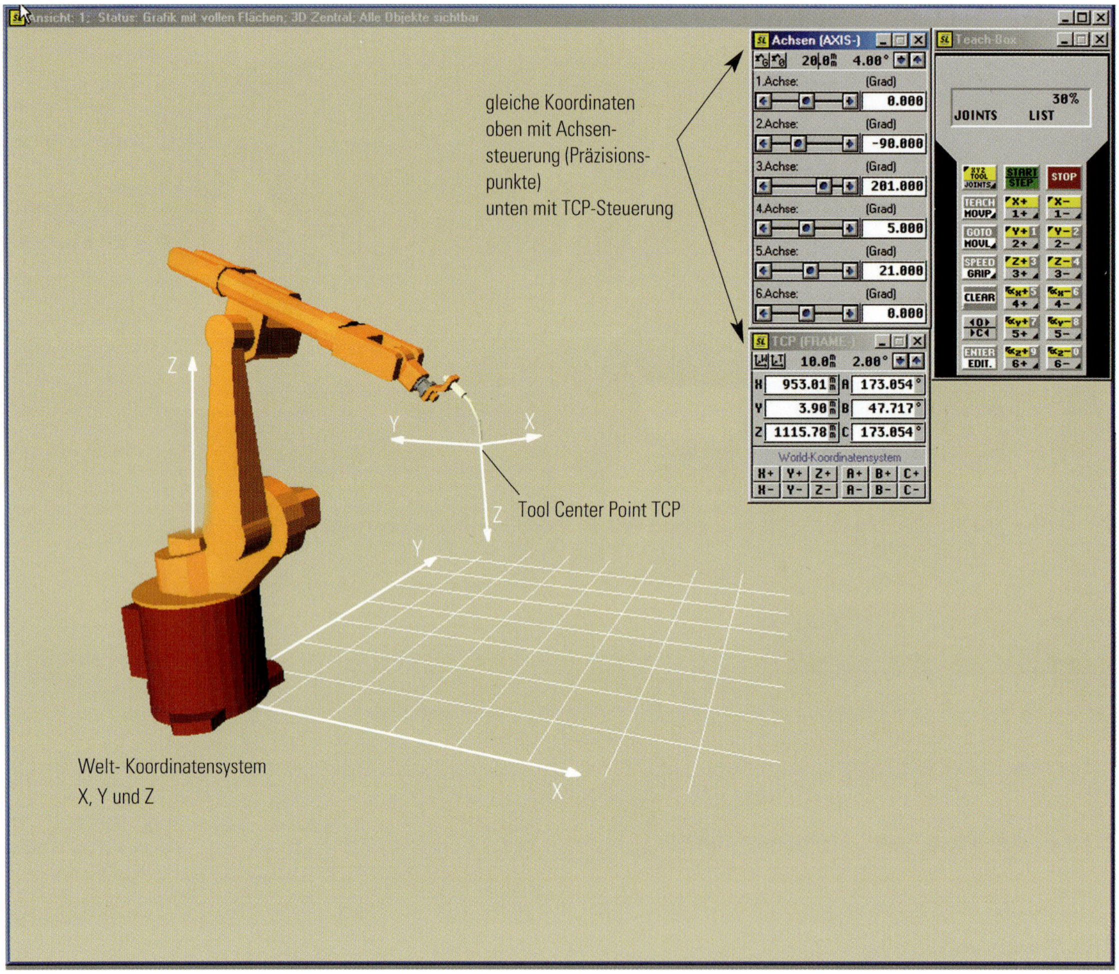

Handhabungstechnik

gleiche Koordinaten
oben mit Achsen-
steuerung (Präzisions-
punkte)
unten mit TCP-Steuerung

Tool Center Point TCP

Welt- Koordinatensystem
X, Y und Z

1 *Koordinatensysteme des 6-Achs-Roboters*

Die jeweilige Roboterposition kann mit den exakten Winkeln der einzelnen Achsen, den Präzisionspunkten, oder als **kartesischer Punkt** unter Angabe der Koordinaten und Orientierung des Werkzeugs im Welt-Koordinatensystem angegeben werden (Bild 1). Die Angabe der kartesischen Koordinaten zusammen mit der Orientierung wird auch als **Pose** bezeichnet. Der Roboter kann am PC OFF-LINE entweder über **Achsensteuerung**, über die **TCP-Steuerung in X, Y, Z, A, B und C**[1] oder über die grafisch dargestellte **Teach-Box** bewegt werden.

MERKE

Koordinatensysteme beschreiben die Lage von Körpern und Punkten im Raum. Es gibt das Welt-Koordinatensystem und das Tool-Koordinatensystem. Die Pose, d.h. die Position mit den dazugehörigen Winkeln, kann mit der TCP-Steuerung, mit der Achsensteuerung oder der Teach-Box festgelegt werden.

2.2.5.2 Programmaufbau und Programmierung

Für die **Programmerstellung** *(program generating)* sind zunächst zwei **TEACH-Punkte** (Seite 173 Bilder 1 und 2) notwendig, wobei Punkt P1 die Ausgangsstellung des Roboters und der Punkt P10 den Startpunkt und die Orientierung des Effektors für das Bahnschweißen beschreibt. Die weitere Programmierung erfolgt OFF-LINE mit grafischer Unterstützung unter Verwendung der Programmiersprache Scorbase.

Das Programm besteht aus:

■ **Vereinbarungsteil** *(part of agreement)*
  Hier werden Variablen deklariert und es wird diesen ein Wert zugewiesen.

J	Schleifenzähler, J gibt im Programm die Anzahl der Schweißbahnen vor
P1	Punkt-Variablen für Zwischenergebnisse während der Berechnung
P2	

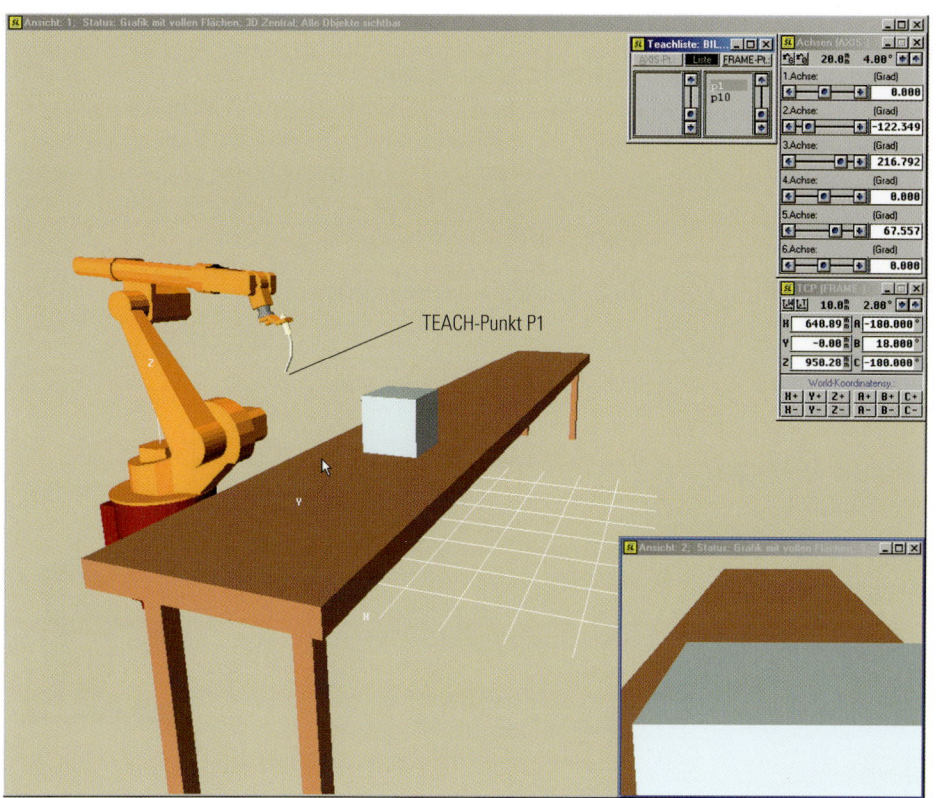

1 Teach-Punkt P1

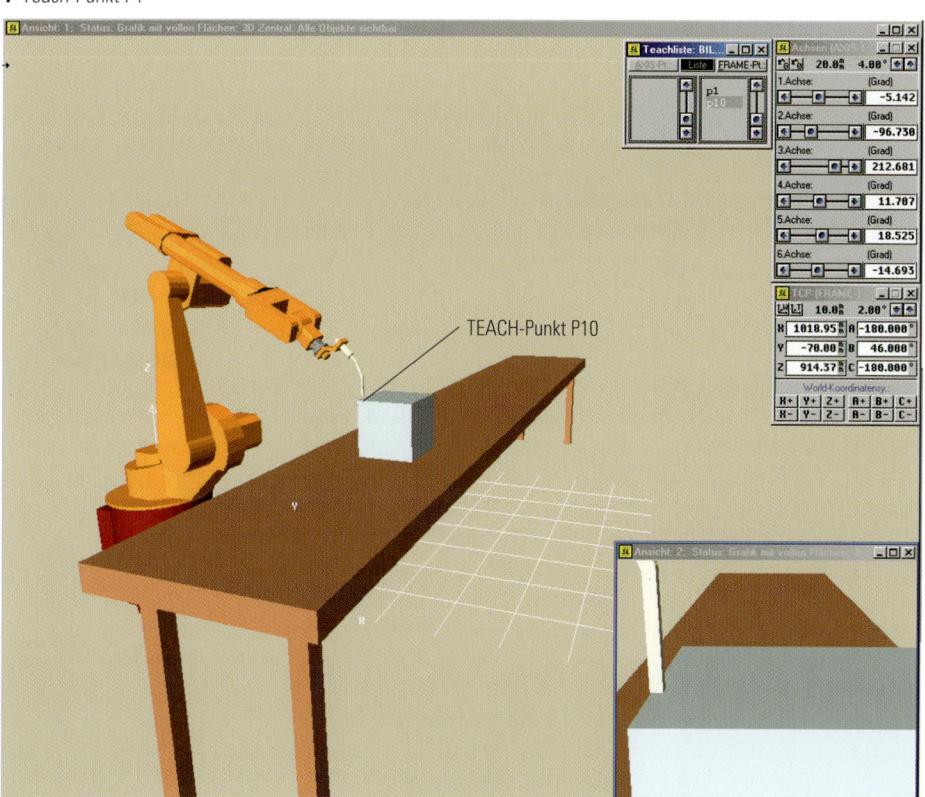

2 Teach-Punkt P10

■ Hauptprogramm *(main programme)*

Im Hauptprogramm fährt der Roboter von seiner Ausgangsstellung zur Startposition der ersten Schweißnaht und ruft zwei Unterprogramme auf. Durch die Schleife wird das Hauptprogramm zweimal durchlaufen. Am Ende fährt der Schweißroboter wieder in Ausgangsstellung.

■ Unterprogramme *(subprogrammes)*

Unterprogramm #10 berechnet die beiden Anfangspunkte beim Schweißen.

Unterprogramm #20 berechnet die Endpunkte beim Schweißen und gibt die Bewegung auf einer Geraden vor. Außerdem enthält das Programm noch die genaue Zusammenstellung der Anlage für Kollisionsberechnungen und die Teach-Liste.

REM: WERTZUWEISUNG ZU DEN VARIABLEN SETZE VARIABLE J AUF 0 SETZE VARIABLE P1 AUF 0 SETZE VARIABLE P2 AUF 0	Die Variable J gibt die Anzahl der Bahnen vor P1, P2 dienen für Zwischenberechnungen	
REM: AUSGANGSPOSITION ANFAHREN GEHE ZU POSITION 1 SCHNELL 1 GEHE ZU POSITION 10 SCHNELL SPEICHERE AKTUELLE POSITION ALS POSITION #P1 RUFE UNTERPROGRAMM #10 SETZE VARIABLE J = J + 1 WENN VARIABLE J < = 1 SPRINGE ZU ZEILE 1 GEHE ZU POSITION 1 SCHNELL	Anfahren der Ausgangsposition P1 in PTP schnell (Seite 173 Bild 1) Sprungmarke 1 PTP-Bewegung schnellstmöglich zu Startpunkt P10 (Seite 173 Bild 2) Diesen Punkt als P1 abspeichern Unterprogramm #10 berechnet Startpunkte der beiden Bahnen Variable J wird um eins erhöht. Ist J kleiner oder gleich 1, erfolgt ein Rücksprung zur Sprungmarke 1. Ist J = 1, d.h. nach dem zweiten Durchlauf fährt der Roboter die Ausgangsstellung P1 an.	Erster Durchlauf der Schleife. Schweißen der 1. Naht. 
ANFANG UNTERPROGRAMM #10 REM: AKTUELLE POSITION BERECHNEN SETZE VARIABLE JY = J * 130 VERSCHIEBE POSITION P1 IN Y-RICHTUNG UM JY GEHE ZU POSITION P1 SCHNELL SPEICHERE AKTUELLE POSITION ALS POSITION #P2 RUFE UNTERPROGRAMM #20 ENDE UNTERPROGRAMM	Beim ersten Durchlauf wird der P1 nicht verschoben, da J = 0 ist. Beim zweiten Durchlauf wird P1 um 130 mm in Y-Richtung verschoben, das ist dann der Startpunkt der zweiten Naht. Diese Position wird als P2 gespeichert. Unterprogramm #20 wird aufgerufen, das die weiteren Punkte berechnet und dann anfährt. Danach erfolgt ein Rücksprung ins Hauptprogramm.	Vorpositionieren in Y-Richtung um 130 mm versetzt zur ersten Naht. 
ANFANG UNTERPROGRAMM #20 GEHE ZU POSITION P2 SCHNELL VERSCHIEBE POSITION P2 IN Z-RICHTUNG UM -18 GEHE LINEAR ZU POSITION P2 LANGSAM #2 DRAWON (4) VERSCHIEBE POSITION P2 IN X-RICHTUNG UM 30 VERSCHIEBE POSITION P2 IN Z-RICHTUNG UM -3 GEHE LINEAR ZU POSITION P2 LANGSAM #2 DRAWOFF VERSCHIEBE POSITION P2 IN Z-RICHTUNG UM 21 GEHE ZU POSITION P2 SCHNELL ENDE UNTERPROGRAMM	P2 wird in einer PTP-Bewegung schnell angefahren. Danach erfolgt eine Verschiebung in Z um -18 mm. Zwischen dem TCP und der Flasche ist ein Abstand von 2 mm vorhanden. Dieser Punkt wird linear mit langsamer Geschwindigkeit angefahren. Mit Drawon wird ab jetzt die Bahn aufgezeichnet. Position P2 wird um 30 mm in X verschoben und -3 mm in Z. Dieser Punkt wird wieder linear mit langsamer Geschwindigkeit angefahren. Mit Drawoff wird die Kennzeichnung der Bahn ausgeschaltet. Position P2 wird in Z um 21 mm verschoben und danach wieder schnell angefahren. Das Unterprogramm endet und springt ins Unterprogramm #10 zurück.	Zweiter Durchlauf der Schleife. Schweißen der zweiten Naht. 

2.2.6 Industrieroboter und Sicherheit

Die Gefahren, die von Industrierobotern *(industrial robots)* ausgehen, liegen vor allem in deren unvorhersehbaren Bewegungen mit großen Geschwindigkeiten, verbunden mit großen Kräften und Drehmomenten. Darüber hinaus können Verletzungen durch Abscheren und Quetschen sowie durch die verwendeten Roboterwerkzeuge wie z.B. durch Schneid- oder Schleifwerkzeuge entstehen. Der gesamte **Bewegungsraum** *(operating space)* ist somit auch **Gefahrenraum** *(risk area)*. Deshalb sind beim Bau, bei der Ausrüstung, bei der Programmierung und im Betrieb von Robotern die geforderten sicherheitstechnischen Standards[1] zu beachten. Diese Anforderungen basieren wiederum auf den Inhalten der **EG-Maschinenrichtlinie**.

2.2.6.1 Sicherheit während des Betriebs

Die einfachste Möglichkeit, sich vor Gefahren zu schützen, ist eine vollständige Abschirmung *(shielding)* des Industrieroboters durch eine massive Umzäunung (Bild 1) aus einem Metallgitter oder Sicherheitsglas. Ein Öffnen von Zugangstüren oder die Unterbrechung von Lichtvorhängen *(light curtains)* (Bild 2) muss einen Stopp der Roboterbewegung auslösen. Da der Arbeitsraum des Industrieroboters meist größer ist als der am Aufstellungsort verfügbare Raum, werden **Schutzräume** *(shelters)* (Bild 3) festgelegt, die z.B. vom Werkzeugbezugspunkt nicht berührt werden dürfen. Muss die Fachkraft mit dem Industrieroboter zusammenarbeiten, im sog. kollaborierenden[2] Betrieb wie z.B. beim Einlegen von Blechteilen im Karosseriebau, dann sind zwischen Roboter und Fachkraft bestimmte **Mindestabstände** einzuhalten. Diese Mindestabstände sind wieder durch programmierte Schutzräume festgelegt, die beim Einlegevorgang aktiviert werden. Zur Überwachung des Umfelds eines Industrieroboters werden auch **Laserscanner** (Bild 4) eingesetzt. Der Vorteil des Laserscanners liegt darin, dass das Umfeld des Industrieroboters in **Zonen** (Bild 5) eingeteilt werden kann. Betritt eine Person eine Zone, die **auf keinen Fall** betreten werden darf, so wird der Roboter sofort angehalten. Es können aber auch Zonen im Gefahrenbereich des Roboters festgelegt werden, die während der Fertigung betreten werden müssen wie z.B. der rechte Teil der Zelle in Bild 5 zum Abtransport der

1 Abgeschirmte Zelle

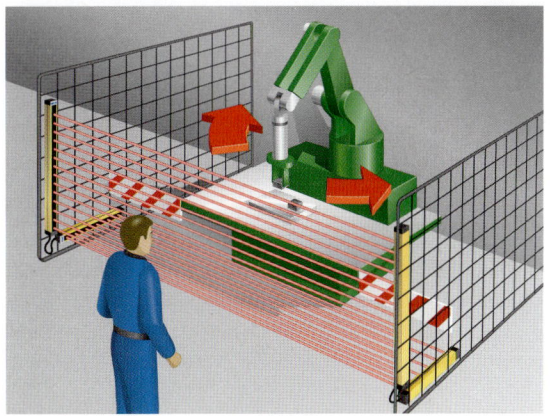

2 Lichtvorhang

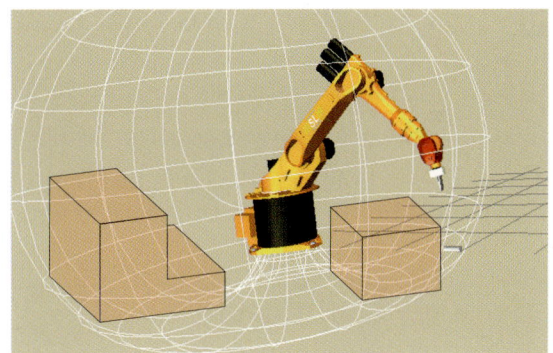

3 Schutzräume

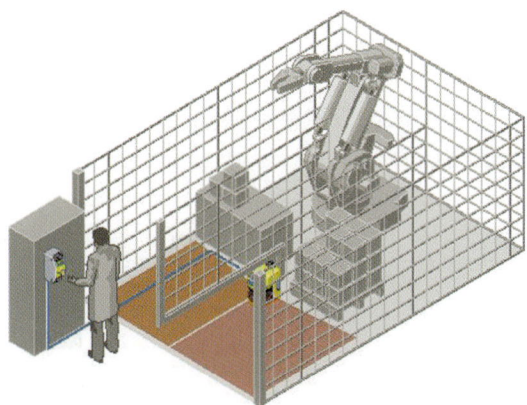

5 Einteilung des Gefahrenbereichs in Zonen

4 Laserscanner

Laserscanner

1) DIN EN ISO 10218-1
2) lat. colaborare: zusammenarbeiten

Palette mit einem Gabelstapler. Ist dies der Fall, dann darf der Roboter während dieser Zeit keine Arbeiten in dieser Zone ausführen. In anderen Zonen kann er aber weiterarbeiten.

Trotz der genannten Sicherheitsmaßnahmen kann es zu gefährlichen Situationen während des Betriebs kommen. Für solche Situationen ist ein NOT-AUS-Schalter vorzusehen, der einen Stopp der Kategorie 0 oder 1 (vgl. Kap. 1.2.6 SPS und Sicherheit) auslöst.

Weitere **Sicherheitseinrichtungen** *(safety systems)* sind
- die Überwachung *(monitoring)* der Antriebe vor Überlastung *(overload)*
- Achsbegrenzungen *(limitation of axis)* durch mechanische und elektromechanische Achsbegrenzungseinrichtungen
- bei hydraulischen oder pneumatischen Antrieben die Überwachung des Drucks *(monitoring of pressure)*

2.2.6.2 Sicherheit während der Programmierung

Während der Programmierung im Teach-In- und Play-Back-Verfahren befindet sich die Fachkraft im Schutzbereich des Roboters. Deshalb erfolgen alle Roboterbewegungen nur mit **reduzierter Geschwindigkeit** *(speed)* von maximal 250 mm/s. Die Bewegung muss stoppen, sobald der entsprechende Taster losgelassen wird. Das Programmierhandgerät *(teach pendant)* muss über eine dreistufige **Zustimmungseinrichtung** (Bild 1) verfügen. Eine Bewegung des Roboters ist nur dann möglich, wenn sich der Zustimmungsschalter in Mittelstellung befindet. Außerdem muss ein NOT-AUS-Schalter vorhanden sein.

1 Zustimmungsschalter

ÜBUNGEN

1. Welche Auswirkungen hat der Einsatz der Handhabungstechnik in der modernen Arbeitswelt?

2. Was sind Manipulatoren und wo werden sie eingesetzt?

3. Wodurch unterscheiden sich Einlegegeräte, Handhabungsautomaten und Industrieroboter und wo kommen sie zum Einsatz?

4. Unterscheiden Sie drei Möglichkeiten, wie ein Industrieroboter seinen Zielpunkt anfahren kann.

5. Was passiert beim Überschleifen?

6. Bei den Industrierobotern werden drei Grundachsentypen unterschieden. Nennen Sie diese und geben Sie typische Anwendungsbeispiele an.

7. Geben Sie zu den Belastungskenngrößen, geometrischen, kinematischen Kenngrößen und den Genauigkeitskenngrößen jeweils zwei an und erläutern Sie diese.

8. Skizzieren Sie die Grobstruktur der Achsregelung eines Industrieroboters.

9. Welche Antriebe werden in Industrierobotern eingesetzt und welche Arten der Bewegung erzeugen diese?

10. Wie können die Greifer eines Industrieroboters unterteilt werden? Nennen Sie auch Beispiele.

11. Erstellen Sie ein Mind-Map zum Thema Roboterprogrammierung.

12. Was wird im Welt-Koordinatensystem eines Roboters beschrieben?

13. In welche Richtung zeigt die positive Z-Achse im Tool-Koordinatensystem meist?

14. Was sind Präzisionspunkte?

15. Was versteht man unter dem Begriff „Pose"?

16. Wie kann ein Roboterprogramm aufgebaut sein?

17. Wo liegen die Gefahren eines Industrieroboters?

18. In ihrem Betrieb wurde ein Industrieroboter angeschafft. Welche Sicherheitsaspekte müssen beachtet werden, um einen sicheren Betrieb zu gewährleisten?

19. Bei der Teach-In- bzw. Play-Back-Programmierung muss der Gefahrenraum des Roboters betreten werden. Wie wird der Programmierer vor schweren Unfällen geschützt?

3 Regelungstechnik

3.1 Grundprinzipien einer Regelung

In vielen Produktionseinrichtungen *(processing equipment)* und Geräten *(devices)* müssen Werte auf einem möglichst konstanten Niveau gehalten werden. Dies sind beispielsweise:

- Temperatur *(temperature)*
- Druck *(pressure)*
- Füllstand *(level)*
- Durchflussmenge *(flow rate)*
- Stromstärke *(current intensity)*
- Spannung *(voltage)*

3.1.1 Geschlossener Regelkreis

Regeleinrichtungen *(control units)* sind in der Lage, durch einen Vergleich von Soll- und Istwert so zu reagieren, dass der Istwert möglichst wenig vom voreingestellte Sollwert abweicht.
Anhand des Einsatzes eines **Proportionalventils** (vgl. Kap. 4.1) sollen im Folgenden die Elemente eines Regelkreises *(closed loop)* und ihr Zusammenwirken erläutert werden. Für einen Pressvorgang in einer Gesenkbiegepresse (Bild 1) ist es notwendig, dass beide Hydraulikzylinder gleichmäßig verfahren. Ein Verkanten des Gesenks würde die Qualität des Werkstücks beeinträchtigen. Für die Realisierung werden Proportionalventile eingesetzt, mit denen sich Positionen exakt anfahren und halten lassen. Das Proportionalventil bildet dabei zusammen mit einer Regelelektronik eine elektromechanische bzw. elektrohydrau-

1 Gesenkbiegepresse

lische Einheit, die mittels eines magnetischen Antriebs die gewünschte Position beibehält (Bild 2).
Die oben beschriebene Aufgabenstellung kann so dargestellt werden, dass alle Elemente eines Regelkreises in ihrem Zusammenwirken erkennbar werden (Seite 178 Bild 1). Deutlich erkennbar ist die Unterteilung eines Regelkreises in **Regeleinrichtung** *(control unit)* und **Regelstrecke** *(controlled system)*.

MERKE

In einer Regelung besteht eine ständige Rückwirkung. Der geschlossene Wirkungsablauf ist typisch für den Regelkreis.

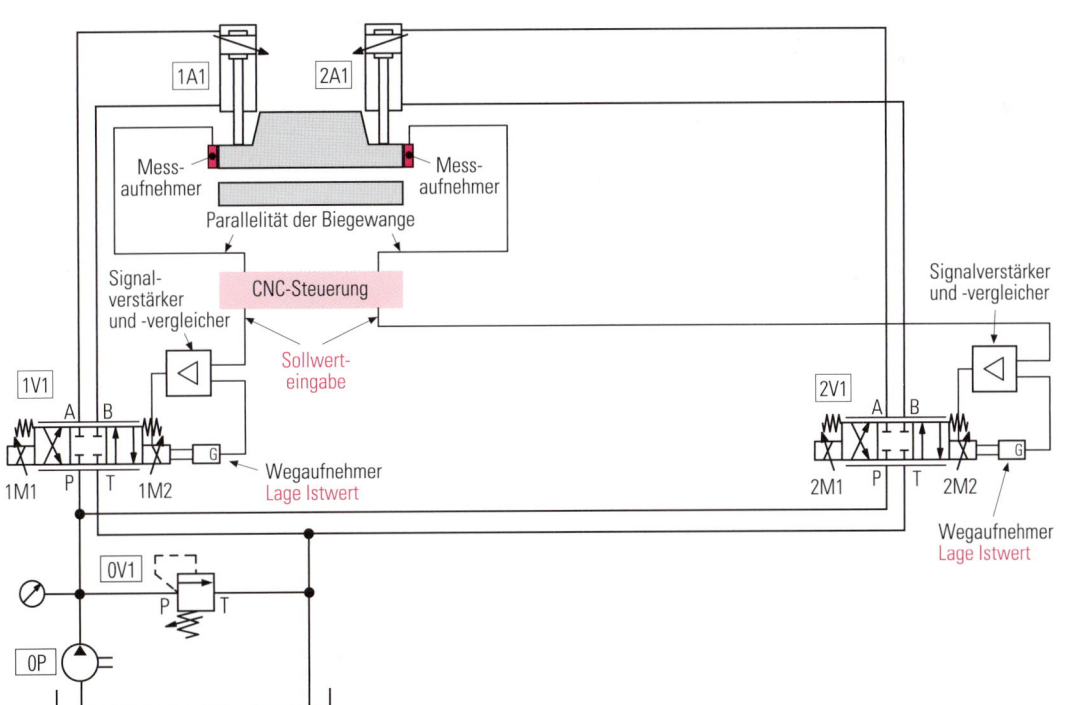

2 Lageregelung der Gesenkbiegepresse (Prinzipschaltbild)

Handhabungstechnik

Die Einrichtungen eines Regelkreises sind so miteinander verbunden, dass eine Veränderung der zu regelnden Größe (**Regelgröße**, hier Position) Einfluss auf das Verhalten des Reglers hat. Diese Veränderung wird auf den Eingang der Regelstrecke (hier Stellmagnet) zurück geführt.

Die Rückführung der Regelgröße auf den Regler wird als Rückkopplung bezeichnet.

Der Regler verknüpft den vorgegebenen Wert (**Führungsgröße** *w*) mit dem von einer Messeinrichtung aufgenommenen tatsächlichen Wert der **Regelgröße** *x* zur **Regeldifferenz** *e*.

Der Regler ermittelt aus dem Vergleich von Sollwert (Führungsgröße *w*) und Istwert (Regelgröße, *x*) die Regeldifferenz *e* und erzeugt daraus die Stellgröße *y*.

Für die Anwendung des Proportionalventils bedeutet dies, dass die gewünschte Position über die Ansteuerung des Stellmagneten angefahren wird. Ein Lagesensor ermittelt die jeweilige Ausfahrstellung des Ventils und übermittelt den Wert an die Regelelektronik des Ventils. Diese Elektronik vergleicht die aktuelle Position mit der vorgewählten Position. Kommt es aufgrund äußerer Kräfte zu einer Bewegung des Ventilkolbens, so wird dies über den Lagesensor als Störung erkannt.

Eine Störgröße *z* beeinflusst die zu regelnde Größe (Regelgröße *x*).

Der Vergleich von aktueller Position und vorgebener Position durch die Regelelektronik hat zur Folge, dass über den Stellmagneten (Stellglied) der Störung solange entgegengewirkt wird, bis wieder die urspüngliche Position erreicht wird.

Wie reagiert das Proportionalventil, wenn der Gegendruck am Kolben erhöht wird?

3.1.2 Stetige Regelungen

Um einen Istwert möglichst konstant zu halten, müssen Regelungen *(closed-loop controls)* auf Regeldifferenzen mit einer Stellgröße reagieren können, die innerhalb von Systemgrenzen beliebige Werte annehmen kann.

In stetigen Regelungen *(continuous controls)* können die Regler Stellgrößen ausgeben, die zwischen ihrem Minimum- und Maximumwert beliebige Werte annehmen können.

Die verwendeten Regler werden als **stetige Regler** bezeichnet. Das Verhalten der Regler wird als sogenanntes Übertragungsverhalten in Form von Diagrammen beschrieben. Üblicherweise

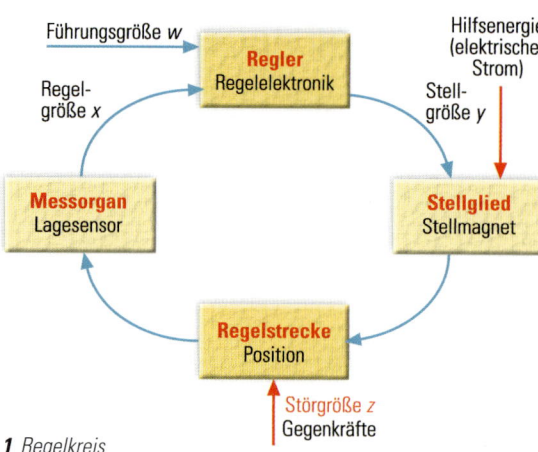

1 *Regelkreis*

wird die Reaktion des Reglers auf ein bestimmtes Eingangssignal der **Sprungfrage** in Form der **Sprungantwort** dargestellt. Die Tabelle auf der folgenden Seite stellt eine Übersicht über die gängigsten stetigen und unstetigen Regler dar.

3.1.3 Unstetige Regelungen

Bei unstetigen Regelungen *(discontinuous controls)* kann die Stellgröße nur einzelne Werte annehmen. Weit verbreitet sind sogenannte **Zweipunktregler** *(two-position controller)*, die als Stellgröße nur zwei Schaltwerte ausgeben.

Unstetige Regler können nur einzelne Stellgrößen erzeugen.

Zweipunktregler werden insbesondere in einfachen Temperaturregelungen eingesetzt. Bild 2 zeigt das Technologieschema eines Härteofens. Der Temperatursensor in Form eines Bimetallschalters reagiert auf die Temperatur im Ofen. Bei Erreichen des voreingestellten Maximalwerts öffnet der Schalter und der Stromfluss durch den Heizwiderstand wird durch ein Steuerrelais unterbrochen. Nach Absinken der Temperatur z. B. durch Öffnen der Tür (Störgröße) schließt der Schalter, das Relais zieht

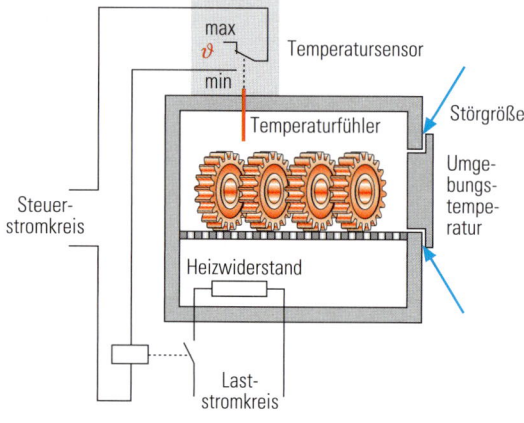

2 *Temperaturregelung eines Härteofens*

Reglertyp	P-Regler (Proportional-Regler)	I-Regler (Integral-Regler)	D-Regleranteil (Differential-Regleranteil)	PID-Regler	Zweipunkt-Regler
Beschreibung	P-Regler erzeugen ein Ausgangssignal, das direkt proportional zum Eingangssignal ist.	I-Regler erzeugen ein Ausgangssignal, das direkt proportional zur Änderungsgeschwindigkeit des Eingangssignals ist.	Der D-Anteil eines Reglers erzeugt ein Ausgangssignal das proportional zur Änderungsgeschwindigkeit der Reglerdifferenz ist.	PID-Regler verbinden die Eigenschaften von P-, I-Regler und D-Regleranteil.	Zweipunktregler erzeugen als unstetige Regler nur zwei Werte einer Stellgröße.
Reglerparameter	Verstärkungsfaktor K_p	Integrationszeit t_i	Nachstellzeit t_N	Verstärkungsfaktor K_p Integrationszeit t_i Nachstellzeit t_N	Schaltdifferenz u_{SD}
Reglerverhalten	Sprungfrage / Sprungantwort	Sprungfrage / Sprungantwort	Sprungfrage / Sprungantwort	Sprungfrage / Sprungantwort	Schaltverhalten
Einsatz	■ Schnelle Reaktion ■ Einfache Einstellung ■ Bleibende Regelabweichung	■ Langsame Reaktion ■ Keine bleibende Regelabweichung	■ Schnelle Reaktion ■ Nur zusammen mit P- oder als PID-Regler verwendbar	■ Sehr schnelle Reaktion ■ Keine bleibende Regelabweichung ■ Geringe Schwingungsneigung Komplizierte Einstellung	■ Schwankung der Regelgröße ■ Einfacher Aufbau

an und der Heizwiderstand erzeugt wieder Wärme. Dieser Vorgang wiederholt sich fortlaufend. Da der Bimetallschalter in seinem Schaltverhalten mit einem gewissen Zeitverzug auf eine Temperaturänderung reagiert, wird eine Störung nie vollständig ausgeregelt. Dieses Verhalten, dass ein Schalter nicht zum selben Zeitpunkt Ein- und Ausschalten kann, wird als **Schalthysterese** bezeichnet. Bild 1 zeigt das Regelverhalten eines Zweipunktreglers bei unterschiedlicher Schalthysterese. Daraus folgen dann die verschiedenen **Schwankungsbandbreiten** bei der Regelung der Ofentemperatur.

> **MERKE**
>
> Bei einer Zweipunktregelung ist die Schwankungsbandbreite des Sollwerts von dem Schaltverhalten des Reglers abhängig.

Zweipunktregler haben den Vorteil, dass Regelungen mit sehr einfachen technischen Mitteln durchgeführt werden können. Sie sind sehr robust, betriebssicher und kostengünstig. Ihr Nachteil liegt darin, dass auf eine Störung nur unvollständig und in einer gewissen Schwankungsbandbreite reagiert werden kann.

Überlegen Sie!

1. Welche Typ einer Regelung liegt der Druckregelung bei einem Proportionalventil zugrunde?
2. Welche Vor- und Nachteile ergeben sich bei einer Zweipunktregelung, wenn die Schalthysterese sehr klein gehalten wird?

3.1.4 Digitale Regelungen

Analoge Regler *(analog controller)* verarbeiten die Signale über elektrische Schaltungen oder pneumatische Funktionen. Stetige und unstetige Regelungen werden heute jedoch überwiegend von digitalen Reglern *(digital controller)* übernommen. Digitale Regler setzen alle analogen Werte in digitale Werte um, bevor sie über entsprechende Rechenfunktionen bearbeitet werden. Die Stellgröße wird dann wieder als umgesetzter analoger Wert ausgegeben.

> **MERKE**
>
> Digitale Regler ähneln in ihrem Aufbau Computersystemen.

Geschieht die Verarbeitung mit ausreichend hoher Geschwindigkeit, ist die digitale Verarbeitung von einer analogen Verarbeitung kaum noch zu unterscheiden. Die digitale Regelung wird auch als **DDC** (**D**irect **D**igital **C**ontrol) abgekürzt. Da digitale Regler in ihrem Verhalten universell einstellbar sind und zusätzliche Funktionen erfüllen können, werden sie auch als **Kompaktregler** bezeichnet (Bild 2).

> **MERKE**
>
> Digitale Regelungen verarbeiten alle Prozessgrößen in digitaler Form.

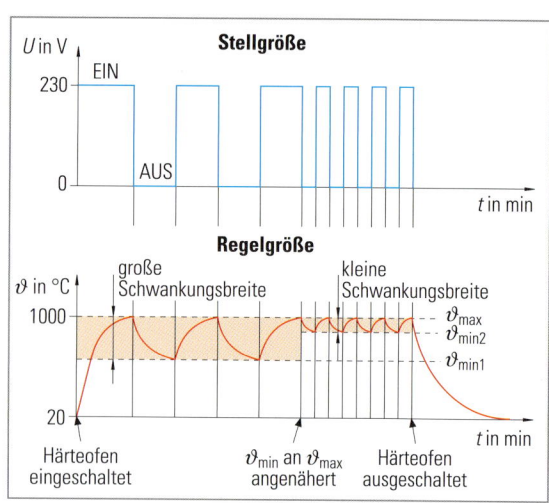

1 Temperaturregelung eines Härteofens

2 Digitaler Kompaktregler

Auch mit einer Speicherprogrammierbaren Steuerung (SPS) ist es möglich, regelungstechnische Aufgabenstellungen zu lösen. Für einfache Zweipunktregelungen ist der Aufwand als gering zu betrachten. Sollen aufwendigere Regelungen realisiert werden,

3 Analoges Ein-/Ausgabemodul für eine SPS

so müssen über spezielle Module analoge Regel- und Stellgrößen digital umgesetzt werden (Seite 180 Bild 3). Für die Durchführung der Berechnung der Regelung liefern viele Hersteller vorbereitete Programmbausteine, die vom Anwender dann angepasst werden müssen.

3.2 Gütekriterien für eine Regelung

Bei der Auswahl und Beurteilung einer Regelung ist das Regelverhalten zu beurteilen. So ist bei der Zweipunktregelung von vornherein davon auszugehen, dass eine vollständige Ausregelung einer Störung nie erreicht werden kann und dass es eine ständige Schwankungsbandbreite gibt (Bild 1).

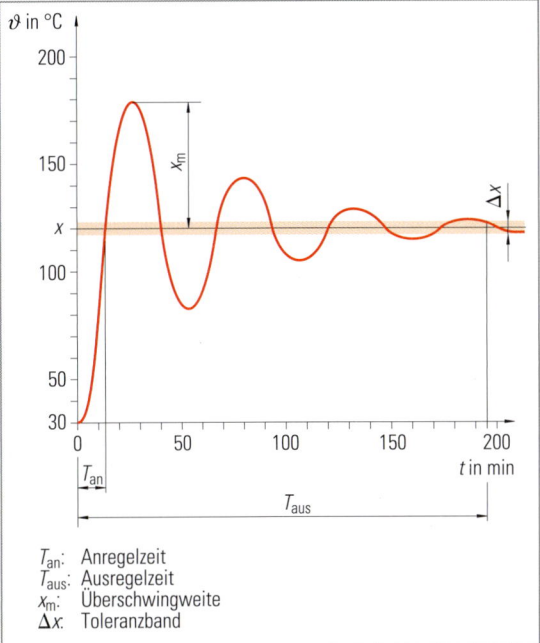

T_{an}: Anregelzeit
T_{aus}: Ausregelzeit
x_m: Überschwingweite
Δx: Toleranzband

1 Regelgüte eines PID-Reglers für eine Temperatur-Regelstrecke

Bild 1 zeigt das **Regelverhalten** eines PID-Reglers bei einer Störung (Sprungfrage). Dieses Regelverhalten könnte z. B. bei einer Temperaturregelung zu beobachten sein. Die Güte der Regelung (Regelgüte) wird unter anderem durch folgende Kriterien beschrieben:

- **Regeldifferenz** *(error signal)*: Innerhalb welcher Bandbreite kann der Sollwert erhalten werden?
- **Einschwingverhalten** *(transient response)*: Wie groß ist die Überschwingweite und wie häufig ist ein Überschwingen zu beobachten?
- **Einschwingzeit** *(settling time)*: Innerhalb welcher Zeit befindet sich der Istwert im Toleranzband für den Sollwert?

Überlegen Sie!

Entnehmen Sie aus der Grafik Bild 1 die Werte für die Ausregelzeit und die maximale Überschwingweite.

1. Welche Auswirkungen ergeben sich, wenn die Rückwirkung im Regelkreis nicht vorhanden ist?

2. Was ist eine Störgröße?

3. Erläutern Sie ein Beispiel für eine Zweipunktregelung.

4. Worin liegt der Unterschied zischen stetigen und unstetigen Regelungen?

5. Nennen Sie Gütekriterien für eine Regelung.

4 Steuern und Regeln in der Elektrohydraulik

Zum Steuern *(open loop control)* und Regeln *(closed loop control)* werden in der Elektrohydraulik *(electrohydraulic)* **Proportional-**, **Servo-** und **Regelventile** eingesetzt. Diese Ventile gehören zur Gruppe der **Stetigventile** *(proportional servo valves)*, da sie nicht nur vordefinierte Schaltstellungen einnehmen können, sondern auch jede beliebige Zwischenstellung.

4.1 Steuern mit Proportional-Wegeventilen

Die Geschwindigkeit eines doppelt wirkenden Zylinders soll stufenlos einstellbar sein. Als Stellglied kommt ein 4/3-Wege-Proportionalventil *(proportional valve)* (Bild 2) zum Einsatz. Bei diesem Ventil bewirkt ein analoges Eingangssignal über einen Verstärker und über Proportionalmagnete einen entsprechenden Öffnungsquerschnitt an den Steuerkanten des Steuerkolbens. Dadurch **erhöht** sich auch der **Durchfluss**. In unserem Beispiel kann die Spannung zwischen -10 V und +10 V variieren. Bei 0 V wird die Mittelstellung eingenommen und das Ventil ist gesperrt. Somit bringt die Verwendung des Proportionalventils den Vorteil, dass man hydraulische Schaltungen vereinfachen kann, da ein Stromventil entfällt. Die Drosselfunktion übernimmt das Proportionalventil.

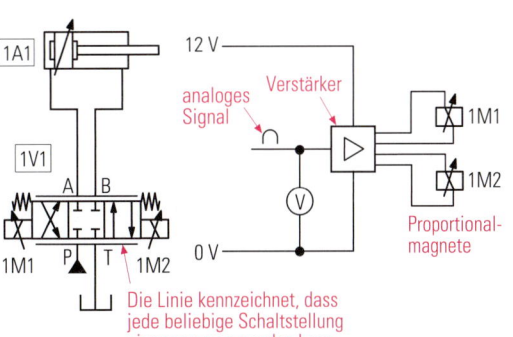

2 Proportional-Wegeventil

Steuern und Regeln in der Elektrohydraulik

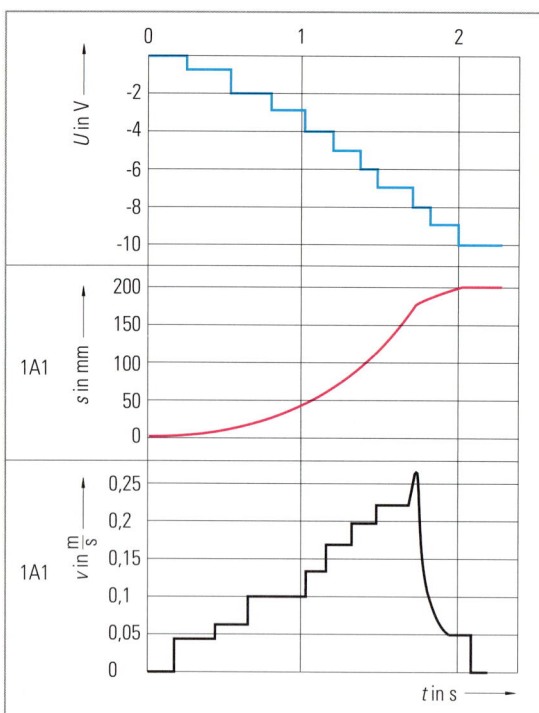

1 Zustandsdiagramm

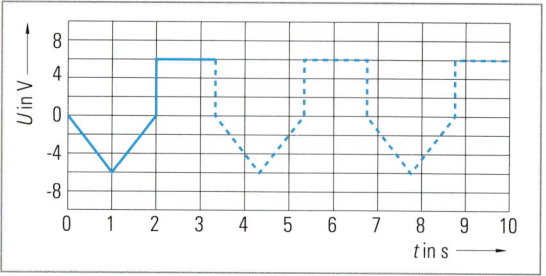

2 Spannungsprofil

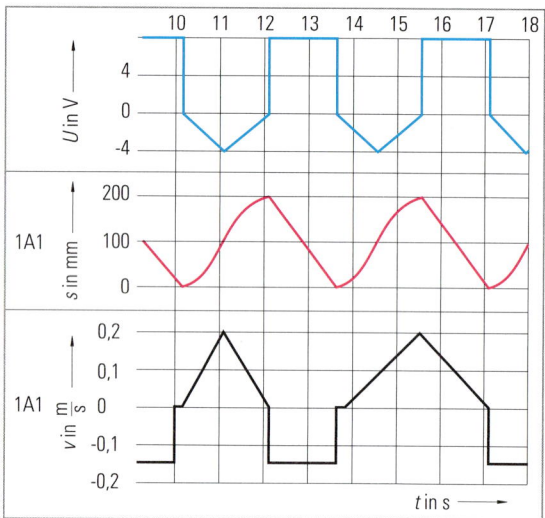

3 Zustandsdiagramm

Im Zustandsdiagramm (Bild 1) ist zu erkennen, dass sich die Ausfahrgeschwindigkeit bei einer stufenweisen Veränderung der Spannung von 0 V auf −10 V erhöht. Die Vorgabe der Spannung kann über ein Potentiometer erfolgen.

Nun soll der Zylinder beim Anheben einer Last zunächst langsam bis zu einer gewissen Geschwindigkeit beschleunigen und vor dem Erreichen der vorderen Endlage sanft abbremsen. Die Beschleunigung und Verzögerung erfolgen durch ein **Spannungsprofil**, mit dem die Proportionalmagnete angesteuert werden (Bild 2). Bild 3 zeigt das Zustandsdiagramm von Spannung, Weg und Geschwindigkeit des Zylinders. Dieser wird langsam beschleunigt und vor Erreichen der vorderen Endlage wieder abgebremst. Anschließend fährt der Zylinder wieder ungedrosselt ein. Da Proportionalventile grundsätzlich mit **posi-**

tiver Überdeckung (vgl. Lernfeld 6) hergestellt werden, ergibt sich in einem bestimmten Spannungsbereich eine Totzone, d.h., es fließt kein Öl, obwohl schon Spannung vorhanden ist und sich der Steuerkolben schon bewegt. Aus diesem Grund sind diese Ventile nur bedingt für Regelungsaufgaben geeignet. Sehr wohl kann aber die Lage des Steuerkolbens über induktive Wegaufnehmer (Bild 4) überprüft werden. Durch einen Soll-Ist-Wert-Vergleich kann dann bei einer Abweichung die Lage des Steuerkolbens nachgeregelt werden. Dadurch verbessert sich das Verhalten des Ventils z. B. hinsichtlich Ansprechempfindlichkeit und Reproduzierbarkeit.

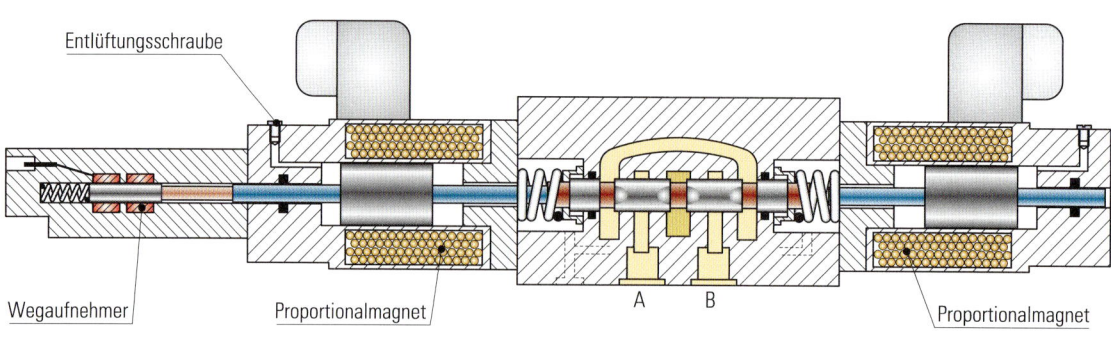

Entlüftungsschraube

Wegaufnehmer   Proportionalmagnet   A   B   Proportionalmagnet

4 Direkt gesteuertes Proportional-Wegeventil

4.2 Regeln mit Servo- und Regelventilen

In der Sägewerksindustrie wird die Schnittbreitenverstellung der Sägeblätter elektrohydraulisch durchgeführt. Da hier eine Toleranz im Millimeterbereich verlangt wird, ist eine Lageregelung erforderlich. Als Stellglieder *(final controlling elements)* kommen entweder ein **Servoventil** *(servo valve)* oder ein **Regelventil** *(control valve)* in Frage. Weil Servoventile kompliziert aufgebaut, teuer und sehr schmutzempfindlich sind (geforderte Filterfeinheit von 0,003 ... 0,005 mm), übernehmen heute vor allem Regelventile diese Aufgabe. Sie sind günstiger und robuster (geforderte Filterfeinheit von 0,025 mm). Regelventile sind Proportionalventile mit **Null-Überdeckung** (vgl. Lernfeld 6). Bei einer Lageregelung muss die aktuelle Position des Zylinders bekannt sein. Deshalb ist ein Wegmesssystem am hydraulischen Antrieb erforderlich. Bild 1 zeigt einen lagegeregelten Hydraulikzylinder und Bild 2 das zugehörige Zustandsdiagramm. Das Wegmesssystem liefert -10 V, wenn der Zylinder eingefahren ist und +10 V, wenn er ausgefahren ist. Befindet sich der

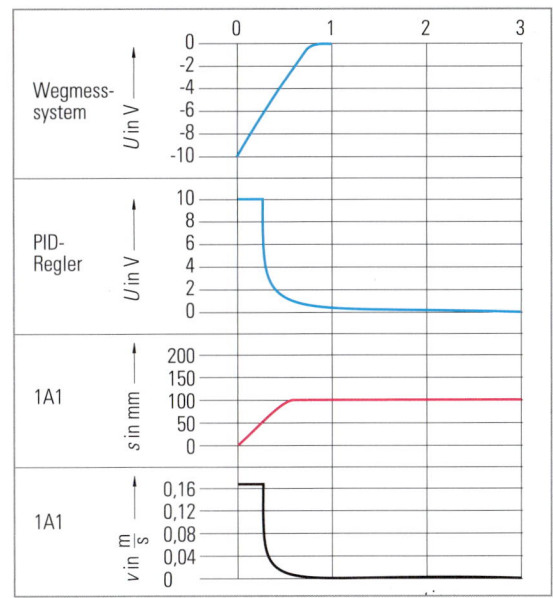

2 Zustandsdiagramm

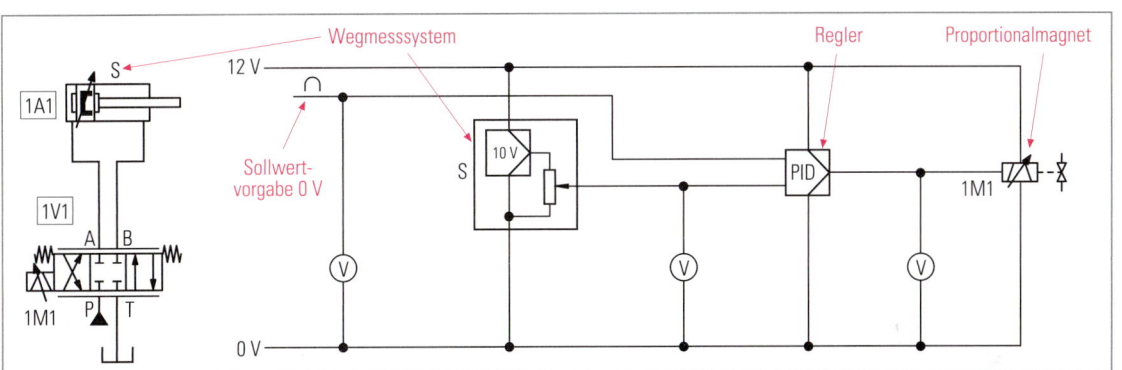

1 Lagegeregelter Hydraulikzylinder

Zylinder genau in der Mitte, liefert das Wegmesssystem 0 V. Wird folglich als Soll-Wert 0 V vorgegeben, wird der Proportionalmagnet 1M1 durch den Regler so lange angesteuert, bis sich zwischen dem Soll- und dem Ist-Wert eine Differenz von NULL ergibt. Der Zylinder befindet sich dann genau in der Mitte zwischen vorderer und hinterer Endlage. Soll der Zylinder **beliebige Positionen** anfahren, so können die Soll-Werte über **Sollwertkarten** vorgegeben werden (Bild 3 und Seite 185 Bild 1). Sollwertkarten sind elektronische Baugruppen, mit denen die benötigten Sollwerte und Rampen programmiert werden.

Muss der Zylinder z. B. beim Ausfahren jeweils um 25 % seines maximal möglichen Hubs von 200 mm weiterfahren und anschließend wieder einfahren, so ergeben sich für die Soll- Werte -10 V, -5 V, 0 V, +5 V und +10 V. Der Wechsel von einem Wert zum nächsten kann über Rampen (Seite 184 Bild 1) erfolgen. Diese können unterschiedlich flach oder steil ausfallen, je nachdem, wie schnell der Zylinder die nächste Position anfahren soll. Der Wechsel von einem zum nächsten Soll-Wert erfolgt entweder zyklisch über Zeitglieder, kann aber auch extern durch Binär-

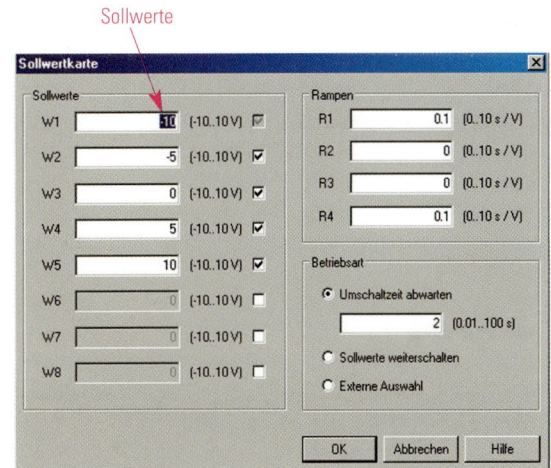

3 Sollwertkarte

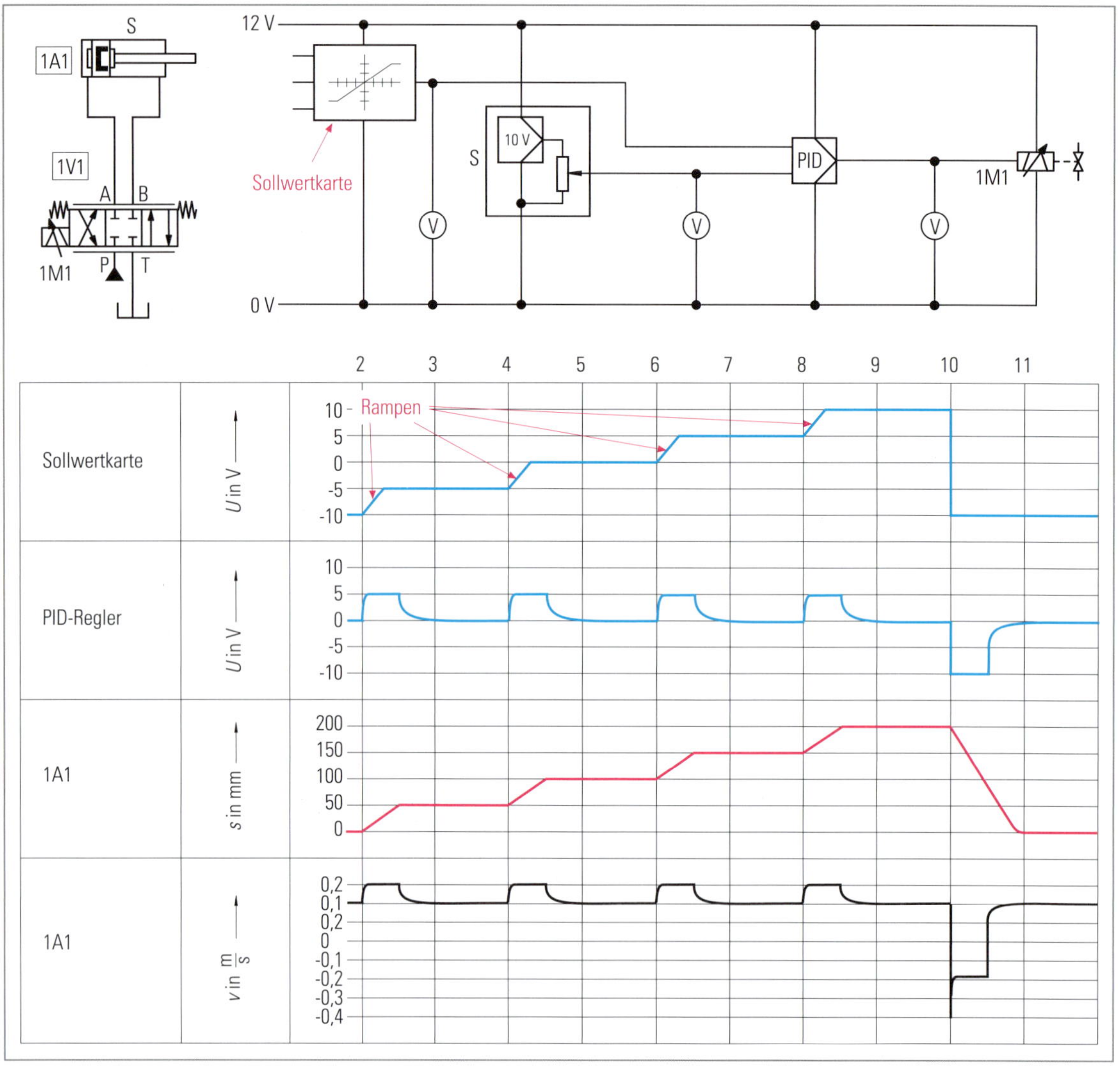

Steuern und Regeln in der Elektrohydraulik

1 Vorgabe der Sollwerte mit Sollwertkarte

eingänge wie z. B. durch einen Rolltaster oder durch Sensoren erfolgen. Bild 1 zeigt den Schaltplan mit Sollwertkarte und das Zustandsdiagramm. Dieses zeigt den Zusammenhang zwischen der Spannung an der Sollwertkarte, der Spannung des Reglers für den Proportionalmagneten und dem Weg und der Geschwindigkeit des Hydraulikzylinders. Das Weiterschalten zum nächsten Soll-Wert erfolgt automatisch nach jeweils drei Sekunden.

MERKE

Mit Proportionalventilen kann die Lage, die Geschwindigkeit (Volumenstrom) und die Kraft (Druck) hydraulischer Antriebe geregelt werden.

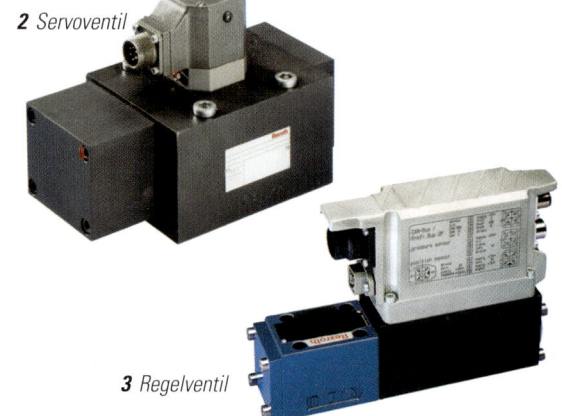

2 Servoventil

3 Regelventil

Sollwertkarte

151489

1/4

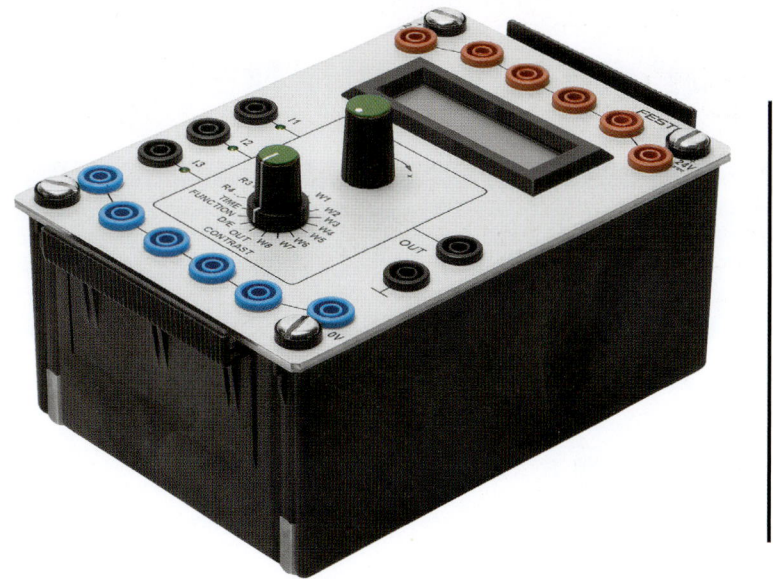

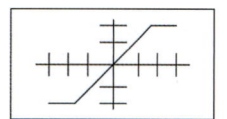

Bedienelemente

1   Versorgungsspannung: 24 VDC
2   Versorgungsspannung: 0 VDC
3   Anzeige
4   Drehknopf
5   Wahlschalter
6   Sollwertsignal +
7   Sollwertsignal -
8   Externer Binäreingang I1
9   Leuchtdiode
10 Externer Binäreingang I2
11 Leuchtdiode I2
12 Externer Binäreingang I3
13 Leuchtdiode I3

Aufbau

Die Sollwertkarte ist in einer kleinen ER-Ge-
häuseeinheit untergebracht. Die Signale und
Spannungen sind über 4 mm-Buchsen zugänglich.

Funktion

Die Sollwertkarte besitzt folgende Funktionen:
- programmierbare Sollwertgenerierung
- programmierbare Rampengenerierung
- zyklischer Ablauf von Sollwerten und Rampen
- Stoppuhr

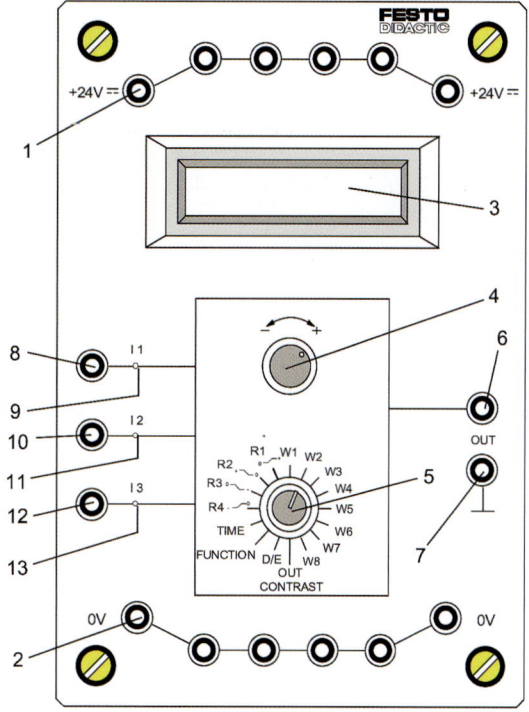

1 Sollwertkarte

Industrial Robot for Arc Welding

5   Industrial Robot for Arc Welding

WELDING WITH PROFESSIONAL-GRADE EQUIPMENT

KUKA offers you professional equipment which makes arc welding simpler, faster and more productive than before. The core of this solution is the ARC robot, which has been specially designed for use in arc welding applications. The robot can be installed on the floor, the ceiling or the wall, making it extremely flexible to integrate into your system. All of the axes can be calibrated using the electronic measuring tool (EMT), facilitating quick and precise commissioning.

KR 6 ARC

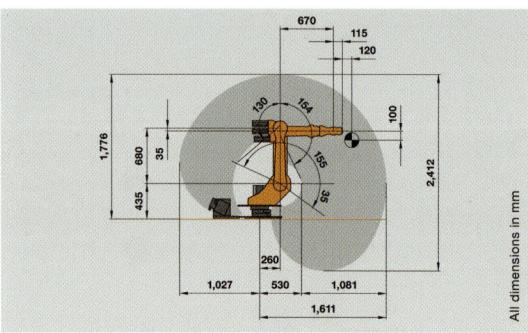

The KR 6 ARC has a tremendous reach (without including the end effector) of 1,611 mm. The KR 16 L6 ARC with an optional arm extension, increases its reach is 1,911 mm. This means that you have optimal accessibility even with large components, and your system layout remains flexible.

The additional "Safe Robot" option (axis range monitoring using failsafe software) eliminates the need for a mechanical axis range monitoring system.

All dimensions in mm

	KR 6 ARC	KR 16 L6 ARC
Arm length	670 mm	970 mm
Payload	6 kg	6 kg
Reach[1]	1,611 mm	1,911 mm
Repeatability	± 0.1 mm	± 0.1 mm
Volume of working envelope[2]	9.3 m³	15.2 m³

[1] Basic reach without end-effector!
[2] Relative to intersection of axes 4/5

An industrial robot is an automatically controlled, multipurpose machine that can be programmed to work in three or more axes. A robot is part of an assembly line and this means it is a subsystem of the production line.

Typical applications of robots include welding, painting, assembly, pick and place, packaging, product inspection and many others. All of them are accomplished with high speed and precision. A fitter may need to carry out maintenance work on a robot, such as an industrial robot for arc welding as shown on page 186, and by looking at this online page he can find information about the reach, payload, arm length etc. of two different types.

Assignments on the text:

1. Translate the text above by using your English-German vocabulary list.
2. What is said about the working axes of an industrial robot?
3. Explain the term subsystem.
4. Draw a mind map and fill in as many applications of robots as you can think of.

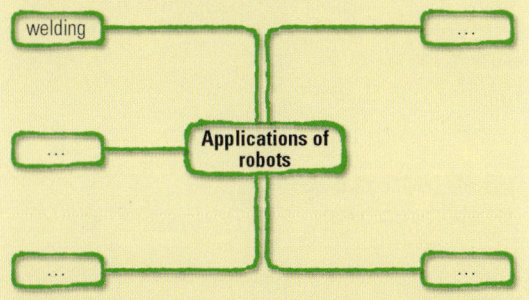

5. Why is it necessary for robots to carry out their tasks with high speed and precision?

Assignments on the online page:

Have a look at the text above the photo:

6. The four sentences below are the original German translations, but the range is mixed. Please find the correct order and write the result into your exercise book.

    Eine Justage aller Achsen mithilfe des elektronischen Messtasters (EMT) ermöglicht Ihnen eine schnelle und präzise Inbetriebnahme.

    KUKA bietet Ihnen eine professionelle Ausrüstung, die das Schutzgasschweißen einfacher, schneller und produktiver macht als bisher.

    Dadurch, dass der KR 6 ARC am Boden, an der Decke oder an der Wand montiert werden kann, ist er äußerst flexible in Ihre Anlage integrierbar.

    Unser Herzstück hierbei ist der Roboter KR 6 ARC, der speziell für den Einsatz in Schutzgasschweißapplikationen modifiziert wurde.

Now look at the text below the photo:

7. Translate the sentences by using the terms or phrases in the box underneath.

    Watch out! Some parts of sentences are not translated exactly the same by the manufacturer.

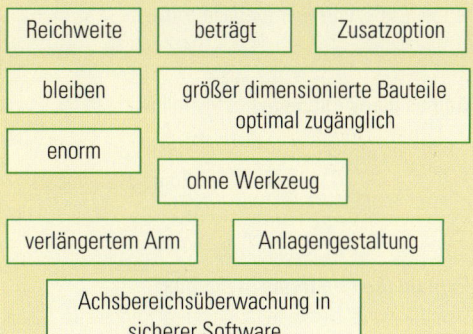

Look at the table underneath the text:

8. There are 5 different important terms that define the dimensions, weight or volume of the two robots shown. Below you can see the German and English vocabulary. Please match the letters and numbers.

    | 1. Armlänge | a) Repeatability |
    | 2. Traglast | b) Volume of working |
    | 3. Reichweite | envelope |
    | 4. Wiederholgenauigkeit | c) Arm length |
    | 5. Arbeitsraumvolumen | d) Reach |
    | | e) Payload |

9. Also there are two footnotes given. Which German translation fits to which English footnote?

    | 1. Basic reach without end effector! | a) Bezogen auf Schnittpunktachse 4/5. |
    | 2. Relative to the intersection of axes 4/5. | b) Grundreichweite ohne Werkzeug! |

Questions on the complete page:

10. What is the robot KR 6 ARC especially designed for?
11. Where can this robot be installed?
12. What function does the electronic measuring tool have?
13. Describe the differences between the KR 6 ARC and the KR 16 L6 ARC.
14. What is the advantage of the KR 16 L6 ARC?
15. What function does the additional option "Safe Robot" have?
16. What is the height of this apparatus?
17. What is the maximum height including the arm?
18. What is the total reach in both directions of the KR16 L6 ARC?

Work With Words

Work With Words

In future you will come into the situation to talk, listen or read technical English. Very often it will happen that you either **do not understand** a word or **do not know the translation**.

In this case here is some help for you !!!

Below you will find a few possibilities to describe or explain a word you don't know or use opposites[1] or synonyms[2].
Write the results into your exercise book.

1. **Add as many examples** to the following terms as you can find for handling devices and load characteristics.

handling devices:	manipulators pick-and-place robots	*load characteristics:*	nominal load tool load

2 **Explain the two terms in the box:**
Use the words below to form correct sentences. Be careful the range is mixed!

drive:	to make the vehicle move/supplied by the engine/in a car or other vehicle/Drive is the power/to particular wheels	*operator:*	is a person/to operate or control a machine/An operator/who is employed

3. **Find the opposites[1]:**

input-subassembly:		*point-to-point controlled:*	
contact breaker:		*translational motions:*	

4. **Find synonyms[2]:**
You can find two synonyms to each term in the box below.

pressure:		*belt:*	
speed:		*gear rack:*	
tempo, stress, compression, velocity		conveyor, rack, feed band, control shaft	

5. In each group there is a word which is the **odd man[3]**. Which one is it?

a) part of agreement, valve, main program, subprogram,
b) proportional valve, servo valve, control valve, output

c) error signal, transient response, principal axes, settling time,
d) packaging, positioning accuracy, repeat accuracy, path repeat accuracy

6. Please translate the information below. Use your English-German Vocabulary List if necessary.

A display is an electronic device for representing information in a visual way, for example a screen connected to a computer.

1) *opposite:* Gegenteil   2) *synonym:* Synonym, ähnliches Wort, Ergänzung   3) *odd man:* Außenseiter, überzähliges Wort, fünftes Rad am Wagen

Lernfeld 14:
Planen und Realisieren technischer Systeme

Betriebe leben von Aufträgen ihrer Kunden und Sie leben von den Aufträgen Ihres Betriebs. Sie und Ihr Betrieb tun also sehr gut daran, mit diesen Aufträgen höchst sorgfältig umzugehen. Aufträge können äußerst unterschiedlich gestaltet sein und können daher im Betrieb des Auftragnehmers sehr unterschiedliche Aktivitäten auslösen. Geht es vorerst nur um eine Preisanfrage? Muss eine sorgfältige Kalkulation erstellt werden? Ist die Konstruktionsabteilung gefordert oder nur die Fertigungsabteilung? Ist der Auftrag klar definiert oder muss er in Gesprächen mit dem Kunden erst präzisiert werden? Ein Auftrag kann darin bestehen, dass Produkte geliefert werden sollen, die der betreffende Betrieb ohnehin in seinem Angebotssortiment führt. In

diesem Fall sind die Teile entweder vorrätig und müssen nur noch ausgeliefert oder in der entsprechenden Stückzahl hergestellt werden. Hier dürfte der planerische Aufwand für den Auftragnehmer recht gering sein. Das Produkt, um das es geht, steht fest. Zwischen Auftragnehmer und Auftraggeber sind lediglich das Auftragsvolumen (Liefermenge), Lieferfristen und evtl. Zahlungsmodalitäten wie z. B. Mengenrabatt, Skonto usw. zu klären.

Das obige Bild zeigt die Montage und den Aufbau einer kompletten Fertigungsanlage – also eines recht komplexen technischen Systems.

Für den Lieferanten dieser Anlage dürfte der Aufwand für Planung und Realisierung erheblich gewesen sein. In diesem Fall kann man von einem **umfangreichen Projekt** sprechen.

Allein die Angebotserstellung erfordert intensive Gespräche mit dem Kunden und kann im Betrieb des Auftragnehmers nur durch ein Projektteam geleistet werden.

Das **Lastenheft** des Kunden beschreibt dessen Anforderungen und Wünsche an das Projekt.

Das **Pflichtenheft** des Auftragnehmers beschreibt, wie und mit welchen Mitteln innerhalb welchen Zeitraums und zu welchen Konditionen der Auftragnehmer den Auftrag erfüllen will.

Zu einem Auftrag kommt es also nur dann, wenn sich beide Seiten über das Pflichtenheft einigen können.

Ein erfolgreicher Abschluss des Projekts ist dann gegeben, wenn der Kunde zufrieden ist und die wirtschaftlichen Erwartungen des Auftragnehmers erfüllt wurden.

Projektdefinition

1 Projektdefinition

Die Firma REIHA verpackt Wurstprodukte mithilfe von Verpackungsmaschinen. Die Verpackung hat im Wesentlichen folgende Funktionen zu erfüllen. Sie soll

- das Produkt vor Beschädigungen schützen und frisch halten
- sich einfach öffnen und verschließen lassen
- ein ansprechendes, individuelles Design besitzen, das den Verbraucher zum Kauf veranlasst
- Informationen (z. B. Gewicht, Preis, Mindesthaltbarkeit) für den Verbraucher beinhalten

Mit der derzeitigen Verpackung (Bild 1) ist die Firma REIHA nicht mehr zufrieden. Sie möchte die Salamiverpackung im neuen Design auf den Markt bringen. Dazu benötigt sie eine neue Verpackungsmaschine, die u. a. folgenden Anforderungen genügen soll:

- die Verpackung soll schmaler werden, damit weniger Folie zum Verpacken benötigt wird
- um die gleiche Masse (z. B. 200 g) zu verpacken, muss die Verpackung tiefer werden
- die einzelnen Scheiben sollen vom Verbraucher leicht zu entnehmen sein
- die Verpackung soll wieder verschließbar sein
- die Verpackung soll ein ansprechendes Design erhalten
- die Maschine soll 4000 Salami-Verpackungen pro Stunde herstellen
- die Ausschussquote darf nicht größer als 1% sein
- die Maschine muss den geltenden Hygienevorschriften genügen
- die Maschine muss innerhalb von 20 Minuten auf ein anderes Verpackungsformat umzurüsten sein

Aus diesem Grunde wendet sich die Firma REIHA an verschiedene Anbieter von Verpackungsmaschinen und sendet ihnen ein Lastenheft (Seite 191 Bild 1) für die benötigte Verpackungsmaschine zu.

1 Bisherige Verpackung für Salami

verschiedene Weise gliedern. Folgende Angaben sollten berücksichtigt werden:

- Ausgangssituation und Zielformulierung
- Beschreibung des zu erstellenden Produkts
- Funktionalität des Produkts
- Leistungsanforderungen wie z. B. Normen, Richtlinien, Materialien usw.
- wichtige technische Daten
- Qualitätsanforderungen wie z. B. Zuverlässigkeit, Änderbarkeit
- Lieferumfang und -termin
- Gewährleistungsanforderungen wie z. B. Garantie, Kundendienst, 24-Stunden-Service usw.
- Abnahmekriterien

Das Lastenheft fasst die technischen, wirtschaftlichen und organisatorischen Erwartungen des **Auftraggebers** an das Produkt zusammen. Es informiert den potenziellen **Auftragnehmer** *(agent)* über den zu erwartenden Auftragsumfang. Es stellt auch oft die Basis einer Anfrage beim möglichen Auftragnehmer dar.

1.1 Lastenheft

Im Lastenheft *(specifications)* beschreibt der **Auftraggeber** *(principal)* die Anforderungen, Erwartungen und Wünsche an ein geplantes Produkt. Das Produkt kann z. B. eine Maschine, ein beliebiges Gerät, eine Software, eine Dienstleistung oder eine Kombinationen der genannten Komponenten sein. Das Lastenheft beschreibt, **was** erreicht werden soll und gibt **nicht** detailliert vor, wie das Ziel zu erreichen ist. Es dient als Grundlage zur Einholung von Angeboten.

Im Lastenheft legt der Auftraggeber alle Forderungen an die Lieferungen und Leistungen des Auftragnehmers fest[1]. Es beschreibt das **WAS** und **WOFÜR** der Anforderungen[2].

Je nach Einsatzgebiet und Branche unterscheiden sich Lastenhefte in Aufbau und Inhalt stark. Ein Lastenheft lässt sich auf

1.2 Projektstart beim Auftragnehmer

Auch die Firma CFS erhält eine Anfrage der Firma REIHA über eine Verpackungsmaschine, deren Anforderungen im Lastenheft beschrieben sind. Damit wird bei CFS ein mögliches Projekt angestoßen.

Projekte laufen in Phasen ab, die meist nach dem gleichen Muster strukturiert sind (Seite 191 Bild 2). Das Projekt „Verpackungsmaschine für die Firma REIHA" befindet sich derzeit in der Anfangsphase der Projektdefinition.

Da im Lastenheft noch nicht alle Anforderungen und Bedingungen für die weitere Planung erfasst sind, ist es dringend erforderlich, das Projekt genauer zu definieren. Der Bereich der **Projektdefinition** *(definition of projects)* gliedert sich wiederum in einzelne Phasen (Seite 191 Bild 3).

---

1) vgl. DIN 69905
2) vgl. VDI 2519 Blatt 1 und 2

Projektdefinition

REIHA
Delikate Dauerwürste

Lastenheft für Verpackungsmaschine

Aufgabenstellung:
Auf einer Tiefzieh-Verpackungsmaschine soll Salami in ansprechende Packungen für den SB-Markt verpackt werden. Die bisher hergestellten Packungen dienen als Muster, müssen aber ansprechender sein und in der Form den neuen Anforderungen an die Packung angepasst werden.

Zu verpackende Produkte:
Salami, in Scheiben geschnitten, 200 gr./Packung

Vor- und nachgeschaltete Maschinen/Vorgänge:
➢ Das Produkt wird in geschnittener Form automatisch zugeführt.
➢ Die fertigen Packungen werden über eine automatische Entnahmeeinheit entnommen und kartoniert.
➢ Herstellerdatum und Erzeugerinformationen sollen mittels eines Etiketts auf der Packung angebracht sein.

Zu verwendende Folien:
➢ Oberfolie: PA/PE 85 µm, 455 mm
➢ Unterfolie: APET 250 µm, 460 mm

Design-Vorschläge und Musterpackungen sind vor Auftragsvergabe zu erstellen.

Maschinenleistung:
4000 Packungen/Stunde

Ausschussquote kleiner 1%

Maschine wird hergestellt nach geltenden EU-Maschinen- und Hygienerichtlinien.

Um- bzw. Rüstzeit max. 20 Minuten.

Maschine muss für den 3-Schichtbetrieb geeignet sein.

1 Lastenheft der Firma REIHA

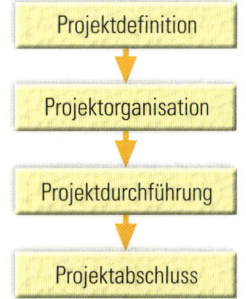

2 Projektphasen

Phasen der Projektdefinition

- ■ Analyse des Problems
- ■ Klärung des Ziels
- ■ Durchführung von Kundengesprächen
- ■ Analyse der eigenen Möglichkeiten
- ■ Prüfung auf Durchführbarkeit
- ■ Betrachten der Wirtschaftlichkeit
- ■ Durchführen der Grobplanung
- ■ Erstellen des Pflichtenhefts
- ■ Projektauftrag

3 Phasen während der Projektfindung

Wenn das Ende der Projektdefinition mit dem Kundenauftrag abschließt, wird das Projekt durchgeführt, ansonsten wird es jetzt schon beendet.

Nach dem Eingang des Lastenheftes benennt CFS einen **Projektleiter** *(projectmanager)*, der mit seinem Team die Verant-
wortung für das Projekt übernimmt. Bei der Projektrealisierung kann auf Erfahrungen zurückgegriffen werden, die bei der Herstellung anderer Verpackungsmaschinen gesammelt wurden.

Projektdefinition

CFS plant und realisiert die Maschinen kundenspezifisch. Mit ihnen werden ganz unterschiedliche Produkte wie z. B. Lebensmittel (Bild 1) oder Artikel der Medizintechnik verpackt. Der prinzipielle Aufbau ist für alle Maschinen ähnlich (Bild 2). Transportketten halten die **Unterfolie** *(bottom film)* straff und führen sie taktweise den einzelnen Stationen zu.

In der **Heizstation** *(heating station)* (Seite 193 Bild 1) wird die Unterfolie erwärmt, bis sie gut verformbar ist.

In der **Formstation** *(forming station)* erhält die Verpackung ihre Form. Druckluft drückt oberhalb der Folie mit Vakuumunterstützung unterhalb der Folie die erwärmte Folie in die Form (Seite 193 Bild 2). An der Formwand kühlt die Folie ab und behält ihre Form bei. Bei besonders tiefen Formen unterstützen Stempel oberhalb der Folie den Formvorgang.

Mitarbeiter oder Handhabungsgeräte legen die zu verpackenden Produkte in der **Einlegestation** *(loading area)* in die geformten Mulden.

Die Unterfolie mit den gefüllten Mulden wird taktweise zur **Siegelstation** *(sealing station)* (Seite 193 Bild 3) transportiert. Bevor das Siegelwerkzeug die Oberfolie mit der Unterfolie verschweißt, wird die Luft aus der späteren Packung evakuiert. Es ist auch möglich, vor dem Verschweißen die Luft gegen Kohlendioxid bzw. Stickstoff auszutauschen.

1 *Verpackte Lebensmittel*

In der **Etikettierstation** *(labeling station)* erhalten die Verpackungen Etiketten mit Informationen über das Gewicht, den Preis, das Verfallsdatum usw.

Die **Schneidestation** *(cutting station)* (Bild 2) trennt die Einzelpackungen aus dem Verbund. Die Randstreifen werden automatisch abgeführt und aufgewickelt.

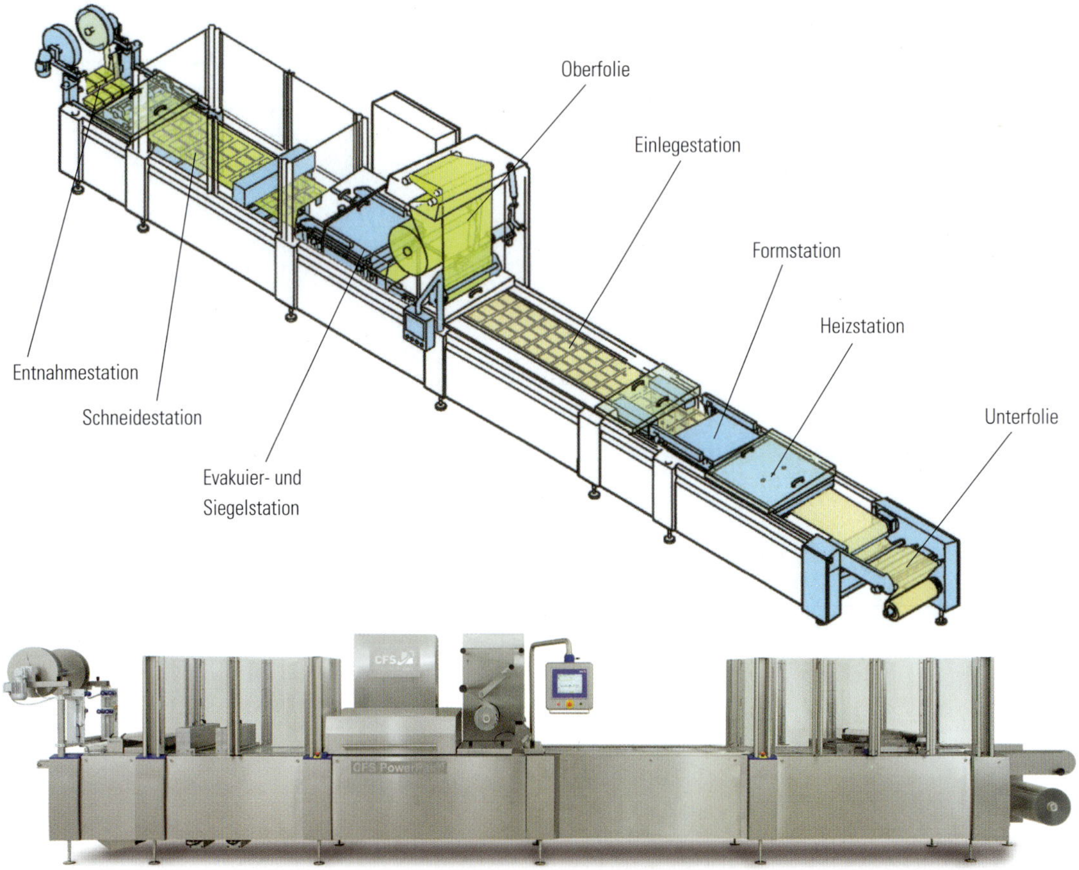

Oberfolie

Einlegestation

Formstation

Heizstation

Unterfolie

Entnahmestation

Schneidestation

Evakuier- und Siegelstation

2 *Verpackungsmaschine*

Aus der **Entnahmestation** *(removing station)* befördern Mitarbeiter oder Handhabungsgeräte die verpackten Produkte und stapeln sie in Pakete.

Die Verpackungsmaschine ist somit eine komplexe, kundenspezifische Anlage, die in Form eines **Projekts** *(project)* realisiert werden soll.

Ein Vorhaben ist dann ein Projekt[1], wenn

■ eine klare, ergebnisorientierte und messbare Zielvorgabe vorliegt	Herstellung und Lieferung einer Verpackungsmaschine (siehe Pflichtenheft und Vertrag)
■ es durch definierte Anfangs- und Endtermine begrenzt ist	Start: Empfang des Lastenhefts; Ende: Inbetriebnahme beim Kunden
■ es in genau dieser Konstellation nur einmal auftritt	Anforderungen aus dem Lastenheft (Verpackung für Salami)
■ komplexe Handlungsabläufe vorliegen, die den Einsatz besonderer Methoden und Techniken erfordern	Planung, Fertigung, Montage, Lieferung und Inbetriebnahme führen verschiedene Mitarbeiter von CFS an unterschiedlichen Stellen durch
■ es fach- und abteilungsübergreifend ist	Viele Abteilungen der Firma CFS sind beteiligt
■ finanzielle und personelle Begrenzungen vorliegen	Der Kaufpreis für die Verpackungsmaschine ist vertraglich vereinbart, es stehen die Mitarbeiter zeitlich begrenzt zur Verfügung
■ es gegenüber anderen Vorhaben abgegrenzt ist	Parallel zu diesem Projekt werden in der Firma CFS weitere abgewickelt
■ es eine projektspezifische Organisation erfordert	Der Projektleiter mit seinem Team führt das Projekt nach den Strukturen des Projektmanagements durch

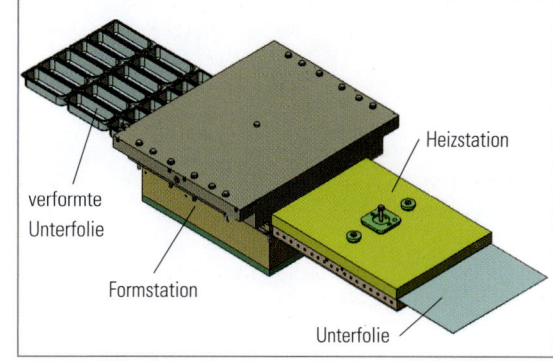

1 *Heiz- und Formstation*

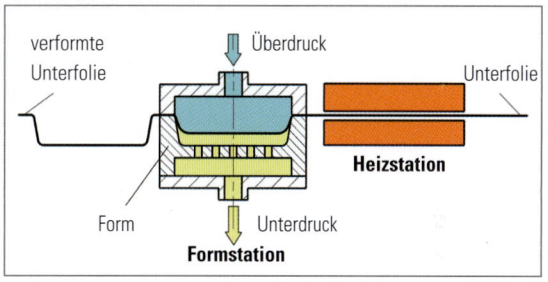

2 *Formstation: Verformung der Folie mit Über- und Unterdruck*

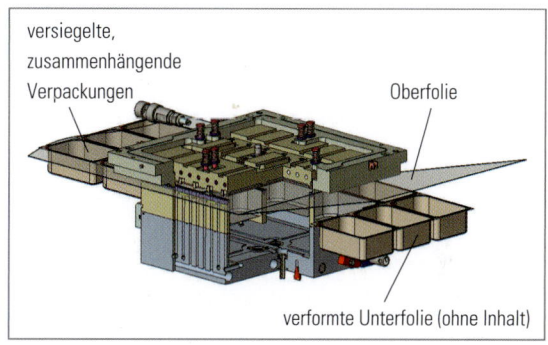

3 *Siegelstation*

1.3 Kundengespräch

Nachdem das Lastenheft bei CFS gesichtet wurde, wird ein Gespräch mit dem potenziellen Kunden vereinbart. In diesem Fall dient das Kundengespräch dazu, die einzelnen Projektziele genau zu beschreiben.

Ein **Projektziel** *(project target)* ist dann exakt beschrieben, wenn es drei Fragen beantwortet:

■ Was soll erreicht werden?	z. B. Verpackungen für Salami
■ In welchem Ausmaß soll es erreicht werden?	4000 Verpackungen pro Stunde
■ Bis wann muss das Ziel erreicht sein?	Inbetriebnahme beim Kunden am 15.06.2008

Der mögliche Auftragnehmer möchte im Kundengespräch
■ die Wünsche und Vorstellungen des Kunden genauer kennenlernen, um diese umsetzen zu können
■ mögliche Probleme der Aufgabenstellung erkennen und dem Kunden verdeutlichen
■ dem Kunden Lösungsmöglichkeiten vorstellen
■ dem Kunden darstellen, welche wirtschaftlichen Vorteile er durch den Erwerb des Produkts erhält
■ vom Kunden Entscheidungen für unterbreitete Lösungsvorschläge erhalten
■ möglichst alle bislang nicht geklärten Details gemeinsam mit dem Kunden festlegen.

Beim Kundengespräch (Seite 194 Bild 1) steht bei den Unternehmensvertretern die **Kundenorientierung** *(customer orientation)* im Vordergrund. Sie kennen die Abhängigkeit des Unter-

Projektdefinition

1 Kundengespräch

2 Verformte Unterfolie der geplanten Verpackung

nehmens vom Kunden. Deshalb wollen sie auch nicht die maximal mögliche Leistung erbringen, sondern genau die, die der Kunde verlangt. Für das Unternehmen ist der Kunde König. Die Erfüllung von Kundenerwartungen wird als ein entscheidender Wettbewerbsvorteil angesehen. Unter diesem Aspekt erfolgt auch die Vorbereitung des Kundengesprächs.

Eine **wertschätzende** und **zielorientierte Gesprächsführung** erfordert Übung und kann trainiert werden. Eine entsprechende Vorbereitung des Kundengesprächs sollte immer erfolgen. Dabei sind folgende Fragen zu beachten:

■ Was ist das Gesprächsziel?
■ Was ist bislang zu der Aufgabenstellung bekannt?
■ Welche Probleme sind noch zu lösen?
■ Welche Fragestellungen sind noch offen?
■ Um welche(n) Gesprächspartner handelt es sich?
■ Welche Erfahrungen und Kenntnisse bringen der/die Gesprächspartner mit?
■ Welche Erwartungen haben der/die Gesprächspartner an mich bzw. uns?
■ Ist Expertenunterstützung für das Gespräch nötig?
■ Wie wird das Gespräch strukturiert?
■ An welchem Ort findet das Gespräch statt?
■ Welche Unterlagen werden benötigt?
■ Welche Medien und Materialen sind erforderlich?

Während und nach dem Kundengespräch muss der Kunde das Gefühl haben, dass

■ auf seine Wünsche, Gedanken und Vorstellungen eingegangen wurde
■ sich genug Zeit für ihn genommen wurde
■ seine Interessen im Vordergrund standen
■ freundlich mit ihm umgegangen wurde
■ ihm fachspezifische Zusammenhänge verständlich vermittelt wurden
■ ihm fachkundige und wirtschaftliche Lösungen vorgeschlagen wurden
■ der Gesprächspartner nicht nur fachlich, sondern auch sozial kompetent ist
■ er dem Gesprächspartner vertrauen und sich eine weitere Zusammenarbeit mit ihm gut vorstellen kann.

Während der verschiedenen Projektphasen sind oft weitere Kundengespräche erforderlich, die je nach Anlass vorzubereiten

und entsprechend zu strukturieren sind. Das endgültige Aussehen der Verpackung (Bild 2) wurde auch in einem Kundengespräch gemeinsam festgelegt.

1.4 Pflichtenheft

Nachdem die bisherigen Wünsche und Anforderungen des Kunden an das Produkt bekannt sind, verfasst der mögliche **Auftragnehmer** *(agent)* ein Pflichtenheft *(dutybook)*. Da das Lastenheft lediglich ein Grobkonzept lieferte, umfasst das Pflichtenheft detailliert und vollständig alle Anforderungen an das Produkt. Der Auftragnehmer prüft bei der Erstellung des Pflichtenheftes, ob es im Lastenheft und in den Anforderungen des Kunden Widersprüche gibt.

Im Lastenheft stehen die Wünsche und Erwartungen des Kunden. Das Pflichtenheft führt die Details aus, wie und womit der Auftragnehmer die Vorgaben des Kunden umsetzen will. Das Lastenheft ist somit mit der Nachfrage und das Pflichtenheft mit dem Angebot vergleichbar.

Im Pflichtenheft beschreibt der Auftragnehmer die Realisierung des Produkts aufgrund des vom Auftraggeber vorgegebenen Lastenhefts[1].

Das Pflichtenheft definiert, **WIE** und **WOMIT** die Anforderungen zu realisieren sind[2].

Je nach Produkt kann das dafür zu erstellende Pflichtenheft unterschiedlich aufgebaut sein. Eine mögliche Gliederung zeigt Bild 1 auf Seite 195.

Für CFS ist das Lastenheft Bestandteil des Pflichtenhefts. Im Pflichtenheft bestätigt, verneint oder ergänzt CFS das Lastenheft (Seite 191 Bild 1).

Der Auftraggeber muss das Pflichtenheft genehmigen. Nach der Genehmigung wird das Pflichtenheft die verbindliche Vereinbarung für die Realisierung und Abwicklung des Projektes für Auftraggeber und Auftragnehmer und darf nicht ohne die Zustimmung beider verändert werden. Beide Parteien sollten vertraglich eine Vorgehensweise vereinbaren, wie im Fall nachträglicher Änderungswünsche oder Störungen vorgegangen wird.

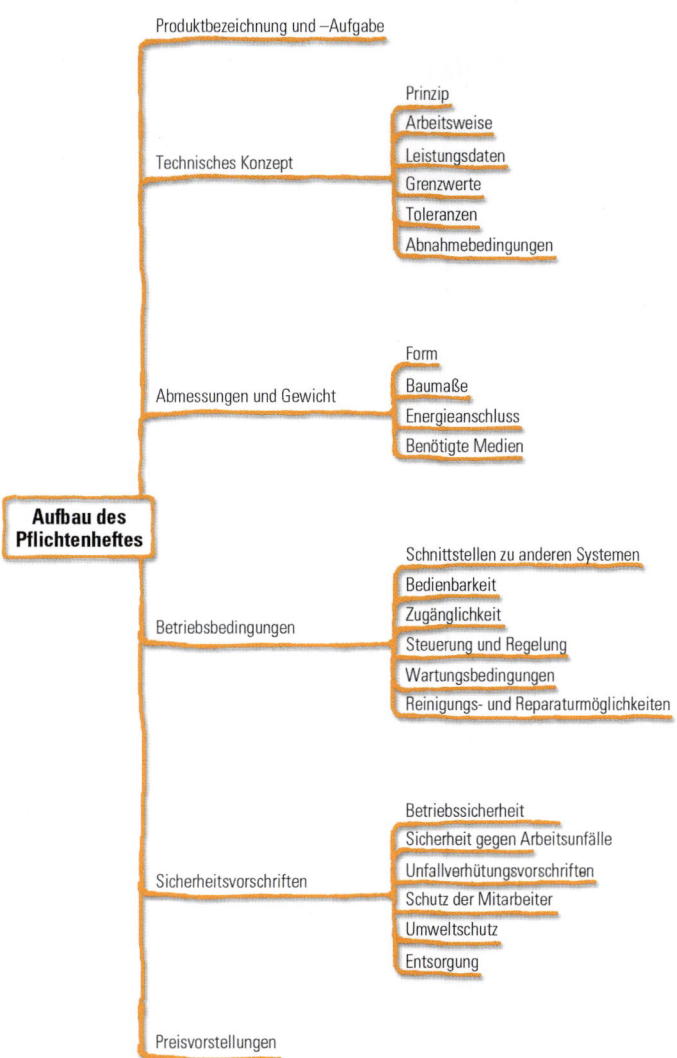

Produktbezeichnung und –Aufgabe

Technisches Konzept
- Prinzip
- Arbeitsweise
- Leistungsdaten
- Grenzwerte
- Toleranzen
- Abnahmebedingungen

Abmessungen und Gewicht
- Form
- Baumaße
- Energieanschluss
- Benötigte Medien

Aufbau des Pflichtenheftes

Betriebsbedingungen
- Schnittstellen zu anderen Systemen
- Bedienbarkeit
- Zugänglichkeit
- Steuerung und Regelung
- Wartungsbedingungen
- Reinigungs- und Reparaturmöglichkeiten

Sicherheitsvorschriften
- Betriebssicherheit
- Sicherheit gegen Arbeitsunfälle
- Unfallverhütungsvorschriften
- Schutz der Mitarbeiter
- Umweltschutz
- Entsorgung

Preisvorstellungen

1 Beispielhafter Aufbau eines Pflichtenhefts

Das Pflichtenheft (Bild 1) ist meist die Grundlage für
- Angebotserstellung
- Auftragserteilung
- Produkterstellung und
- Abnahme des Endprodukts

M E R K E

Mit dem Pflichtenheft sind die Aufgabenstellung und deren Realisierung ausführlich definiert. Alle Punkte des Pflichtenhefts müssen so formuliert sein, dass sie überprüfbar sind.

Lastenheft
Kunde definiert, was erreicht werden soll

Pflichtenheft
Auftragnehmer definiert, wie und womit die Kundenvorgaben umgesetzt werden

Angebot
Auftragnehmer unterbreitet dem Kunden ein detailliertes Angebot

Auftrag
Kunde vergibt auf Grund des Angebots den Auftrag

2 Stellung des Pflichtenhefts während der Projektdefinition

Projektdefinition

	CFS Lifecycle Performance	**Pflichtenheft**	Dokumenten-Nr.	1.0-100
			Pflichtenheft-Version	V2.0 / 08-02-14
			Lastenheft-Version	V3.5 / 02.02.2008
			Datum:	14.02.2008
			Seiten:	1 / 2

Maschinen-Nr.: 5611	**Auftrags-Nr.:** 1106-2008-15	**Kunde:** REIHA

Lft.-Nr.	Lastenheft des Kunden	Pflichtenheft Konform	Pflichtenheft Kommentar
1.	Aufgabenstellung: Auf einer Tiefzieh-Verpackungsmaschine soll Salami in ansprechende Packungen für den SB-Markt verpackt werden. Die bisher hergestellten Packungen dienen als Muster, müssen aber ansprechender sein und in der Form den neuen Anforderungen an die Packung angepasst werden. Zu verpackendes Produkt: ➤ Salami ➤ in Scheiben geschnitten ➤ 200 gr./Packung	----	---
2.	Vor und nach geschaltete Maschinen/Vorgänge: ➤ Das Produkt wird automatisch zugeführt. ➤ Die fertigen Packungen werden über eine automatische Entnahmeeinheit entnommen und kartoniert. ➤ Herstellungsdatum und Erzeugerinformation sollen mittels eines Etikettes auf der Packung angebracht sein.	Ja ☒ Nein ☐	➤ Signalaustausch erfolgt über potentialfreie Kontakte. ➤ Etikettiersystem wird Teil unserer Verpackungsmaschine.
3.	Zu verwendende Folien: Oberfolie: PA/PE 85µm 455 mm Unterfolie: APET 250µm 460 mm	Ja ☒ Nein ☐	---
4.	Packungsanforderung: ➤ wieder verschließbar ➤ Schutzgas	Ja ☒ Nein ☐	MAP-Packung Schutzgaszufuhr über Düsenleiste Vorheizung, Verformung mittels Druckluft und Vakuum
5.	Design-Vorschläge und Musterpackungen sind vor Auftragsvergabe zu erstellen.	Ja ☒ Nein ☐	Kommt es nicht zu einer Auftragsvergabe, wird der Aufwand in Rechnung gestellt.
6.	Maschinenleistung: 4000 Packungen/Stunde	Ja ☒ Nein ☐	Bei einer Formatunterteilung 3.2 und einem Vorzug von 500 mm, entspricht dies einer Taktleistung von 11 Takte/Minute.
7.	Ausschussquote max. 1%.	Ja ☐ Nein ☒	Auf Grund von nicht absehbaren Schwierigkeiten mit vor- und nachgeschalteten Maschinen garantieren wir eine Ausschussquote von 1,5%.
8.	Maschine wird hergestellt nach geltenden EU-Maschinen- und Hygienerichtlinien.	Ja ☒ Nein ☐	Maschine wird nach EU-Maschinenrichtlinie 98/37/EG hergestellt.
9.	(Um-)Rüstzeit max. 20 Minuten.	Ja ☒ Nein ☐	Wechsel der Formatwerkzeuge in der geforderten Zeit möglich.
10.	Maschine muss für den 3-Schichtbetrieb geeignet sein.	Ja ☒ Nein ☐	---

1 *Pflichtenheft der Firma CFS*

ÜBUNGEN

1. Wozu dient ein Lastenheft?

2. Welche Angaben sollte ein Lastenheft enthalten?

3. Erstellen Sie für ein von Ihnen gewähltes Produkt ein Lastenheft.

4. Welche Kennzeichen besitzt ein Projekt?

5. Nennen Sie Gründe für ein Kundengespräch.

6. Welche Überlegungen sind vor einem Kundengespräch anzustellen?

7. Was erwartet der Kunde von seinem Gesprächspartner?

8. Wer erstellt das Pflichtenheft?

9. Erstellen Sie für das von Ihnen gewählte Produkt ein Pflichtenheft.

2 Projektorganisation und -planung

In der Organisations- oder Planungsphase werden sowohl die einzelnen Tätigkeiten als auch der zeitliche Ablauf definiert. Diese Phase ist die Grundlage für die sich anschließende Projektdurchführung.

Bei der Planung ist besonders zu beachten, dass das Projektziel nicht nur durch das Sachziel definiert ist, sondern der Projektendtermin und die Projektkosten sind ebenso wichtig (Bild 1). Es ist die Aufgabe des **Projektmanagements** *(project management)*, diese drei Ziele gleichzeitig zu realisieren.

Sachziel
·Welche Funktion ist zu erfüllen?
·Welche Qualität ist zu erzielen?

Projektziel

Kostenziel
·Welche Kosten dürfen entstehen?

Terminziel
·Bis wann muss alles erreicht sein?

1 Das magische Dreieck des Projektmanagements

 **MERKE**

Das Projektmanagement umfasst alle Führungsaufgaben, -organisationen, -techniken und -mittel für die Abwicklung eines Projekts[1].

Dabei werden zwei Bereiche des Managements unterschieden:
- Personal- und Konfliktmanagement und
- Sachmittelmanagement

Das **Personal- und Konfliktmanagement** *(staff and conflict management)* umfasst die Personalführung sowie die Erkennung und Auflösung von Konflikten.

Über das **Sachmittelmanagement** *(material management)* erfolgen die Planung, Organisation, Durchführung, Kontrolle und Bewertung der Projektziele.

Das Projektteam und die Projektleitung im Besonderen sind für die Abwicklung des Projekts und somit auch für das Projektmanagement zuständig.

2.1 Personal- und Konfliktmanagement

2.1.1 Projektteam

In Projekten sind viele neue Aufgaben zu erledigen, die am besten von einem Team übernommen werden. Das Team besteht aus mehreren Personen, die ein gemeinsames Ziel verfolgen. Dabei steht jedes Teammitglied mit den anderen in sozialem Kontakt. Die Kommunikation zwischen den Mitgliedern ist direkt und vielfältig. Der Teamleiter hat dabei die Aufgaben, das Team nach außen zu vertreten und nach innen zu leiten.

Der Erfolg einer funktionierenden Teamarbeit gründet sich auf verschiedene Faktoren:
- Teams zeigen hohe Einsatzbereitschaft und hohes Engagement.
- Teams sind flexibel, weil ihre Mitglieder nicht auf eine Rolle festgelegt sind.
- Teams identifizieren sich mit ihrer Aufgabe, weil ihre Mitglieder gemeinsame Werte und eine gemeinsame Teamkultur haben.
- Teammitglieder kommunizieren miteinander und respektieren sich.
- Teams sind motiviert, weil jedes Mitglied weiß, welchen Sinn seine Arbeit hat.

Bei richtiger Teamzusammensetzung arbeiten die Teammitglieder gerne und erfolgreich, weil sie ihre Arbeitsstrukturen selbst gestalten oder mitgestalten können. Der **Teamgeist** *(team spirit)* ist aber nicht mit der Zusammenstellung eines neuen Teams vorhanden, sondern muss sich entwickeln.

2.1.2 Teamuhr

Im Entwicklungsprozess eines Teams werden auf der einen Ebene Sachfragen geklärt und gleichzeitig auf der emotionalen Ebene Beziehungen geknüpft.

Die **Sachebene** *(logical level)* ist durch den Projektauftrag bestimmt. Im Mittelpunkt stehen das Projektziel und dessen Umsetzung.

Die **Beziehungsebene** *(emotional level)* wird durch die Persönlichkeiten der Gruppenmitglieder und deren Lebenserfahrungen bestimmt. Im Mittelpunkt steht hier die Frage, wie die Beziehungen im Team aussehen und welche Bedeutung diese für das Team und seine Arbeit haben.

Ein neu zusammen gestelltes Team durchlebt mehrere Phasen, bevor es seine volle Leistungsfähigkeit erreicht. Die Teamuhr (Bild 1) beschreibt den **Entwicklungsstand** des Teams.
Bei der Zusammensetzung des Teams spielen die fachlichen Qualifikationen der einzelnen Mitglieder eine entscheidende Rolle. Aber genauso wichtig sind ihre sozialen Fähigkeiten. Die Teammitglieder müssen auch als Menschen zueinander passen, damit das Team möglichst zügig seine volle Leistungsfähigkeit entwickeln kann.

Forming

In der **Formierungsphase** *(forming)* lernen sich die Teammitglieder kennen und tasten sich gegenseitig ab. Diese Phase ist geprägt durch Höflichkeit, vorsichtiges Abtasten und Streben nach Sicherheit. Alle fragen sich wohl, wer unterhalb der Teamleitung das Sagen und den größten Einfluss hat. Jeder möchte als gutes Teammitglied akzeptiert werden, gleichzeitig aber auch einen wichtigen Platz innerhalb der Gruppe einnehmen.

Storming

Die **Konfliktphase** *(storming)* ist durch unterschwellige Konflikte, Selbstdarstellung der Teammitglieder, den Kampf um Führungsplätze und Cliquenbildung geprägt. Die Teammitglieder finden gegenseitig heraus, wer welchen Platz in der Gruppe hat. Dies ist nur möglich, wenn die Personen die Höflichkeit ablegen und ausprobieren, wie weit sie im Team gehen können. Diese Phase ist ein wichtiger Schritt in der Teamentwicklung und keine Störung. Die Konflikte und Auseinandersetzungen sind ein notwendiger Schritt innerhalb der Teamentwicklung.

Norming

In der **Regelphase** *(norming)* entwickeln sich neue Gruppenstandards und neue Umgangsformen. Meist steht jetzt nicht die Leistung des Teams im Mittelpunkt, sondern Überlegungen zur gegenwärtigen Situation des Teams. Die Teammitglieder sollten in dieser Phase alle empfundenen Schwierigkeiten mit dem Ziel auflisten, gemeinsame „Spielregeln" zu vereinbaren. Diese Regeln sollen als Richtschnur für die zukünftige Arbeit gelten. In dieser Phase muss offen miteinander kommuniziert werden, um die Krise zu überwinden.

Performing

In der **Arbeitsphase** *(performing)* erreicht das Team seine volle Leistungsfähigkeit. Das gestiegene Selbstvertrauen des Teams führt dazu, dass sich die Mitglieder den auftretenden Schwierigkeiten stellen. Sie versuchen, eine von allen getragene Problemlösung zu finden. Sie spornen sich gegenseitig an und sind stolz auf erzielte Ergebnisse. Das selbstbewusste Handeln fördert die Freude an der Teamarbeit. Alle Mitglieder freuen sich, im Team mitarbeiten zu können. Es ist ein **Teamgeist** („Wir-Gefühl") entstanden, der durch Offenheit, Solidarität, Flexibilität und zielgerichtetes Handeln geprägt ist. Die Führungsrolle ist nicht mehr eindeutig dem Teamleiter zugeordnet. Sie geht an andere Gruppenmitglieder, je nach Diskussionsstand, über. Die Verantwortung für das Ergebnis wird nicht mehr allein beim Teamleiter gesehen, sondern beim gesamten Team. Dieses hat jetzt das Optimum seiner Leistungsfähigkeit erreicht.

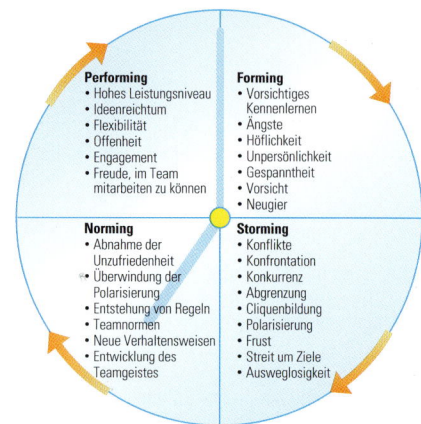

1 Die Teamuhr beschreibt den Stand der Teamentwicklung

MERKE

In einem neu zusammengestellten Team laufen die vier Teamentwicklungsphasen nahezu gesetzmäßig ab. Das Team kann lediglich die Intensität und die Dauer der Phasen durch sein Verhalten beeinflussen.

2.1.3 Konflikte und deren Bewältigung

Ähnlich wie bei einem Eisberg (Bild 2) gibt es auch in der zwischenmenschlichen Kommunikation im Team zwei Ebenen. Eine, die für jeden sichtbar ist und eine andere, die sich unter der Oberfläche im Verborgenen befindet.

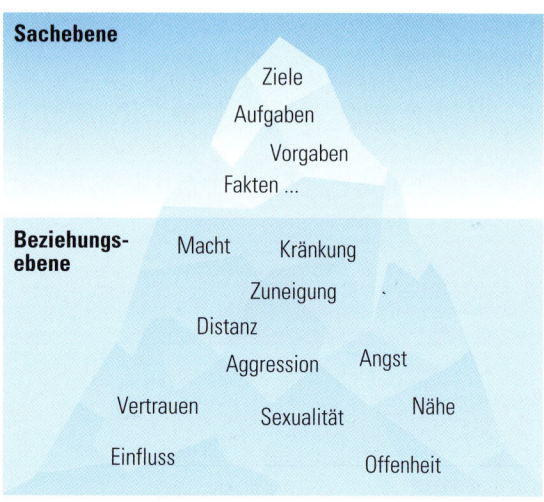

2 Eisbergmodell

Auf der **Sachebene** *(logical level)* geht es um die sachlichen Themen, Fakten, Aufgabenstellungen und Lösungsmöglichkeiten. Das Teammitglied stellt sich hier z. B. folgende Fragen:

■ Was ist unser Projektziel?
■ Was habe ich zu tun?
■ Welche Unterstützung benötige ich?
■ Wie weit ist das Projekt fortgeschritten?

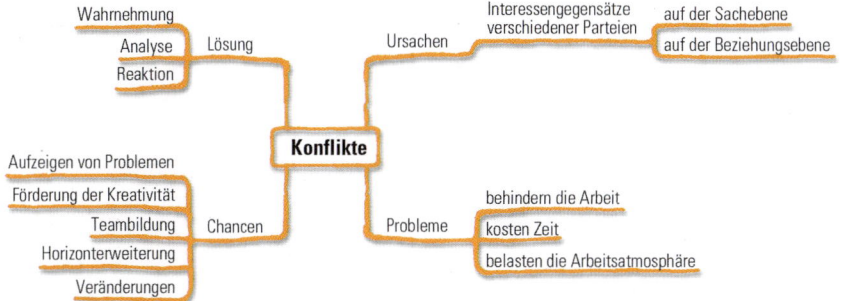

1 Probleme und Chancen von Konflikten

Auf der **Beziehungsebene** *(emotional level)* geht es um **Gefühle** *(emotions)*, persönliche Erfahrungen und Erwartungen, Hoffnungen und Ängste. Das Teammitglied hat z.B. folgende Fragen und Einstellungen:

- Was wird von mir erwartet?
- Was darf ich und was darf ich nicht?
- Wie werde ich im Team behandelt?
- Ich mag die Kollegin A nicht.
- Bei der Aufgabe habe ich Angst, dass ich versage.
- Ich freue mich darauf, mit dem Kollegen B zusammenzuarbeiten.

Beide Ebenen stehen in einer engen Wechselbeziehung. In Teams geschieht es oft, dass auf der Sachebene ein **Konflikt** *(conflict)* entsteht, dessen Ursachen eigentlich auf der Beziehungsebene liegen.

Konflikte behindern einerseits die Teamarbeit, kosten Zeit und belasten die Arbeitsatmosphäre. Andererseits sind sie jedoch der Motor für Veränderungen (Bild 1).

Der richtige Umgang mit Konflikten ist eine wichtige Voraussetzung für den Projekt- und Teamerfolg. Wo keine Auseinandersetzungen bzw. Konflikte stattfinden, gibt es auch keine Veränderung.

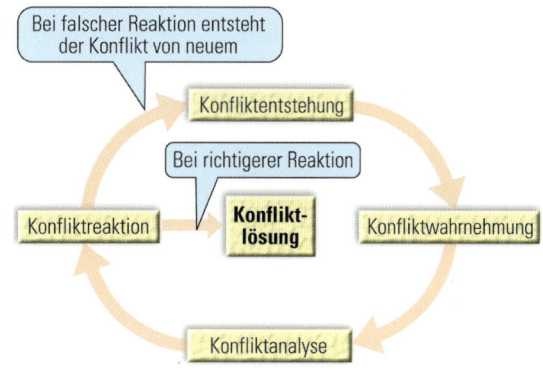

2 Konfliktschema

- je unterschiedlicher die Kenntnisse und Erfahrungen sind
- je unklarer die Rollen, Funktionen und Kompetenzen sind und
- je weniger die Projektziele definiert, bekannt und verstanden wurden

Überlegen Sie!

1. Nennen Sie Teams, in denen Sie tätig waren oder sind, bei denen Konflikte auftraten.
2. Welches sind nach Ihrer Meinung die Konfliktursachen?

Obwohl Konflikte sehr unterschiedlich verlaufen können, besitzen sie meist ein ähnliches Ablaufschema (Bild 2).

Konfliktentstehung

Bei einem Konflikt prallen die Interessen von zwei oder mehreren Parteien aufeinander. Die Parteien verfolgen ihre unterschiedlichen Interessen mit großer innerer Anteilnahme. Wut, Aggression, aber auch Angst und Enttäuschung zeigen, dass eine Lösung auf der Sachebene alleine nicht möglich ist, sondern die Beziehungsebene einzubeziehen ist (Bild 3). Die Gefahr der Konfliktentstehung *(emergence of conflicts)* im Team ist umso größer,

3 Konfliktentstehung

Projektorganisation und -planung

Konfliktwahrnehmung

Die Wahrnehmung von Konflikten *(perception of conflicts)* ist nicht immer einfach. Bevor der Konflikt offen ausbricht, ist häufig folgendes Verhalten zu beobachten:

- **Aggressivität und Feindseligkeit** *(aggressiveness and hostility)*: z. B. unfreundlicher Umgang, verbale Attacken, ironische Bemerkungen, böse Blicke usw.
- **Desinteresse** *(disinterest)*: z. B. Unaufmerksamkeit, Vermeidung von Augenkontakt, Dienst nach Vorschrift usw.
- **Ablehnung und Widerstand** *(refusal and opposition)*: z. B. ständiger Widerspruch, geringe Ansprechbarkeit, Weigerung, Aufgaben zu übernehmen, Blockieren von wichtigen Informationen, Sabotieren von Entscheidungen usw.
- **Uneinsichtigkeit und Sturheit** *(unreasonableness and stubbornness)*: z. B. rechthaberisches Verhalten, kaum Änderungsbereitschaft, keine Kompromissbereitschaft usw.
- **Flucht** *(escape)*: z. B. Abwesenheit, Bevorzugung anderer Arbeiten usw.
- **Nichteinhalten von Vereinbarungen** *(breaking of engagements)*: z. B. Unpünktlichkeit, Unzuverlässigkeit usw.

Die gesendeten Signale sind umso leichter zu interpretieren, je besser sich die Teammitglieder kennen, weil sie dann als Verhaltensänderungen leichter zu erkennen sind.

Konfliktanalyse

Um Konflikte behandeln und lösen zu können, ist eine Analyse des Konflikts *(analysis of conflict)* nötig. Dabei sollten folgende Fragestellungen beantwortet werden:

- Welche Personen sind am Konflikt beteiligt?
- Wo liegen die Ursachen des Konflikts (Sach- oder Beziehungsebene)?
- Welche Ziele verfolgen die beteiligten Parteien?
- Welche Macht- und Einflussmöglichkeiten haben die Gegner?
- Wie wichtig ist die Streitfrage?
- Wer hat den größten Gewinn, wenn der Konflikt nicht gelöst wird?

 **MERKE**

Ein Konflikt sollte nicht nur vom eigenen Standpunkt betrachtet werden. Wichtig ist es, sich in die Situationen aller beteiligten Parteien zu versetzen, um deren Motive verstehen zu können.

Konfliktreaktion

Bei Konflikten lassen sich fünf Grundmuster der Konfliktbewältigung *(conflict resolution)* beobachten (Bild 1). Immer geht es darum, die eigenen Interessen mehr oder weniger durchzusetzen. Allerdings stellt sich die Frage, welcher Preis dafür zu zahlen ist.

Flucht *(escape)* ist das einfachste und älteste Muster der Konfliktlösung. Der Konflikt wird verdrängt oder geleugnet bzw. „unter den Teppich gekehrt". Damit wird der Konflikt aber nicht

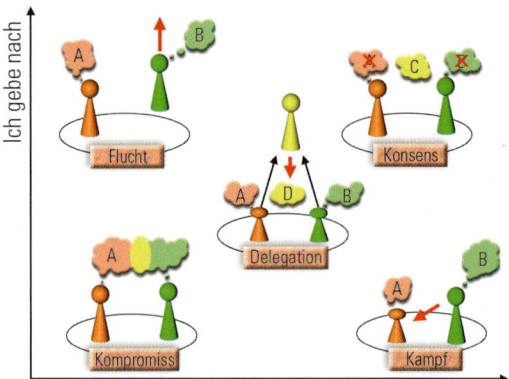

1 Typische Konfliktlösungsmöglichkeiten

gelöst. Die Ursache, die zum Konflikt geführt hat, bleibt erhalten, da eine Partei sich der Auseinandersetzung entzieht. Der Angreifende kann seine Interessen nicht durchsetzen. Der Fliehende räumt das Feld. Da der Konflikt nicht wirklich gelöst wurde, gibt es keinen Verlierer.

Kampf *(fight)* ist das Gegenteil zur Flucht. Jede der Parteien will den Konflikt für sich entscheiden. Der Gegner wird entweder vernichtet oder unterworfen. Der Konfliktgegner wird abgestempelt, zum Sündenbock gemacht, auf ein Abstellgleis gestellt oder aus dem Projekt gedrängt. Die unterlegene Partei muss die Lösung der überlegenen übernehmen.

Bei der **Delegation** *(delegation)* übertragen die Konfliktgegner die Lösung des Konflikts an eine übergeordnete Instanz (z. B. einen Vorgesetzten). Beide Parteien unterwerfen sich der durch die neutrale Stelle gefundenen Lösung. Es gibt weder Sieger noch Verlierer. So lange die neutrale Instanz anerkannt ist, ist es eine sichere und verbindliche Lösung.

Beim **Kompromiss** *(agreement)* kommen die Konfliktparteien schrittweise durch Verhandlungen zu einer Einigung. Jede Partei rückt allmählich von ihrer ursprünglichen Position ab. Das ist nur möglich, wenn beide Seiten eine Lösung durch Verhandeln anstreben. Durch den Kompromiss wird eine für beide Seiten tragbare Lösung gefunden.

Der **Konsens** *(consensus)* ist die ideale Lösung für Konflikte. Er ist die einzige Möglichkeit, Konflikte wirklich zu lösen, bei denen die Ziele der Parteien genau entgegengesetzt sind. Ein Beispiel dafür ist, wenn die Kostenstelle des Betriebs die Herstellungskosten des Produkts minimieren und die Konstruktionsabteilung dessen Qualität steigern will. Eine Konfliktlösung ist nur dann möglich, wenn beide Parteien die widersprüchlichen Ziele akzeptieren und bereit sind, sich ernsthaft mit dem anderen Standpunkt auseinanderzusetzen. Die Konfliktlösung ist ein Prozess, der beide Seiten zu einer Lösung zwingt, die sie zum Beginn des Konflikts nicht sehen. Am Ende entsteht etwas Neues, das die alten widersprüchlichen Teile in sich vereinigt. Bild 1 auf Seite 201 stellt die Vor- und Nachteile der verschiedenen Konfliktlösungsstrategien gegenüber.

Lösungsstrategie	Vorteile	Nachteile
Flucht	■ Weg des geringsten Widerstands ■ Sicherheit	■ Scheinlösung ■ Konflikte werden aufgeschoben
Kampf	■ schnelle Konfliktbewältigung ■ Abschreckung	■ Scheinlösung ■ Rachegefühle
Delegation	■ schnelle und sachliche Konfliktlösung	■ Schiedsspruch wird nicht akzeptiert
Kompromiss	■ Verhandlung ■ Interessen aller werden berücksichtigt	■ hoher Zeitaufwand ■ Gefahr der Manipulation
Konsens	■ endgültige Lösung ■ positive Wirkung	■ hohe Anforderungen an die Beteiligten ■ hoher Zeitaufwand

1 Typische Konfliktlösungsmöglichkeiten

MERKE

Der Gewinner eines Konflikts, der einen Verlierer zurück lässt, wird meist früher oder später auch zu einem Verlierer. Es ist eine Gewinner-Gewinner-Situation *(win-win situation)* anzustreben.

2.2 Sachmittelmanagement

In einem Projekt sind sehr viele, voneinander abhängige Aufgaben von verschiedenen Menschen zu unterschiedlichen Zeiten durchzuführen. Je nach Umfang des geplanten Projekts können die Aufgabenstellungen sehr umfangreich und komplex sein. Nachdem der Projektauftrag eindeutig definiert ist, wird bei der weiteren Projektplanung schrittweise vorgegangen (Bild 2). Die Planung ist dabei ein **dynamischer Prozess**, wobei oft einmal festgelegte Plandaten durch neue Erkenntnisse der nachfolgenden Planungsschritte verändert werden müssen.

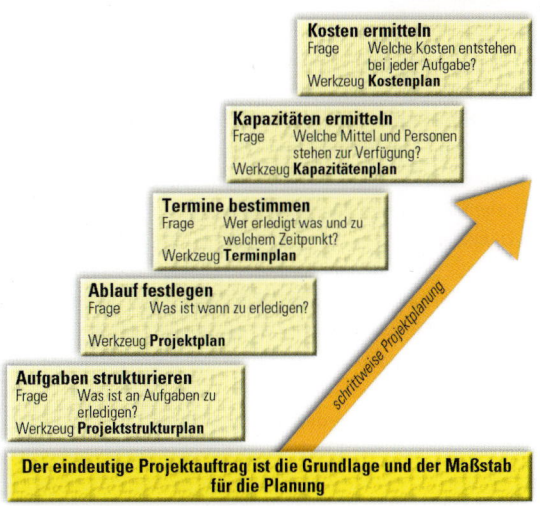

2 Schritte der Projektplanung

2.2.1 Projektstrukturplan

Zum Beginn der Planung wird das Projekt in überschaubare und abgrenzbare Aufgaben zerlegt, um einen Überblick für alle notwendigen Aktivitäten zu erhalten. Anschließend sind die gesamten Aktivitäten zu ordnen. Der **Projektstrukturplan (PSP)** *(work breakdown structure)* (Bild 3) gliedert die Aktivitäten hierarchisch in

- **Teilaufgaben** *(subtasks)*: Projektteile, die noch weiter aufgegliedert werden können und
- **Arbeitspakete** *(work packages)*: Projektteile, die nicht weiter aufgegliedert sind und die auf beliebigen Gliederungsebenen liegen können[1].

MERKE

Im Projektstrukturplan ist das **WAS** und nicht das **WIE** so genau zu beschreiben, dass die nachfolgenden Planungsschritte durchführbar sind.

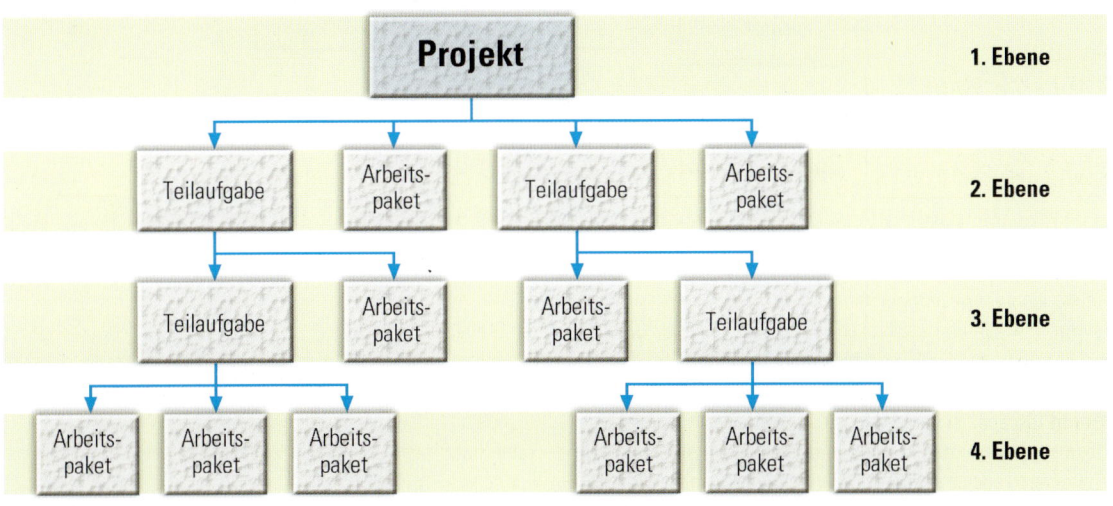

3 Projektstrukturplan

Projektstrukturpläne können objekt-, funktionsorientiert oder aus einer Mischung von Objekt- und Funktionsorientierung gegliedert werden.

Die **objektorientierte Gliederung** zerlegt den Projektgegenstand in einzelne Komponenten, Baugruppen und möglicherweise auch Einzelteile. Bild 1 zeigt einen Ausschnitt für eine objektorientierte Gliederung für die eingangs beschriebene Verpackungsmaschine. Dabei sind lediglich für die Mechanik der Teilaufgabe „Formstation" die Arbeitspakete beschrieben.

Mit der objektorientierten Gliederung wird aber nur ein Teilbereich des Gesamtprojekts erfasst. Wichtige Teile wie z.B. die Konstruktion oder die Tests der Maschine sind im Projektstrukturplan nicht enthalten.

Bei einer **funktionsorientierten Gliederung** (Seite 203 Bild 1) kann auf der zweiten Ebene nach den großen Funktionsbereichen des Betriebs strukturiert werden. So besteht im Projektstrukturplan die Möglichkeit, die Struktur der Ablauforganisation des Betriebes darzustellen.

In der Praxis gibt es oft auch Projektstrukturpläne, in denen beide Gliederungsprinzipien verwirklicht sind.

Beim Erstellen der Projektstrukturpläne gibt es zwei Möglichkeiten:

- Ausgehend von der zweiten Ebene werden die Teilaufgaben immer mehr nach unten verfeinert, bis nur noch Arbeitspakete vorliegen *(top-down)*.
- Ausgehend von der untersten Ebene werden die einzelnen Arbeitpakete bzw. Teilaufgaben nach oben hin zu größeren Teilaufgaben zusammengefasst, bis die zweite Ebene erreicht ist *(bottom-up)*.

2.2.1.1 Arbeitspakete

Die Arbeitspakete müssen so beschrieben werden, dass ihre Erfüllung anhand der Beschreibung überprüfbar ist. Ihre Beschreibung soll Auskunft auf folgende Fragen geben:

- Zu welcher Teilaufgabe gehört das Arbeitspaket?
- Welche Tätigkeiten sind durchzuführen?
- Welche Voraussetzungen müssen vorliegen?
- Wer ist für das Arbeitspaket verantwortlich?
- Zu welcher Zeit ist das Arbeitspaket abzuarbeiten?

Für das Arbeitspaket „Formstation" ist die Arbeitspaketbeschreibung im Bild 2 auf Seite 203 dargestellt.

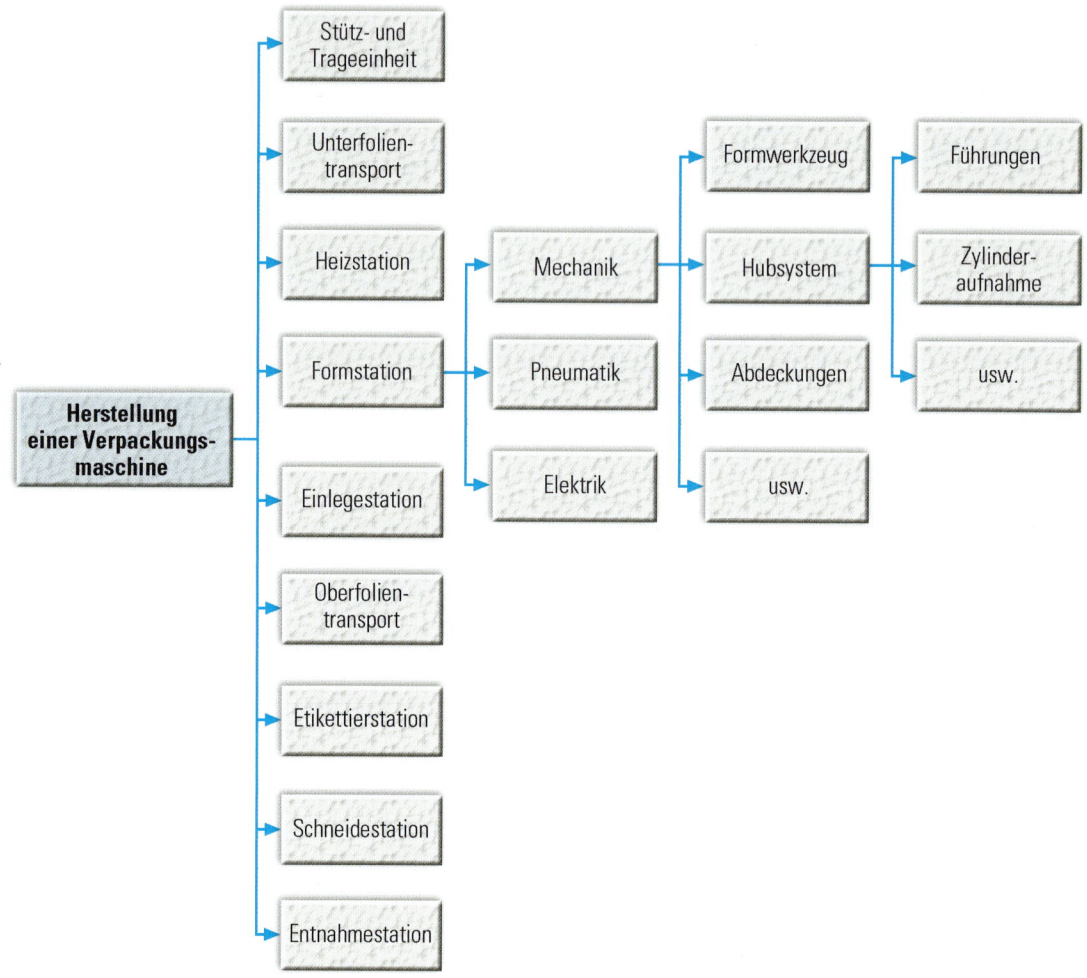

1 *Objektorientierter Projektstrukturplan für die Teilaufgabe „Hubsystem der Formstation"*

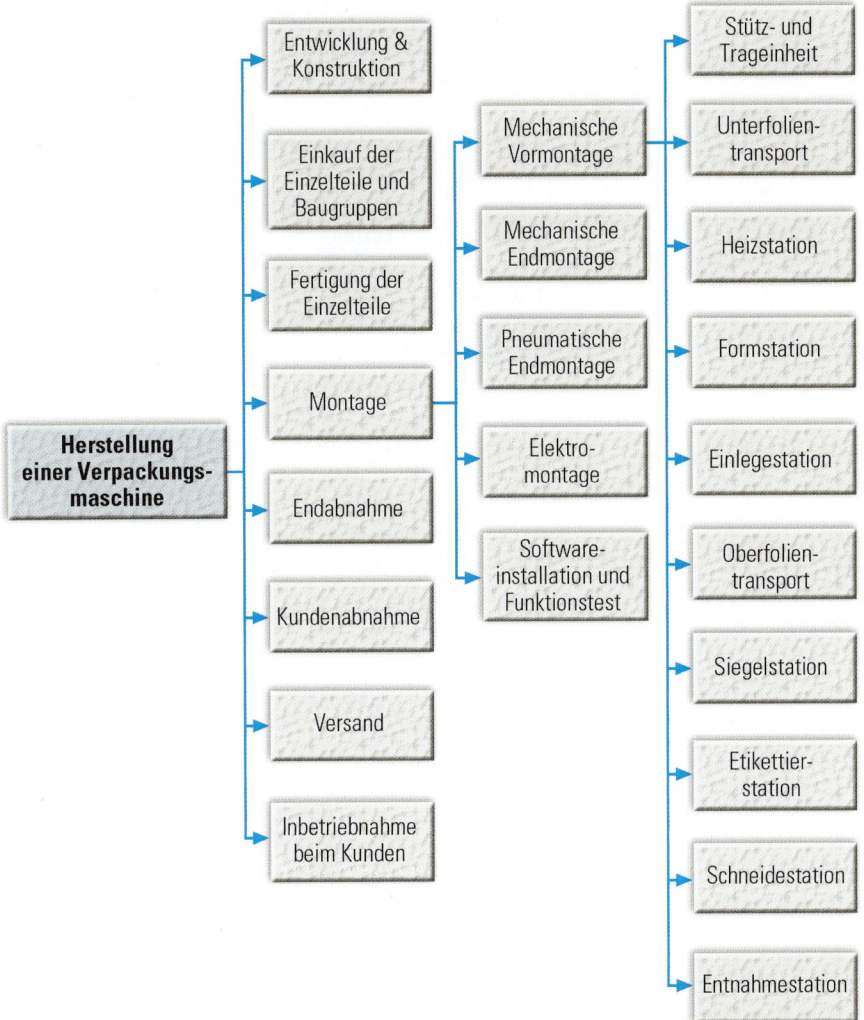

1 Funktionsorientierter Projektstrukturplan für die Teilaufgabe „mechanische Vormontage"

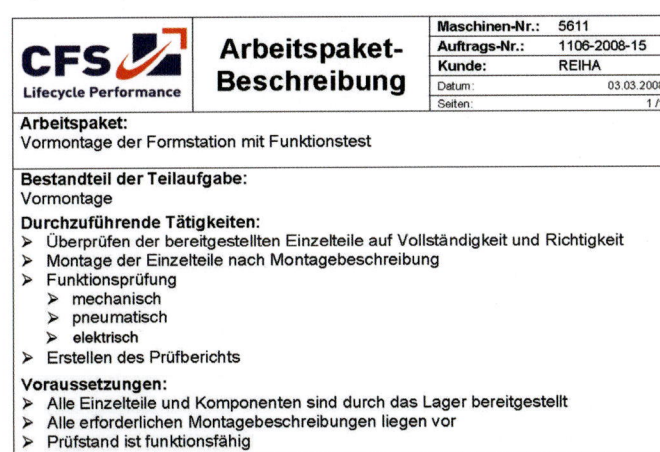

2 Beschreibung für ein Arbeitspaket

Arbeitspaket-Beschreibung

Maschinen-Nr.:	5611
Auftrags-Nr.:	1106-2008-15
Kunde:	REIHA
Datum:	03.03.2008
Seiten:	1 /1

Arbeitspaket:
Vormontage der Formstation mit Funktionstest

Bestandteil der Teilaufgabe:
Vormontage

Durchzuführende Tätigkeiten:
➢ Überprüfen der bereitgestellten Einzelteile auf Vollständigkeit und Richtigkeit
➢ Montage der Einzelteile nach Montagebeschreibung
➢ Funktionsprüfung
  ➢ mechanisch
  ➢ pneumatisch
  ➢ elektrisch
➢ Erstellen des Prüfberichts

Voraussetzungen:
➢ Alle Einzelteile und Komponenten sind durch das Lager bereitgestellt
➢ Alle erforderlichen Montagebeschreibungen liegen vor
➢ Prüfstand ist funktionsfähig

Arbeitspaketverantwortlicher:
Axel Meier

Geplante Termine:
➢ Beginn: 15.04.2008
➢ Ende: 21.04.2008

Projektorganisation und -planung

2.2.1.2 Meilensteine

Meilensteine *(milestones)* sind wichtige Ereignisse im Projektverlauf[1] und markieren den Abschluss von wichtigen Projektschritten.

Meilensteine sind meist Zwischenziele im Projekt. Erst nach dem Erreichen des jeweiligen Meilensteins ist ein weiterer Fortschritt im Projekt möglich.

CFS hat für das Projekt „Verpackungsmaschine" *(packaging machine)* die folgenden Meilensteine festgelegt:

- Auftragseingang *(incoming order)*
- Ende der ersten Projektplanung *(project planning)*
- Ende der Konstruktion *(engineering)*
- Ende der Materialbeschaffung *(material procurement)*
- Ende der Vormontage *(sub-assembly)*
- Ende der Kundenabnahme *(customer approval)* im Werk
- Ende der Inbetriebnahme *(start-up)* beim Kunden

Die Meilensteine werden terminiert. Sie unterstützen die Überwachung des Projektfortschritts. Während der Projektdurchführung ist darauf zu achten, dass die Meilensteine eingehalten werden. Da sie Ereignisse darstellen, kann eindeutig festgestellt werden, ob sie erreicht wurden oder nicht.

2.2.2 Projektablaufplan

Nachdem bestimmt wurde, welche Aufgaben zu erledigen sind, sind nun die Zeiten für die Arbeitspakete und deren Reihenfolge festzulegen. Bei der Erstellung des Projektablaufplans *(project workflow)* sind folgende Fragestellungen zu beantworten:

- Welche Zeiten sind für die einzelnen Arbeitspakete nötig?
- Welches ist die logische Reihenfolge für das Abarbeiten der Arbeitspakete?
- Welche Arbeitspakete können parallel bearbeitet werden?
- Welche Termine ergeben sich daraus?

Der **Projektplaner** *(project scheduler)* schätzt die Zeiten für die einzelnen Arbeitspakete. Diese Schätzung ist umso sicherer, je mehr Erfahrungen mit ähnlichen Projekten vorliegen.

Für das Projekt der Verpackungsmaschine sind die geschätzten Zeiten in Bild 1 dargestellt.

Die logische Reihenfolge der Arbeitspakete und der sich daraus ergebende Terminplan entstehen aus den Abhängigkeiten und geschätzten Zeiten der Arbeitspakete. So ist es z. B. nicht möglich, Baugruppen zu montieren, bevor die dafür erforderlichen Einzelteile bereit gestellt sind. Mithilfe von spezieller Software[2] lassen sich die Beziehungen der Arbeitspakete leicht herstellen und grafisch darstellen.

Im **Gantt[3]-Diagramm** *(Gantt-graph)* (Seite 205 Bild 1) ist die Projektplanung übersichtlich dargestellt, sodass die Beziehungen und Abhängigkeiten der Arbeitspakete zu erkennen sind. Die Bereitstellung der Vormontageteile ist z. B. erst dann möglich, wenn alle Einzelteile gefertigt bzw. von der Materialwirtschaft zur Verfügung gestellt sind. Daher weisen im Gantt-Diagramm auf dieses Arbeitspaket zwei Pfeile, die dessen Be-

Entwicklung und Konstruktion	
Konstruktion von Einzelteilen und Baugruppen	15 Tage
Stücklistenerstellung	3 Tage
Erstellung von technischen Unterlagen für Montage	5 Tage
Einkauf und Materialwirtschaft	
Verhandlung mit Zulieferern	7 Tage
Bestellung und Lieferung von Einzelteilen	3 Tage
Fertigung der Einzelteile	
Blechteile	7 Tage
Drehteile	4 Tage
Frästeile	5 Tage
Lager	
Bereitstellung der Endmontageteile	1 Tag
Bereitstellung der Vormontageteile	1 Tag
Montage	
Vormontage	
Stütz- und Trageinheit	3 Tage
Unterfolientransport	2 Tage
Heizstation	2 Tage
Formstation	5 Tage
Einlegestation	2 Tage
Oberfolientransport	2 Tage
Siegelstation	4 Tage
Einlegestation	1 Tag
Entnahmestation	2 Tage
Endmontage	
Mechanische Endmontage	15 Tage
Pneumatische Endmontage	5 Tage
Elektromontage	5 Tage
Softwareinstallation und -test	2 Tage
Endabnahme durch CFS	2 Tage
Kundenabnahme	
Kundenabnahme im Werk	3 Tage
Versand	
Demontage der Stationen	3 Tage
Verpackung	1 Tag
Transport zum Kunden	3 Tage
Installation beim Kunden	
Aufbau	3 Tage
Inbetriebnahme	4 Tage

1 Zeiten für die einzelnen Arbeitspakete

ginn definieren. Da die Einzelteilfertigung später als die Materialwirtschaft beendet ist, bestimmt sie den Beginn der Bereitstellung für die Vormontageteile.

Überlegen Sie!

1. Welche Arbeitspakete legen den Start für die Endmontage fest?
2. Wodurch wird der Start der pneumatischen Endmontage bestimmt?
3. Welche Gründe sprechen für die gewählten Meilensteine?

---

[1] DIN 69900   [2] z. B. MS-Projekt   [3] Henry L. Gantt, amerikanischer Ingenieur und Unternehmensberater, 1861-1919

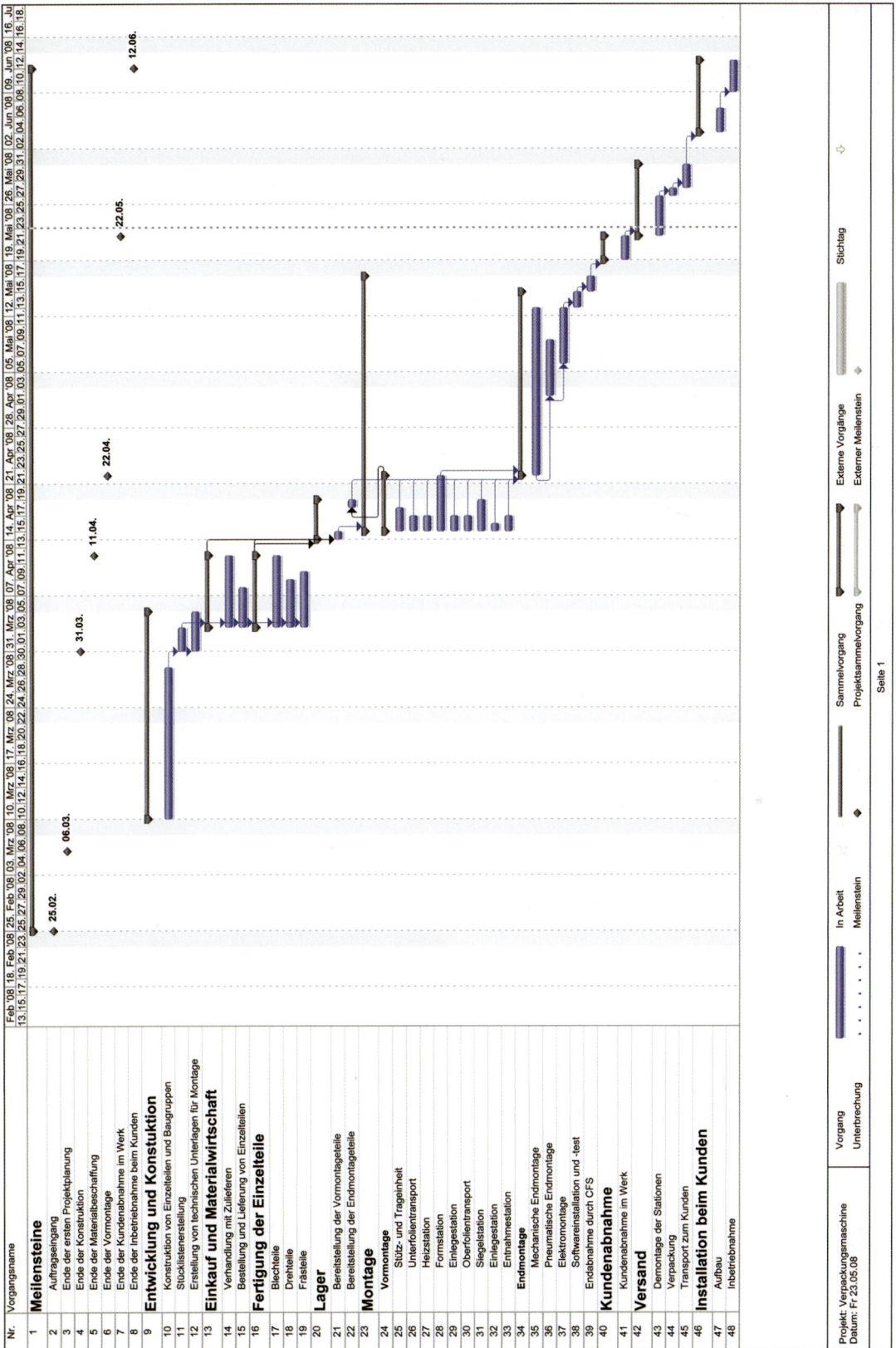

1 Projektablaufplan mit Terminen und Meilensteinen (Gantt-Diagramm)

Projektdurchführung

2.2.3 Ressourcen- und Kostenplanung

Ressourcen sind Personal und Sachmittel, die zur Durchführung von Vorgängen, Arbeitspaketen oder Projekten benötigt werden[1]. Dazu gehören:

- Personen: Mitarbeiter, Experten, Berater usw.
- Material: Werk-, Hilfs-, Rohstoffe usw.
- Ausstattung: Räume, Maschinen, Computer usw.

Damit die Arbeitspakete zu den geplanten Terminen abgeschlossen werden können, muss das Projektteam bei der **Ressourcenplanung** *(capability planning)* des Projekts folgende Schritte unternehmen:

- Ermitteln des Bedarfs
- Feststellen der Verfügbarkeit
- Beheben von Überlastungen

Nachdem die Ressourcen dem Projekt zugeteilt wurden, kann die **Kostenplanung** *(cost planning)* erfolgen. Dazu werden die Kosten für

- Personal
- Material und
- Ausstattung

für jede geplante Projektwoche ermittelt. Dadurch ist es möglich, den wöchentlichen Finanzierungsbedarf für das Projekt zu bestimmen. Wird bei der Kostenplanung festgestellt, dass der vorgegebene Kostenrahmen nicht einzuhalten ist, hat das Konsequenzen für das gesamte Sachmittelmanagement. So kann es z. B. erforderlich werden, günstigere Fertigungs- und Montagemethoden zu entwickeln oder kostengünstigere Werkstoffe bzw. Zukaufteile zu verwenden.

Ü BUNGEN

1. Welche Ziele verfolgt das Projektmanagement?

2. Worauf basiert der Erfolg einer funktionierenden Teamarbeit?

3. Unterscheiden Sie bei der Projektarbeit Sach- und Beziehungsebene.

4. Beschreiben Sie die Phasen der Teamentwicklung.

5. Nennen Sie Gründe für das Entstehen eines Konflikts.

6. Woran können Sie erkennen, dass ein Konflikt vorliegt?

7. Beschreiben und bewerten Sie Konfliktreaktionen.

8. Wozu dient der Projektstrukturplan?

9. Nach welchen Kriterien können Projektstrukturpläne gegliedert sein?

10. Erstellen Sie einen Projektstrukturplan für ein selbst gewähltes Projekt.

11. Welche Anforderungen sind an die Beschreibung eines Arbeitspakets zu stellen?

12. Wozu dienen Meilensteine bei der Projektplanung?

13. Legen Sie Meilensteine für Ihr selbst gewähltes Projekt fest.

14. Welche Aufgabe hat ein Projektablaufplan?

15. Erstellen Sie einen Projektablaufplan für Ihr selbst gewähltes Projekt.

16. Erklären Sie die Begriffe „Ressourcenplanung" und „Kostenplanung".

3 Projektdurchführung

3.1 Übernahme und Erledigung der Arbeitspakete

Die Firma CFS besitzt eine **Matrixorganisation** *(matrix organisation)* (Seite 207 Bild 1). Die verschiedenen **Abteilungen** *(departments)* sind für unterschiedliche Aufgaben zuständig. Sie besitzen die Verantwortung für ihren Fachbereich. Die **Projekte** *(projects)* werden von verschiedenen Projektteams organisiert. Die Teams besitzen die Verantwortung für das von ihnen betreute Projekt. Sie verteilen zu den entsprechenden Terminen die Arbeitspakete an die jeweiligen Fachbereiche oder Abteilungen. Jeder Projektleiter möchte sein Projekt fristgerecht abschließen und daher von den Fachabteilungen die Arbeitspakete zum vorgesehenen Zeitpunkt erledigt wissen. Oft sind die Projektleiter gegenüber den Fachabteilungen nicht weisungsbefugt. Wenn dann nicht ausreichende Ressourcen in den Fachabteilungen zur

1 Konstruktion des Werkzeugs zum Formen der Unterfolie

Verfügung stehen, kann das zu Konflikten zwischen Projekt- und Abteilungsleitung führen.

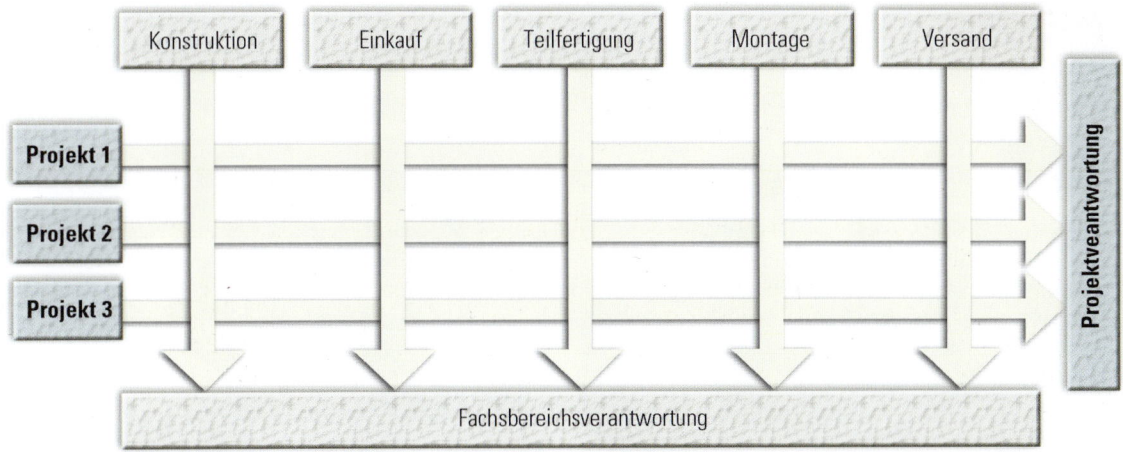

1 Matrixorganisation

Die Projektdurchführung beginnt in der **Konstruktionsabteilung** *(department of engineering)*. Hier sind alle erforderlichen Einzelteile und Baugruppen zu entwickeln, die für die Herstellung der speziellen Verpackung benötigt werden. Das betrifft vor allem die Komponenten in den Bereichen der Form-, Siegel- und Schneidstation. Deshalb verteilt der für das Arbeitspaket „Konstruktion" zuständige Konstruktionsleiter die Teilpakete „Formstation", „Siegelstation" und „Schneidstation" an verschiedene Mitarbeiter. Im Bild 1 auf Seite 206 modellierte eine Konstrukteurin am CAD-System das Werkzeug zum Formen der Unterfolie.

In der Konstruktionsabteilung stehen genügend Ressourcen bereit, um den vom Projektmanagement gesetzten Meilenstein einhalten zu können. Alle Einzelteile und Baugruppen sind konstruiert, die Stücklisten erstellt und die technischen Unterlagen für den Kunden und die Montagefachkräfte fertiggestellt. Von der Konstruktionsleitung bekommt das Projektteam die Information, dass das von ihr übernommene Arbeitspaket erledigt ist.

Damit stehen **Einkauf und Materialwirtschaft** *(purchasing and materials logistics)* alle erforderlichen Informationen zur Bestellung der speziellen Einzel- und Normteile dieser Maschine zur Verfügung. Hier wird entschieden, ob es sich um Kaufteile oder Fertigungsteile handelt. Alle benötigten Teile und Baugruppen werden bestellt bzw. deren Fertigung wird veranlasst. Gleichzeitig werden die Liefertermine überwacht und wenn nötig angemahnt (Bild 2). Die Firma CFS stellt nicht alle Fertigungsteile im eigenen Haus her. Bauteile, die alle Verpackungsmaschinen dieses Typs benötigen, werden teilweise von Zulieferern bezogen. Das erfordert wegen der Vereinbarungen, die mit den Lieferanten zu treffen sind, eine entsprechende Vorlaufzeit. Mit den Zulieferern ist dabei mindestens zu vereinbaren:

■ wie die technischen Ausführungen erfolgen
■ wodurch die Qualitätssicherung gewährleistet ist
■ welche Menge zu welchen Terminen zu liefern ist
■ welche Preise zu welchen Terminen zu zahlen sind.

2 Mitarbeiter der Abteilung Einkauf mahnt pünkliche Lieferung an

3 Schweißkonstruktion zur Aufnahme der Unterfolienrolle

Ein Beispiel für außer Haus gefertigte Komponenten ist die Schweißkonstruktion für die Aufnahme der Unterfolienrolle (Bild 3).

Die **Fertigungsabteilung** *(production shop)* erhält von der Materialwirtschaft die Aufträge über die Teile, die im eigenen Haus herzustellen sind. Für die Verpackungsmaschine sind vorrangig Blech-, Fräs- und Drehteile herzustellen. Die erforderlichen Materialien mit den dazu gehörenden Aufträgen werden bereitgestellt. Für das Formen der Unterfolie werden z. B. zwei Werkzeuge aus Aluminium benötigt.

Projektdurchführung

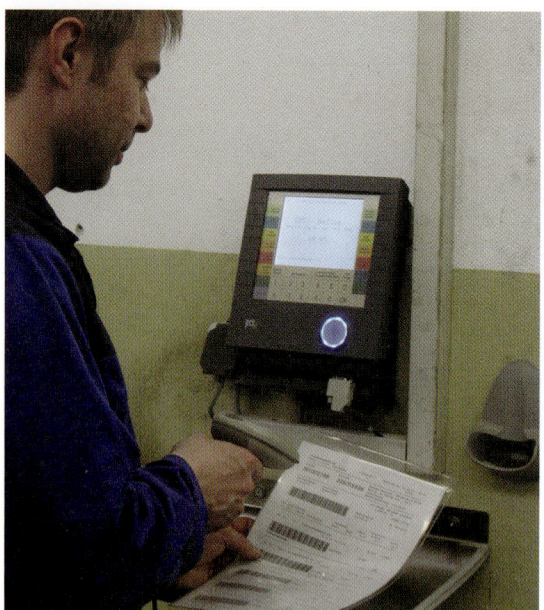

1 Scannen des Auftrags für das Fräsen der Werkzeuge zum Formen der Unterfolie

2 Hubeinrichtung für Formstation

Der Maschinenbediener erhält die Rohlinge und den Auftrag. Bevor er mit dem Rüsten der Fräsmaschine beginnt, scannt er den Barcode auf dem Auftrag ein (Bild 1). Damit wird der Beginn der Auftragsbearbeitung erfasst. Die nun anfallenden Arbeits- und Maschinenzeiten werden auf den gescannten Auftrag gebucht. Nach dem Fräsen der zwei Werkzeuge wird der gleiche Barcode erneut gescannt und damit dokumentiert, dass der Auftrag abgeschlossen ist.

So werden ständig die **anfallenden Kosten** erfasst, die das Projektteam mit den **geplanten** vergleicht. Dieser Soll- und Istwert-Vergleich ist nötig, um frühzeitig Fehlentwicklungen zu erkennen und entsprechende Steuerungsmaßnahmen einzuleiten. Ebenso wie die Werkzeuge zum Formen der Unterfolie werden alle anderen Fräs-, Dreh- und Blechteile dem Teilelager zugeführt.

Das **Teilelager** *(parts store)* befindet sich in der Montagehalle. Die Mitarbeiter stellen zunächst alle Fertigungs- und Kaufteile, die für die Vormontagen der einzelnen Stationen benötigt werden, stationsspezifisch zusammen. Mithilfe von Transportwagen befördern sie die Einzelteile zu den Vormontagestationen.

Auch in der **Montageabteilung** *(assembly department)* erfolgt die projektspezifische Zeiterfassung durch Einscannen des Montageauftrags. Für die Vormontage der verschiedenen Stationen sind unterschiedliche Fachkräfte verantwortlich. Beispielsweise sind für die Formstation die Hubeinrichtung (Bild 2) und der Formatsatz (Bild 3) vorzumontieren. Der Formatsatz besteht im Wesentlichen aus den Werkzeugen zum Formen der Unterfolie. Während der spezifische Formatsatz im Haus montiert wird, kann die Hubeinrichtung, die für alle Formstationen gleich ist, als komplette Baugruppe von einem Lieferanten bezogen werden.

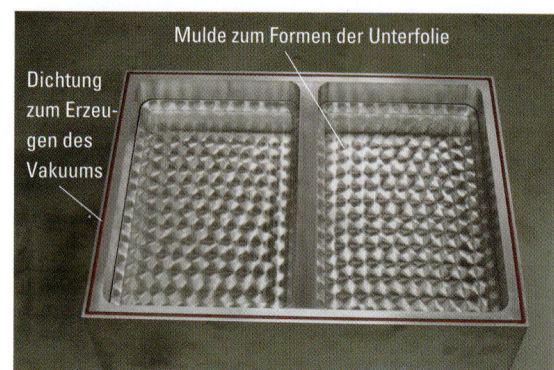

Mulde zum Formen der Unterfolie

Dichtung zum Erzeugen des Vakuums

3 Formatsatz für Formstation

Zu einem späteren Zeitpunkt, wenn die Vormontagen fast abgeschlossen sind, werden im Teilelager die noch fehlenden Teile für die **Endmontage** *(final assembly)* zur Verfügung gestellt. Neben den Baugruppen- und Gesamtzeichnungen stehen den Fachkräften **Montageanweisungen** *(assembly instructions)* als Arbeitsunterlagen zur Verfügung. Die Bilder auf den Seiten 209 und 210 zeigen Auszüge der Montageanweisung für die Endmontage des Hubtischs.

Die Montageanweisungen sollen

- der Fachkraft die Montage erleichtern
- gewährleisten, dass der Montageprozess – unabhängig von der jeweiligen Fachkraft – immer auf die gleiche Weise erfolgt
- sicherstellen, dass die Montagequalität möglichst gleich bleibt.
- spezielles Fachwissen dokumentieren und auf Dauer bereitstellen
- für neue Fachkräfte die Einarbeitungszeit verkürzen

	Montageanweisung Einbau Hubsystem Formstation	
Gültigkeitsbereich: Mechanik	**Dokumenten-Nr.:**	MAW-0014
Erstellt: Frank Grebe	**Datei-Name:**	MAW-0014.doc
Datum: 25.01.2008	**Version:**	1.0

Dokumenten-Information:

Bezeichnung der Montageanweisung	Montageanweisung zum Einbau des Hubsystems in die Formstation einer PowerPak^{NT}.	
Montageanweisung Nr.	MAW-0014	
Gültigkeitsbereich	Mechanik	
Ersetzt Version	n/a	
Status	Freigegeben	

Grebe

1 Freigabe

	Name	Titel oder Bereich	Unterschrift	Datum
Dokumenten Genehmigung				
Erstellt	F. Grebe	TQM	Im Original unterschrieben	25.01.2008
Geprüft	H. Schad	QMT	Im Original unterschrieben	25.01.2008
Freigegeben	A. Möller	PE	Im Original unterschrieben	25.01.2008

2 Inhaltsverzeichnis:

1 Anweisung für die Endmontage des Hubtischs (Auszug Seite 1)

CFS Lifecycle Performance	**Montageanweisung Einbau Hubsystem Formstation**	
Gültigkeitsbereich:	Mechanik	Dokumenten-Nr.:	MAW-0014
Erstellt:	Frank Grebe	Datei-Name:	MAW-0014.doc
Datum:	25.01.2008	Version:	1.0

4.3 Benötigte Schutzausrüstung

Neben der am Arbeitsplatz vorgeschriebenen Schutzausrüstung wird folgende, zusätzliche Schutzausrüstung für die Montage der in dieser Anweisung beschriebenen Baugruppe benötigt:

Nr.	Schutzausrüstung
1)	PSA Krane

5   Montage

1. Ösen **A** einschrauben und Anschlagmittel einhängen (Abb. 1).
2. 4 Befestigungsklötze **B** so ausrichten, dass die Klemmschrauben nach innen zeigen (Abb. 1).
3. Hubsystem mit Kran an Maschine fahren (Abb. 2).
4. Mit Hilfe einer zweiten Person das Hubsystem in Rahmen der Formstation einlassen.
5. Ausrichtung des Hubsystems kontrollieren und ggf. korrigieren (Abb. 3).
6. Anschlagmittel und Ösen entfernen.
7. Entsprechend dem Format „grob" einstellen (Abb. 4).

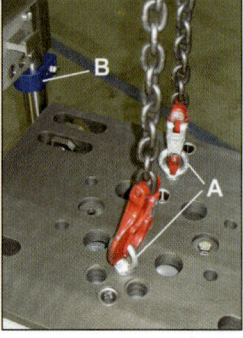

Abb. 1

Abb. 2

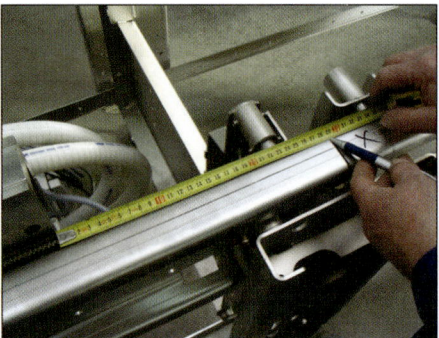

Abb. 3

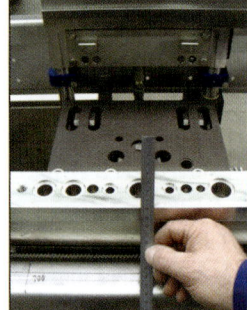

Abb. 4

6   Prüfen der Montage

Die ordnungsgemäße Montage wird im nächsten Montageschritt kontrolliert.

1 Anweisung für die Endmontage des Hubtischs (Auszug Seite 3)

Projektdurchführung

3.2 Projektüberwachung und -steuerung

Während der Projektdurchführung *(project execution)* überwacht das Projektteam vorrangig
■ die Entwicklung der Projektkosten und
■ das Einhalten der geplanten Meilensteine

Es stellt sich dabei immer wieder die gleichen Fragen:
■ Sind wir noch termingerecht?
■ Sind wir noch kostentreu?
■ Stimmen die bisherigen Ergebnisse mit den Zielvorgaben überein?
■ Müssen Maßnahmen ergriffen werden, um die Zielvorgaben zu erreichen?

Das Projektteam informiert sich ständig über den Fortschritt der Arbeitspakete und die Kostenentwicklung. Das geschieht durch
■ die Rückmeldungen aus den Fachabteilungen
■ die Analyse der Arbeitszeiten, die auf die Arbeitspakete gebucht wurden
■ die Kontrolle der Kosten für eingegangene Lieferungen und externe Dienstleistungen
■ Besprechungen mit den Abteilungsleitungen
■ Besuche vor Ort und Gespräche mit den Mitarbeitern

MERKE

Die Projektüberwachung und -steuerung stützt sich auf definierte Informations- und Kommunikationsprozesse, die von allen Beteiligten eingehalten werden.

Wenn die Arbeitspakete zu dem geplanten Termin abgeschlossen sind, steht einer fristgerechten Lieferung nichts entgegen. Dies ist aber leider nicht immer der Fall. Denn oft stehen die erforderlichen Ressourcen nicht in vollem Ausmaß zur Verfügung, weil sie durch andere Projekte ausgelastet sind. Dann muss vom Projektteam oder von den Leitungen der Fachabteilungen steuernd eingegriffen werden. Um die Ressourcen zu erhöhen, stehen verschiedene Möglichkeiten zur Verfügung.

Aufträge an Zulieferfirmen *(orders to ancillary companies)*

Da in der Dreherei ein Engpass aufgetreten ist, werden die für das Projekt benötigten Drehteile bei einer Lohndreherei in Auftrag gegeben. Diese Entscheidung trifft die Leitung der jeweiligen Fertigungsabteilung. Bei drei Firmen werden Angebote für die benötigten Drehteile eingeholt. Jedoch nur zwei Firmen ist es möglich, fristgerecht zu liefern. Da beide Firmen aufgrund der bisherigen Erfahrungen die geforderte Qualität liefern können, erhält die preisgünstigere den Zuschlag. Somit wird das Rohmaterial mit den Einzelteilzeichnungen von der Firma CFS zur Lohndreherei transportiert, die die fertigen Drehteile innerhalb von drei Tagen liefert.

Arbeitszeitkonto *(working hours account)*

In vielen Firmen gibt es Arbeitszeitkonten, um die Auftragsschwankungen ausgleichen zu können. Geschäftsleitung und Betriebsrat vereinbaren, dass die Mitarbeiter bei sehr guter Auftragslage Mehrarbeit auf ihr Arbeitszeitkonto ansparen. Verschlechtert sich die Auftragslage, werden die Mehrarbeitsstunden abgebaut. So kann z. B. das persönliche Arbeitszeitkonto ±40 Arbeitsstunden betragen.

Überstunden *(overtime)*

Bei der Blechteilfertigung sind die Ressourcen ausgelastet, weil eine dringende Reparatur eine größere Anzahl von Blechteilen erfordert. Die Arbeitszeitkonten der Mitarbeiter sind gefüllt. Eine externe Blechbearbeitung ist kurzfristig nicht möglich, sodass für die Mitarbeiter der Blechbearbeitung Überstunden angeordnet werden müssen. Dazu ist die Zustimmung des Betriebsrats erforderlich. Da die Überstunden mit einem Zuschlag bezahlt werden, verteuern sich nun die zu fertigenden Blechteile. Das wird jedoch in Kauf genommen, weil dadurch der Liefertermin gehalten werden kann.

Zeit- bzw. Leiharbeiter *(temporary workers or daywage men)*

Wenn alle betrieblichen Mitarbeiter ausgelastet sind, jedoch die anstehenden Arbeiten (z. B. Montage) in der Firma zu erledigen sind, werden oft Zeit- bzw. Leiharbeiter eingesetzt. Sie sind nicht bei der Firma angestellt, bei der sie arbeiten, sondern bei einer Zeit- bzw. Leiharbeitsfirma, die sie gegen Bezahlung ausleiht.

MERKE

Ressourcen können kurzfristig erhöht werden durch
■ Aufträge an Zulieferfirmen
■ Arbeitszeitkonten
■ Überstunden und
■ Zeit- bzw. Leiharbeiter

Wenn Meilensteine nicht zum geplanten Zeitpunkt erreicht werden, die Ergebnisse nicht in der gewünschten Qualität vorliegen oder der Kunde Änderungswünsche hat, sind Eingriffe in den Projektablauf erforderlich. Sowohl die Planung als auch die Durchführung sind davon betroffen. Vereinfacht stellt das einen Regelkreis dar (Bild 1).

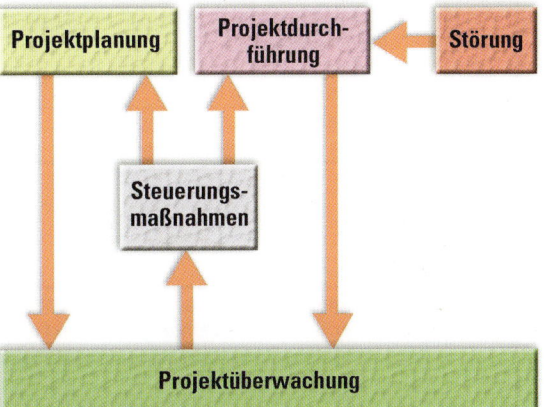

1 Projektmanagement als Regelkreis

3.3 Qualitätsmanagement

Jeder Mitarbeiter ist für die Qualität seiner Arbeit bzw. des von ihm hergestellten Produkts verantwortlich *(quality management)*. So bescheinigt die Fachkraft beispielsweise, dass sie alle in der Arbeitsanweisung aufgeführten Tätigkeiten durchgeführt hat (Bild 1). Dieses Protokoll wird wie alle anderen Dokumente im **Projektordner** abgeheftet, der bei der Firma CFS verbleibt. Auf diese Weise ist auch nach Auslieferung der Verpackungsmaschine nachzuvollziehen, wer welche Arbeiten erledigt hat und auf welche Ursachen eventuelle Störungen zurückzuführen sind.

Für die Qualität der zugelieferten Baugruppen (z. B. Hubeinrichtung für Formstation) ist der Zulieferer verantwortlich. Er verpflichtet sich in der **Qualitätssicherungsvereinbarung** *(quality supply agreement)* mit CFS, dass er alle Vorschriften eingehalten und die entsprechenden Funktionstests durchgeführt hat. Ist die Funktion nicht gewährleistet, beseitigt der Zulieferer auf seine Kosten den Mangel.

Baugruppen, die die Firma CFS herstellt und montiert, werden so früh wie möglich einem Funktionstest unterzogen. Dadurch werden mögliche Funktionsstörungen früh erkannt und die Kosten für die Fehlerbehebung möglichst gering gehalten. An besonderen Prüfständen erfolgen diese Tests.

Bei der Vakuumprüfung des Formwerkzeugs (Seite 213 Bild 1) prüft die Fachkraft z. B. dessen Dichtigkeit. Dabei evakuiert sie die Luft aus dem Formwerkzeug auf einem absoluten Druck von unter 10 mbar. Wenn danach innerhalb von 15 Sekunden der Druck um nicht mehr als 5 mbar steigt, ist das Werkzeug in Ordnung. Ansonsten sind die Dichtungen bzw. deren Klebungen zu überprüfen.

Die Heizstation zum Erwärmen der Unterfolie wird zum einen auf ihre elektrischen Eigenschaften getestet (Seite 213 Bild 2). Weiterhin wird mit einer Wärmebildkamera die Temperaturverteilung an der Heizstation überprüft. Bei jeder der Prüfungen werden Protokolle (Seite 213 Bild 3 und Seite 214 Bild 1) erstellt, die wie alle anderen Dokumente auch im Projektordner für die spezielle Maschine abgeheftet werden. Würden die Funktionsstörungen erst nach der Endmontage erkannt, wären deren Behebungen wesentlich schwieriger und somit auch kostenintensiver.

CFS

Lifecycle Performance

Pre Delivery Inspection Checklist
Abnahme Checkliste

Type: **PowerPak**[NT]		Created by:	Frank Grebe	Version:	2008-03-07

Machine No. / Maschinen-Nr.	1M	5611	Customer / Kunde	1M	REIHA
Order number / Auftrags-Nr.	1M	1106-2008-15	Country / Land	1M	Deutschland

5.2.2.	**Forming Station**
	Formstation

	Checkpoints / *Kontrollpunkte*	F-ID	Check according to: *Geprüft nach:*	Criterion accept? *Kriterium erfüllt?* Yes	No	Inspector *Prüfer*
1.	Lifting system – check easy adjustability and parallelism to frame *Hubsystem – auf leichte Verstellbarkeit und Parallelität zum Rahmen prüfen*	2M	MAW-0014	✗	○	*Mü*
2.	Lifting system – adjust attenuator *Hubsystem – Dämpfer einstellen*	2M	MAW-0143	✗	○	*Mü*
.						
.						
.						
10.	Testing function of swivel device motors *Motore der Schwenkvorrichtung auf Funktion prüfen*	2M	MAW-0075	✗	○	*Mü*
11.	Testing function and easy adjustability of the tensioning shaft *Spannwelle auf Funktion und leichte Verstellbarkeit prüfen*	2M	MAW-0258	✗	○	*Mü*

1 *Bestätigung der durchgeführten Montagearbeiten (Auszug)*

	Remarks	Inspector

2 *Prüfung der Heizstation*

MERKE

Je früher eine Funktionsstörung erkannt wird, desto geringer sind die Kosten zu deren Beseitigung.

1 *Prüfung der Formwerkzeuge auf Dichtigkeit*

```
***  Pruefprotokoll  ***                 16.04.2008/14:39 Uhr
======================================================================
=
Artikelnummer : Sonder_400_3_N_P
Produktgruppe : Sonder
Artikelbezeichnung : Sonder Heizung 3/N/PE

  1 Sichtprüfung des Prüflings! Sind alle Verbindungen korrekt verdrahtet und kontaktiert?
PE-Anschlüsse einzeln und gekennzeichnet? Keine Verunreinigungen, wie z.B. Späne
oder Flüssigkeiten?
  2 Schutzleiterprüfung_1     Rmin = 0.010 Ohm Rmax = 0.200 Ohm
  3 Schutzleiterprüfung_2     Rmin = 0.010 Ohm Rmax = 0.200 Ohm
  4 Isolationsprüfschritt     Rmin =    1.00 MOhm  Rmax = -------- MOhm
  5 Funktionstest           Imin(1)= 0.00A  Imin(2)= 0.00A  Imin(3)= 0.00A
                   Imax(1)=20.00A  Imax(2)=20.00A  Imax(3)=20.00A
  6 Wurde die Temperatur des Fühlers angezeigt?
----------------------------------------------------------------------
Auftragsnummer : 1106-2008-15
Geprüft am 16.04.2008 durch 743
   3000062919              Heiz.f Td
             16.04.2008    14:38:36 Uhr
      1 Ja
      2  0.019 Ohm
      3  0.095 Ohm
      4    2.99 MOhm
      5 6.91  A list(1)
       6.83  A list(2)
       7.01  A list(3)
```

3 *Prüfprotokoll für Heizstation (Elektrik)*

Wärmebilder
Heizplatte

Masch.-Nr.:	5611	Auftrags-Nr.:	1106-2008-15	Kunde:	REIHA
Format:	2.1	Vorzug:	310 mm	Datei-Name:	Waermebild.doc

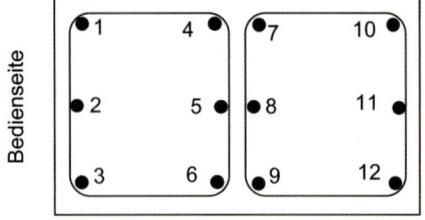

Laufrichtung

Mess-punkt	Wert [°C]	Mess-punkt	Wert [°C]	Mess-punkt	Wert [°C]	Mess-punkt	Wert [°C]
1	142,8	4	150,4	7	149,6	10	142,6
2	145,6	5	152,5	8	152,4	11	145,9
3	143,1	6	149,4	9	149,2	12	144,0

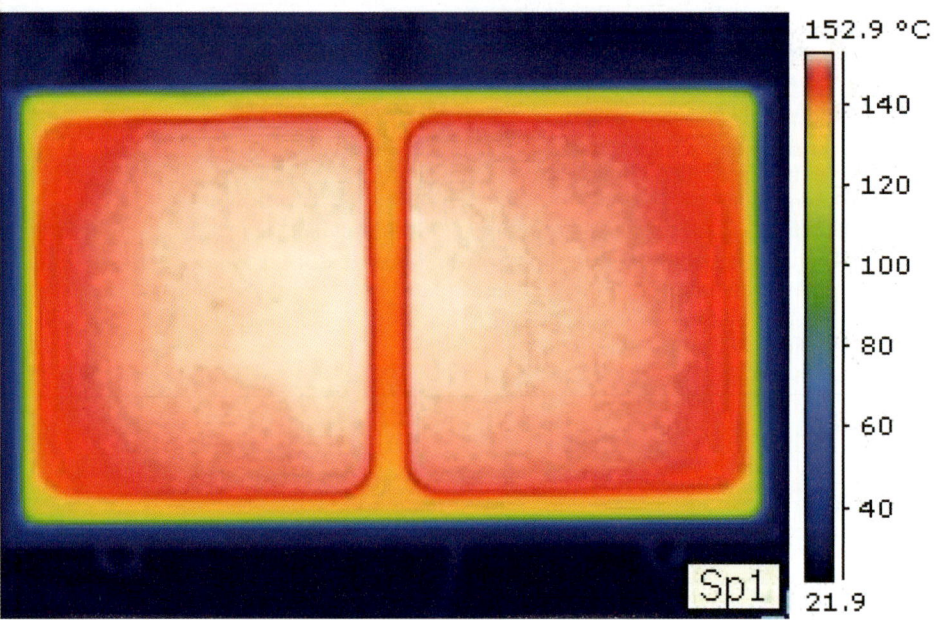

1 *Prüfprotokoll für Heizstation (Temperaturverteilung)*

ÜBUNGEN

1. Beschreiben Sie die Kennzeichen einer Matrixorganisation.

2. Nennen und beschreiben Sie die Aufgaben der Abteilungen, die in Ihrer Firma bei der Durchführung eines neuen Projekts beteiligt sind.

3. Beschreiben Sie Aufgaben von Montageanweisungen?

4. Worauf achtet die Projektüberwachung und -steuerung?

5. Beschreiben Sie Maßnahmen, durch die die Ressourcen erhöht werden können.

6. Warum und wo werden Funktionsprüfungen schon vor der Endmontage durchgeführt?

4 Projektabschluss

Wenn die einzelnen Baugruppen während der Endmontage zu einem Gesamtsystem montiert und steuerungstechnisch miteinander verkettet sind, beginnt der Test der Gesamtfunktion.

4.1 Endabnahme

In dieser Phase wird zunächst vom Endmontageteam, das aus Industriemechanikern und Elektronikern besteht, das Zusammenspiel der einzelnen Stationen getestet und optimiert.

4.1.1 Abnahme durch den Hersteller

In dieser Zeit führen die Fachkräfte eine Sichtkontrolle durch und testen alle Funktionen der Maschine. Die Ergebnisse der Tests werden dokumentiert. Im Bild 1 sind die Tests für die Formstation aufgeführt, die der Mitarbeiter durchführen und dokumentieren muss.

Die Grundsoftware, die an allen Maschinen des gleichen Typs verwendet wird, ist an die speziellen Bedingungen der jeweiligen Maschine anzupassen. Die Verpackungen werden ohne Inhalt hergestellt und das Gesamtsystem wird optimiert. Das Ziel des **Optimierungsprozesses** *(optimization process)* (vgl. Lernfeld 15) ist erreicht, wenn die vorgeschriebene Anzahl der Verpackungen pro Stunde erreicht bzw. überschritten ist und die Form und das Aussehen der Verpackung den gestellten Anforderungen entsprechen.

4.1.2 Abnahme durch den Kunden

Ist die Abnahme durch den Hersteller erfolgreich verlaufen, kommt der Kunde ins Werk und überzeugt sich von der Funktionsfähigkeit der Anlage. Er bringt das zu verpackende Produkt in entsprechendem Umfang mit, um die Tests unter möglichst realen Bedingungen durchführen zu können. Jetzt wird auch mit den Folien gearbeitet, die der Kunde

2 *Originalverpackte Ware des Kunden*

	5.4.2.	**Forming Station** *Formstation*				

		Checkpoints *Kontrollpunkte*	**F-ID**	**Check according to:** *Geprüft nach:*	**Criterion accept?** *Kriterium erfüllt?* Yes | No	**Inspector** *Prüfer*
1.	Lifting system *Hubsystem*	Testing function *Funktion prüfen*	1E	MAW-2512	⊘ ◯	*Ka.*
		Adjust proximity switch *Voreinstellung Näherungsschalter*	1E	MAW-2536	⊘ ◯	*Ka.*
2.	Bottom film end *UFO Ende*	Brake *Bremse*	1E	MAW-2545	⊘ ◯	*Ka.*
		Advance notice *Voranzeige*	1E	MAW-2518	⊘ ◯	*Ka.*
		Cylinder *Belastungszylinder*	1E	MAW-2563	⊘ ◯	*Ka.*
3.	Heating - heating zone classification, text *Heizung - Heizzonenzuordnung, Texte*		1E	MAW-2515	⊘ ◯	*Ka.*
4.	Lifting adjustment *Hubhöhenverstellung*		1E	MAW-2528	⊘ ◯	*Ka.*
5.	Valve formstation - function, succession *Ventile Formstation - Funktion, Reihenfolge*		1E	MAW-2581	⊘ ◯	*Ka.*
6.	Jumbo reel *Großrolle*		1E	MAW-2545	⊘ ◯	*Ka.*

1 *Checkliste für die Formstation*

Projektabschluss

im seinem Haus einsetzt, sodass nun Originalverpackungen mit Inhalt entstehen (Seite 215 Bild 2).

Der Kunde ist zufrieden, wenn

- die im Pflichtenheft vereinbarte Verpackungsleistung in einem Dauertest von acht Stunden erreicht oder überschritten wird
- die Form der Verpackung seinen Ansprüchen genügt
- die Restfoliendicke im Bereich starker Verformung nicht zu dünn wird
- die Schweiß- bzw. Siegelnähte die gewünschte Festigkeit besitzen
- die Sicherheit der Anlage gewährleistet ist

Entspricht z. B. die Siegelnaht von Ober- und Unterfolie nicht den gestellten Forderungen, wird die Anlage im Beisein des Kunden optimiert. Alle mit dem Kunden durchgeführten Tests werden dokumentiert und im Projektordner abgeheftet. Im Bild 1 ist das Protokoll vom Testen der Siegelnaht dargestellt.

4.1.3 Installation beim Kunden

Der Spediteur liefert die Anlage in Einzelsegmenten beim Kunden an. Meist übernehmen ein bis zwei Monteure die Installation *(installing)* beim Kunden. Sie richten die Maschine aus und bauen die Einzelsegmente zusammen. Der Kunde stellt die im Vertrag vereinbarten Anschlüsse für Elektrik, Druckluft und Vakuum zur Verfügung. Nachdem die Anlage mit den Anschlüssen verbunden ist, erfolgt die Einweisung des Bedienungspersonals, das Optimieren der Maschine und der Dauertest.

Obwohl die Maschine schon vom Kunden beim Hersteller abgenommen wurde, können beim Kunden Probleme auftreten, die

"Prüfungstyp"	"Schälen, Reißen und Reibung"
"Methodenname:"	"c:\SFT\Reiha.mtG"
"Name:"	"Packgut: Salami"
"Prüfer"	"Grebe"
"Firma:"	"Reiha"
"Abteilung:"	"TQM"
"Prüfdatum:"	"18.04.2008"
"Temperatur:"	"20 °C"
"Anmerkung 1:"	"Siegeltemp. 155 °C; Siegelzeit 1,5 s"
"Geometrie:"	"180° schälen"

Prüfling	Probe am Prüfling	Test Nr.	"Durchschnittswert N"
1	1	"1"	3,08
1	2	"2"	2,75
1	3	"3"	2,97
1	4	"4"	2,63
2	1	"5"	3,18
2	2	"6"	2,69
2	3	"7"	3,00
2	4	"8"	3,06
3	1	"9"	3,01
3	2	"10"	2,68
3	3	"11"	3,23
3	4	"12"	2,89
4	1	"13"	2,95
4	2	"14"	2,96
4	3	"15"	3,03
4	4	"16"	2,58
5	1	"17"	3,07
5	2	"18"	3,00
5	3	"19"	3,20
5	4	"20"	2,93
6	1	"21"	3,06
6	2	"22"	2,70
6	3	"23"	3,37
6	4	"24"	3,33
7	1	"25"	3,49
7	2	"26"	2,30
7	3	"27"	3,32
7	4	"28"	3,03
8	1	"29"	2,87
		"30"	2,84

1 *Protokoll zum Siegelnahttest (Auszug)*

beim Hersteller nicht vorlagen. So ergab sich bei der Firma REIHA ein Problem mit der Taktleistung der Maschine. Als Ursache erkannten die Monteure, dass die taktweisen Bewegungen, die von Pneumatikzylindern eingeleitet wurden, zu langsam waren. Ursache dafür war die zu geringe Druckluftleistung der Versorgungsleitung. Da der Luftverbrauch beim Takten nicht ausreicht, aber zwischen den Takten weniger Luft benötigt wird, machen die Monteure den Vorschlag, einen Druckluftspeicher in die Maschine einzubauen.

Der Kunde möchte möglichst schnell auf der Maschine produzieren und sieht ein, dass er für das Problem verantwortlich ist. Daher stimmt er dem Vorschlag der Monteure zu und ist bereit, die Mehrkosten für den Druckluftspeicher und dessen Montage zu tragen.

Die Monteure müssen alle Punkte der Installations-Checkliste abarbeiten und als durchgeführt abzeichnen. Wenn der Kunde

die Maschine abgenommen und das Übergabeprotokoll (Bild 1) unterzeichnet hat, ist die Übergabe an den Kunden erfolgt. Ab diesem Zeitpunkt beginnt die Gewährleistung bzw. eine darüber hinausgehende Garantieleistung des Herstellers (vergl. Lernfeld 12).

4.1.4 Dokumentationen

Nach Abschluss des Projekts liegen eine Menge Dokumentationen *(documentation)* vor, die der Hersteller zum Teil auch dem Kunden aushändigt (Seite 218 Bild 1). Der Anteil der Dokumentationen, die auf Datenträger gespeichert sind, nimmt ständig zu. Der Kunde erhält z. B. die Bedienungsanleitung sowohl in Papierform als auch auf CD.

Lifecycle Performance

Übergabeprotokoll

Zu unserem Auftrag Nr. 1106-2008-15

Kunde : REIHA   Übergebender: CFS Germany
Straße : Musterweg 7   Name: GREBE
Ort : 12345 Musterdorf

Machinetyp & Nummer : PP NT 5611
Projekt nr. : /
Baujahr : 2008

Eingewiesene Personen : Herr Meier, Frau Müller

Datum Empfang Machine : 30.05.2008
Anfang Installierung : 04.06.2008

Eingefahrene Formate : 3.2
Taktleistung : 11 TAKTE/MIN.
Erstellte Programme : 1
Produkte : SALAMI

CFS hat die Maschine ordnungsgemäß aufgestellt und installiert. Der Kunde erkennt die Maschine als in jeder Hinsicht vertragsgemäß an. Die Funktion der Maschine wurde eingehend geprüft.

1 *Übergabeprotokoll (Auszug)*

Projektabschluss

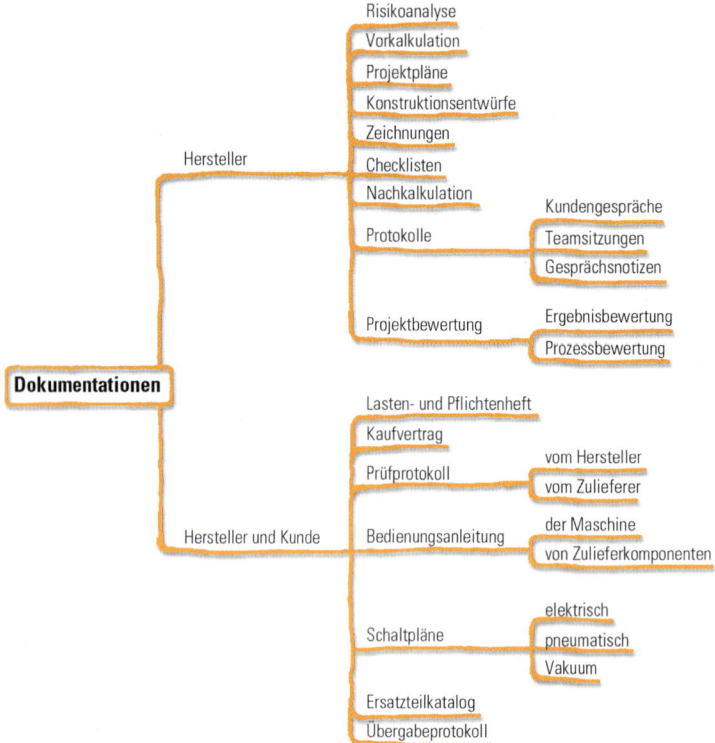

Risikoanalyse
Vorkalkulation
Projektpläne
Konstruktionsentwürfe
Zeichnungen
Checklisten
Nachkalkulation
Hersteller
Protokolle
Kundengespräche
Teamsitzungen
Gesprächsnotizen
Projektbewertung
Ergebnisbewertung
Prozessbewertung

Dokumentationen

Lasten- und Pflichtenheft
Kaufvertrag
Prüfprotokoll
vom Hersteller
vom Zulieferer
Hersteller und Kunde
Bedienungsanleitung
der Maschine
von Zulieferkomponenten

Schaltpläne
elektrisch
pneumatisch
Vakuum
Ersatzteilkatalog
Übergabeprotokoll

1 Dokumentationen

4.2 Projektbewertung

Nach dem Projektabschluss sollte eine systematische Projektbewertung (Projektevaluation/*project evaluation*) erfolgen, um daraus für die nächsten Projekte die entsprechenden Konsequenzen zu ziehen. In der Praxis gibt es oft Gründe, die das be- oder verhindern. So ist z. B. oft keine oder zu wenig Zeit dafür da, weil die Mitarbeiter schon im nächsten Projekt eingebunden sind. Trotzdem sollte das Projektmanagement sich die Zeit für die Evaluation nehmen. Denn die Fremd- und Eigenbewertung sind die Grundlage für Veränderungen, Verbesserungen und Standardisierung von Prozessen.

> **MERKE**
>
> Die **Evaluation** *(evaluation)* des Projektverlaufs ist die Basis für Veränderungen und Grundlage eines lernenden Systems.

Bei der Bewertung des Projekts wird nicht nur das Sachergebnis mit den Zielvorgaben verglichen, sondern es wird auch der Projektprozess analysiert.

4.2.1 Ergebnisbewertung

Spätestens in der Projektabschlusssitzung sind die im Bild 1 auf Seite 219 dargestellten Fragestellungen zu beantworteten und

in einem **Projektabschlussbericht** *(final project report)* festzuhalten.

Um die Fragestellungen beantworten zu können, ist eine entsprechende Datenbasis erforderlich. Dazu stehen die Daten zur Verfügung, die während der Projektabwicklung entstanden sind. Die **Technologie** *(technology)* (Leistungsfähigkeit der Maschine) wurde während der Installation beim Kunden getestet und ermittelt. Sie wird mit den im Pflichtenheft definierten Werten verglichen, sodass eine eindeutige Bewertung vorgenommen werden kann.

Den für die Herstellung der Maschine entstandene **Kosten** *(costs)* stehen die geplanten gegenüber. Da der Verkaufspreis um den Gewinn über den geplanten Kosten liegt, ist der finanzielle Erfolg oder Misserfolg des Projekts einfach zu ermitteln.

Bei den **Terminen** *(dates)* sind die Soll- und Istwerte ebenfalls leicht gegenüberzustellen und Aussagen über die Termintreue zu treffen.

Die Daten, die nicht während des Projekts dokumentiert wurden, können z. B. mithilfe von Interviews und Fragebögen erfasst werden. Die Befragung (Seite 219 Bild 2) soll die **Kundenzufriedenheit** *(customer satisfaction)* mit dem Projektverlauf und -ergebnis ermitteln. Das Profildiagramm (Seite 220 Bild 1) stellt die Ergebnisse übersichtlich dar.

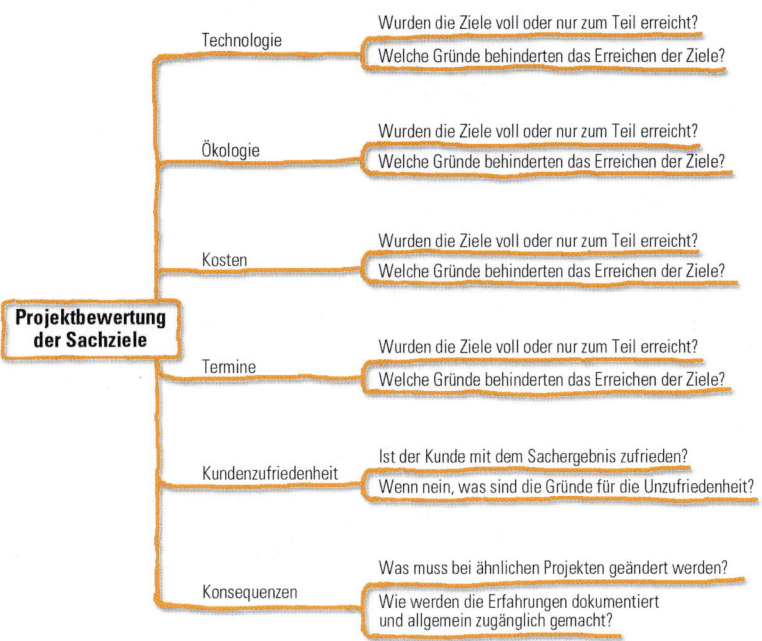

1 Bewertung der Sachziele

Customer Service Survey

CFS

Sales	Excellent	Good	Fair	Poor	Very poor
Consulting on application and CFS product :	○	✓	○	○	○
Quality and speed of quotation :	✓	○	○	○	○
Identification of your requirements :	○	✓	○	○	○
Customer-friendly approach :	○	✓	○	○	○

Delivery	Excellent	Good	Fair	Poor	Very poor
Delivery of materials according to order confirmation :	○	✓	○	○	○
Quality of materials according to data sheet :	○	✓	○	○	○
Installation and commissioning :	✓	○	○	○	○

Equipment	Excellent	Good	Fair	Poor	Very poor
Equipment performance :	○	✓	○	○	○
Cleaning and hygiene :	✓	○	○	○	○
Equipment safety :	○	✓	○	○	○
User friendliness :	✓	○	○	○	○
Maintainability :	✓	○	○	○	○
Quality of documentation and manuals :	○	✓	○	○	○
Quality of final product :	○	✓	○	○	○

Service	Excellent	Good	Fair	Poor	Very poor
Availability of contact person :	○	○	○	○	○
Operational training :	✓	○	○	○	○
Product knowledge/ professionalism :	✓	○	○	○	○
Response time :	✓	○	○	○	○
Field service support :	✓	○	○	○	○
Preventive maintenance from CFS :	○	✓	○	○	○
Spare parts support :	○	✓	○	○	○
Quality of support :	○	✓	○	○	○

2 Kundenbefragung (Auszug)

hervorragend. Vielen Dank

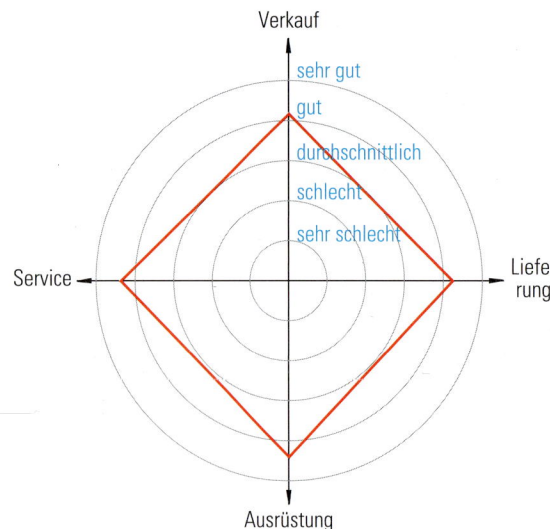

1 *Auswertung der Kundenbefragung als Profildiagramm*

4.2.2 Prozessbewertung

Mithilfe von Mitarbeiterbefragungen kann ermittelt werden,

- wie die Fachabteilungen die Projektdurchführung unterstützten
- welche Umstände die Projektdurchführung erschwerten
- wie das Klima im Projektteam war
- wo die Organisation verbessert werden könnte

Die Rückmeldungen zum Prozess und das ständige Bestreben des Herstellers, die Projektabwicklung zu optimieren und zu standardisieren, führten zur Entwicklung und Anwendung des **V-Modells** (Bild 2).

Danach definiert der Kunde zunächst seine Erwartungen (Lastenheft). Daraufhin legt der Lieferant die erforderlichen Funktionen und einen Lösungsvorschlag vor. Bevor das Konzept als Pflichtenheft dem Kunden vorgelegt wird, erfolgt eine Risikoabwägung, die sich auf die Preisgestaltung auswirken kann. Während der Montage- und Installationsphase wird ständig überprüft, ob die konstruktiven Vorgaben umgesetzt wurden. Bei der Endabnahme testet CFS alle geforderten Funktionen. Während der Inbetriebnahme beim Kunden wird gemeinsam mit dem Kunden die Leistungsfähigkeit des Systems überprüft.

Ü B U N G E N

1. Wie erfolgt in Ihrem Betrieb die Endabnahme?

2. Welche Protokolle und Dokumentationen entstehen bei der Projektabwicklung?

3. Beschreiben Sie die Bedeutung des Übergabeprotokolls.

4. Aus welchen Gründen werden Projektbewertungen vorgenommen?

5. Unterscheiden Sie Ergebnis- und Prozessbewertung.

6. Entwickeln Sie einen Fragebogen zur Kundenbefragung zu dem von Ihnen selbst gewählten Produkt.

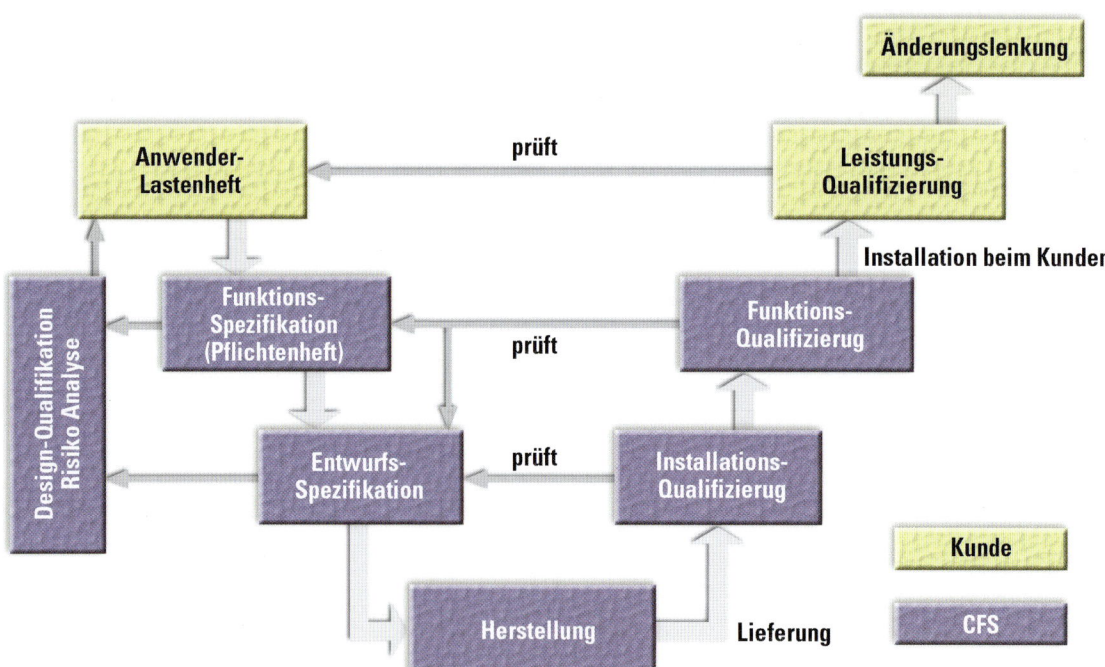

2 *Überprüfung während der Projektdurchführung (V-Modell)*

5 A Documentation Report

This documentation report is an original, official document prepared by a group of experts in this subject for English-speaking customers. First an overview shows the main items of this plant and secondly the working principle is given. (See also chapter 1.2 p. 192).

Documentation Report
Powerpak

I. General Information

1.1 General Description of Equipment:

Tiromat Powerpak belong to the category of form-, filling and seal machines.
Tiromat Powerpak is a Thermoformer

Overview:

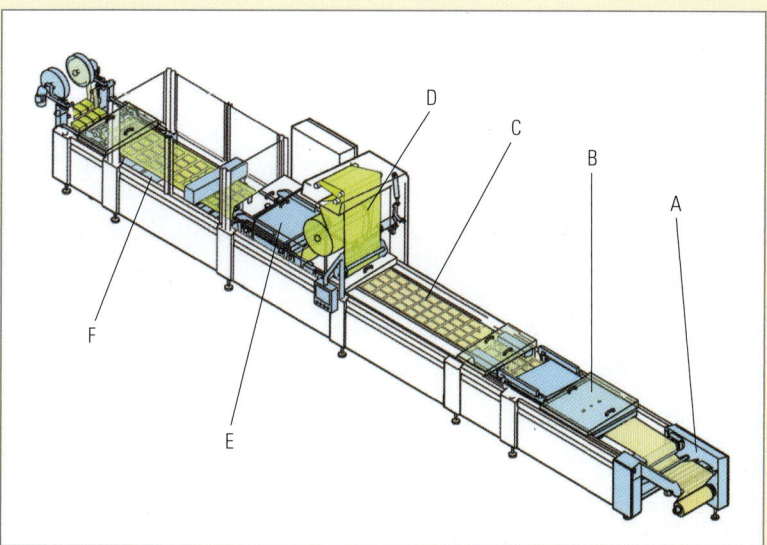

Main items	A Bottom film in-feed	E Sealung station with sealing system
	B Forming station with heating and forming system	F Cutting area with cross and longitudinal cutting devices and product out-feed
	C Loading area	
	D Top film unwind	

A Documentation Report

Working principle

Within the machine, from the bottom film in-feed system to the cutting area, the following main functions are identified. These functions represent the working of the machine.

Bottom film infeed system
- holds the bottom film reel;
- fixes the bottom film in axial direction;
- clips on and pulls the bottom film with steady tension towards the forming station.

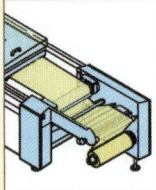

Top film unwind system
- holds the topfilm reel;
- fixes the top film in axial direction;
- pulls the top film with a steady tension towards the sealing system.

Forming station
- heats the bottom film up to a selected (programmed) temperature;
- forms, in one single cycle, a certain number of packages;
- allows the formed packages to cool down.

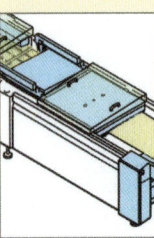

Sealing station
- removes air from the tray;
- fills in protective gas for the product;
- seals the packages with the top film.

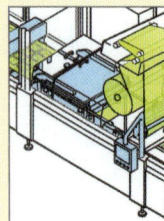

Loading area
- punches holes along both sides of the bottom-film to create a vacuum or to allow the protective gas to be filled in;
- is provided with a facility to install an automatic loading station;
- gives acces to fill the packages manually.

Cutting area
- cuts the web of packages in length and cross direction into single product units;
- removes the film waste from the machine.

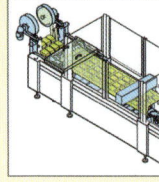

Assignments:

Have a look at the 'General Information'.
1. What is the name of the complete plant?
2. To which category does this machine belong?

Now answer questions on the 'Overview'.
3. Below the drawing you will find 'Main items' A-F. Please match these terms with the German expressions, 1-6, given in the box below. The translations are given by the manufacturer.

  1. Einlegstation
  2. Oberfolienabwicklung
  3. Evakuier- und Siegelstation
  4. Unterfolieneinführung
  5. Heiz- und Formstation
  6. Schneidestation mit Quer- und Längsschneidvorrichtungen sowie Entnahmestation

4. Look at the drawing of the plant and find out what kind of 'Former' it is. This word also appears on this page.

Finally look at the 'Working principle'.

5. The translations below relate to the titles 'Bottom film in-feed system', 'Forming station' and' Loading area' but the range is mixed. Please find the correct arrangements and write the result, as well as the translation of the titles, into your exercise book.

- ermöglicht die Installation einer automatischen Einlegestation
- spannt die Unterfolie unter Zug in Richtung Formstation
- ermöglicht eine Abkühlung der Formpackungen
- hält die Unterfolienspule
- stanzt Löcher zu beiden Seiten der Unterfolie, um ein Vakuum bzw. die Zuführung von Schutzgas zu ermöglichen
- erhitzt die Unterfolie auf Richttemperatur
- ermöglicht die Packungen manuell zu füllen
- formt in einem Arbeitsgang eine festgelegte Anzahl von Packungen
- befestigt die Unterfolie in axialer Richtung

6. Now there are the remaining 3 figures with titles, 'Top film unwind system', 'Sealing station' and 'Cutting area'. Translate the sentences beside the titles by using your English-German voc.list.
7. Why has the bottom film to be heated?
8. Why are punches necessary on both sides of the bottom film?
9. What additional advantage does the loading area have?
10. Why is it important to remove air from the tray? (also see p. 192).
11. Why is it essential to remove the film waste from the machine?
12. Create a mind-map of this 'Thermoformer' and fill in the main items as well as the main function of each.

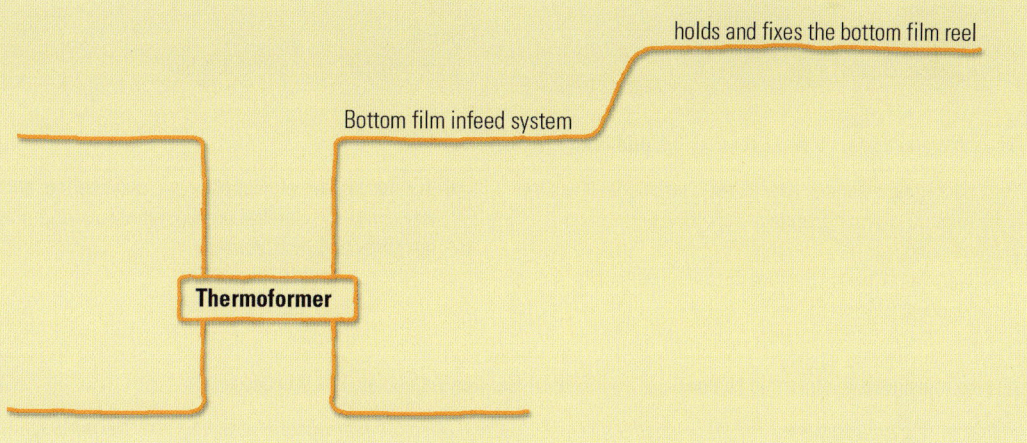

holds and fixes the bottom film reel

Bottom film infeed system

Thermoformer

Work With Words

In future you may have to talk, listen or read technical English. Very often it will happen that you either **do not understand** a word or **do not know the translation**.

In this case here is some help for you!!!

Below you will find a few possibilities to describe or explain a word you don't know or use opposites[1] or synonyms[2].
Write the results into your exercise book.

1. **Add as many examples** to the following terms as you can find for different types of stations and managements.

station:	heating station	management:	project management
	forming station		staff management

2. **Explain the two terms in the box:**
   Use the words below to form correct sentences. Be careful the range is mixed!

purchasing:	of buying /the act/something/ It is	temporary worker:	for only a short time/in a particular situation/that works/It's a person/

3. **Find the opposites[1]:**

principal:		loading area:	
specifications:		project planning:	

4. **Find synonyms[2]:**
   You can find two synonyms to each term in the box below.

department:		order:	
costs:		graph:	
rate, office, charge, area		plan, diagram, arrangement, table	

5. In each group there is a word which is the **odd man[3]**. Which one is it?

   a) packaging machine, logical level, emotional level,
   b) forming, storming, project workflow, performing, norming,
   c) work breakdown structure, installing, subtasks, work packages,

   d) incoming order, project planning, engineering, ancillary company, material procurement, sub-assembly, customer approval, start-up,

6. Please translate the information below. Use your English-German Vocabulary List if necessary.

   In a cutting area packages are cut in length and cross direction. Also the film waste is removed from the machine.

15

Lernfeld 15:
Optimieren von technischen Systemen

Der Erfolg eines Unternehmens hängt nicht zuletzt von dem Wissen seiner Mitarbeiterinnen und Mitarbeiter ab. Auch wenn die Produkte, Abläufe und die Zusammenarbeit in einem Betrieb von hoher Qualität sind, kann doch immer etwas verbessert werden, um im Marktvergleich „eine Nasenlänge" weiter vorn zu sein.

Die Ideen aller Betriebsangehörigen können und sollen dazu beitragen, Gutes noch besser zu machen.

Das **Ideenmanagement** ermöglicht dies und unterstützt die Einreicher von Verbesserungsvorschlägen, sodass ihre großen und kleinen Ideen in Form von Verbesserungsvorschlägen aufgenommen, geprüft und möglichst umgesetzt werden.

Eine Idee ist nicht mehr und vor allem nicht weniger als eine neue Kombination bereits bekannter Elemente.

Mit kreativen Ideen kann viel verbessert werden:

- Geschäftsprozesse
- Arbeitsplätze bezüglich der Arbeits-aufgaben, -methoden, -organisation, -qualität und Arbeitsbedingungen
- Produktqualität
- Wirtschaftlichkeit
- Dienstleistungsqualität
- Arbeits-, Gesundheits- und Umwelt-schutz

„Ich bin ein guter Schwamm, denn ich sauge Ideen auf und mache sie dann nutzbar.

Die meisten Ideen gehörten ursprüng-lich anderen Leuten, die sich nicht die Mühe gemacht haben, sie weiterzuent-wickeln."

THOMAS ALVA EDISON (1847 – 1931); amerikanischer Erfinder

„Wenn es besser werden soll, muss es anders werden. Wenn es anders wird, wird es deshalb nicht unbedingt besser."

„Besser" wird es nur dann, wenn sich die Ideen auch umsetzen lassen – „machbar" sind – und zu einer tatsäch-lichen Verbesserung führen.

Obiges Bild macht jedoch deutlich, dass jeder Eingriff in ein funktionierendes System ungeahnte Folgen haben kann und dass deshalb möglichst **alle** Folgen eines Eingriffs bedacht werden müssen. Meist steht daher am Anfang eine gründliche Analyse des störungsfrei arbeitenden Systems, der Produktions-abläufe und der **Arbeitsorganisation** am Ort der Veränderung.

Wichtig ist, dass die Analyse, der Ver-besserungsvorschlag und alle Vorgänge, die zur endgültigen Entscheidung ge-führt haben, dokumentiert und vom **Wissensmanagement** des Betriebs verwaltet werden.

1 Optimierung eines störungsfrei arbeitenden Systems

Eingriffe in ein störungsfrei arbeitendes System können nur nach sorgfältiger Planung und nach Abstimmung mit allen zuständigen Abteilungen vorgenommen werden. Ziel einer Veränderung ist es, einen Prozess zu optimieren. Allgemein wird Optimierung *(optimization)* als eine Verbesserung *(improvement)* eines Vorgangs, eines Zustands oder als die „beste Lösung" unter den gegebenen Umständen verstanden. Die Verbesserung kann sich z. B. auf folgende Aspekte beziehen:

- **Verbesserung der Wirtschaftlichkeit** *(economy)* (Kostenersparnis) durch:
  - Produktivitätssteigerung
  - Verringerung der Anzahl der Mitarbeiter
  - Einsatz neuer Technologien, Werkstoffe und Maschinen
  - Senkung der Ausfallzeiten von Mitarbeitern und Maschinen
  - Fehlervermeidung
- **Qualitätsverbesserung** *(quality improvement)* des Produkts durch:
  - den Einsatz neuer Werkstoffe und Hilfsstoffe
  - konstruktive Änderungen
  - ergonomische Gestaltung (siehe Kap. 1.2)
- **Verbesserung der Arbeitsbedingungen** *(working conditions)* **und -abläufe** durch:
  - ergonomische Gestaltung
  - umweltspezifische Untersuchungen
  - Verwendung von Hilfsmitteln und Vorrichtungen
  - Schulung, Fortbildung und Qualifizierung der Mitarbeiter
  - übersichtliche, gut lesbare Arbeitsanweisungen
- **Stärkung der Identifikation** *(strengthening of identification)* der Mitarbeiter mit dem Produkt, mit dem Betrieb z. B. durch:
  - Weiterbildungsangebote
  - ein betriebseigenes Vorschlagswesen mit Prämien
  - flexible Arbeitszeitgestaltung
  - einen Betriebskindergarten
  - Prämien, Gewinnbeteiligung

Eine Optimierung gilt dann als gelungen, wenn nicht nur ein Aspekt, sondern mehrere Aspekte verbessert werden. Eine Verbesserung kann auch andere Aspekte negativ oder positiv beeinflussen. Produktivitätssteigung kann zu zusätzlichen Belastungen der Mitarbeiter führen. Kostenersparnis kann die Entlassung von Mitarbeitern zur Folge haben. Fehlervermeidung senkt die Reparaturkosten. Die Verwendung von Vorrichtungen und Hilfsmitteln kann die körperliche Belastung senken usw.

MERKE

Eine Optimierung wird als die beste Lösung unter den gegebenen Umständen verstanden.

Überlegen Sie!

1. Auf welche Aspekte kann eine Optimierung Einfluss nehmen?
2. Welche Nebenwirkungen kann eine Optimierung haben?

1.1 Beschreibung des Systems

Ist eine Verbesserung an einem technischen System geplant, so ist zunächst das **störungsfrei arbeitende System** als Gesamtheit zu betrachten. Das in Kapitel 2 beschriebene Projekt stammt aus der Endmontage von Gabelhubwagen *(fork lift trucks)* aus Baugruppen und Einzelteilen (Bilder 1 bis Bild 3).

1 Gabelhubwagen

2 Einzelteile

3 Baugruppen

Ein **technisches System** *(technical system)* ist nach außen abgegrenzt und erfüllt im Inneren seine Funktion zwischen Eingang und Ausgang (siehe Lernfeld 3).

Zunächst muss die Gesamtaufgabe, die von einem störungsfrei arbeitenden System gelöst wird, betrachtet werden. Erst danach kann über einen Eingriff in das System und dessen mögliche Folgen entschieden werden.

Je komplizierter ein technisches System ist, desto schwieriger ist dessen Optimierung. Bevor in einem Systemteil eine Veränderung, eine Optimierung ausgeführt werden kann, ist deren Einfluss auf das Gesamtsystem genau zu untersuchen. Handelt es sich, wie in dem folgenden Beispiel um eine Montage, so muss der Einfluss auf das Montagesystem untersucht werden. Bei der Montage werden grundsätzliche drei Arten unterschieden:

Die **Einzelplatzmontage** *(individual place mounting)*: Hier montiert die Fachkraft eine Baugruppe oder ein Gerät unabhängig von der Fertigung, der Vormontage oder der folgenden Montage (Bild 1). Montiert werden Kleinserien, die in Zwischenlager oder Ersatzteillager kommen. Eine Optimierung kann hier ohne direkte Einwirkung auf weitere Montagen vorgenommen werden. Andere Arbeitsplätze sind nicht direkt betroffen bzw. die Auswirkung auf andere Arbeitsplätze kann im Einzelfall von der Arbeitsvorbereitung berücksichtigt werden.

Die **Reihenmontage** *(series mounting)*: Hier montieren die Fachkräfte an speziellen Arbeitsplätzen Baugruppen bzw. bauen diese in Geräte ein. Es besteht keine direkte zeitliche Abstimmung mit den anderen Arbeitsplätzen in der Reihe. Jeder arbeitet nach seinen speziellen Taktvorgaben. Der unterschiedliche Zeitbedarf der einzelnen Takte wird jeweils durch einen Puffer aufgefangen. Puffer (Bild 2) sind Zwischenlager, die dem Zeitausgleich zwischen den einzelnen Arbeitsplätzen dienen. Eine Optimierung muss hier mit dem Takt- und Puffersystem der Reihe abgestimmt werden.

Die **Fließmontage** *(continuous mounting)*: Hier montieren die Fachkräfte in einer Linie (Bild 3). Die Linie besteht aus einzelnen Arbeitsplätzen, die alle die gleiche Taktzeit haben. Das zu montierende Gerät wird jeweils zum Taktende an den nachfolgenden Arbeitsplatz weitergegeben. Diese Form der Montage ist effektiv und wirtschaftlich. Sie stellt aber höchste Anforderungen an die Teilebeschaffung, die Lagerhaltung, die Arbeitsvorbereitung und an die Einhaltung aller Fertigungs- und Durchlaufzeiten. Die Optimierung innerhalb eines Takts in einer Linie kann die gesamte Umstrukturierung der Linie zu Folge haben. Sie muss sorgfältig geplant werden.

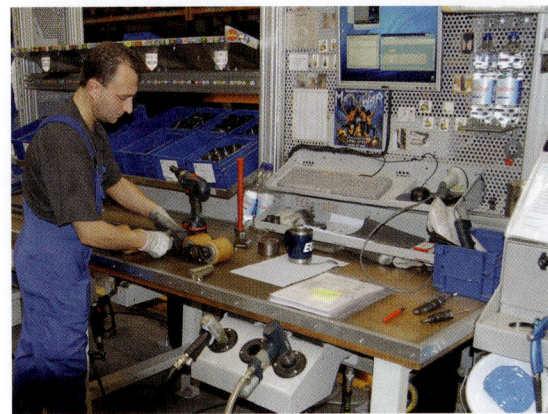

1 *Einzelplatzmontage*

2 *Puffer zum Zeitausgleich bei der Reihenmontage*

3 *Fließmontage*

Arbeitsorganisation

Zur Beschreibung eines störungsfrei arbeitenden Systems gehört die Arbeitsorganisation *(work plan)*. Sie beschreibt:

- die einzelne Handlung einer Fachkraft
- den Ablauf der Arbeitsgänge eines Takts
- oder übergeordnet die Folge der Takte in der Linie.

Die Arbeitsorganisation umfasst sowohl die Aufnahme des Ist-Zustands als auch die Beschreibung der Veränderung durch die Optimierung. Dazu muss der bisherige Zustand analysiert werden, damit die vorgeschlagene Optimierung – der Verbesserungsvorschlag – deutlich wird. Der Verbesserungsvorschlag muss neben der **Beschreibung** *(job specification)* der beobachteten Situation einen konkreten **Lösungsvorschlag** *(suggested solution)* enthalten. Darin wird z.B. der verbesserte Handlungsablauf und die neue Arbeitsorganisation am Arbeitsplatz der Fachkraft beschrieben.

MERKE

Die Beschreibung der Arbeitsorganisation zeigt den Unterschied zwischen Ist-Zustand und Veränderung.

Die Arbeitsorganisation, die während der Planung und Durchführung einer Optimierung anfällt, wird vom **Ideenmanagement**, vom Ideenmanager, durchgeführt (siehe Kap. 2.3).

Überlegen Sie!

1. Warum kann bei der Einzelplatzmontage eine Optimierung ohne große Folgen vorgenommen werden?
2. Erklären Sie die Aufgabe eines Puffers in der Reihenmontage.
3. Welche Folgen hat die Änderung einer Taktzeit in der Fließmontage?

1.2 Ergonomische Gestaltung

MERKE

Ziel der Ergonomie *(ergonomics)* ist die Schaffung geeigneter Arbeitsbedingungen für den Menschen.

Zur ergonomischen Gestaltung gehören die **sachgerechte Gestaltung des Arbeitsraums** *(working chamber)* ebenso wie die **optimale Bedienfreundlichkeit** *(ease of operation)* von Maschinen bzw. die **optimale Handhabung** *(mechanical handling)* der Werkzeuge und Geräte. Es muss z. B. untersucht werden:

- Liegen die Werkzeuge *(tools)* funktionsbereit in Arbeitshöhe (Bild 1)?
- Welche körperliche Anstrengung *(strenuousness)* ist erforderlich?
- Welche Bewegungen *(movements)* müssen ausgeführt werden?
- Welcher Arbeitsraum *(working chamber)* steht zur Verfügung?
- Welche Unfallgefahren *(risks of accident)* bestehen?
- Welche technischen Informationen *(technical information)* liegen vor?

1 Funktionsgerechte Anordnung der Werkzeuge in Arbeitshöhe

- Welcher Informationsbedarf *(information demand)* ist zur Durchführung eines Auftrags erforderlich?
- Stören die Sicherheitseinrichtungen *(safety devices)*?

Zu einer ergonomischen Untersuchung gehört die Untersuchung der **Gebrauchstauglichkeit** *(serviceability)*. Dabei wird zwischen der Ausführbarkeit und der Benutzerfreundlichkeit unterschieden. Die **Ausführbarkeit** *(practicability)* beinhaltet die Fähigkeit einer Fachkraft, eine bestimmte Arbeit zu verrichten bzw. einen bestimmten Auftrag zu erfüllen. Die Fachkraft muss körperlich in der Lage und fachlich qualifiziert sein, ihre Arbeit in der vorgegebenen Zeit zu verrichten.

Die **Benutzerfreundlichkeit** *(useability)* beinhaltet die Anpassung der Werkzeuge an die Körperkräfte und Bewegungsräume, an die physischen und kognitiven Fähigkeiten der Fachkraft. Texte und graphische Anweisungen müssen gut lesbar sein. Die Abfolge der Arbeitsgänge muss eindeutig und übersichtlich sein.

Überlegen Sie!

1. Nennen Sie zwei Ziele einer ergonomischen Untersuchung am Arbeitsplatz.
2. Welche Voraussetzungen muss eine Fachkraft erfüllen, um eine Arbeit zu verrichten?
3. Erklären Sie mit einem Beispiel den Begriff „Benutzerfreundlichkeit".

1.3 Gesundheitsschutz am Arbeitsplatz

Der Arbeitsplatz *(workplace)* ist gesundheitsgerecht *(in conformity with health and safety standards)* gestaltet, wenn Belastungen durch Enge, zu große Massen, Geräusche, Licht, Klima und Gefahrenstoffe vermieden werden.

Der Arbeitsablauf wird so gestaltet, dass Krankheiten nach menschlichem Ermessen auszuschließen sind.

Dazu müssen Arbeitsbedingungen untersucht werden wie z. B.

- gesundheitsgerechte Gestaltung des Arbeitsplatzes
- Belastungen am Arbeitsplatz
- Arbeits- und Schutzkleidung
- Bewegungsraum
- Störungen durch Sicherheitseinrichtungen

1.4 Bestimmungen zum Schutz der Umwelt

Bestimmungen zum Schutz der Umwelt enthalten Richtwerte und Grenzwerte im Umgang mit Stoffen, Geräuschen, Beleuchtung usw. Die Umwelt *(environment)* kann schon der nächste Arbeitsplatz sein. Geräusche, Gerüche oder Stäube können die Fachkräfte in unmittelbarer Nähe belästigen bzw. gesundheitlich schädigen. Mithilfe von Messungen und Analysen werden z. B. Geräusche und Gefahrenstoffe überwacht und kontrolliert.

Ebenso gehört dazu die fachgerechte Lagerung, Verarbeitung und Entsorgung der Werk- und Hilfsstoffe (Bild 1).

1.5 Beurteilung der Wirtschaftlichkeit

Der wirtschaftliche Aspekt *(economic aspect)* einer Optimierung hat für den Betrieb eine entscheidende Bedeutung. Bevor ein störungsfrei arbeitendes System verändert wird, bevor zusätzliche Kosten anfallen, muss eine **Kosten-Nutzen-Rechnung**, eine Amortisationsrechnung, erstellt werden. Nachdem alle Vorschriften und Bestimmungen zur Arbeitssicherheit beachtet sind, ist überwiegend der wirtschaftliche Aspekt bestimmend.

2 Planung einer Optimierung (Projekt)

2.1 Ausgangssituation

In einer Firma werden Förderfahrzeuge *(material-handling vehicles)* wie z. B. Gabelhubwagen in einer Taktstraße *(assembly line)* oder Linie montiert (Bilder 2 bis 4). Die einzelnen Takte sind von der Arbeitsvorbereitung zeitlich aufeinander abgestimmt. Nach Ablauf des Takts, nach ca. 14 Minuten ertönt ein Signal (Seite 230 Bild 1). Jede Fachkraft muss den Montagewagen an den nächsten Arbeitsplatz übergeben (Seite 230 Bild 2). Am Ende der Linie erfolgt eine Funktionskontrolle *(function check)* der Gabelhubwagen *(lift truck)*.

Die Fachkräfte einer Linie werden nach einem Gruppenlohnsystem bezahlt. Neben einem festen Basislohn erhalten sie bei fehlerfreier Arbeit eine Zulage. Die Zulage richtet sich nach der durch die Taktfrequenz bestimmte höchste Anzahl montierter Fahrzeuge.

Ein Eingriff in einen Takt der Linie kann nur nach gründlicher Vorbereitung und Dokumentation vorgenommen werden. Eine Änderung innerhalb des Arbeitsablaufs eines Takts kann eine zwangsweise Änderung aller Takte zur Folge haben. Wird eine Taktzeit kürzer oder länger, so müssen alle anderen Einzeltaktzeiten neu festgelegt werden. Das ist aber nur möglich, wenn die einzelnen Arbeitsinhalte neu aufgeteilt werden. Zum Teil müssen die Plätze neu gestaltet werden bzw. umgestaltet werden. Die Arbeitsvorbereitung muss neue Montageanweisungen zur Verfügung stellen. Es ergibt sich eine neue Einarbeitungsphase in andere Abläufe, in den Umgang mit neuen Geräten, Vorrichtungen und Hilfsstoffen.

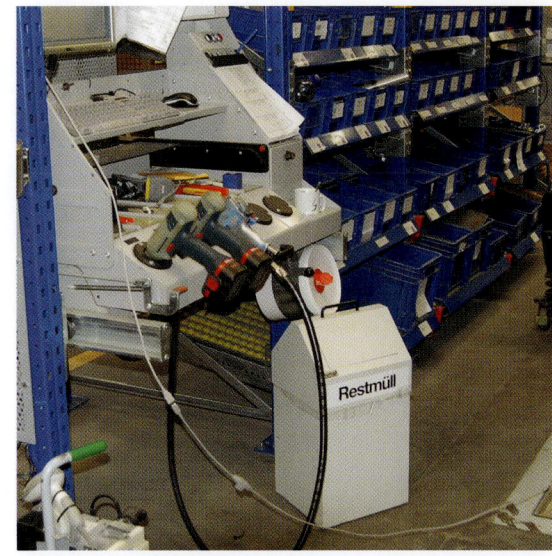

1 Fachgerechte Müllentsorgung am Arbeitsplatz

3 Takt 1: Bestückung des Transportwagens

4 Letzter Takt: Fertig montierter Gabelhubwagen

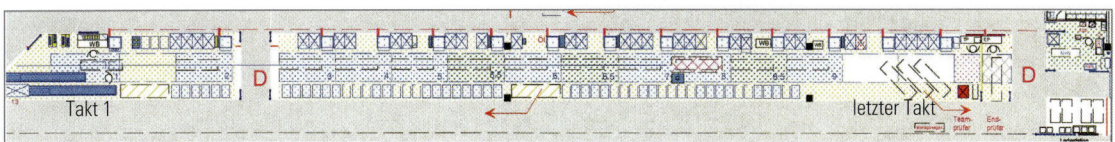

2 Linie mit Einzeltakten

Planung einer Optimierung (Projekt)

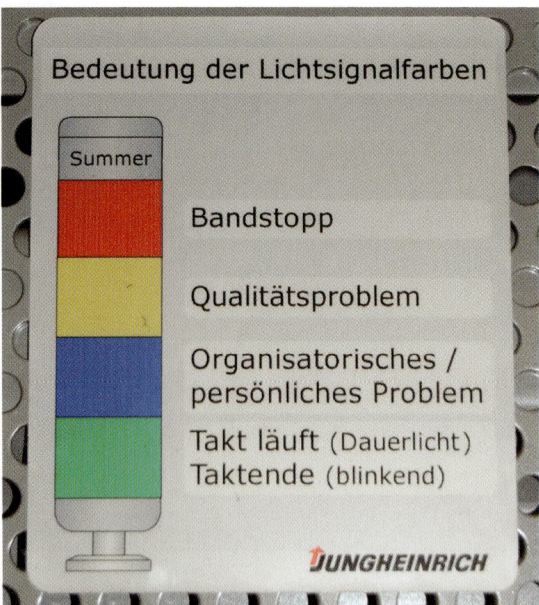

1 *Kontrolleinheit*

2 *Übergabe zum nächsten Takt*

3 *Werkzeug zum Einschlagen der Seriennummer*

4 *Einschlagen der Seriennummer mit einem 3-kg-Hammer*

Überlegen Sie!

1. *Wie werden die Fachkräfte der Taktstraße, der Linie, entlohnt?*
2. *Welche Fehler können beim Einschlagen der Seriennummer auftreten?*

Ausgangspunkt für eine Verbesserung in der gezeigten Linie ist der Takt, in dem die Seriennummern eingeschlagen werden. Der Optimierung dieses Takts liegen Beobachtungen zu Grunde. Diese beinhalten zum einem die **Verletzungsgefahr beim Einschlagen der Ziffern** und zum anderen die **Vermeidung von Fehlern** wie z. B. Zahlendreher oder falsche Ziffern durch geeignete Hilfsmittel.

Die Seriennummern der Förderfahrzeuge werden während der Montage an diesem Arbeitsplatz in der Fließmontage eingeschlagen. Für diese Tätigkeit werden Schlagzahlen und ein 3-kg-Hammer benötigt (Bilder 3 und 4). Jede Ziffer muss mit nur einem einzigen kräftigen Schlag eingeschlagen werden. Wiederholtes Zuschlagen führt zu Doppelungen, die eine Ziffer nicht mehr genau erkennen lassen. Bei einer Taktdauer von 14 Minuten müssen pro Schicht ca. 30 mal 8-stellige Zahlen fehlerfrei eingeschlagen werden. Dies stellt eine hohe körperliche Belastung dar.

2.2 Gesundheitliche Beobachtung

Vom Vorarbeiter der Linie wurde beobachtet, dass der Mitarbeiter, der die Seriennummern *(serial numbers)* einschlägt, etwa zweimal pro Jahr durch Verletzung ausfällt. Immer wieder waren gebrochene Finger zu beklagen. Jeder Bruch führte krankheitsbedingt zu einem Ausfall des Mitarbeiters von ca. 8 Wochen. Die Ursache für diese Häufung wird zum einen in der Unaufmerksamkeit, die sich bei wiederholender Tätigkeit einstellt, vermutet. Zum anderen hat nach Aussage der Arbeitsvorbereitung auch die Ermüdung des Mitarbeiters, hervorgerufen durch das Gewicht des Hammers (3 kg), eine entscheidende Rolle gespielt.

Die Geräuschmessung ergab einen Spitzenpegel von ungefähr 128 dB(A)[1].

---

1) dB(A): Einheitenzeichen für den Schalldruckpegel **Dezibel**. Der Zusatz (A) besagt, dass bei der Schalldruckpegelmessung der Bewertungsfilter A verwendet wurde. Dieser Filter bewertet hohe, schrille Töne stärker als tiefe und entspricht somit dem subjektiven menschlichen Hörempfinden.

1 Aushang zum betrieblichen Vorschlagswesen

2 Ideenmanagement – Verbesserungsvorschlag

Der Vorarbeiter will mit einem **Verbesserungsvorschlag** *(suggestion for improvement)* für diesen Arbeitsschritt die Verletzungsgefahr verringern. Am Aushang findet er die notwendigen Hinweise, wie ein Verbesserungsvorschlag einzureichen ist (Bild 1). Neben dem Briefkasten liegen Formulare auf denen er seinen Verbesserungsvorschlag einreichen kann (Bild 2).

2.3 Ideenmanagement

Der wirtschaftliche Erfolg eines Unternehmens hängt vom fachlichen Wissen und Können der Mitarbeiterinnen und Mitarbeiter ab. Die hohe Qualität der Produkte und der Arbeitsorganisation können nur durch ständige Optimierung erhalten werden. Dazu tragen insbesondere innerhalb des Herstellungsprozesses die Verbesserungsvorschläge der Mitarbeiter bei. Das Ideenmanagement *(concept management)* ist die Organisationseinheit des betrieblichen Vorschlagswesens. Ziel eines Ideenmanagements ist es, die Fachkräfte zum schöpferischen Mitdenken zu motivieren, Ideen zu entwickeln und dadurch die Effizienz zu steigern und Kosten zu senken. Verbessert werden können:

- Produktqualität
- Arbeitsplätze bezüglich der Arbeitsaufgaben, der Arbeitsmethoden, der Arbeitsorganisation, der Arbeitsqualität und der Arbeitsbedingungen
- Arbeits-, Gesundheits- und Umweltschutz
- Dienstleistungsqualität
- Geschäftsprozesse

Jede Firma hat ihr eigenes spezielles Management im Umgang mit den Ideen der Mitarbeiter. Die Grafik (Bild 3) zeigt eine Struktur von der Idee bis zur Prämie. So oder ähnlich ist der Ablauf in vielen Betrieben geregelt. Wenn ein Verbesserungsvorschlag eingereicht wird, bestimmt das Ideenmanagement einen Ideenmanager.

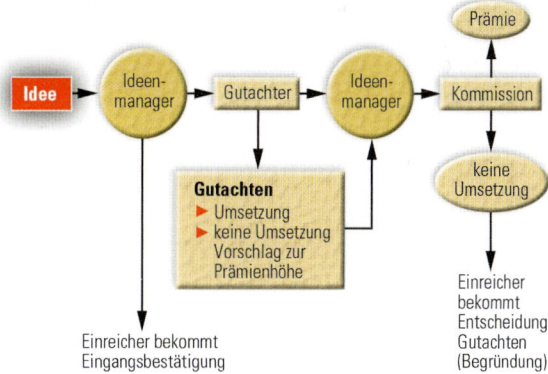

3 Aufbau eines Ideenmanagements

2.3.1 Ideenmanager

Der Ideenmanager *(concept manager)* verwaltet, koordiniert und dokumentiert die Umsetzung eines Verbesserungsvorschlags. Er ist zuständig für den Informationsaustausch zwischen den beteiligten Abteilungen und den Mitarbeitern und er ist deren ständiger Ansprechpartner. Des Weiteren erstellt er Sitzungsprotokolle, archiviert die Zwischenergebnisse und schlägt Prämien vor. Bei seiner Tätigkeit übernimmt der Ideenmanager auch eine Filterfunktion. Aufgrund der Stellungnahmen der beteiligten Abteilungen kann er einen Verbesserungsvorschlag begründet ablehnen. Wird ein Verbesserungsvorschlag angenommen, vertritt er den Einreichenden in den Sitzungen.

MERKE

Der Ideenmanager bearbeitet und dokumentiert den Verbesserungsvorschlag.

Überlegen Sie!

1. Welche Funktionen übernimmt der Ideenmanager gegenüber dem Einreichenden?
2. Nennen Sie drei Aufgabenbereiche des Ideenmanagers.

2.3.2 Verbesserungsvorschlag

Ein Verbesserungsvorschlag innerhalb des betrieblichen Vorschlagwesens geht üblicherweise über die Aufgaben und die Verantwortung der Fachkraft hinaus. Er ist eine schriftlich formulierte Idee. In dem Vorschlag wird beschrieben, wie eine Veränderung, Verbesserung oder Einsparung gegenüber dem Ist-Zustand aussehen kann. Wichtig ist es, einen Lösungsvorschlag *(suggestion for solution)* für die Durchführung zu machen.

MERKE

Ein Verbesserungsvorschlag enthält neben der Beschreibung der beobachteten Situation einen konkreten Lösungsvorschlag.

Im vorliegenden Beispiel gilt es, die **gesundheitliche Gefährdung** *(health threat)* (siehe Kap. 2.2.) abzustellen und die **Geräuschentwicklung** *(noise emission)* zu reduzieren (siehe Kap. 2.6). Hinzu kommt eine **Kostenersparnis** *(saving of costs)* (siehe Kap. 2.4 und 2.6).

2.4 Wirtschaftliche Begründung

Bei fehlerhafter Beschriftung, das sind falsch oder undeutlich eingeschlagene Ziffern einer Seriennummer, muss ein Fahrzeug sofort aus der Taktstraße herausgenommen werden. Es werden Extrazeiten für die Fehlerbehebung *(fault repair)* benötigt. Die falschen Ziffern müssen entfernt werden. Dies geschieht durch Schleifen. Dabei wird die lackierte Oberfläche beschädigt. Als Korrosionsschutz muss neu grundiert und später lackiert werden (Bild 1). Die Fehlerbehebung muss so sorgfältig durchgeführt

1 Beschriftung

werden, dass sie am ausgelieferten Fahrzeug nicht zu sehen ist. Erst jetzt kann die richtige Seriennummer eingeschlagen werden.

Diese notwendige und aufwendige Fehlerbehebung verursacht unnötige Kosten. Jede Verzögerung senkt außerdem die Tagesproduktion und damit auch den Gruppenlohn der in der Linie Beschäftigten.

Optimierung

Diese Fehlerquelle *(cause of defect)* ist durch Montagevorgaben bzw. Festlegung einzelner Arbeitsschritte nicht einzudämmen. Es geht also darum, diese Arbeitsschritte durch Hilfsmittel zu ersetzen. Da die Fehler eindeutig durch die Tätigkeit eines Mitarbeiters bestimmt sind, liegt es nahe, diese Tätigkeit durch ein Gerät zu ersetzen. Es muss die körperliche Belastung verringern und immer die richtigen Seriennummern prägen.

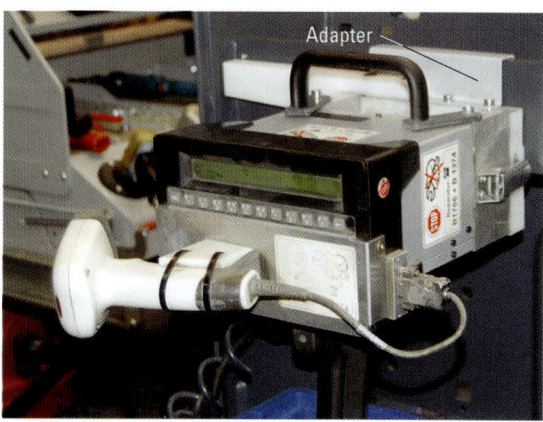

2 Nadelpräger im Einsatz

Während eines Messebesuchs fiel einem Mitarbeiter der Arbeitsvorbereitung ein **Nadelpräger** *(needle stamping gadget)* (Bild 2) auf, mit dessen Hilfe die beschriebene Fehlerquelle umgangen werden kann. Mit diesem Gerät können die Seriennummern in die Gehäuse eingeschlagen werden. Es entfällt da-

Von: Bode
Gesendet: Montag, 1. Dezember 2003 16:00
An: S. Hartwig
Betreff: Preise

Hallo Sebastian

Der Nadelpräger kostet 8170,00 € (einer) und der Barcodescanner 773,00 €

Mit freundlichem Gruß
Bode

Jungheinrich AG
Lawaetzstraße 9-13
22488 Norderstedt

bei die Tätigkeit des Einschlagens der Zahlen von Hand. Zusätzlich können die Seriennummern von einem Barcodescanner eingelesen werden. Es entfallen möglicherweise falsch eingeschlagene Ziffern und damit deren aufwendige Korrektur.

Zur wirtschaftlichen Untersuchung gehört auch die Ermittlung der Kosten eines Nadelprägers mit Barcodescanner. Zu diesem Zweck wurde ein Kostenangebot von der Abteilung Betriebsmittelbau für einen Nadelpräger und einen Barcodescanner eingeholt (siehe Preisangebot Seite 232).

2.5 Veränderungen

Der Arbeitsgang des Einschlagens der Seriennummer soll verändert werden. Die Tätigkeit des Einschlagens mit Schlagzahlen und 3-kg-Hammer soll durch ein Nadelprägegerät *(needle stamping gadget)* mit Barcodescanner ersetzt werden. Durch den Einsatz eines Nadelprägers ergeben sich folgende Veränderungen:

- Die körperliche Belastung der Fachkraft entfällt oder wird verringert.
- Die Fachkraft muss in die Bedienung des Nagelgeräts und des Barcodelesers eingewiesen werden.
- Der Arbeitsplatz muss so umgestaltet werden, dass der Einsatz der neuen Geräte problemlos eingefügt werden kann.
- Die Verwendung einer Haltevorrichtung erleichtert den Einsatz, den Transport und die Lagerung des Nadelprägers am Arbeitsplatz.
- Die Gefährdung der Gesundheit, die Verletzungsgefahr, entfällt.
- Weniger Lärm. Der Geräuschpegel, gemessen in dB(A), soll deutlich gesenkt werden.

2.6 Bearbeitung im Ideenmanagement

Der erste Teil der Bearbeitungsphase ist mit dem Ergebnis abgeschlossen worden, dass der Einsatz eines Nadelprägers und eines Barcodescanners vorgeschlagen wird. Die gewünschte Optimierung wird in das Ideenmanagement eingebracht. Die betroffenen Abteilungen werden informiert. Dazu gehören z. B. die Arbeitsvorbereitung, die Fertigung, die Arbeitssicherheit, der Betriebsmittelbau, die Abteilung Design, der Einkauf und die Rechnungsabteilung. Alle Stellen prüfen aus ihrer Sicht den Verbesserungsvorschlag und seine Auswirkung auf den bisherigen Zustand. Sie geben eine Stellungnahme ab, die vom Ideenmanager zusammengefasst und verteilt werden.

Der Vorschlag wird allgemein positiv bewertet. Es gibt unterstützende Hinweise zum Verbesserungsvorschlag und einige abteilungsspezifischen Forderungen, die mit seiner Umsetzung verbunden sind.

Wichtige Entscheidungsmerkmale sind:

- Die Arbeitsplatzbelastung wird deutlich verringert.
- Die Umweltbelastung, die Geräuschbelastung, am Arbeitsplatz nimmt ab.
- Die Arbeitssicherheit wird entscheidend erhöht.
- Das Unfallrisiko geht gegen null.
- Für die Lage der Seriennummer wird eine einheitliche Platzierung angestrebt.
- Es soll eine Vorrichtung mit Höhenverstellung für einen flexiblen Einsatz gebaut werden.
- Die Einsatzhäufigkeit wird erhöht durch einen Adapter für den Ansatz an den verschiedenen Fahrzeugtypen.
- Die Seriennummer soll von außen sichtbar angebracht werden.
- Ein defektes Gerät ist schnell austauschbar, da durch Adaption das Grundgerät gleich bleibt.
- Durch Verwendung des Scanners geht die Fehlerquote nahezu gegen null.
- Bei erhöter Fahrzeugstückzahl verringert sich die Amortisationszeit.
- Es reicht ein Reservegerät für alle Linien.

Nach Abgleich der Stellungnahmen überträgt der Ideenmanager der überwiegend betroffenen Abteilung die Verantwortung für eine Optimierung. In dem vorliegenden Beispiel wurde von der Bereichsleitung als Grundlage für eine endgültige Entscheidung eine wirtschaftliche Überprüfung gefordert. Diese wird in einer Amortisierungsberechnung[1] dargelegt.

Überlegen Sie!

1. Nennen Sie vier an der Bearbeitung beteiligte Abteilungen.
2. Ordnen Sie jeder Abteilung aus Frage 1 ein Entscheidungsmerkmal zu.

2.7 Amortisationsberechnung

Mithilfe einer Amortisationsrechnung *(payback period rule)* wird untersucht, ob durch den Einsatz eines Nadelprägers mit Barcodescanner für die Firma ein wirtschaftlicher Vorteil entsteht (siehe Seite 234). Die Tabelle zeigt eine Kostenanalyse. In den drei Spalten sind der Ist-Zustand, die Variante 2 und die Variante 3 durchgerechnet. Im Ist-Zustand sind die zur Zeit entstehenden Kosten für das Einschlagen der Zahlen enthalten. Die Variante 2 enthält die Kosten für den Einsatz des Nadelprägers mit manueller Zahleneingabe. Die Variante 3 beschreibt die Kosten für den Einsatz des Prägers mit gescannter Zahleneingabe. Grundlage der Berechnungen sind die Arbeitszeiten für die einzelnen Arbeitsschritte aufgrund der Zeitermittlung nach Ablaufanalyse/REFA[2]. Diese Kosten-Nutzen-Analyse gibt einen Überblick über die Wirtschaftlichkeit eines Eingriffs zur Optimierung eines störungsfrei arbeitenden technischen Systems. Weitere Untersuchungen in Bezug auf Ergonomie, Gesundheit und Umwelt folgen im Anschluss.

---

1) Die Amortisationsrechnung ist ein Verfahren zur Beuteilung des wirtschaftlichen Nutzens einer Investition
2) REFA: Verband für Arbeitsgestaltung, Betriebsorganisation und Unternehmensentwicklung e.V. Ursprünglich: „**Re**ichsausschuss **f**ür **A**rbeitsstudien"

Planung einer Optimierung (Projekt)

JUNGHEINRICH

S. Hartwig

11.09.2003

Arbeitsvorbereitung
Qualitätstechnik

Daten:
Barcode Scanner   773 €
Nadelpräger   8.170 €
Produktion HK/min   x
Schriftgröße   10 Arial
Einsatzhäufigkeit   3505

Amortisationsrechnung für einen Nadelpräger

Einbringen der Seriennummer
Amortisationsrechnung am Beispiel eines Gerätes aus der Linie D

Ist Zustand
Mit Schlagzahlen

Papiere einsehen	1,30min
Schlagzahlen suchen	
Einbringen/Hammer 3000gr	
Ablegen der Schlagzahlen	
Schutzschild holen	0,40min
Schutzschild kleben	
	1,70min

te 1,7min*Produktions HK/min   2,65€/St
Ergebnis €/St* Einsatzhäufigkeit = Gesamtergebnis p.A   9.295,26 €

Variante 2
Nadelpräger und manuelle Zahleneingabe

Gerät holen/bringen	0,40min
Papiere einsehen/Zahlen eingeben	0,50min
gravieren	0,33min
Schutzschild holen	0,40min
Schutzschild kleben	
	1,63min

te 1,63min*Produktions HK/min   2,54€/St
Ergebnis €/St* Einsatzhäufigkeit = Gesamtergebnis p.A   8912,514 €

Variante 3
Nadelpräger mit gescanner Zahleneingabe

Gerät holen/bringen	0,40min
Papiere einsehen/Zahlen sannen	0,25min
gravieren	0,33min
Schutzschild holen	0,40min
Schutzschild kleben	
	1,38min

te 1,63min*Produktions HK/min   2,1528€/St
Ergebnis €/St* Einsatzhäufigkeit = Gesamtergebnis p.A   7545,564€

Ergebnis Ist-Zustand - Variante3 =   **1.749,70 €**   Amortisation: Preis Nadelpräger : Einsparung=   **4,67 Jahre**
Ergebnis Variante2 - Variante3 =   **1.366,95 €**   Amortisation: Preis Scanner: Einsparung=   **0,56 Jahre**

Zeitermittlung nach Ablaufanalyse / Refa

1 *Amortisationsberechnung*

2.8 Entscheidung

Die Variante 3 ergibt nach der Amortisationsberechnung die größte Kosteneinsparung *(cost savings)*. Zusätzlich wird durch den Einsatz des Barcodescanners die Fehlerquote auf nahezu null gesenkt (siehe Kap. 2.6). Die Amortisation für die Geräte wird in Einzelabrechnungen vorgenommen (siehe Kap. 2.7). Jedes Gerät muss eigenständig gebucht und abgerechnet werden, da diese Geräte einzeln bestellt werden.

Bei 3505 Anwendungen pro Jahr beträgt die Einsparung zwischen:

a) dem Ist-Zustand und der Varianten 3: 1749,70 €.

Aus der Berechnung 8170,00 €/1749,70 €/Jahr folgt, dass der Nadelpräger nach 4,67 Jahren amortisiert ist.

b) der Varianten 2 und der Varianten 3: 1366,95 €.

Aus der Berechnung 773,00 €/1366,96 €/Jahr folgt, dass der Barcodescanner nach 0,56 Jahren amortisiert ist.

Die Amortisationsrechnung belegt den wirtschaftlichen Nutzen für den Betrieb. Der Ideenmanager informiert alle betroffenen Abteilungen. Das sind die Leitung der Linie, die Arbeitsvorbereitung, die Fertigung, die Arbeitssicherheit und der Betriebsmittelbau. Ihre Vertreter beschließen das weitere Vorgehen in einer Teamsitzung: Durchführung oder Ablehnung. Die eingereichte Optimierung soll durchgeführt werden.

Als nächster Schritt erfolgt eine Erprobung mit ergonomischen, gesundheitlichen und umwelttechnischen Untersuchungen. Mit diesen Untersuchungen beauftragt der Ideenmanager die Abteilung Arbeitsvorbereitung. Weiterhin muss die Abteilung Design eingeschaltet werden. Sie ist zuständig für Bedienungsanleitungen, Typenschilder usw. Entsprechende Angleichungen und Veränderungen müssen mit Beginn der Einführung vorgenommen sein. Parallel dazu wird vom Ideenmanager nach folgendem Muster die Prämie für die Fachkraft vorgeschlagen und an die zuständigen Gremien weiter geleitet (Bild 1).

Überlegen Sie!

1. Begründen Sie, warum der Nadelpräger und der Barcodescanner einzeln abgerechnet werden.

2. a) Wie groß ist die Zeitersparnis eines einzelnen Arbeitsgangs zwischen dem Ist-Zustand und der Varianten 3?

   b) Wie viel Zeit wird nach Aufgabe 2a) pro Jahr gespart, wenn 46 Arbeitswochen zugrunde gelegt werden?

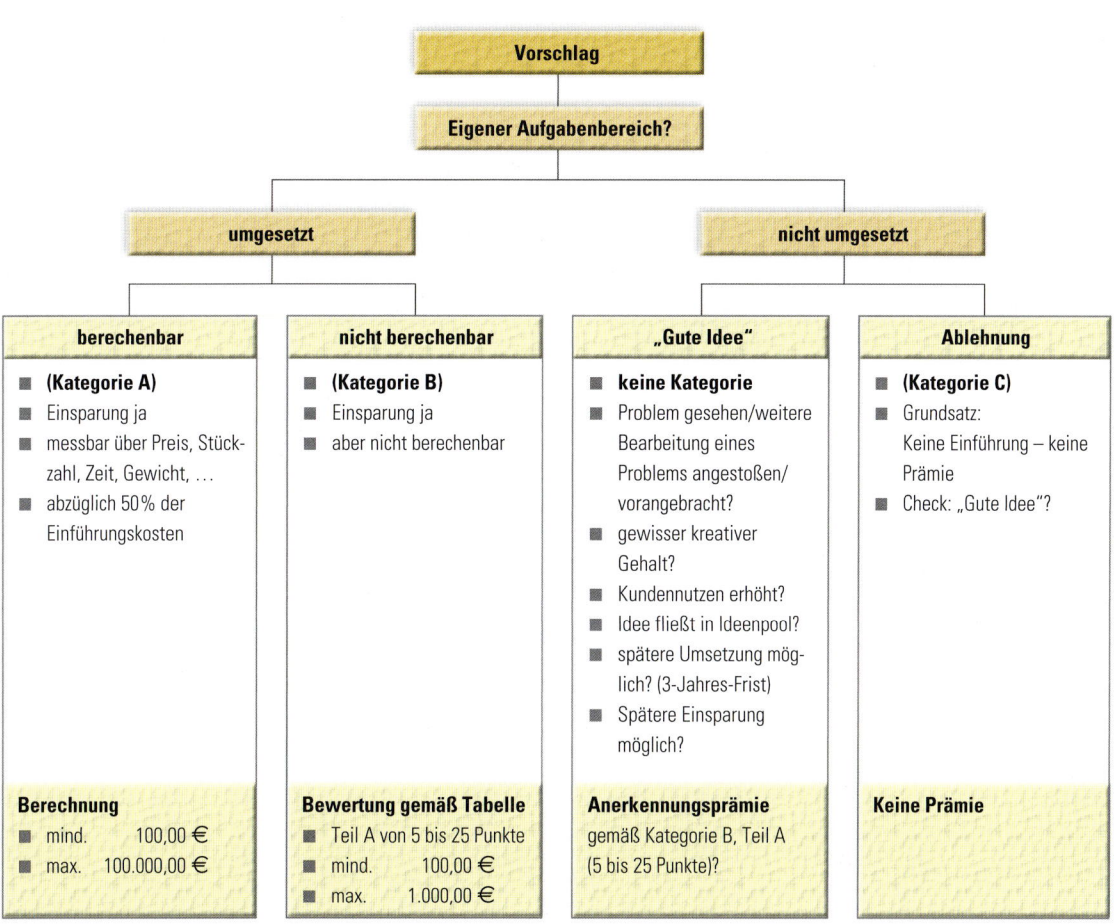

1 Entscheidungsbaum mit Prämienvorschlag

Planung einer Optimierung (Projekt)

2.9 Dokumentation der Planungphase

Einreicher	Prozessschritt	Dokumentation Output	Wissensmanagement Datenbank
Verbesserungsvorschlag formulieren und einreichen			Ideenmanager bestimmen
Einreicher wird regelmäßig über den Fortlauf informiert	Informationsmanager erhält Verbesserungsvorschlag	Bestätigung an Einreicher	
		Akte für Verbesserungsvor-schlag anlegen	
	Kontrolle des eingereichten Vorschlags		Checkliste aller Verbesse-rungsvorschläge
			Patente prüfen
			Gebrauchsmuster prüfen
			Entwicklungsabteilung einbeziehen
			Rückmeldung an Ideenmanager
	Stellungnahmen (Gutachten) der betroffenen Abteilungen und Mitarbeiter einholen	In Akte und Gutachten an Beteiligte weiterleiten	
	Preise einholen		
	Sitzung aller Beteiligten	Protokoll Entscheidungsmerkmale beschreiben	
	Amortisationsberechnung durchführen	Ergebnis an Abteilungen und Mitarbeiter	
	Sitzung aller Beteiligten	Protokoll	
			Protokoll
	Prämienvorschlag ausrechnen		Umsetzung des Verbesse-rungsvorschlags
			Prämie
Einreicher erhält Prämie			Prämie bestätigen, Auszahlung veranlassen
	Umsetzung des Verbesse-rungsvorschlags	Vorgang an umsetzende Abteilung und Mitarbeiter weiterleiten	
	Sitzung nach erfolgter Umsetzung	Abschlussprotokoll an alle Abteilungen	
			Abschlussprotokoll

1 *Prozess Ideenmanagement*

Zur Dokumentation der Planungsphase gehören

- der Verbesserungsvorschlag
- die Notizen der Beobachtung des Leiters der Linie über die arbeitsbedingten Verletzungen
- der Lösungsvorschlag
- das Fax der Firma, die die Nadelpräger anbietet
- die Amortisationsrechnung, die den wirtschaftlichen Nutzen nachweist und
- die Protokolle der Gespräche und Teamsitzungen.

Ablauf und Dokumentation *(documentation)* einer Veränderung sind für den Betrieb im **betrieblichen Vorschlagswesen** zwischen Betriebsleitung und Betriebsrat in einer Vereinbarung festgeschrieben[1].

Wissensmanagement

Das hier beschriebene Beispiel eines Verbesserungsvorschlags muss als Innovation und Veränderung in einer **Datenbank** gespeichert werden. Diese Speicherung gilt allgemein für alle innerbetrieblichen wie außerbetrieblichen Informationen, die für den Betrieb von Bedeutung sein können. Dazu gehören neben dem Verbesserungswesen z.B.:

- die Bereitstellung von Fachartikeln, Normen und Katalogen
- Beobachtung des Marktes, der die Produkte einsetzt
- die Aufarbeitung der Kundeninformationen und die Häufigkeit von Reparaturen beim Kunden

Jede Firma ist bemüht, das für ihre Produkte erforderliche Wissen immer auf dem bestmöglichen Stand zu halten.

Auch Wissen kann und muss organisiert und verwaltet werden. Es müssen Informationen aufgearbeitet und den entsprechenden Mitarbeitern zur Verfügung gestellt werden. Dafür werden **Zugriffsberechtigungen** erteilt. Nicht jeder darf alle Informationen einsehen und verwenden können. Es müssen Abläufe (Prozesse) organisiert werden. Diese Aufgabe wird vom Wissensmanagement *(knowledge management)* wahrgenommen. Ziel ist es, die Effizienz der Firma zu erhöhen. Das Wissensmanagement erstellt, strukturiert und pflegt eine Datenbank. In ihr wird alles gespeichert, was im Betrieb zur Lösung von Aufgaben benötig werden könnte wie z.B.:

- **Daten** (Konstruktionsdaten, Produktionsdaten, Maschinendaten, Arbeitsorganisationen, Zulieferer, Eigenleistungen, ...)
- **Informationen** (Betriebsanleitungen, Instandhaltungvorschriften, Servicebetreuung, Intranet, Zulieferer, Kataloge, ...)
- **Ideenmanagement** (betriebliches Vorschlagswesen, Ideenmanager, ...)
- **Fähigkeiten** (Mitarbeiter, Weiterbildung, Qualifizierung, Experten, ...)
- **Vereinbarte Abläufe bzw. Vorgaben**[2] machen die einzelnen Prozesse für alle Beteiligten übersichtlich. Sie legen die notwendige Dokumentationen und die Kompetenzen fest (Seite 236 Bild 1)

Die Fachkräfte werden für ihre Arbeitskraft am jeweiligen Arbeitsplatz entlohnt. Über das Wissensmanagement werden Weiterbildung, Qualifizierung und im Rahmen der betrieblichen Verbesserungsvorschläge die Bereitschaft der Fachkräfte geför-

dert, neue Aufgaben zu übernehmen sowie über ihren Arbeitsauftrag hinaus mit Ideen und Lösungsvorschlägen die Effizienz der Firma zu erhöhen (Humankapital).

MERKE

Das Wissensmanagement verwaltet und organisiert Wissen und Kompetenzen einer Firma.

3 Durchführung einer Optimierung (Projekt)

3.1 Durchführung eines Probelaufs

Der Probelauf *(test run)* wird unter **Realbedingungen** *(real conditions)* in der Linie durchgeführt. So wird sichergestellt, dass die gemessenen Parameter in den Takt und in die Linie passen. Bevor das Gerät in die Produktion *(manufacturing)* übernommen werden kann, müssen die im Probelauf gewonnenen Ergebnisse in den Takt übernommen werden.

- Der Arbeitsplatz muss verändert werden.
- Die Bedienung muss geübt werden.
- Die Geräuschentwicklung muss gemessen werden.

3.1.1 Umgestaltung des Arbeitsplatzes

Die Arbeitsvorbereitung muss die einzelnen Takte in der Linie neu ermitteln. Dazu gehört insbesondere der Einsatz des neuen Geräts. Zunächst wird festgelegt, in welchem Takt die Seriennummer einzutragen ist. Hierfür ist der Arbeitsplatz des Bedieners entsprechend zu gestalten *(rearrangement of work place)*. Der Nadelpräger mit dem Barcodescanner wird in einer Vorrichtung griffbereit gelagert (Bild 1). Die Vorrichtung kann an die zu prägende Stelle heran gefahren werden. Für die richtige Anlage am Gabelhubwagen sorgt ein Adapter (Seite 232 Bild 2).

1 Standort des Nadelprägers am Arbeitsplatz

---

1) Grundlage hierfür ist das Betriebsverfassungsgesetz (BetrVG)
2) Wichtige Veränderungen und Entscheidungen, die über den einzelnen Fall hinaus gehen, werden vom Wissensmanagement gesondert dokumentiert und bei Bedarf Abteilungen und Mitarbeitern zugänglich gemacht.

1 Heranfahren an den Gabelhubwagen

2 Einlesen der Seriennummer über Barcode

Der Nadelpräger muss nicht gehoben werden (Bild 1). Diese Rücken schonende Maßnahme ist eine gesundheitliche Verbesserung im Arbeitsprozess. Über den Barcodescanner wird die jeweilige Seriennummer zweifelsfrei eingelesen (Bild 2). In der Vorrichtung ist eine einstellbare Aufnahme für den Nadelpräger. Die Aufnahme kann in der Höhe verstellt werden. Die Einstellungen werden justiert, können aber für eine andere Serie verändert werden. Damit wird erreicht, dass bei Ausfall eines Prägegeräts jedes Gerät einer anderen Linie eingesetzt werden kann, bzw. dass ein Ersatzgerät als Reserve für alle Montagelinien ausreicht.

Die fertige Prägung wird mit einer Schutzfolie überzogen. Dies soll eine mögliche Korrosion verhindern. Die Seriennummer ist durch die Folie nur leicht bedeckt und kann durch Rubbeln hervorgehoben werden (Bild 3).

3 Seriennummer mit Schutzfolie

> ### Überlegen Sie!
> 1. Welchen Vorteil hat die Vorrichtung für die Fachkraft?
> 2. Wodurch wird erreicht, dass die Geräte in verschiedenen Montagelinien eingesetzt werden können?

3.1.2 Untersuchung zur Ergonomie und Gesundheit

Die ergonomische Untersuchung *(checking)* zeigt, dass die Belastung am Arbeitsplatz vermindert wird. Der Nadelpräger wird an das Gehäuse des Hubwagens heran gefahren und rastet in der Aufnahme ein. Eine direkte gesundheitliche Gefährdung durch Verletzung mit einem 3-kg-Hammer ist ausgeschlossen.

Überprüfung der Bedienerfreundlichkeit
Die Fachkraft rollt den Wagen mit dem Nadelpräger und dem Barcodescanner in Arbeitshöhe auf der Vorrichtung innerhalb des Takts vor und zurück. Das Gerät muss nicht gehoben und abgesetzt werden. Der Wagen wird seitwärts abgestellt und behindert die Fachkraft nicht bei weiteren Arbeitsschritten im Arbeitsraum (Seite 237 Bild 1). Im Auslieferungszustand fällt die außen angebrachte Nummer nicht auf. Sie darf die lackierte Fläche nicht beeinträchtigen.

Protokoll

Teilnehmer: Arbeitsvorbereitung,
                   Fertigung (Leitung, Meister,
                   Fachkraft),
                   Betriebsmittelbau,
                   Design

Kurzbeschreibung:
Am 10.09.03 wurde in Linie D je ein Fahrzeug des Typs I, II und III, wie in der Einladung beschrieben, mit der Seriennummer beschriftet.
Schriftgröße soll **9 mm**
Schrifttyp   DIN 1451
Lage   **siehe Foto** (Bild 1)
Schalldruck in dB(A):

Grundpegel	76,0 dB(A)
Typ I	84,0 dB(A)
Typ II	82,6 dB(A)
Typ III	80,6 dB(A)

Mit freundlichem Gruß
S. Hartwig
Ideenmanager

Ein Vergleich mit dem für den Hammerschlag gemessenen Geräuschpegel (ca. 128 dB(A)) zeigt, dass auch hier eine deutliche Verbesserung zum Schutz der Umwelt – hier der Fachkräfte – erreicht worden ist. Umweltschutz gilt nicht nur allgemein, sondern insbesondere auch für die direkt betroffenen Fachkräfte und die in der näheren Umgebung arbeitenden Fachkräfte.

Durchführung einer Optimierung (Projekt)

Lärmbelästigung führt nicht nur zu Gehörschäden, ebenso kann sie eine verminderte Konzentration zur Folge haben.

Überlegen Sie!

Begründen Sie den Einsatz der Geräuschmessung am Arbeitsplatz vor und nach der Optimierung.

3.2 Vorarbeiten der Arbeitsvorbereitung

In Probeläufen wird die Einsatzdauer ermittelt (siehe Kap. 2.7). Sie ist geringer als die bisherige Zeit, die für das Einschlagen von Hand erforderlich war. Es wird Arbeitszeit eingespart, aber die Takte müssen neu bestimmt werden. Jede Änderung hat eine Neueinteilung aller Einzeltakte einer Linie zur Folge.

3.3 Übertragung auf das System

Zum Abschluss dieses Projekts werden alle zuständigen Stellen informiert. Diese wichtige Information stellt das Ende der Optimierung dar. Ab diesem Zeitpunkt ist das neue Gerät überall im Einsatz.

Dieses Beispiel aus der Praxis zeigt, wie entscheidend für einen Eingriff in ein störungsfrei arbeitendes System exakte Untersuchungen, Kosten-Nutzen-Analysen und Dokumentationen sind. Dies ist nur möglich, wenn die Mitarbeiter von der ersten Beobachtung bis zum Abschluss sorgfältig arbeiten, die innerbetrieblichen Informationswege beachten und mit den entsprechenden Abteilungen und Zuständigkeiten zusammenarbeiten. Der Ablauf zeigt, wie viele Abteilungen und Mitarbeiter in diese einfache Veränderung einbezogen sind. Es wird doch nur das Einschlagen der Seriennummer mit Schlagzahlen und Hammer durch einen Nadelpräger mit Barcodescanner ersetzt.

Ideenmanager		S. Hartwig	22.6.2004
		HT3015	

Leiter der Produktionslinie
Designer
Serienbetreuung
Arbeitsvorbereitung (Vertreter der einzelnen Linien)
Fertigung (Abteilungsleitung und Meister, Vorarbeiter und Fachkraft der Linie.

Betr.: *Einbringen der Seriennummer an allen Serienfahrzeugen, <u>außen</u> und von <u>oben</u> sichtbar.*
Ein zusätzlicher Nadelpräger ist linienübergreifend als Reserve einsatzbereit.

Sehr geehrte Herren
Heute wurde der letzte Nadelpräger in Linie 4 in Betrieb genommen. Damit ist dieses Projekt abgeschlossen. Alle Fahrzeuge sind nun von außen sichtbar mit der Seriennummer gekennzeichnet. Das Einbringen von Schlagzahlen mit all seinen Nachteilen gehört damit der Vergangenheit an.
Kollegen der Arbeitsvorbereitung:
Bitte ändert die Arbeitsanweisungen auf die neue Arbeitsmethode bzw. den neuen Arbeitsgang – Einsatz des Nadelprägers mit Scanner – um.
Zukünftige Änderungswünsche oder Reparaturen bitte an den Betriebsmittelbau richten.

Danke an alle für die Zusammenarbeit, die dieses Projekt erfolgreich zum Abschluss gebracht haben.

Mit freundlichen Grüßen
S. Hartwig

Safety Regulations and Controls

4 Safety Regulations and Controls

All companies that produce machines, gadgets or devices have to compile operating instructions for their customers. These instructions give information about the correct application of the product, special descriptions, transport and commissioning, maintenance and safety instructions. A fitter may have to read and understand operating instructions in English if no German translation is available. Especially he needs to understand the sections about safety regulations. Below you will find sections from original operating instructions for fork lift trucks concerning safety regulations. These contain information about driver's authorisation; driver's rights, obligations and responsibilities; unauthorised use; damage and faults; repairs; hazardous areas and safety devices as well as warning signs.

Operation

Safety Regulations for the Operation of Forklift Trucks

1. **Driver authorisation:** The forklift truck may only be used by suitably trained personnel, who have demonstrated to the proprietor or his representative that they can drive and handle loads and have been authorised to operate the truck by the proprietor or his representative.

2. **Driver's rights, obligations and responsibilities:** The driver must be informed of his duties and responsibilities and be instructed in the operation of the truck and shall be familiar with the operator manual. The driver shall be afforded all due rights. Safety shoes must be worn for pedestrian operated trucks.

3. **Unauthorised use of truck:** The driver is responsible for the truck during the time it is in use. The driver must prevent unauthorised persons from driving or operating the truck. Do not carry passengers or lift other people.

4. **Damage and faults:** The supervisor must be immediately informed of any damage or faults to the forklift truck or attachment. Trucks which are unsafe for operation (e.g. wheel or brake problems) must not be used until they have been rectified.

5. **Repairs:** The driver must not carry out any repairs or alterations to the industrial truck without the necessary training and authorisation to do so. The driver must never disable or adjust safety mechanisms or switches.

6. **Hazardous area:** A hazardous area is defined as the area in which a person is at risk due to truck movement, lifting operations, the load handler (e.g. forks or attachments) or the load itself. This also includes areas which can be reached by falling loads or lowering operating equipment.

7. **Unauthorised persons** must be kept away from the hazardous area. Where there is danger to personnel, a warning must be sounded with sufficient notice. If unauthorised personnel are still within the hazardous area the truck shall be brought to a halt immediately.

8. **Safety devices and warning signs:** Safety devices, warning signs and warning instructions shall be strictly observed.

Bedienung

Sicherheitsbestimmungen für den Betrieb des Flurförderzeuges

A. Sicherheitseinrichtungen und Warnschilder: Die hier beschriebenen Sicherheitseinrichtungen, Warnschilder und Warnhinweise sind unbedingt zu beachten.

B. Reparaturen: Ohne besondere Ausbildung und Genehmigung darf der Fahrer keine Reparaturen oder Veränderungen am Flurfahrzeug durchführen. Auf keinen Fall darf er Sicherheitseinrichtungen oder Schalter unwirksam machen oder verstellen.

C. Rechte, Pflichten und Verhaltensregeln für den Fahrer: Der Fahrer muss über seine Rechte und Pflichten unterrichtet, in der Bedienung des Flurförderzeuges unterwiesen und mit dem Inhalt dieser Betriebsanleitung vertraut sein. Ihm müssen die erforderlichen Rechte eingeräumt werden.

D. Fahrerlaubnis: Das Flurförderzeug darf nur von geeigneten Personen benutzt werden, die in der Führung ausgebildet sind, dem Betreiber oder dessen Beauftragen ihre Fähigkeiten im Fahren und Handhaben von Lasten nachgewiesen haben und von ihm ausdrücklich mit der Führung beauftragt sind.

E. Unbefugte müssen aus dem Gefahrenbereich gewiesen werden. Bei Gefahr für Personen muss rechtzeitig ein Warnzeichen gegeben werden. Verlassen Unbefugte trotz Aufforderung den Gefahrenbereich nicht, ist das Flurförderzeug unverzüglich zum Stillstand zu bringen.

F. Verbot der Nutzung für Unbefugte: Der Fahrer ist während der Nutzungszeit für das Flurförderzeug verantwortlich. Er muss Unbefugten verbieten, das Flurförderzeug zu fahren oder zu betätigen. Es dürfen keine Personen mitgenommen oder gehoben werden.

G. Gefahrenbereich: Der Gefahrenbereich ist der Bereich, in dem Personen durch Fahr- oder Hubbewegungen des Flurförderzeuges, seiner Lastaufnahmemittel (z.B. Gabelzinken oder Anbaugeräte) oder des Ladegutes gefährdet sind. Hierzu gehört auch der Bereich, der durch herabfallendes Ladegut oder eine absinkende/herabfallende Arbeitseinrichtung erreicht werden kann.

H. Beschädigungen und Mängel: Beschädigungen und sonstige Mängel am Flurförderzeug oder Anbaugerät sind sofort dem Aufsichtspersonal zu melden. Betriebsunsichere Flurförderzeuge (z.B. abgefahrene Räder oder defekte Bremsen) dürfen bis zu ihrer ordnungsgemäßen Instandsetzung nicht eingesetzt werden.

Assignments:

1. Read the section 'Operation' in English as well as in German.
2. Match the numbers and the letters.
3. Why is a driver authorisation only given to suitably trained personnel?
4. When is the wearing of safety shoes necessary?
5. Why must the supervisor be informed immediately after damages or faults have occurred?
6. Does a driver normally do repairs on a truck? Please give arguments for and against.
7. What is a hazardous area? Are there any in your company? If yes, describe them.
8. When is it essential that a warning is sounded?
9. What has to be strictly observed when using a truck?

Another important part of the safety regulations is an overview
of the controls and displays as shown below.

Controls and Displays

Item	Control / Display		Function
1	Main switch / isolator (emergency disconnect)	●	The circuit is interrupted, all electrical functions are cut out and the truck automatically brakes.
2	"Horn" button	●	Triggers a warning signal.
3	"Lower" button	●	Lowers the lift mechanism.
4	"Lift" button	●	Raises the lift mechanism.
5	Brake button	●	The truck brakes at the maximum rate until it comes to a halt.
6	Controller	●	Controls the direction of travel and the travel speed.
7	Jet Pilot	●	Steers the truck.
	Tiller	○	Steers the truck.
8	Forward "pedestrian / walk-along operation" button	○	Travel starts in pedestrian mode in the forward direction (V) (slow travel).
9	Stop button	○	The electrical functions are deactivated and the truck automatically brakes.
10	Reverse "pedestrian / walk along" button (not for "Touch mode only in drive direction" option)	○	Travel starts in pedestrian mode in the reverse direction (R) (slow travel).

● = Standard equipment	○ = Optional Equipment

Assignments:

1. Draw a chart for a German company that looks the same as the English one above and use the terms given in the box below.

Beschreibung der Bedien- und Anzeigeelemente

Pos.	Bedien-/ Anzeigeelement	Funktion
1	Hauptschalter (Notaus)	Der Stomkreis wird unterbrochen. ...
2	Taster ...	Xxxxxxxxxxxxxx
3	Taster ...	Xxxxxxxxxxxxxx

Warnsignal   zwangsbremsen   Bremstaster   Deichsel
Heben   Taster   „Mitgänger" rückwärts   Senken   Fahrregler
auslösen   Langsamfahrt   Jet-Pilot   Stoptaster
Hubeinrichtung   Taster
Serienausstattung   Zusatzausstattung
„Mitgänger" vorwärts   lenken   Mitgängerbetrieb
nicht für Option „Tastbetrieb nur in Antriebsrichtung"   heben   zwangsbremsen

Now look at the chart 'Controls and Displays' as well as on the drawing on p. 243.

2. What happens if the main switch or isolator is used and where is it placed on the truck?

3. What triggers a warning signal?

4. What happens after the "lower" and the "lift" buttons are used?

5. Which word can be read on the brake button?

6. What can be done by using the controller?
7. Have a look at the drawing. Describe where you can find the tiller and the jet-pilot.
8. Describe the difference between the brake button and the stop button.
9. Why is a button "pedestrian/walk along" important?
10. Describe the difference between standard equipment and optional equipment.

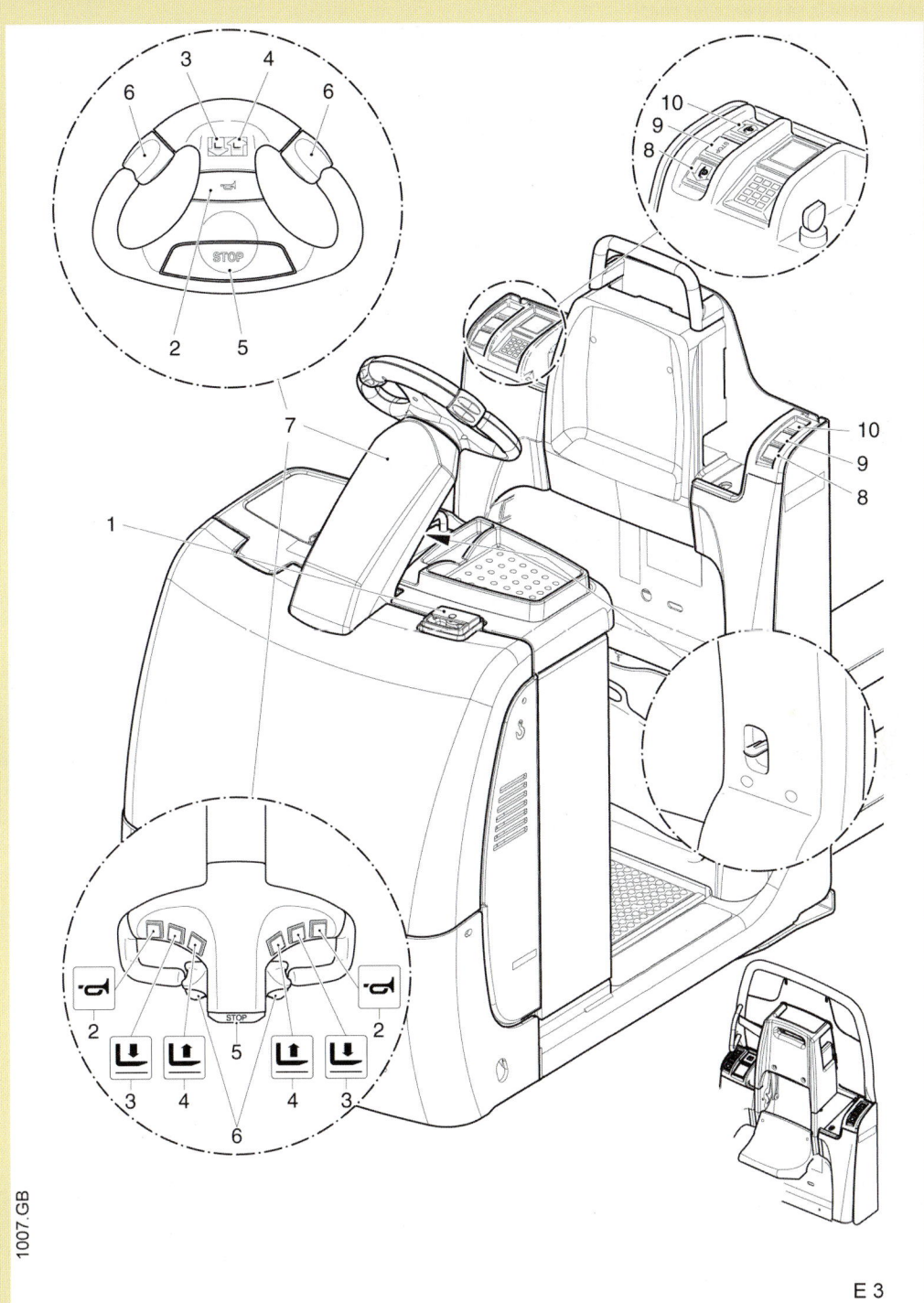

1007.GB

E 3

Work With Words

Work With Words

In future you may have to talk, listen or read technical English. Very often it will happen that you either **do not understand** a word or **do not know the translation**.

In this case here is some help for you !!!

Below you will find a few possibilities to describe or explain a word you don't know or use opposites[1] or synonyms[2]. Write the results into your exercise book.

1. **Add as many examples** to the following terms as you can find for improvement and serviceability.

improvement:	optimization

serviceability:	practicability

2. **Explain the two terms in the box:**
   Use the words below to form correct sentences. Be careful the range is mixed!

strenuous activity:	or energy/involves or requires/ a lot of effort/A strenuous activity

economy:	is the system/according to which the money,/and trade of a country/ An economy/or region are organized/ industry,

3. **Find the opposites[1]:**

individual place mounting:	
cause of defect:	

test run:	
assembly line:	

4. **Find synonyms[2]:**
   You can find two synonyms to each term in the box below.

movement:	
documentation:	
paper, change, certificate, activity	

environment:	
checking:	
surroundings, examine, inspect, setting	

5. In each group there is a word which is the **odd man**[3]. Which one is it?

   a) continuous mounting, cost savings, individual place mounting, series mounting

   b) optimization, improvement, concept management, serial number

   c) documentation, noise emission, work plan, technical information

   d) knowledge management, needle stamping gadget, lift truck, material-handling vehicle

6. Please translate the information below. Use your English-German Vocabulary List if necessary.

   Ergonomics is the study of how working conditions, machines, and equipment can be arranged, in order that people can work with them more efficiently.

---

1) *opposite:* Gegenteil   2) *synonym:* Synonym, ähnliches Wort, Ergänzung   3) *odd man:* Außenseiter, überzähliges Wort, fünftes Rad am Wagen

Englisch-deutsche Vokabelliste

Aussprache der englischen Vokabeln:

- Benutzen Sie die Internetseite der technischen Universität München: *http://dict.leo.org/*
- Klicken Sie auf das Lautsprechersymbol der englischen Vokabel. Sie werden dann durch einen Link mit dem Merriam-Webster Online Dictionary verbunden.
- Klicken Sie dort auf das rote Lautsprechersymbol 🔊 der Vokabel und die Aussprache ertönt.

In dieser Vokabelliste finden Sie fast alle Vokabeln, die im deutschen Text *blau-kursiv* abgedruckt sind. Ferner finden Sie eine Auswahl der wichtigsten englischen Vokabeln aus den englischen Seiten sowie den Seiten Work with Words. Diese Wortliste ersetzt kein Wörterbuch!

A

achieve (to)	erzielen
ABC analysis	ABC-Analyse
abrasion	Verschleiß
acceleration	Beschleunigung
access	Zugang, Zugriff
accessibility	Bauteile
accomplish (to)	ausführen
according to	gemäß
accumulator	Akkumulator
accuracy characteristic	Genauigkeitskenngröße
acoustic measurement	Geräuschmessung
action limit	Eingriffsgrenze
additional	Zusatzoption
adhesion	Adhäsion
adhesive	Klebemittel
adhesive bonding	Kleben
after sales	Kundendienst
ageing	Alterung
agent	Auftragnehmer
aggressiveness	Aggressivität
agreement	Kompromiss
alternating current motor	Wechselstrommotor
alternating voltage	Wechselspannung
analog controller	analoger Regler
analysis of conflict	Konfliktanalyse
analysis of damage	Schadensanalyse
ancillary company	Zulieferfirma
antipollution measure	Umweltschutzmaßnahme
appliance	Einrichtung, Gerät
application	Einsatz, Einsatzgebiet
apply (to)	ausführen
arc welding	Schutzgasschweißen
arm length	Armlänge
ascertain (to)	ermitteln, sicherstellen
assembling	Montage
assembly	Montage
assembly department	Montageabteilung
assembly instruction	Montageanweisung
assembly line	Fertigungsstraße, Taktstraße
assembly pick and place	Bestücken
attributive characteristic	attributives Merkmal
audit	Audit
automated hardness test	automatisierte Härteprüfung
automated system	automatisiertes System
automatic programming system	Programmiersystem
automatically driven	maschinengesteuert
automation system	Automatisierungssystem
available	verfügbar
average value	Mittelwert
axial piston pump	Axialkolbenpumpe
axis range monitoring	Achsbereichsüberwachung

B

ball screw	Kugelgewindetrieb
ball thrust test	Kugeleindruckversuch
bar graph	Säulendiagramm
basic reach	Grund-Reichweite
battery	Batterie
beam impact test	Kerbschlagbiegeversuch
bearing	Lagerung
behavioural characteristic	verhaltensbezogenes Merkmal
belt	Riemen, Transportband
belt drive	Riemengetriebe
belt guide	Riemenführung
belt pulley	Riemenscheibe
bending test	Biegeversuch
bevel gear	Kegelradgetriebe
bevel wheel	Kegelrad
bill of sale	Kaufvertrag
blowpipe guidance	Brennerführung
bond (to)	verkleben
bottom film	Unterfolie
bottom film in-feed	Unterfolieneinführung
bottom film in-feed system	Unterfolieneinführung
bottom film reel	Unterfolienspule
Box Plot method	Box Plot Methode
brake automatically (to)	zwangsbremsen
brake button	Bremstaster
breakdown costs	Ausfallkosten
breaking	Nichteinhalten
brittle	spröde
brittleness	Sprödigkeit
bush chain	Buchsenkette
button	Taster

C

calibrate (to)	vermessen
capability planning	Ressourcenplanung
capable machine	fähige Maschine

Englisch-deutsche Vokabelliste

carry out (to)	durchführen
cast iron	Gusseisen
cause of damage	Schadensursache
cause of defect	Fehlerquelle
center distance	Achsabstand
centrifugal clutch	Fliehkraftkupplung
centrifugal pump	Kreiselpumpe
centrifugal test	Fliehkraftversuch
certification	Zertifizierung
chain drive	Kettentrieb
change of shaft position	Veränderung der Wellenlage
characteristic	Kenngröße, Kennlinie, Merkmal
charpy impact test	Kerbschlagbiegeversuch
check	Kontrolle
checking	Überprüfung, Untersuchung
choice of material	Werkstoffauswahl
circulate(to)	umwälzen
classification	Einteilung
claw	Klaue
claw coupling	Klauenkupplung
clearance	Kopfspiel
cleavage fracture	Trennbruch
closed loop	Regelkreis
closed loop control	Regeln, Regelung
clutch	Kupplung
cohesion	Kohäsion
comment	Vermerk
commissioning	Inbetriebnahme
commitment to quality	Qualitätsverständnis
compensation	Ausgleich
compile (to)	erstellen
compression test	Druckversuch
concept management	Ideenmanagement
concept manager	Ideenmanager
condition monitored maintenance	zustandsüberwachende Instandhaltung
conduct (to)	leiten
conflict	Konflikt
conflict management	Konfliktmanagement
conflict resolution	Konfliktbewältigung
connection	Verbindung
connection method	Schaltungsart
consensus	Konsens
consistent quality	gleich bleibende Qualität
consumer protection	Verbraucherschutz
consumer right	Verbraucherrecht
contact breaker	Öffner
contactor	Schließer
contactless	berührungsfrei
continuous control	Regelung
continuous mounting	Fließmontage
continuous-path controlled	bahngesteuert
continuous seam welding	Verfahren
control	Bedienelement, Steuerung

control chart	Qualitätsregelkarte
control of inspection, measuring and test equipment	Prüfmittelüberwachung
control panel	Bedienfeld
control unit	Regeleinrichtung
control valve	Regelventil
controlled machine	beherrschte Maschine
controlled system	Regelstrecke
controller	Fahrregler
conveyor	Förderband
coordinate system	Koordinatensystem
core	Herzstück
cost estimate	Kostenvoranschlag
cost planning	Kostenplanung
cost saving	Kosteneinsparung
costs	Kosten
costs for maintenance	Instandhaltungskosten
coupling	Kupplung
coupling catalogue	Kupplungskatalog
cross and longitudinal cutting device	Quer-und Längsschneide-vorrichtung
crown gear	Tellerrad
cumulative curve	Summenkurve
cumulative frequency	Summenhäufigkeit
cupping test	Tiefungsversuch
current carrying conductor	Strom durchflossener Leiter
current draw	Stromaufnahme
current intensity	Stromstärke
curved tooth coupling	Bogenzahnkupplung
customer approval	Kundenabnahme
customer order	Kundenauftrag
customer orientation	Kundenorientierung
customer satisfaction	Kundenzufriedenheit
cutting area	Schneidestation
cutting station	Schneidestation
cycle	Arbeitsgang
D	
damage	Beschädigung
date	Termin
daywage man	Leiharbeiter
declaration of conformity	Konformitätserklärung
deep drawability	Tiefziehfähigkeit
defect in welding	Schweißfehler
define (to)	ermitteln
defined	bestimmt
defined procedure	festgelegte Anweisung
definition of project	Projektdefinition
deflexion	Durchbiegung
deformability	Verformbarkeit
degree of freedom	Freiheitsgrad
delegation	Delegation
delivery	Versand
department	Abteilung
department of engineering	Konstruktionsabteilung

Englisch-deutsche Vokabelliste

determination	Bestimmung
determine (to)	ermitteln, übermitteln, feststellen
development experience	Entwicklungserfahrung
development result	Entwicklungsergebnis
device	Gerät
device for signal input	Baugruppe zur Signaleingabe
diagnosis of error cause	Feststellung der Fehlerursache
digital controller	digitaler Regler
direct current drive	Gleichstromantrieb
direct current motor	Gleichstrommotor
direct voltage	Gleichspannung
direction of rotation	Drehrichtung, Drehsinn
disc coupling	Scheibenkupplung
discontinuous control	Regelung, unstetige Regelung
disinterest	Desinteresse
disk	Scheibe
displacement	Verschiebung
display	Anzeigeelement, Bildschirm
disposal	Entsorgung
distortion	Verformung
documentation	Dokumentation
documentation report	Dokumentation
documentation required	Dokumentationspflicht
double helical gearing	Doppelschrägverzahnung
drag pointer	Schleppanzeiger
drift expanding test	Aufweitversuch
drive	Antrieb
drive direction	Antriebsrichtung
drive motor	Antriebsmotor
driven machine	Arbeitsmaschine
driver's authorization	Fahrerlaubnis
driver's obligation	Pflicht des Fahrers
driver's right	Recht des Fahrers
dry running meter pump	Trockenläuferpumpe
ductile fracture	Verformungsbruch
durability guarantee	Haltbarkeitsgarantie
duty point	Betriebspunkt
dutybook	Pflichtenheft
dye penetration testing	Farbeindringprüfung
dynamic effect	Kraftwirkung
dynamic loading	dynamische Belastung
dynamic method of testing for hardness	dynamisches Härteprüfverfahren

E

ease of operation	Bedienfreundlichkeit
economic aspect	wirtschaftlicher Aspekt
economy	Wirtschaftlichkeit
effect	Einwirkung
effective value	Effektivwert
efficiency	Maschinenproduktivität
elastic cam coupling	elastische Nockenkupplung
elastic pin coupling	elastische Bolzenkupplung

elastomers	elastomerer Kunststoff
electric filter	Elektrofilter
electric, -cal motor	Elektromotor
electrical motor	Elektromotor
electrical drive	elektrischer Antrieb
electrical machine	elektrische Maschine
electrohydraulic	Elektrohydraulik
electromagnetic valve	elektromagnetisches Ventil
eliminate (to)	überflüssig machen
emergence of conflicts	Konfliktentstehung
emergency disconnected	Notaus
emergency light	Notbeleuchtung
emergency plan	Notfallplan
emotion	Gefühl
emotional level	Beziehungsebene
end effector	Werkzeug
endurance limit	Zeitfestigkeit
engagement	Vereinbarung
engine	Motor
engineering	Konstruktion
ensure (to)	gewährleisten
environment	Umwelt
environmental characteristic	umweltbezogenes Merkmal
epicyclic gear	Planetengetriebe
equipment	Ausrüstung
ergonomic characteristic	ergonomisches Merkmal
ergonomics	Ergonomie
error rate	Fehlerhäufigkeit
error signal	Regeldifferenz
escape	Flucht
evaluate (to)	beurteilen
evaluation	Auswertung, Evaluation
evidence	Nachweis
exciting current	Erregerstrom
exhaust freedom	Abgasfreiheit
explosion-proof location	Explosions-Schutz Bereich
external influence	äußerer Einfluss
external order	externer Auftrag

F

facilitating	ermöglichen
fail-safe device	durchschlagsicher
failsafe software	sichere Software
failure caused maintenance	störungsbedingte Instandhaltung
fasten(to)	anschlagen
fatigue fracture	Dauerbruch
fatigue strength	Dauerschwingfestigkeit
fatigue test	Dauerschwingversuch
fault	Mangel
fault finding	Fehlersuche
fault location	Fehlereingrenzung
fault repair	Fehlerbehebung
fault responsibility	Fehlerverantwortung
feed drive	Vorschubantrieb
field bus	Feldbus

Englisch-deutsche Vokabelliste

field of application	Einsatzgebiet	grooving	Einkerbung
fight	Kampf	guarantee	Garantie
filling machine	Einfüllmaschine	**H**	
film waste	Verschnitt	handbook	Betriebsanleitung, Tabellen-buch
final assembly	Endmontage		
final controlling element	Stellglied	handling	Handhabung
final drive ratio	Gesamtübersetzungs-verhältnis	handling device	Handhabungsgerät
		handling process	Handhabungsvorgang
final project report	Projektabschlussbericht	handling robot	Handhabungsautomat, Handlingroboter
financial consideration	finanzielle Überlegung		
financial reporting	finanzielle Berichterstattung	hard wired programmed logic control	verknüpfungsprogrammierte Steuerung
flat	flach		
flat belt	Flachriemen	hardness	Härte
flexible	beweglich, Paket	hardness data	Härtekennwert
flow rate	Durchflussmenge	hardness of ball indentation	Kugeleindruckhärte
fly wheel	Schwungrad	hardness test	Härteprüfung
folding test	Faltversuch	hardness test of plastics	Härteprüfung von Kunst-stoffen
forecast	Prognose		
fork lift truck	Flurförderzeug, Gabelstapler	hardware configuration	Hardwarekonfiguration
form machine	Formmaschine	hazardous area	Gefahrenbereich
former	Former	health threat	Gefährdung
forming	Formierungsphase	heat strain	Wärmedehnung
forming station	Formstation	heat treatment	Wärmebehandlung
forming station with heating and forming system	Heiz- und Formstation	heat treatment instruction	Wärmebehandlungsplan
		heat treatment process	Wärmebehandlungs-verfahren
forward pedestrian	„Mitgänger" vorwärts		
frame of reference	Bezugssystem	heating station	Heizstation
free-wheel	Freilauf	height difference	Differenzhöhe
free-wheel clutch	Freilaufkupplung	helical gearing	Schrägverzahnung
frequency	Frequenz, Häufigkeit	herringbone gearing	Pfeilverzahnung
frequency converter	Frequenzumrichter	hidden fault	versteckter Mangel
friction	Reibung	high-quality	hochwertig
friction coupling	Reibkupplung	histogram	Histogramm
friction surface	Reibfläche	hoist	Hebezeug
function check	Funktionskontrolle	horn button	Warnsignal
functional characteristic	funktionales Merkmal	hostility	Feindseligkeit
G		hypoid gear	Hypoidgetriebe
gadget	Vorrichtung	**I**	
Gantt-graph	Gantt-Diagramm	identical measure	gleiches Maß
gas metal arc welding	Metall-Schutzgasschweißen	identification plate	Typenschild
Gaussian curve	Gaußkurve	illustration facility	Darstellungsmöglichkeit
gear drive	Zahnradgetriebe	impeller	Laufrad
gear pump	Zahnradpumpe	impending production	bevorstehende Produktion
gear rack	Zahnstange	implement (to)	umsetzen
gear transmission ratio	Übersetzungsverhältnis	improvement	Verbesserung
gear unit	Getriebe	in conformity with health and safety standards	gesundheitsgerecht
gearing	Getriebe		
gearing layout	Getriebeplan	incoming order	Auftragseingang
general information	allgemeine Angabe	increase (to)	betragen
generator	Generator	individual place mounting	Einzelplatzmontage
geometrical characteristic	geometrische Kenngröße	induction voltage	Induktionsspannung
graduated scale	Skale	inductor	Spule
graphical representation	grafische Darstellung	industrial robot	Industrieroboter
gripper	Greifer	inert gas	Inertgas
gripper tool	Greifwerkzeug	information demand	Informationsbedarf

input	Eingang
input signal	Eingangssignal
input sub-assembly	Eingabebaugruppe
inquiry	Ermittlung
inspection chart	Fehlersammelkarte
inspection feature	Prüfmerkmal
installation manual	Einbauanleitung
installing	Installation
instruction manual	Bedienungsanleitung
instruction set	Anweisungsliste
insulation class	Isolierstoffklasse
interface	Schnittstelle
internal order	interner Auftrag
intersection	Schnittpunkt
iron-carbon phase diagram	Eisen-Kohlenstoff-Diagramm
isolator	Isolator
J	
Jet Pilot	Jet-Pilot
job specification	Beschreibung
joint	Verbindung
justification	Ausrichtung
K	
keep up to date (to)	auf dem neuesten Stand halten
kind of axis movement	Achsbewegung
kind of belt	Riemenart
kind of customer complaint	Reklamationsart
kind of fracture	Bruchart
kind of machine	Art der Maschine
kinematic characteristic	kinematische Kenngröße
kinematics	Kinematik
knowledge management	Wissensmanagement
L	
labeling station	Etikettierstation
labour protection law	Arbeitsschutzgesetz
ladder diagram	Kontaktplan
lamp	LED-Lampe
level	Füllstand
lift (to)	fördern, heben
lift mechanism	Hubeinrichtung
lift truck	Hubwagen
light curtain	Lichtvorhang
limitation of axis	Achsbegrenzung
limitation period	Verjährungsfrist
linear motor	Linearmotor
load characteristic	Belastungskenngröße
load suspension device	Lastaufnahmeeinrichtung
load-bearing medium	Tragmittel
load-carrying equipment	Lastaufnahmemittel
loading area	Einlegestation
loading station	Einlegestation
logical level	Sachebene
long term guarantee	Langzeitgarantie
low noise level	Geräuscharmut
lower (to)	senken

lubrication	Schmierung
M	
machine capability	Maschinenfähigkeit
machine capability study	Maschinenfähigkeits-untersuchung
machine tool	Werkzeugmaschine
macroscopic investigation	makroskopische Unter-suchung
MAG-welding	Metall-Aktivgasschweißen
magazine	Magazine
magnet clamping plate	Magnetspannplatte
magnet valve	Magnetventil
magnetic field	Magnetfeld
magnetic particle testing	Magnetpulververfahren
magnetizable	magnetisierbar
MAG-welding process	MAG-Schweißverfahren
main item	Hauptelement
main program	Hauptprogramm
main switch	Hauptschalter
maintenance	Wartung
maintenance concept	Instandhaltungskonzept
maintenance downtime	Ausfallzeit
maintenance expenditure	Instandhaltungsaufwand
maintenance free	wartungsfrei
maintenance freedom	Wartungsfreiheit
maintenance management	Instandhaltungsmanagement
maintenance strategy	Instandhaltungsstrategie
maintenance work	Wartungsarbeit
malfunction	Störung
malfunction of a heat treatment	Fehler bei einer Wärme-behandlung
management responsibility	Verantwortung der Leitung
manipulator	Manipulator
manually driven	handgesteuert
manufactured part	produziertes Teil
manufacturer	Hersteller
manufacturing	Produktion
manufacturing process	Fertigungsprozess
manufacturing tool	Fertigungswerkzeug
market feedback	Bedarfsrückmeldung
mass	Masse
material	Werkstoff
material malfunction	Werkstofffehler
material management	Sachmittelmanagement
material procurement	Materialbeschaffung
material specific	stoffspezifisch
material specific part	stoffspezifischer Anteil
material test	Werkstoffprüfung
material testing	Werkstoffprüfung
material treatment	Werkstoffbearbeitung
material-handling vehicle	Förderfahrzeug
materials logistics	Materialwirtschaft
matrix organisation	Matrixorganisation
means	Mittel
measure	Maß

measuring equipment	Mess-, Prüfmittel
measuring system	Messsystem
measuring tool	Messraster
mechanical handling	Handhabung
mechanical method of testing	mechanisches Prüfverfahren
mechanical strain	mechanische Beanspruch-barkeit, Beanspruchung
mechanical strength property	Festigkeitskennwert
medium to be pumped	Fördermedium
metal	Metall
metal active gas	Aktivgas
metal pin	Metallnocken
metallographic method of testing	metallografisches Prüfver-fahren
microscopic investigation	mikroskopische Unter-suchung
MIG-welding	Metall-Inertgasschweißen
MIG-welding process	MIG-Schweißverfahren
milestone	Meilenstein
mill	Mühle
misalignment	Verlagerung
mixed fracture	Mischbruch
mobile hardness test	mobile Härteprüfung
model	Typ
module	Modul
monitoring	Überwachung
monitoring of pressure	Überwachung des Drucks
motion of axis	Achsbewegung
motor protecting relay	Motorschutzrelais
motor protecting switch	Motorschutzschalter
motor-gear unit	Motor-Getriebe-Einheit
mounting	Einbau, Montage
movement	Bewegung
multi-disc clutch	Lamellenkupplung
multipole	Multipol
multipurpose machine	Multifunktionsmaschine

N

nanotechnology	Nanotechnologie
needle stamping gadget	Nadelprägegerät, Nadel-präger
neutral conductor	Neutralleiter
noise emission	Geräuschentwicklung
nominal current	Nennstrom
nominal exciting voltage	Nennerregerspannung
nominal load	Nennlast
nominal power	Nennleistung
nominal rotational frequency	Nenndrehfrequenz
nominal torque	Nenndrehmoment
nominal voltage	Nennspannung
non-destructive method of testing	zerstörungsfreies Prüfverfahren
non-detachable joining	unlösbare Verbindung
non-positive joint	kraftschlüssig
non-positive locking	kraftschlüssig

normal distribution	Normalverteilung
norming	Regelphase
north pole	Nordpol
notch	Kerbe
notch impact energy	Kerbschlagarbeit
notch-impact strength	Kerbschlagarbeit
notching effect	Kerbwirkung

O

objective	Richtwert
occupational safety measure	Arbeitschutzmaßnahme
occur (to)	auftreten
on site guarantee	Vor-Ort-Garantie
open loop control	Steuern
operand	Operand
operand part	Operandenteil
operate(to)	betreiben
operating condition	Betriebs-, Bedingung
operating instruction	Bedienungsanweisung
operating space	Bewegungsraum
operation manual	Gebrauchsanleitung
operation part	Operationsteil
operational reliability	Betriebssicherheit
operator	Bediener
opposition	Widerstand
optimization	Optimierung
optimization process	Optimierungsprozess
optimize (to)	optimieren
option	Option
optional arm extension	verlängerter Arm
optional equipment	Zusatzausstattung
order	Auftrag
original data chart	Urwertkarte
output	Ausgang
output signal	Ausgangssignal
output sub-assembly	Ausgabebaugruppe
overall management task	Führungsaufgabe
overhauling	Instandsetzung
overhauling strategy	Instandsetzungsstrategie
overload	Überlastung
overtime	Überstunden
overview	Übersicht, Überblick

P

packaging	Verpackung
packaging machine	Verpackungsmaschine
pair of magnets	Magnetpaar
pair of poles	Polpaar
parallel conductors	paralleler Leiter
pareto analysis	Pareto-Analyse
part of agreement	Vereinbarungsteil
part of surface	Flächenanteil
parts store	Teilelager
path repeat accuracy	Bahnwiederholgenauigkeit
payback period rule	Amortisationsrechnung
payload	Nutzlast, Traglast

pedestrian mode	Mitgängerbetrieb
peel adhesion	Haftkraft
pendulum	Pendelhammer
perception of conflicts	Konfliktwahrnehmung
performing	Arbeitsphase
permanent magnet	Dauermagnet
permanent process capability	ständige Prozessfähigkeit
permanent process control	Prozessüberwachung
permissible	zulässig
personal security	Personenschutz
phase conductor	Außenleiter
physical characteristic	physikalisches Merkmal
physical method of testing	physikalisches Prüfverfahren
pick-and-place robot	Einlegegerät
pilot network	Leitnetz
pin chain	Bolzenkette
pin coupling	Nockenkupplung
pinion	Ritzel
pitch	Teilung
pitch diameter	Teilkreis
pitch of the helix	Zahnschräge
plan development	Planerstellung
planned maintenance	vorausschauende Instand-haltung
plant	Anlage
plant for galvanisation	Galvanisieranlage
plasma arc welding process	Plasmaschweißverfahren
plug weld	Stichlochtechnik
plug-in assembly	Steckmontage
pneumatic multipole	pneumatischer Multipol
point-to point controlled	punktgesteuert
polarity	Polarität
poor wettability	Benetzbarkeit
position of shaft	Wellenlage
positioning accuracy	Positioniergenauigkeit
positioning of axis	Anordnung der Achse
positive displacement pump	Verdrängerpumpe
positive joint	formschlüssig
positive locking	formschlüssig
power generating set	Stromerzeugungsaggregat
powered roller conveyer	Rollenförderer
practicability	Ausführbarkeit
pressure	Druck
price guarantee	Preisgarantie
primer	Haftvermittler
principal	Auftraggeber
principal axis	Haupt-, Körperachse
procedure	Anweisung, Verfahrens-anweisung
process	Prozess
process control	Prozessüberwachung
process quality	Prozessqualität
process visualisation	Prozessvisualisierung
processing equipment	Produktionseinrichtung

producer	Hersteller
product	Produkt
product development	Produktentwicklung
product failure	Produktausfall
product liability	Produkthaftung
product liability act	Produkthaftungsgesetz
product observation	Produktbeobachtung
product out-feed	Entnahmestation
product quality	Produktqualität
product recall	Rückrufaktion
product safety	Produktsicherheit
production	Fertigung
production line	Fertigungsstraße
production method of testing	fertigungstechnisches Prüfverfahren
production process	Fertigungsprozess
production shop	Fertigungsabteilung
program generating	Programmerstellung
programmer	Programmiergerät
programming	Programmierung
project	Projekt
project evaluation	Projektevaluation
project execution	Projektdurchführung
project management	Projektmanagement
project manager	Projektleiter
project planning	Projektplanung
project scheduler	Projektplaner
project target	Projektziel
project workflow	Projektablaufplan
property	Eigenschaft
property of material	Werkstoffeigenschaft
proportional servo valve	Stetigventil
proportional valve	Proportionalventil
protective arrangement	Schutzmaßnahme
protective conductor	Schutzleiter
protective gas	Schutzgas
protective system	Schutzart
provide (to)	breitstellen
provisional process capability	vorläufige Prozessfähigkeit
pulley	Riemenscheibe
pump	Pumpe
pump characteristic	Pumpenkennlinie
punch (to)	stanzen
puncture proofed coupling	durchschlagsichere Kupplung
purchaser	Käufer
purchasing	Einkauf
purposive sample	bewusste Auswahl

Q

QM assurance manual	QM-Handbuch
quality	Qualität
quality assurance	Qualitätssicherung
quality control	Qualitätskontrolle
quality control plan	Prüfplan
quality evidence	Dokumentationspflicht

quality goal	Qualitätsziel
quality improvement	Qualitätsverbesserung
quality in servicing	Wartungsqualität
quality management	Qualitätsmanagement
quality management centre	Qualitätsmanagement-Center
quality management system	Qualitätsmanagementsystem
quality plan	Qualitätsmanagementplan
quality policy	Qualitätspolitik
quality supply agreement	Qualitätssicherungs-vereinbarung

R

rack gear	Zahnstangengetriebe
random test	Stichprobe
rated duty	Nennbetriebsart
reach	Reichweite
real condition	Realbedingung
rearrangement of work place	Umgestaltung des Arbeits-platzes
recess	Einstich
rectifier circuit	Gleichrichterschaltung
recycling	Wiederverwertung
reference list	Zuordnungsliste
refusal	Ablehnung
regulation of error rate	Bestimmung der Fehler-häufigkeit
reject rate	Ausschussquote
relate to (to)	sich beziehen auf
relay	Relais
removing station	Entnahmestation
repair guarantee	Reparaturgarantie
repairing	Reparatur
repairs and maintenance expense	Instandhaltungsaufwand
repeat accuracy	Wiederholgenauigkeit
repeatability	Wiederholgenauigkeit
replacement	Austausch
resistance data	Festigkeitskennwert
resistance pressure welding	Widerstands-Pressschweiß-verfahren
resistance spot welding	Widerstands-Punktschweißen
respectively	beziehungsweise (bzw.)
responsibility	Verhaltensregel
reverse pedestrian	„Mitgänger" rückwärts
rigid	starr
rigid coupling	starre Kupplung
ring gear	Hohlradgetriebe
risk analysis	Gefährdungsanalyse
risk area	Gefahrenraum
risks of accident	Unfallgefahr
robot tooling	Roboterwerkzeug
roller chain	Rollenkette
rotary motion	rotatorische Bewegung
rotary motion	drehende, rotatorische Bewegung

rotation	Drehung
rotation axis	Rotationsachse
rotational frequency	Umdrehungsfrequenz
rotational speed	Umdrehungsfrequenz
rubber	Gummi

S

safety aspect	Sicherheitsaspekt
safety clutch	Sicherheitskupplung
safety device	Schutz-, Sicherheits-einrichtung
safety instruction	Sicherheitsanweisung
safety regulation	Sicherheitsvorschrift, -bestimmung
safety system	Sicherheitseinrichtung
satisfaction guarantee	Zufriedenheitsgarantie
satisfactory capability	Tauglichkeit
saving of costs	Kostenersparnis
scroll(to)	verschieben
seal (to)	versiegeln
seal machine	Versieglungsmaschine
sealing station	Siegelstation
sealing station with sealing system	Evakuier- und Siegelstation
section	Absatz
security of plants	Anlagenschutz
security rating	Risikoeinschätzung
selected temperature	Richttemperatur
sensor	Sensor
sensor system	Sensorik
sequence chain	Ablaufkette
sequencer	Schrittkette
serial number	Seriennummer
series mounting	Reihenmontage
service department	Kundendienst
serviceability	Betriebsfähigkeit, Gebrauchstauglichkeit
servo valve	Servoventil
settling time	Einschwingzeit
shaft misalignment	Wellenverlagerung
shape specific	formspezifisch
shape specific part	formspezifischer Anteil
shear pin clutch	Abscherkupplung
shelter	Schutzraum
shielding	Abschirmung
shock free running	stoßfreier Lauf
short coming	Beeinträchtigung
shrink hole	Lunker
signal input	Signaleingabe
signal processing	Signalverarbeitung
simplified assembly	vereinfachte Montage
single part production	Einzelfertigung
Single-phase alternating voltage	Einphasen-Wechsel-spannung
sling	Anschlagmittel
slow travel	Langsamfahrt

small appliance	Kleingerät	suggestion for improvement	Verbesserungsvorschlag
solution	Lösung	suggestion for solution	Lösungsvorschlag
south pole	Südpol	suitably trained personnel	geeignete Person
specific value	Kennwert	supervisor	Aufsichtspersonal
specification plate	Leistungsschild	support	Auflager
specifications	Lastenheft	system layout	Anlagengestaltung
spectrum analysis	Spektralanalyse	**T**	
speed	Geschwindigkeit	task	Arbeit
split coupling	Schalenkupplung	teach pendant	Programmierhandgerät
spread (to)	streuen	team spirit	Teamgeist
spring	Feder	technical data	technische Daten
sprocket wheel	Kettenrad	technical data sheet	Datenblatt
spur gear	Stirnrad, -getriebe	technical information	technische Information
stability standard	Stabilitätsregel	technical system	technisches System
staff management	Personalmanagement	technological method of testing	technologisches Prüf-verfahren
standard deviation	Standardabweichung	technological characteristic	technologischer Kennwert
standard equipment	Serienausstattung	technology	Technologie
starting	Inbetriebnahme	teeth	Verzahnung
starting motor	Anlasser	temperature	Temperatur
start-up	Inbetriebnahme	temporal characteristic	zeitbezogenes Merkmal
start-up of motor	Anlauf	temporary worker	Zeitarbeiter
static torque	Drehmoment	tensile strength	Zugfestigkeit
statistical method of testing for hardness	statisches Härteprüf-verfahren	tensile test	Zugversuch
statistical quality control	statistische Qualitäts-regelung	tension	Zug
		test plan	Prüfplan
statistical technique	statistische Methode	test result	Messergebnis
steep	steil	test run	Probelauf
steer (to)	lenken	test specimen	Probe
step	Stufe	thermal expansion coefficient	Wärmeausdehnungs-koeffizient
step motor	Schrittmotor	thermoformer	Thermoformer
stick together (to)	zusammenhalten	thermoplastics	thermoplastischer Kunststoff
stop button	Stoptaster	thermosetting plastics	duroplastischer Kunststoff
storage	Lagerung	thread	Gewinde
stored program control	speicherprogrammierbare Steuerung	three-phase current	Drehstromnetz
		three-phase induction motor	Drehstrom-Asynchronmotor
storming	Konfliktphase	three-phase motor	Drehstrommotor
strength test	Festigkeitsprüfung	three-phase synchronous motor	Drehstrom-Synchronmotor
strengthening of identification	Stärkung der Identifikation		
strenuousness	Anstrengung	three-phase system	Drehstromsystem
stress crack	Riss	tiller	Deichsel
stress peak	Spannungsspitze	Time-temperature transformation diagram	Zeit-Temperatur-Umwand-lungsschaubild, ZTU-Schaubild
stress-strain diagram	Spannungs-Dehnungs-Diagramm		
structure	Aufbau	tolerance	Toleranz
stubbornness	Sturheit	tolerance centre	Toleranzmitte
stud welding	Lichtbogenbolzenschweißen	tolerance related consideration	Toleranzüberlegung
study	Wissenschaft		
sub-assembly	Vormontage	tool	Werkzeug
subject	Gegenstand	tool for manufacturing	Werkzeug zur Fertigung
subprogramme	Unterprogramm	tool load	Werkzeuglast
subsystem	Teilsystem	tool-coordinate system	Tool-Koordinatensystem
subtask	Teilaufgabe	tooth profile	Zahnflanke
suggested solution	Lösungsvorschlag	tooth rim	Zahnkranz

tooth thickness	Zahndicke	V-belt	Keilriemen
toothed belt	Zahnriemen	vendor	Verkäufer
toothed chain	Zahnkette	verify	Nachweis
toothed coupling	Zahnkupplung	viscosity data	Zähigkeitskennwert
top film	Oberfolie	voltage	Spannung
top film reel	Oberfolienspule	volume of working envelope	Arbeitsraumvolumen
top film unwind	Oberfolienabwicklung		
top film unwind system	Oberfolienabwicklung	V-ribbed belt	Keilrippenriemen
torque	Drehmoment	**W**	
torque limiter	Drehmomentbegrenzer	warning sign	Warnschild
torque range	Drehmomentenbereich	warranty claim	Gewährleistungsanspruch
torsional flexible claw coupling	drehelastische Klauen-kupplung	warranty of defect	Mängelgewährleistung
torsional stiff coupling	drehstarre Kupplung	wear	Versatz
touch mode	Tastbetrieb	wearing aspect	Abnutzungserscheinung
tough	zäh	wearing reason	Abnutzungsursache
toughness	Zähigkeit	web of packages	Verpackungsverbund
traction drive	Zugmittelgetriebe	weight force	Gewichtskraft
training	Schulung	welding facility	Schweißanlage
training requirement	Schulungsbedarf	welding robot	Schweißroboter
transformer	Transformator	wet-running meter pump	Nassläuferpumpe
transient response	Einschwingverhalten	whole depth	Zahnhöhe
translation axis	Translationsachse	win-win situation	Gewinner-Gewinner-Situation
translation, -al motion	lineare, translatorische Bewegung		
		work breakdown structure	Projektstrukturplan
transmit (to)	übertragen	work package	Arbeitspaket
transport	Transport	work plan	Arbeitsorganisation
tray	Mulde	work procedure	Arbeitsanweisung
tremendous	enorm	working chamber	Arbeitsraum
trigger (to)	auslösen	working condition	Arbeitsbedingung
TTT diagram	ZTU-Schaubild	working hour's account	Arbeitszeitkonto
Tungsten-inert gas welding	Wolfram-Inertgasschweißen	working principle	Arbeitsgrundsatz
turning moment	Drehmoment	working space	Arbeitsraum
two- position controller	Zweipunktregler	workplace	Arbeitsplatz
type of current	Stromart	workshop method of testing	Werkstattprüfung, -prüfverfahren
type of guarantee	Garantieart		
type of mistake	Fehlerart	world- coordinate system	Welt-Koordinatensystem
tyre coupling	Reifenkupplung	worm drive	Schneckengetriebe
U		wrist	Hand-, Nebenachse
ultimate strain	Bruchdehnung	**X**	
ultrasonic inspection	Ultraschallprüfung	x-ray inspection	Röntgenprüfung
unauthorised use	Verbot der Nutzung für Unbefugte	**Y**	
		yield point	Streckgrenze
unifacial coupling	Einflächenkupplung	yield strength	Dehngrenze
unit	Einheit		
universal motor	Universalmotor		
universal testing machine	Universalprüfmaschine		
unreasonableness	Uneinsichtigkeit		
useability	Benutzerfreundlichkeit		
user interface	Bedientafel		
utilize (to)	umsetzen		
V			
valve	Ventil		
valve cluster	Ventilinsel		
variable characteristic	variables Merkmal		

Sachwortverzeichnis

Sachwortverzeichnis

Sachwortverzeichnis

Sachwortverzeichnis

AC	Alternating Current (Wechselstrom)
AGB	Allgemeine Geschäftsbedingungen
AGW	Arbeitsplatzgrenzwerte
AK	Produktionsausfallkosten
ArbSchG	Arbeitsschutzgesetz
ASI	Aktor-Sensor-Interface
BGB	Bürgerliches Gesetzbuch
BGV	Berufsgenossenschaftliche Vorschrift
BVP	Barverkaufspreis
CAD	Computer Aided Design (rechnerunterstützte Konstruktion)
CAM	Computer Aided Manufacturing (rechnerunterstützte Fertigung)
CAN	Controller Area Network
CD	Compact Disc
CD-R	Compact Disc Recordable (beschreibbar)
CD-RW	Compact Disc Re-Writeable (wiederbeschreibbar)
CE	EG-Konformitätserklärung
CIM	Computer Integrated Manufacturing (computerintegrierte Fertigung)
CNC	Computerized Numerical Control
CP	Continuous Path (stetige Bahn)
CPU	Central Processing Unit (Hauptprozessor)
DC	Direct Current (Gleichstrom)
DDC	Direct Digital Control
DIN	Deutsches Institut für Normung
DVD	Digital Versatile Disc
DVM	Deutscher Verband für Materialprüfung
EDV	Elektronische Datenverarbeitung und -übermittlung
EG	Europäische Gemeinschaft
EK	Ersatzteilbeschaffungskosten
EN	Europäische Norm
EVA	Eingabe – Verarbeitung – Ausgabe
Ex	Explosionsschutz
FBS	Funktionsbausteinsprache
FGK	Fertigungsgemeinkosten
FI	Fehler-Strom
FK	Fertigungskosten
FLK	Fertigungslohnkosten
FMEA	Fehler-Möglichkeits- und Einfluss-Analyse
FUP	Funktionsplan
G	Gewinn
GS	Geprüfte Sicherheit
GSG	Gerätesicherheitsgesetz
GUV	Gesetzliche Unfallversicherung
HD	Hard Disk (Festplatte)
HK	Herstellkosten
HTML	Hypertext Markup Language
http	Hypertext Transport Protocol
HVBG	Hauptverband der gewerblichen Berufsgenossenschaften
IP	International Protection
ISO	International Organization for Standardization
JIT	Just-In-Time
KOP	Kontaktplan
KVP	Kontinuierlicher Verbesserungsprozess
LH	Left Hand (Kennzeichnung für Linksgewinde)
LK	Lagerungskosten
LON	Local Operating Network
LVP	Listenverkaufspreis

M	Mittelwert
MAG	Metall-Aktivgasschweißen
MEK	Materialeinzelkosten
MGK	Materialgemeinkosten
MFU	Maschinenfähigkeitsuntersuchung
MIG	Metall-Inertgasschweißen
MK	Materialkosten
MPI	Multi Point Interface
MSG	Metall-Schutzgasschweißen
MSS	Maschinenstundensatz
OB	Organisationsbaustein
OEG	Obere Eingriffsgrenze
OGW	Oberer Grenzwert
OWG	Obere Warngrenze
PC	Personal Computer
PELV	Protective Extra Low Voltage
PFU	Prozessfähigkeitsuntersuchung
PK	Personalkosten
ppm	parts per million
PPS	Produktionsplanung und -steuerung
PR	Provision
ProdHaftG	Produkthaftungsgesetz
PTP	Point to Point (Punkt-zu-Punkt-Bewegung)
QM	Qualitätsmanagement
QRK	Qualitätsregelkarte
RAL	Deutsches Institut für Gütesicherung und Kennzeichnung e. V. (ursprünglich Reichs-Ausschuss für Lieferbedingungen)
RAM	Random Access Memory (wahlfreier Zugriffsspeicher)
RCD	Residual Current Protective Device (Reststromschutzvorrichtung)
REFA	Verband für Arbeitsgestaltung, Betriebsorganisation und Unternehmensentwicklung (1924 gegründet als Reichsausschuss für Arbeitszeitermittlung)
ROM	Read Only Memory (Nur-Lese-Speicher)
SEK	Sondereinzelkosten
SELV	Safety Extra Low Voltage
SK	Selbstkosten
SPC	Statistical Process Control (statistische Prozessregelung)
SPS	Speicherprogrammierte Steuerung
TCP	Tool Center Point (Werkzeugarbeitspunkt)
TCP/IP	Transmission Control Protocol/Internet Protocol (Internetprotokoll)
TQM	Total Quality Management
UEG	Untere Eingriffsgrenze
UGW	Unterer Grenzwert
URL	Uniform Resource Locator
USB	Universal Serial Bus
UVV	Unfallverhütungsvorschrift
UWG	Untere Warngrenze
VDE	Verband der Elektrotechnik, Elektronik und Informationstechnik
VDI	Verein deutscher Ingenieure
VGA	Video Graphics Array (Grafikkartenstandard)
VPS	Verknüpfungsprogrammierte Steuerung
VVGK	Verwaltungs- und Vertriebskosten
WIG	Wolfram-Inertgasschweißen
WOP	Werkstattorientierte Programmierung
WWW	World Wide Web
ZTU	Zeit-Temperatur-Umwandlung
ZVP	Zielverkaufspreis

Längen, Flächen, Volumen

x, y, z	kartesische Koordinaten
ρ, φ, z	Kreiszylinder-Koordinaten
α, β, γ	ebene Winkel
l	Länge
b	Breite
h	Höhe, Tiefe
d	Dicke
r	Radius
d, D	Durchmesser
s	Weglänge, Kurvenlänge
A, S	Flächeninhalt, Fläche, Oberfläche, Querschnittsfläche
A_0	Oberfläche
A_M	Mantelfläche
V	Volumen

Raum und Zeit

t	Zeit
T	Periodendauer, Schwingungsdauer
f	Frequenz
ω	Kreisfrequenz
n	Umdrehungsfrequenz
i	Übersetzungsverhältnis
ω	Winkelgeschwindigkeit
λ	Wellenlänge
v	Geschwindigkeit
a	Beschleunigung
g	Erdbeschleunigung
$\dot V$	Volumenstrom

Mechanik allgemein

m	Masse
m'	längenbezogene Masse
m''	flächenbezogene Masse
ρ	Dichte
F	Kraft
F_G	Gewichtskraft
F_H	Hangabtriebskraft
F_N	Normalkraft
F_R	Reibkraft
F_U	Umfangskraft
F_Z	Zugkraft
M	Drehmoment
M_b	Biegemoment
p	Druck
Δp	Druckdifferenz
p_{abs}	absoluter Druck
p_{amb}	umgebender Atmosphärendruck
p_e	effektiver Druck, Überdruck
σ	Normalspannung, Zug- oder Druckspannung

σ_B	Biegefestigkeit
σ_{dB}	Druckfestigkeit
σ_{dF}	Quetschgrenze
τ	Schubspannung
τ_{aB}	Abscherfestigkeit
ε	Dehnung
ε_d	Stauchung
A	Bruchdehnung
E	Elastizitätsmodul
R_m	Zugfestigkeit
R_e	Streckgrenze
R_p	Dehngrenze
$R_{p0,2}$	0,2%-Dehngrenze
S_0	Anfangsquerschnitt
ν	Sicherheitsfaktor
μ	Reibungszahl
μ_0	Haftreibung
μ_G	Gleitreibung
μ_R	Rollreibung
W	Widerstandsmoment
W	Arbeit
E, W	Energie
E_p, W_p	potentielle Energie
E_k, W_k	kinetische Energie
P	Leistung
P_{ab}	abgegebene Leistung
P_{zu}	zugeführte Leistung
η	Wirkungsgrad

Fertigung

N	Nennmaß
T	Toleranz
es, ES	oberes Abmaß
ei, EI	unteres Abmaß
l_R	Rohlänge
V_R	Volumen des Rohlings
V_W	Volumen des Werkstücks
α	Biegewinkel
α	Freiwinkel
β	Keilwinkel
γ	Spanwinkel
ε	Eckenwinkel
κ	Einstellwinkel
λ	Neigungswinkel
R	Schneidenradius
a_p	Schnitttiefe
a_e	Arbeitseingriff
h	Spanungsdicke
b	Spanungsbreite
f	Vorschub
f_Z	Vorschub pro Zahn
R_t	Rautiefe
A	Spanungsquerschnitt
v_c	Schnittgeschwindigkeit
v_f	Vorschubgeschwindigkeit

F_c	Zerspankraft
k_c	spezifische Schnittkraft
P_c	Schnittleistung

Zahnradmaße

z	Zähnezahl
m	Modul
p	Teilung
d	Teilkreisdurchmesser
d_a	Kopfkreisdurchmesser
d_f	Fußkreisdurchmesser
a	Achsabstand
c	Kopfspiel
h	Zahnhöhe
h_a	Zahnkopfhöhe
h_f	Zahnfußhöhe
b	Zahnbreite
s	Zahndicke
l	Zahnlücke

Elektrotechnik

Q	elektrische Ladung
U	elektrische Spannung
I	elektrische Stromstärke
J	elektrische Stromdichte
R	elektrischer Widerstand, Wirkwiderstand
G	elektrischer Leitwert
ρ	spezifischer elektrischer Widerstand
E	elektrische Feldstärke
C	elektrische Kapazität
L	Induktivität
P	elektrische Leistung
φ	Phasenverschiebungswinkel
$\cos\varphi$	Leistungsfaktor
N	Windungszahl

Temperatur und Wärme

T	thermodynamische Temperatur (Kelvin-Temperatur)
t, ϑ	Celsiuis-Temperatur
$\Delta T, \Delta\vartheta$	Temperaturdifferenz
Q	Wärme, Wärmemenge
α	thermischer Längenausdehnungskoeffizient
γ	thermischer Volumenausdehnungskoeffizient
c	spezifische Wärmekapazität
Δl	Längenausdehnung
l_0	Länge vor Temperaturänderung
V_0	Volumen vor Temperaturänderung
λ	Wärmeleitfähigkeit